Streifzüge durch die

Mathematikgeschichte

Marek Kordos

Ernst Klett Verlag
Stuttgart Düsseldorf Leipzig

Die Deutsche Bibliothek – CIP-Einheitsaufnahme

Kordos, Marek:
Streifzüge durch die Mathematikgeschichte / Marek Kordos. -
1.Aufl. - Stuttgart ; Düsseldorf ; Leipzig : Klett, 1999
ISBN 3-12-720110-9

1. Auflage A 1 5 4 3 2 | 2003 2002

Alle Drucke dieser Auflage können nebeneinander benutzt werden, sie sind untereinander unverändert. Die letzte Zahl bezeichnet das Jahr dieses Druckes.

Internetadresse: http://www.klett-verlag.de

Titel der polnischen Originalausgabe: WYKŁADY Z HISTORII MATEMATYKI
Zeichnungen: Krzysztof Biesaga.
Übersetzung: Prof. Hartmut Wellstein.
Druck: Druckhaus Vogel, Leinfelden-Echterdingen. Printed in Germany.

ISBN 3-12-720110-9

Die „Streifzüge durch die Mathematikgeschichte" möchte ich dem Kardiologen Dr. Marian Pieniak widmen, dem ich verdanke, dass ich dieses Werk schreiben konnte, sowie dem hervorragenden Kardiochirurgenteam von Prof. Waclaw Sitkowski und im Besonderen den Ärzten Wieslaw Kilian, Piotr Zelazny, Franciszek Majstrakow und Artur Rymszy.

Inhaltsverzeichnis

Vorwort

Im Jahr 1985 fragten mich einige Studenten, die meine Geometrievorlesung an der Universität Warschau besuchten, ob ich meine zahlreichen Exkurse in die Mathematikgeschichte nicht in einer eigenen Vorlesung zusammenfügen könne. Meine Antwort war zuerst einmal: „Das kann ich nicht!" – „Warum?" – „Weil ich nicht genug weiß!" – „Können Sie nichts mehr dazulernen?"

Die einzige Antwort auf diese Frage konnte nur „Doch, das kann ich!" lauten und so wurde ich zum Mathematikhistoriker. Eineinhalb Jahre später begann ich meine Vorlesung über den Mythos Mathematikgeschichte, einen Mythos, der vielen Menschen vielleicht helfen kann, ihren Frieden mit der Mathematik zu schließen, unabhängig davon, wie fern sie ihr stehen und wie intensiv sie sich mit ihr beschäftigen mussten.

Mein Wagemut wurde nicht bestraft – ganz im Gegenteil: Er wurde sogar belohnt, indem die Fakultät meine Vorlesung als Pflichtveranstaltung in die Studienordnung aufnahm. Glücklicherweise erkannte ich rasch die Gefahr, die in dieser Neuerung lag. Mit meinen Studenten vereinbarte ich, dass sie ihrer Prüfung beliebige Quellen zugrunde legen durften, auch wenn deren Inhalt in meiner Vorlesung nicht vorkam. Seitdem habe ich eine ungezwungene und mir wohlgesonnene Hörerschaft.

Die Veranstaltungen an polnischen Universitäten sind entweder Vorlesungen, die sich auf Basisliteratur stützen, oder Vorträge, in denen der Autor seine eigenen Ansichten mitteilt.

Beispiele wirken ansteckend. Ich wurde gebeten, denselben Kurs an der Universität Warschau zu halten, dann auch an der Landwirtschaftlichen und Erziehungswisssenschaftlichen Universität Siedlce, bei verschiedenen Fortbildungsveranstaltungen und anderwärts. Nach meiner Beobachtung boten diese Kurse ein Unterhaltungsmoment und belebten das gängige Curriculum. Die Association of Teachers of Mathematics ergriff die Gelegenheit, mit diesen Kursen etwas Geld zu verdienen, und nahm sie auf Video auf. Gewiss bin ich teurer als Sylvester Stallone, aber ebenso gewiss billiger als ein Englischkurs.

Am Ende war ich selbst so weit zu glauben, dass meine Vorträge etwas taugten, und deshalb schrieb ich sie nieder. So also entstand dieses Buch.

Im ersten Vortrag erkläre ich, wie ich die weiteren Vorträge aufbaue und an die Mathematikgeschichte herangehe. Ich muss noch erklären, warum für mich die Mathematikgeschichte, um eine treffendes Wort von Roman Duda aufzugreifen, *mit dem Urtierchen beginnt und bei Bourbaki endet*. Ich glaube fest, dass man nur so die Entstehung der Mathematik wirklich spannend nacherzählen und zugleich vermeiden kann, dabei sozusagen die Eltern durchs Schlüsselloch zu beobachten. Nebenbei bemerkt las ich mit größtem Vergnügen die zauberhaften Weltgeschichten von H. G. Wells und Gianni Rodari. (Wells' *The Outline of History* (dt. Übers. *Die Geschichte unserer Welt*) beginnt mit dem planetarischen Nebel.)

Wie allen Mythologien fehlt auch diesen Vorträgen die Bibliographie. Ich entschuldige mich für dieses Versäumnis ausdrücklich nicht, denn ich habe diese Entscheidung bewusst und gewiss nicht aus Bequemlichkeit getroffen. Die Gründe erkläre ich im ersten Vortrag. Mathematikgeschichte als Disziplin sollte anhand stärker wissenschaftlich orientierter Werke studiert werden.

Ich möchte allen danken, die mich bei der Niederschrift dieser Vorträge unterstützt haben. Zuerst möchte ich hier meine Studenten nennen. An zweiter Stelle – ohne sie damit zurücksetzen zu wollen – kommen der Herausgeber der polnischen Ausgabe, Wojciech Jedrychowski, der aus der Vorlage ein Werk von professioneller Qualität machte, und als kritische Leser Jerzy Mioduszewski, der viele historische Bemerkungen beitrug, Witold Wieslaw, dem ich besonders für seine Hinweise zur Zahlentheorie und zur Algebra verpflichtet bin, sowie Waclaw Zawadowski. Danken möchte ich auch Wiktor Bartol für die Übersetzung ins Englische sowie Hardy Grant und Abe Shenitzer für die Klärung sprachlicher Details dieser Übersetzung. Herzlichen Dank Herrn Professor Hartmut Wellstein für seine scharfsinnige Übersetzung. Ganz besonderen Dank schulde ich meiner Frau Krystyna für all die Mühe, die sie bei den zahlreichen Berichtigungen und Verbesserungen auf sich nahm.

Der letzte, aber deswegen nicht geringer einzuschätzende Dank geht an alle, die sich entschlossen haben, einen Blick in mein Buch zu werfen.

Marek Kordos

A. d. Ü.: Liegt eine deutsche Übersetzung eines Werks vor, so wird deren Titel als „dt. Übers." aufgeführt. Liegt von einem fremdsprachlichen Werk keine deutsche Übersetzung vor, so wird zur Information der Titel übersetzt, jedoch nicht durch „dt. Übers." gekennzeichnet.

Vortrag I

Wie ein Laie die Geschichte sieht

Der Laie, der sich nun daran macht, diesen historischen Abriss zu lesen, ist ein Laie besonderer Art: Er ist Mathematiker. Dennoch wird auch er, wie alle Laien, die Grundfrage stellen: Kann das Wissen über Geschichte objektiv sein?

Das Motiv für diese Frage ist unsere feste Überzeugung, dass objektives Wissen höheren Wert besitzt als „anderes" Wissen. Wenn der Laie, zugleich Mathematiker, im Bezugsrahmen seines gewohnten Denkens bleiben will, muss er die gestellte Frage mit NEIN beantworten. Hier, im ersten Vortrag, möchte ich diese Antwort entwickeln und rechtfertigen.

Zunächst ist es doch keineswegs selbstverständlich, dass die Kategorie des sicheren (und damit insbesondere auch objektiven) Wissens, dem die Mathematiker ihr Gebiet zuordnen, in Erörterungen über Geschichte überhaupt zulässig ist. Für diesen Zweifel sehe ich zwei Gründe.

Zum Ersten müssen wir uns darüber klar sein, dass jede Beschränkung der für zulässig erachteten Methoden immer auch eine Beschränkung der erreichbaren Ergebnisse nach sich zieht. Wir müssen wählen: *Entweder tun wir nur das, was wir so gut können, wie wir es sollten, oder wir tun das, was wir sollten, so gut wir es können.* Es ist nahe liegend, dass wir uns in den historischen Wissenschaften ganz bewusst für den zweiten Weg entscheiden müssen.

Zum Zweiten pflegen wir Mathematiker ohne zureichenden Grund das Vorurteil, unsere Disziplin sei absolut verlässlich. In Wirklichkeit erreichen wir nur eine lokale Verlässlichkeit unserer Aussagen. Zudem wird diese lediglich lokale Verlässlichkeit noch relativiert durch die unvermeidbare Beliebigkeit der *von uns selbst generierten* grundlegenden Ausgangsannahmen für unsere Überlegungen (man denke beispielsweise an das Auswahlaxiom) und durch unsere Schlussweisen (man denke beispielsweise an das Problem indirekter Existenzbeweise). Es ist mir bewusst, dass die meisten Mathematiker in ihrer beruflichen Tätigkeit niemals auf Probleme stoßen werden, die sie zwingen, sich für eine bestimmte und gegen eine andere Art von Mathematik zu entscheiden. Dennoch steht seit einem halben Jahrhundert die Beliebigkeit der methodologischen Annahmen in der Mathematik außer Frage. Wir müssen nicht nur zugeben, dass es keinen Ausweg aus dieser Schwierigkeit gibt, sondern sogar, dass es niemals einen geben wird (siehe die Vorträge XX – XXIII). Bei diesem aussichtslosen Streben nach Objektivität bleibt uns als starker

Trost die ganz erstaunliche *Effizienz der Anwendungen der Mathematik* auf zahlreichen Feldern in Theorie und Praxis.

Ich muss zugeben, dass es unverantwortlich wäre, die Diskrepanz zwischen den Methodologien der Mathematik und der Geschichte mit der Objektivität des Wissens allein erklären zu wollen. Der grundlegende Unterschied liegt an anderer Stelle: *Geschichte ist eine Gesellschaftswissenschaft*. Dies folgt aus mehreren ihrer Apekte. Geschichte, und sogar Mathematikgeschichte, handelt von der Gesellschaft. Sie dient auch der Gesellschaft, indem sie ein Bild der Welt entwirft. Damit scheidet sie (zumindest versuchsweise) Erstrangiges von Zweitrangigem und bringt so eine Rangfolge in die Motive unseres Handelns. Dies gilt nicht nur für Ländergrenzen, für Allianzen, für die Fortschrittlichkeit oder Rückschrittlichkeit von Programmen, sondern auch für weniger wichtige Dinge wie etwa die Wahl eines bestimmten Zweiges der Mathematik, für den wir uns besonders interessieren.

Die wichtigste Folge der sozial vermittelten Wahrnehmung von Geschichte ist jedoch der den Historikern auferlegte Zwang, historisches Wissen in der Sprache der Gegenwart auszudrücken. Dies bedeutet, dass Sachverhalte und Ereignisse gewissermaßen so überformt werden müssen, als seien sie hier und jetzt in unserer heutigen Gesellschaft aufgetreten. Mit bedenkenloser Anpassung muss und sollte dies nichts zu tun haben, wenn dies auch in Einzelfällen zutreffen mag. Deshalb wird der Kernsatz: *Geschichte ist, was der Historiker niederschreibt* von allen Historikern anerkannt.

Geburts- und Sterbedatum sind durch ein Semikolon getrennt, da ich für Datumsangaben positive und negative Zahlen verwende. Der übliche waagerechte Strich und das Minuszeichen wären schwer unterscheidbar.

Die Grundprinzipien der Geschichtsschreibung lassen sich am besten durch die Dialektik von Hegel (1770; 1831) erklären. (Ursprünglich bezeichnete der Begriff Dialektik die Kunst des Streitgesprächs.) Danach finden wir in der historischen Literatur sowohl den Atem der Objektivität als auch die unvermeidliche subjektive Interpretation. Dies ist die so genannte Einheit der Gegensätze, die einzig mögliche Seinsweise von Gedanken und Ideen.

Wie jede Forschungsaktivität ist auch die des Historikers dem von der Physik her kommenden Bohr'schen Prinizip unterworfen, nämlich dass jede Untersuchung das untersuchte Objekt beeinflusst. Selbstverständlich hatte Hegel diesen Gedanken anders ausgedrückt. In der Physik lässt sich dieses Grundprinzip viel präziser formulieren, beispielsweise in Form der Heisenberg'schen Unschärferelation. In der Geschichtswissenschaft lässt sich ein vergleichbarer Grad von Genauigkeit nicht erreichen. Man darf aber jedenfalls nicht außer Acht lassen, dass die historische Selbstwahrnehmung einer Gesellschaft (sei sie auch subjektiv oder gar fehlerhaft) ebenfalls ein historisches Faktum ist. Daher können wir ebenso wie im Bereich der Sciencefiction die Vergangenheit ändern - und tun dies auch wirklich. Man lese dazu Asimovs *The End of Eternity* (dt. Übers. *Das Ende der Ewigkeit*) Ich werde bei der Diskussion der so genannten Quellen auf diese Frage zurückkommen.

Es ist mir sehr wohl bewusst, dass viele Leser Hegel und seine Geschichtsphilosophie ablehnen. Sie folgen damit prominenten Vorbildern wie Czeslaw Milosz in seinem wichtigen (wenn auch stellenweise undifferenziert urteilenden) Buch *The Constrained Mind* (dt. Übers. *Verführtes Denken*). Man sollte aber einräumen, dass zwischen einer wissenschaftlichen Theorie und ihrer „praktischen" Anwendung ein Unterschied besteht. Niemand – oder wenigstens kaum jemand – wird Fermi für die Zerstörung von Hiroshima verantwortlich machen.

Hegel nahm an, dass zwei Phänomene die objektiven Ursachen für jede Veränderung und damit auch für den geschichtlichen Wandel seien. Das erste ist die *Entfremdung*, also die Loslösung von den Wurzeln. Ein schlagendes Beispiel aus der modernen Mathematik ist der Niedergang der Geometrie, die doch einst der Ursprung, die Grundlage und die Quelle fast der gesamten Mathematik gewesen war. Bis ins 19. Jahrhundert war das, was wir heute Mathematik nennen, unter dem Namen Geometrie bekannt. Noch in Kummers Empfehlungsbrief für Kronecker wird dieser überzeugte Parteigänger der Zahl als außerordentlich begabter Geometer bezeichnet! Ein weiteres Beispiel ist die Loslösung der Analysis von ihrem physikalischen Nährboden.

Die *Entfremdung* führt zu wachsenden Widersprüchen, in manchen Fällen sogar zur Negation, also zu einer grundlegenden Umgestaltung (der Gesellschaft, der Mathematik, ganz wie Sie wollen), um diese Widersprüche aufzulösen. Ich nenne für solche markanten Umschwünge zwei Beispiele aus der Mathematik: Die grundlegende Änderung in dorischer Zeit im −6. Jahrhundert (Vortrag IV) und den nicht weniger radikalen Wandel im 17. Jahrhundert (Vorträge XI – XIV). Unter Mathematikern ist die Meinung weit verbreitet, dass sich die heutige Mathematik in einem ebenso radikalen Wandel befindet.

Der jeweils neue Zustand unterliegt dann wieder der Entfremdung. Dies führt wieder zur Negation und so geht es weiter. Diese Konzeption führte Hegel zum Begriff der *Spirale der Geschichte* – aufeinander folgende Schritte von Entfremdung und Negation müssen allmählich zu einer Struktur zurückführen, die der ursprünglichen weitgehend entspricht. (Man könnte von einer historischen Analogie zum Poincaré'schen Wiederkehrsatz für thermodynamische Systeme sprechen; siehe Vortrag XXI). Dieses Geschichtskonzept erscheint uns ausgesprochen gekünstelt und zweifelhaft, so leicht es auch durch mathematische Beispiele illustriert werden kann. So ist die Non-Standard-Analysis von Klein und Robinson eine Wiederkehr der Infinitesimalien nach Newton oder – in höherem Grad – nach Leibniz, eine Begrifflichkeit, die bis vor kurzem von der Mathematik geradezu mit Abscheu verworfen wurde.

Die Spirale der Geschichte wurde von Marx auf eine kaum noch ernst zu nehmende Weise verwendet. Er argumentierte, der Kommunismus sei unausweichlich, weil er in der Spirale einen Vorgänger habe, nämlich den primitiven Kollektivismus – dieses Konzept stammt aus Marx' Jugendzeit. Andererseits besteht eine bemerkenswerte Parallele zwischen den Stichworten und Bezeichnungen unterdrückter Gesellschaftsschichten im frühen Römischen Reich (die heute unsere ungeteilte Sympathie haben) und denen der entsprechenden Schichten um die Jahrhundertwende.

Das Diktum *Geschichte ist, was der Historiker niederschreibt* wird oft als Scherz betrachtet, von humorlosen Menschen sogar als Beleidigung, weil es wenig oder gar keine Rücksicht auf die Grundbedingungen historischer Forschung nimmt, soweit sie außerhalb der Einflusssphäre des Forschers liegen. Der Historiker schreibt Geschichte unter Benutzung so genannter Quellen. Seine Darstellung wird aber auch durch die unumstößliche Tatsache beeinflusst, dass er in einer spezifischen Gesellschaft lebt, die sich in einer spezifischen Situation befindet und ein spezifisches Selbstverständnis besitzt. Der Historiker muss auch berücksichtigen, dass die Quellen oft von anderen Historikern verfasst wurden. Wenn es sich dabei um professionelle Historiker handelte, wussten sie gewiss, was sie taten und warum sie es taten. Häufig waren sie sich auch bewusst, für wen, und insbesondere für welchen Dienstherrn sie schrieben. Wie will, um ein schlagendes Beispiel zu nennen, ein Historiker, der in tausend Jahren unser Zeitalter erforscht, die Bedeutung des Ribbentrop-Molotov-Pakts darlegen können, wenn er lediglich polnische Veröffentlichungen aus den siebziger und neunziger Jahren unseres Jahrhunderts auswertet? Stößt er im weiteren Verlauf seiner Untersuchungen auf unsere gegenwärtigen Veröffentlichungen über das Jalta-Abkommen, wird er nur schwer ermitteln können, wer den Zweiten Weltkrieg gewann. (Ich kann mir mindestens vier Möglich-

keiten vorstellen!) Deswegen scheint es zweckmäßiger, sich auf die Mitteilungen nicht professioneller Geschichtsschreiber zu verlassen. Diese schreiben ja einfach ihre Eindrücke auf. Wie aber kann man beurteilen, ob ein Text ernst gemeint ist oder einfach zum Spaß geschrieben wurde?

Gawlikowskis Artikel greift die Frage grundsätzlich auf und rechtfertigt den methodologischen Pessimismus nicht, den mein Kommentar vermittelt. Den Lesern, die das andere Extrem kennen lernen und puren (wenn auch vernünftig begründeten) Spott wahrnehmen möchten, empfehle ich *The Riddle of the Island of Samos (Das Rätsel der Insel Samos)* von Ricardo Rey Beckford, enthalten in der Kurzgeschichtensammlung *In an Enchanted Mirror (Im Zauberspiegel)*

Materielle Quellen erweisen sich als viel verlässlicher. Ich schließe hier alle Arten von Gegenständen ein, die von Menschen zur eigenen – nicht unserer – Benutzung hergestellt wurden. Zur Sicherheit befragte ich den Archäologen Michal Gawlikowski über seine Meinung zu diesem Thema. Was erfuhr ich wohl?

Stellen Sie sich vor, Sie sollten – meinetwegen im 30. Jahrhundert – einen Bericht über Ausgrabungen an einem Fundort schreiben, der in unserer Zeit ein Wohngebiet einer Großstadt war. Die einzelnen Grabungsstätten, die auf archäologische Funde durchsucht werden sollen, sind als rundliche Erhebungen erkennbar, aus denen hier und da ein Stahlträger oder eine Betonplatte herausragt. Die erste und ganz nahe liegende Frage ist: Wozu waren solche unregelmäßig verstreuten Strukturen gut?

Wenn der Fundplatz dann freigelegt ist, wird es gar nicht einfach sein zu entscheiden, ob es früher überhaupt irgendwelche oberirdischen Teile gab und was gegebenenfalls ihr Zweck gewesen sein könnte. Andererseits werden die Keller leicht identifizierbar sein. Ihre Anzahl wird dem Ausgräber verblüffend hoch erscheinen und ihn zu der Forschungshypothese führen, es müsse sich um ein Katakombensystem handeln. Er wird den Gedanken, die Keller könnten die unterirdischen Teile gewaltiger Gebäude gewesen sein, aus verschiedenen Gründen verwerfen. Zum Ersten: Warum hätten so viele Menschen so dicht nebeneinander leben sollen? Zum Zweiten: Falls Spuren von Landwirtschaft und Industrie fehlen, ist nicht zu erschließen, wovon so viele Menschen – ihre Existenz einmal vorausgesetzt – hätten leben sollen. Zum Dritten finden sich keine ausreichend großen Abfallbehälter. (Entgegen dem Augenschein muss Abfall ja beseitigt worden sein.) Schließlich wird unser Ausgräber eine Entdeckung machen, die seine Hypothese von einer riesigen Nekropole stützt: Metallene, quaderförmige Behälter mit Nahrungsresten – ein untrüglicher Hinweis auf rituelle Speiseopfer für die Toten. (Sie erkennen, dass ich unsere Kühlschränke meine.) Unser Archäologe wird die meist auf Schildern unterschiedlicher Größe gefundenen Textfragmente wie „Meyer, H." oder „Prof. Dr. B. Riemann" für Grabinschriften halten. (Papier oder Plastikfolie ist für ein archäologisches Objekt nicht haltbar genug.)

Genauere Untersuchungen erlauben es dann, die Ausgangshypothese weiterzuentwickeln. Es stellt sich heraus, dass die Überreste von Stahl- und Betonteilen die Reste anderer Konstruktionen überlagern, nämlich Gebäude aus Backstein. Die Übergangszone von Stahl und Beton zu Backstein ist scharf ausgeprägt; die Folgerung daraus: Die Wohngebiete der Menschen der Backsteinzeit wurden von Menschen einer Beton-Zivilisation erobert. Die Backstein-Menschen wurden restlos ausgelöscht und auf ihren Wohnstätten errichteten die Beton-Menschen vermutlich zum ewigen Gedenken an ihren Sieg eine gewaltige Totenstadt.

Einige Leser mögen von all diesem Unsinn irritiert sein. Es ist ja so leicht, hier irritiert zu sein, wenn man die historischen Tatsachen kennt. Aber können wir den Gedanken, unsere Rekonstruktion unserer Vorgeschichte könnte ebenso abwegig sein, wirklich zurückweisen? Eine Sicherheit hierfür gibt es nicht. Wieder müssen wir eingestehen, dass wir unserer eigenen Interpretation solcher Funde nicht entkommen können. Wir können nur unsere eigenen Vorstellungen von Wahrheit festhalten und alle unsere Anstrengungen können bestenfalls die Genauigkeit erhöhen, mit der wir unsere Vorstellungen mitteilen.

Der passende Augenblick ist gekommen, um ein zweites willkürliches Prinzip ins Gedächtnis zu rufen, das von den Historikern allgemein akzeptiert wird

Unsere Vorfahren – vor zwanzig oder vor zwanzigtausend Jahren – waren ganz so wie wir.

Dies betrifft ihr Wahrnehmungsvermögen, den Bau und die Leistungsfähigkeit ihrer Gehirne, ihre physische Beschaffenheit, ihre Affekte und ihre Gefühlswelt, schließlich auch ihr mathematisches Talent. Solche die Unterschiede nivellierenden Annahmen werden auch in anderen wissenschaftlichen Gebieten akzeptiert. Die Astronomie beispielsweise postuliert, dass sich im Weltraum hinreichend große Teilbereiche (mit einem Durchmesser von vielleicht 1 Milliarde Lichtjahren) im Mittel nicht unterscheiden. Dieses so genannte *Erste kosmologische Prinzip* entsteht durch Verbindung des kopernikanischen Prinzips („Kein Punkt im Raum ist vor einem anderen ausgezeichnet“) mit der Annahme, dass in jedem Teil des Universums dieselben physikalischen Gesetze gelten.

Es sei betont, dass solche Prinzipien völlig willkürlich sind. Sie verdienen das Prädikat „wissenschaftlich“ nicht, da sie weder verifizierbar noch falsifizierbar sind, also eine entscheidende Eigenschaft wissenschaftlicher Aussagen nicht besitzen. Dennoch kommen wir nicht umhin sie zu akzeptieren; denn andernfalls würden wir uns der Möglichkeit berauben, historische Quellen, astronomische Beobachtungen usw. zu interpretieren. Nur dann können wir die Spuren unserer fernen Vorfahren deuten und verstehen, wenn wir uns die in Rede stehenden Prinzipien zu eigen machen. Wir stehen damit vor einer ähnlichen Situation, wie sie uns begegnet, wenn wir eine unbekannte Sprache zu verstehen versuchen. Dazu nämlich müssen wir annehmen, sie sei nach denselben Prinzipien wie unsere eigene Sprache konstruiert.

Wenden wir uns nun den schriftlichen Quellen zu! Wenn das Volk, das wir erforschen möchten, eine Schrift hatte und Schriftzeugnisse in ausreichender Menge hinterlassen hat, können wir aus der Lektüre dieser Quellen Einsicht gewinnen. Das Problem ist gewissermaßen das Gegenstück zu dem der materiellen Funde. Wir erfahren nämlich genau das, was uns die Autoren der Quellen mitteilen wollten. Worum es hier geht, mag das folgende prägnante Beispiel beleuchten: Vergleichen Sie doch einmal die Steuerklärung einer Immobilienfirma für das Finanzamt mit der Begründung eines Kreditantrags an ihre Hausbank. Selbstverständlich unterscheiden sich die Angaben in diesen beiden Fällen; kaum jemand würde darin einen ernsten Verstoß sehen.

Wir leben nun einmal in einer Zeit, in der sich leicht historische Untersuchungen finden lassen, die einander massiv widersprechen – vielleicht stehen sie sogar in unserem Bücherregal nebeneinander. Wenn wir Zeitungen auswerten, die im Jahr 1991 in verschiedenen Ländern erschienen sind, geraten wir leicht in ein hoffnungsloses Dilemma: Ist das Verhältnis der Verluste im Golfkrieg (40 : 100 000) ein Beweis für die Richtigkeit der demokratischen Idee oder eher ein Beweis des Gegenteils? Der Krieg in Jugoslawien liefert ein weiteres Beispiel. Hier allerdings ist unsere Position besser, da wir viele unterschiedliche Standpunkte vergleichen können. In den meisten Fällen dieser Art jedoch sind wir durch die übliche Unvollständigkeit der his-

torischen Quellen dazu verurteilt, uns auf Informationen zu verlassen, die von nur einer der Konfliktparteien stammen.

Wir sollten auch nicht vergessen, dass der moralische Gehalt historischer Botschaften, in der Essenz ausgedrückt durch den lateinischen Sinnspruch *historia magistra vitae*, eine wesentliche Rolle spielt, wenn deren Endfassungen niedergelegt werden. Werfen wir einen Blick in ein Geschichtsbuch für den Schulgebrauch aus den Zwanzigerjahren, so erfahren wir beispielsweise, dass der französische General Cambronne vor Waterloo auf das Angebot zu kapitulieren antwortete: *„Die Garde ergibt sich nicht, die Garde stirbt"*. Dieses Beispiel ist sicher wenig bedeutsam, aber gerade deshalb zeigt es die Pointe besonders gut: Schon aus völlig banalen Gründen werden historische Informationen verfälscht, und umso mehr, wenn es um wichtige Dinge geht!

Für die zeitgebundene Bewertung geschichtlicher Ereignisse kann auch die Kunst eine wesentliche Rolle spielen. Shakespeares Drama Richard III. beleuchtet diese These sehr gut. Richard III. von York, der letzte König aus der Zeit der Rosenkriege, war von den Tudors seiner Krone beraubt worden. Die Engländer wollten sich damit nicht abfinden, und das umso weniger, je länger die Tudors regierten. Der Hofdramatiker aber löste den Fall auf einen Schlag und Richard III. ist heute zum Musterbeispiel eines unwürdigen Königs heruntergekommen, zu einem gekrönten Schurken. Es ist völlig belanglos, dass sich anhand des zeitgenössischen Quellenmaterials dieses Bild widerlegen lässt. Shakespeares Schmähschrift hat die „Wahrheit" zementiert. Lügen von Schriftstellern sind so dauerhaft, dass oft die Autoren sogar dann nicht wagen, sie richtig zu stellen, wenn ihnen klar wird, dass sie einem Irrtum verfallen waren; die Originalversionen haben dann schon ihre Rolle gespielt und Korrekturen könnten die Wirkung schmälern. Noch ein Beipiel aus Polen: Adam Mickiewicz, der große polnische Dichter aus der ersten Hälfte des 19. Jahrhunderts, ließ Ordon, den Helden eines seiner Gedichte, seine Festung in die Luft sprengen und heroisch sterben. Die meisten polnischen Lexika melden aber, dass ein gewisser Feliks Nowoselski die Festung in die Luft sprengte und Ordon seine kriegerische Karriere noch viele Jahre lang weiterführte (Ungarn 1848 – 1849; Türkei 1854 in den so genannten Mickiewicz-Legionen, Italien 1860 unter Garibaldi). Mickiewicz kannte den wahren Sachverhalt sehr genau, ausgenommen natürlich Garibaldis Feldzug. Man könnte es sich leicht machen und solche Probleme einfach ignorieren. Dies fällt einem aber schon schwerer, wenn man bedenkt, dass das Schulbuchwissen in der Regel von kleineren Geistern als Shakespeare und Mickiewicz zu Papier gebracht wurde.

Josephine Tey hat in ihrem Thriller *The Daughter of Time (Die Tochter der Zeit)* den Schwindel mit Richard III. beschrieben. Aber ein Thriller kommt nicht gegen das Globe Theatre an, und deshalb wird Shakespeares Version überleben.

Manchmal wird eine schriftliche Information auch absichtlich verschlüsselt. Die Bibel (Genesis, 30, 31 – 43) berichtet, wie Jakob, der sich um Rachels Hand bewirbt, eine ansehnliche Herde Schafe ergattert. Er vereinbart nämlich mit Rachels Vater, dass alle gescheckten Schafe in dessen Herde, die er zu hüten hat, ihm, Jakob, gehören sollen. Dann steckt er streifig geschälte Zweige längs des Pfads zur Tränke in den Boden. Bei diesem Anblick empfangen die weiblichen Schafe gescheckte Lämmer. Die im Text verborgene Information lautet: Wenn die eine Partei ahnunglos ist (hier über die Vermehrung von Säugetieren), kann die andere daraus Profit schlagen. Eine ähnliche verschlüsselte Botschaft ist in einem der Abenteuer Sindbads des Seefahrers in Arabien enthalten: Darin heißt es, dass auf einer Insel die königlichen Stuten

allein von einem aus dem Meer auftauchenden Hengst begattet wurden. Die wahre Geschichte hinter dieser Geschichte erschließt sich, wenn man weiß, dass sich die Araber bis zum 10. Jahrhundert im Pferdehandel eine goldene Nase verdienten, indem sie nur Stuten und Wallache nach Indien verkauften.

Diese geradezu unglaubliche Information wird von Jeannine Auboyer in ihrem Buch *La vie quotidienne dans l'Inde ancienne (Tägliches Leben in Altindien)* bestätigt; sie sieht allerdings keine Verbindung zu Sindbads Erzählungen.

Verschlüsselte Texte kamen in frühen Zeiten häufig vor. Auf diese Weise nämlich wurden Informationen in der Regel weitergegeben, wenn man nicht sicher sein konnte, dass die Überbringer ihre mündliche oder schriftliche Botschaft verstanden. Ein Beispiel von Robert Graves illustriert, wie schwierig es sein kann, solche Verschlüsselungen zu knacken, und wie leicht man sich dabei täuschen kann. Es handelt sich um eine skurrile, geradezu unsinnige Sage über eine Spionageexpedition nach Athen, die Theseus unternahm. Der Sage nach verkleidetete sich Theseus als Mädchen, um sein Inkognito zu wahren. Es konnte nicht ausbleiben, dass eine so stattliche junge Dame die Aufmerksamkeit einiger Handwerker auf sich zog, die ein Dach reparierten. Sie machten ihr (oder ihm?) unpassende Angebote, bis Theseus wütend wurde. Sprechen durfte er nicht, denn seine tiefe Stimme hätte ihn verrraten. Also packte er einen Ochsen und warf ihn in die Luft. Den Dachdeckern verging schlagartig die Lust nach der weiteren Gesellschaft einer solchen Walküre. Wie konnte diese seltsame Sage entstehen? Sie beruht auf der Fehlinterpretation eines Bildes. Die Dorer hatten die Achäer nämlich mit solchem Erfolg ausgerottet, dass niemand mehr übrig war, der ihnen die zeichnerischen Konventionen achäischer Bilder hätte erklären können. (In Vortrag XVIII komme ich darauf zurück; es handelt sich um die Mehrzeilen-Perspektive). Weil die Bilder jedoch attraktiv waren, wurden nicht alle zerstört. Die Bedeutung solcher Bilder bedarf aber der Erklärung. In Fig. I. 1 sehen Sie eine schematische Version des Bildes, um das es geht. Es zeigt in Wirklichkeit zwei Priester, die einen Ochsen zur Opferung auf einem Altar vorbereiten.

Robert Graves, *The Greek Myths* (dt. Übers. *Griechische Mythologie*)

Fig. I. 1

Es ist an der Zeit, uns wieder der wichtigsten Ursache für die Verzerrung von Botschaften zuzuwenden, die sich an nachfolgende Generationen und auch an die unsrige richten: Ich meine die tendenziöse Absicht. Begründete man das Bild der Slawen im ausgehenden 2. Jahrtausend auf dem historischen Roman *Starej Basni (Die alte Geschichte)* von Jozef. I. Kraszewski, einem polnischen Schriftsteller des 19. Jahrhunderts, hätte man ein friedliebendes, flachshaariges Volk von Ackerbauern vor Augen, die sich von Zeit zu Zeit genötigt sahen, blutdürstigen Aggressoren mit Gewalt zu begegnen. Verließen wir uns auf byzantinische Quellen, entstünde der Eindruck eines grausamen und primitiven Volks, das dauernd den Frieden seiner kultivierteren Nachbarn störte. Kann man da noch vernünftigerweise nach der Wahrheit fra-

gen? Ich habe sechs Abhandlungen über Hannibal gelesen – vier stimmten für ihn, zwei gegen ihn. (Werke, in denen gängigen Ansichten widersprochen wird, haben eine größere Chance auf Beachtung in der wissenschaftlichen Welt – der Gemeinplatz für sie lautet „enthüllend".) Jetzt die Wahrheit über Hannibal, aber bitte sofort!

All diese Fragen und Zweifel führen zur Bildung unterschiedlicher Schulen mit dem Ziel, Prinzipien für die Auswertung der Quellen aufzustellen. Alle diese geschichtsphilosophischen Schulen gründen sich auf die Annahme, dass der Lauf der Geschichte allgemeinen Gesetzen unterworfen sei, nach denen sich Gesellschaften entwickeln, und interpretieren die Quellen im Einklang mit ihrer eigenen Lehrmeinung über diese Gesetze.

Es gibt in der Tat eine Vielfalt solcher Gesetze. Kaum ein professioneller Historiker wird sich heute noch der Lehre anschließen, die beispielsweise durch Ovids *Metamorphosen* illustriert wird: Anfangs herrschte das goldene Zeitalter, dann das silberne, anschließend das bronzene und uns bleibt nur das eiserne. (Diesem Geschichtsmodell vergleichbar ist der hinduistische Kreislauf der Welt – sie wird zerstört, wenn ihre Grausamkeit überhand nimmt.) Mit einer Verbeugung vor der allumfassenden Benennungssucht der Humanwissenschaften könnten wir von einem pessimistischen Fatalismus sprechen. Es mag ja Unsinn sein, aber war die zweite polnische Republik nicht besser als die dritte? Erfüllten die Häuser früherer Zeiten die Bedürfnisse der Menschen nicht besser als die heutigen? Auf die Frage „Wann bessern sich endlich die Lebensumstände?" passt in diesem Sinn die Antwort „Früher!".

Ich habe diese Lehre nur deshalb erwähnt, weil sie einen Zwilling hat, der weithin beliebt ist: Welt und Menschheit schreiten voran zum Wahren und Guten, zu Gerechtigkeit, Gleichheit, Wissen usw. Diesem humanitären Optimismus hängen hauptsächlich diejenigen Historiker an, die keine Notwendigkeit für eine geschichtsphilosophische Fundierung anerkennen und ihrem Wissen ungebrochen vertrauen. Ganz verfehlt ist diese Einstellung aber nicht. Heute kann eine Frau allein durch die Stadt gehen (vor hundert Jahren war dies recht gefährlich), Pfadfinder schießen nicht mehr mit dem Luftgewehr auf Eichhörnchen (vor siebzig Jahren noch als Zeitvertreib empfohlen), und bei manchen Gelegenheiten hören wir Äußerungen wie „Sie sind ein Lump, mein Herr!" (vor wenig mehr als fünzig Jahren wurden diejenigen, die keine Herren oder Damen waren, einfach mit „Mann" oder „Frau" angesprochen). Mit anderen Worten: *Es geht aufwärts*.

Beide Lehrmeinungen sind für einen Mathematikhistoriker in einem Punkt inakzeptabel: Sie unterstellen, der historische Prozess vollziehe sich linear, alle Veränderungen liefen in dieselbe Richtung, es gebe keine Verzweigungen, keine Schleifen, keine Einmündungen, und Schwankungen seien nur vorübergehende Erscheinungen. Diese Fehlvorstellung ist für manchen Unsinn verantwortlich, der sich in Lehrbüchern der Mathematikgeschichte findet, so etwa für den angeblich von Thales vollzogenen Schritt zur Weiterentwicklung der ägyptischen und babylonischen Mathematik, wo doch nichts von dem, was sich mit dem Namen Thales verbindet, auch nur das Geringste mit der Einstellung der Ägypter und Babylonier zu ihrem Wissen zu tun hat. Die Anhänger dieser zwei Irrlehren (die man auch in der Antike findet) haben die Geschichtsschreibung mit ihrem Gerede von einer *weiteren Entwicklung*, einem *nächsten Schritt* usw. in einem solchen Maß verkleistert, dass man glauben möchte, der beste Weg zur Verbesserung der menschlichen Lebensbedingungen sei es, im Lehnstuhl zu sitzen und abzuwarten. Schlagende Beispiele für diesen Zugang sind gängige, wertende Bezeichnungen wie *Blütezeit Roms, finsteres Mittelalter, Renaissance, Aufklärung*.

Die am weitesten verbreitete geschichtsphilosophische Doktrin ist der historische Materialismus, der in seiner entfalteten Form von Hegel stammt. Eine seiner zahlreichen Varianten ist der Marxismus. Diese Lehre gründet sich auf die simple biologistische Annahme, soziale und zivilisatorische Veränderungen bezweckten im Wesentlichen die Höherentwicklung der Spezies Mensch. Die unterschiedlichen Varianten dieser Lehre ergeben sich aus unterschiedlichen Annahmen über die stärkste Gefahr für die Spezies Mensch. Diese Bedrohung kann ökonomischer Art sein (dies führt zum Marxismus), sie kann physischer Natur sein (dann haben wir eine ökologische Spielart des historischen Materialismus), man kann auch eine ethische Bedrohung oder eine Bedrohung der Freiheit unterstellen. Jedenfalls scheint die wegen der Assoziationen mit dem Marxismus kaum mehr zitierte These, das Sein bestimme das Bewusstsein, allgemeiner Konsens zu sein; beispielsweise soll ein den Regeln der Moral widersprechendes Leben die Selbstwahrnehmung verzerren. In einer inzwischen aus der Mode gekommenen Terminologie heißt die bestimmende Grundlage der Existenz die Basis, der Ort des Bewusstseins der Überbau. Unabhängig von Bezeichnungen ist die Übereinstimmung zwischen diesen beiden Instanzen das am weitesten verbreitete Kriterium für die Verifikation geschichtlicher Quellen.

Alle geschichtsphilosophischen Richtungen leiden an einem Defekt: Die Deutung der Fakten muss sich den Forderungen der einmal akzeptierten Lehre stromlinienförmig anpassen. Man kann sich kaum auf die Geschichtsschreibung einlassen, ohne sich schon vorher für eine Richtung zu entscheiden.

Seit Beginn unseres Jahrhunderts wird neben den materiellen und den schriftlichen Zeugnissen eine weitere Informationsquelle ausgenutzt. Es handelt sich um eine aus der Biologie entlehnte Methode, das Haeckel'sche biogenetische Grundgesetz oder die Rekapitulationstheorie. Als Schlagwort:

> *In der Ontogenese wiederholt sich die Phylogenese* (die Entwicklung des Individuums wiederholt die Entwicklung der Art).

Diese Theorie stellt entwicklungsgeschichtliche Verbindungen zwischen Vertretern verschiedener taxonomischer Einheiten her, indem sie die Embryonalentwicklung und den Reifungsprozess des Individuums untersucht. Ein Ergebnis dieser Methode ist die heutige Vorstellung von den Verwandtschaftslinien zwischen den Lebewesen. Die Methode wird weitgehend anerkannt, obwohl sie eigentlich eine ebenso willkürliche Konvention ist wie die früher erwähnten methodologischen Prinzipien und sich ebenso wie diese nicht verifizieren lässt.

Mit dem Haeckel'schen Prinzip wird oft die folgende Argumentation gestützt: Arten, die weder starken Umwandlungsreizen unterworfen sind noch durch ökologische Bedingungen zur adaptiven Radiation gezwungen werden, bleiben auf einer bestimmten Entwicklungsstufe stehen, während im Veränderungsprozess befindliche Arten dazu tendieren, ihren früheren Entwicklungszustand so weit wie möglich an den Anfang der jeweiligen individuellen Existenz zu rücken - im Extremfall sogar bis hin zum Embryonalstadium. Daher bilden die stabilen Arten die Geschichte der sich entwickelnden Arten ab. Wenden wir dieses Prinzip auf unsere eigene Spezies an, so kommen wir zu dem Schluss, dass

> *die Kulturen der derzeit existierenden primitiven Völker Abbilder der früheren Kulturstufen der hoch entwickelten Völker sind.*

Bronislaw Malinowski war der Pionier dieses Wissenschaftszweigs *The Sexual Life of Savages* (dt. Übers. *Das Geschlechtsleben der Wilden in Nordwest-Melanesien*), *The Argonauts of the Western Pacific Ocean* (dt. Übers. *Die Argonauten des westlichen Pazifik*), dem Claude Levi-Strauss (*Anthropologie structurale*, dt. Übers. *Strukturale Anthropologie*, *Tristes Tropiques*, dt. Übers. *Traurige Tropen*) später weitere starke Impulse gab.

Die strukturale Anthropologie hat diese Sichtweise in die Geschichtswissenschaft eingeführt.

So angreifbar das Haeckel'sche Prinzip ist, wird es doch ohne Zögern angewandt, wenn keine anderen Quellen verfügbar sind und auch keine Hoffnung besteht, dass noch Quellen erschlossen werden können. In Vortrag II werde ich ein Beispiel dafür geben, wie dieses Prinzip in der Mathematikgeschichte benutzt wird.

So viel über die Methodologie der Geschichtsschreibung aus der Sicht eines Laien; ziehen wir Bilanz! Die Hauptpunkte sind:

Der Historiker schreibt Geschichte,

– und er schreibt, da er selbst Teil einer bestimmten Kultur ist und auf dieser Basis andere Kulturen beschreibt;

– er nimmt an, die Menschen seien in den letzten zehntausend Jahren unverändert dieselben geblieben,

– er orientiert seine Forschung an einer selbstgewählten Methodologie,

– und er beurteilt die Glaubwürdigkeit der Quellen nach Gutdünken, d. h. er entscheidet sich für bestimmte Lesarten und Interpretationen schriftlicher, anthropologischer und anderer Belege.

Dieser schöpferische Akt erschafft nicht nur die Gegenwart, sondern auch die Vergangenheit; denn die Realität der Vergangenheit entsteht nur in unserem Bewusstsein.

Nun werden Sie fragen, warum ich all dies in einem Vortrag erzähle, der die Einleitung zu einer Vortragsreihe über Geschichte der Mathematik sein soll. Lassen Sie mich den einzigen Grund offen nennen: Naturwissenschaftlich Interessierte können nur mit Mühe einsehen, dass es einander widersprechende Fakten geben kann. Beschäftigt man sich aber mit der Geschichte, so stößt man unweigerlich auf solche Fakten, beispielsweise auf einander widersprechende Quellen.

Ich wollte auch klar machen, wie diese Vorträge entstanden sind. Durch das Studium zahlreicher Bücher versuchte ich mir eine eigene Meinung über die Geschehnisse zu bilden, und gelang mir das, so stand mein Vortrag. Sie als meine Leser sollten also nicht erwarten, in diesen Vorträgen absolute Wahrheiten oder unwiderlegbare Begründungen meiner Einschätzungen zu finden. Ich schreibe das nieder, von dem ich überzeugt bin, ich rechtfertige meine Meinungen nicht, sondern spiele nur die Rolle eines Anwalts, der Ansichten verteidigt. Genau das tun alle Historiker, wenn auch nur wenige dies zugeben.

Der Unterschied zwischen diesem freimütigen Eingeständnis und völliger wissenschaftlicher Willkür besteht in der Integrität des Forschers. Räumt man dem Historiker keinen Vertrauensvorschuss ein, so braucht man gar nicht erst mit der Lektüre zu beginnen. Um diejenigen zu ermutigen, die mit den genannten Bedingungen für die weitere Zusammenarbeit einverstanden sind, möchte ich ausdrücklich erklären: Ich zweifle nicht daran, dass Erzherzog Franz Ferdinand am 28. Juni 1914 in Sarajevo erschossen wurde und 31 Jahre und 39 Tage später ein amerikanischer Bomber über Hiroshima eine Atombombe abwarf.

Vortrag II

Worüber spricht Sprache?

H. G. Wells lässt sein Buch *A Short History of the World* (dt. Übers. *Die Geschichte unserer Welt*) zur Zeit des planetarischen Nebels beginnen. So weit gehen wir nicht zurück; schon die Entstehungszeit der Spezies Mensch – was immer man darunter verstehen mag – liegt zu lange hinter uns. Diese Frühzeit wäre für uns heute nur im Zusammenhang mit der Diskussion um die Monophylie von Interesse. Dieser Fachausdruck aus der Biologie bezeichnet die Frage nach der Existenz von Adam und Eva, das heißt die Frage nach einem gemeinsamen Vorfahr aller heute lebenden Menschen, genauer noch die Frage nach einem gemeinsamen Vorfahr in der Phase der Entstehung der Spezies Mensch. Auch wenn wir hier dieser diffizilen biologischen Frage nicht nachgehen können, ist doch leicht vorstellbar, dass die platte Antwort „Den gibt es nicht!“ die beste Rechtfertigung für jede Art von Rassismus liefern könnte.

Sei dem wie ihm wolle: Vor vielen tausend Jahren gab es auf der Erde mehrere Arten von Lebewesen, die heute von Archäologen und Anthropologen für Arten des Menschen gehalten werden. Bleiben wir in Europa! Dort gab es im Wesentlichen drei solche Arten.

Die Neandertaler waren trotz ihres deutschen Namens nicht die Vorfahren der Germanen; der Name leitet sich vielmehr von der wichtigsten archäologischen Fundstelle her. Sie waren gedrungene, durchschnittlich 1,60 m große Menschen mit bemerkenswerten körperlichen Fähigkeiten. Ihr Schädel war größer als der des heutigen Menschen. Überraschenderweise haben sie keine Spuren einer so genannten Hochkultur (wie beispielsweise Ornamente) hinterlassen. Ihre sorgfältig hergestellten und zweckmäßig geformten Werkzeuge berechtigen zu der Annahme, dass sie handwerklich sehr geschickt waren.

Der Film *The Struggle for Fire* (dt. Fassung *Am Anfang war das Feuer*), der vor einigen Jahren recht populär war, hatte gewisse Qualitäten. Insbesondere zeigte er in Übereinstimmung mit dem Stand der Wissenschaft eine Vielzahl gleichzeitig lebender menschlicher und vormenschlicher Arten. Dieses Verdienst steht allerdings nicht in zwingender Verbindung mit den professoralen Beratern, deren lange Namensliste den Abspann bis zum endlichen ENDE zierten. Noch länger war diese Liste beim Film *Begegnungen der dritten Art* – und der war kompletter Unsinn.

Die zweite Spezies ist der Cromagnon-Mensch. Er war schlank, hoch gewachsen (im Durchschnitt 1,80 m), technisch ebenfalls begabt, und hatte eine hoch entwickelte Kultur mit religiösen Riten und Anfängen einer bildenden Kunst.

Schließlich: Der Homo sapiens. Das war ein kleingewachsener, etwa 1,40 m großer Mensch, umtriebig und aggressiv, mit ausdifferenzierter Religion, starkem Glauben an die eigene Ausnahmestellung und der Überzeugung, zum Beherrscher über alle Mitlebewesen berufen zu sein. Nationalismen jeder Art belegen, dass der heutige Mensch genau von dieser Spezies abstammen muss.

Und so ist es auch! Wir haben die Neandertaler ausgerottet; von ihnen ist nichts mehr übrig, nicht einmal eine genetische Spur. Dagegen sind, wenn wir den Anthropologen glauben wollen, noch in einigen von uns genetische Spuren der Cromagnon-Menschen vorhanden. Wir haben sie, die Schönheiten gewesen sein müssen, ebenfalls von der Erde getilgt.

Während unsere Vorfahren sich in ganz Europa einrichteten, gingen ihre Verwandten in anderen Kontinenten ähnlich zur Sache und besiedelten zeitgleich bis dahin menschenleere Regionen. Zu dieser Zeit – also vor etwa zwanzigtausend Jahren – ließen sich die Papuas (nicht die Malayen) in Indonesien nieder, die Aborigines in Australien, die Maori in Neuseeland und die Kanaken in Mikronesien.

Gab es damals schon Mathematik? Ja! Weil schriftliche Zeugnisse fehlen und die archäologischen Funde spärlich sind, müssen wir uns hier auf die strukturalistische Methode stützen, die im vorigen Vortrag angesprochen wurde. Auch Sprache lässt sich als vorzeitliches Relikt betrachten. Es besteht Konsens darüber, dass Worte ausgewechselt werden, wenn sich die von ihnen bezeichneten Begriffe in ihrer Bedeutung wandeln. Daher kann es nicht überraschen, dass Worte, die eine Wohnstätte bezeichnen, vom Typ der Wohnstätte abhängen. Höhlen, Hütten, Backsteinhäuser und Wolkenkratzer unterscheiden sich so stark, dass die Erwartung unvernünftig wäre, das bezeichnende Wort bliebe über Jahrhunderte hinweg dasselbe. Ganz anders verhält es sich mit den Zahlen. Sie sind in ihrem Wesen heute dieselben wie vor Tausenden von Jahren. Daher erscheint uns die strukturalistische Begründung für den dokumentarischen Wert von Zahlworten primitiver Kulturen überzeugend.

Werfen wir einen näheren Blick auf die strukturalistische Methode! Sie gestattet nämlich unterschiedliche Interpretationen.

In den folgenden Zeilen sind Zahlworte einer mikronesischen Volksgruppe und zweier Stämme der Aborigines (Murray River und Kamilaroi) notiert.

	Mikronesien	*Murray River*	*Kamilaroi*
1	ke-yap	enea	mal
2	pullet	petcheval	bular
3	ke-yap-pullet	petcheval enea	guliba
4	pullet-pullet	petcheval petcheval	bular bular
5			bular guliba
6			guliba guliba

Lassen Sie uns die strukturalistische Hypothese akzeptieren, dass sich durch die Beobachtung heutiger primitiver Gesellschaften Informationen über das Denken und Verhalten unserer Vorfahren gewinnen lassen. Dann könnten wir folgern: In einigen Gesellschaften wurde bis 2 gezählt, in anderen bis 3, danach kam „sehr viele“ und erst später stießen sie zu höheren Zahlen vor. Diese Deutung ist aber völlig falsch!

Woher wissen wir das? Ausgerechnet die Biologie gibt uns hier Antwort. In den Schriften des hervorragenden Tierpsychologen Oscar Heinroth findet sich die Feststellung, dass ein Kiebitz bis 4 „zählen“ kann. Dies wurde durch folgendes Experiment nachgewiesen: Ein Kiebitz hat die Gewohnheit, Menschen aus der Nähe seines Nests wegzulocken. Im Experiment versteckten sich einige Personen hinter einer Hecke und ließen sich einzeln vom Kiebitz ins Freie locken. Dabei stellte sich heraus, bei welcher Gesamtzahl von Personen der Kiebitz noch weiß, dass sich weitere Personen hinter der Hecke versteckt halten.

Es wäre unvernünftig anzunehmen, unsere Vorfahren seien weniger schlau als ein (zugegeben moderner) Kiebitz gewesen. Wie aber lässt sich dann das Bildungsgesetz ihrer Zahlworte erklären? Eine zutreffende Deutung liegt wahrscheinlich in der Annahme, dass die komplexe Konstruktion der Zahlwörter auf einen Beginn mathematischen Denkens hinweist, nämlich auf die Zusammenfassung von Anzahlen in „Bündeln". Noch im heutigen Grundschulunterricht erfassen Kinder größere Zahlen leichter, wenn sie in Bündel gleicher Größe und einen Rest zerlegt werden. Es handelt sich dabei ohne jeden Zweifel um eine mathematische Aktivität und als eine solche interpretieren wir auch die Zähltechnik primitiver Völker.

Sehen wir uns als weiteres Beispiel die Zahlworte des Papuastammes der Wedau an!

1	tagogi	
2	ruag'a	
3	tonug'a	
4	ruag'a-ma- ruag'a	2 + 2
5	ura-i-ga	
6	ura-g'ela-tagogi	5 und 1
7	ura-g'ela-ruag'a	5 und 2
8	ura-g'ela-tonug'a	5 und 3
9	ura-g'ela-ruag'a-ma-ruag'a	5 und 2 + 2
10	ura-ruag'a-i-ga	5 mal 2

Der Sachverhalt bestärkt uns in unserer früheren Folgerung. Ganz offenbar haben wir es mit Bündelung und, wie in der zweiten Spalte dargestellt, mit Rechengesetzen in Klarschrift-Notation zu tun. (Wer möchte, kann diese Gesetze nach Peano formalisieren.)

Die Beispiele zeigen auch, dass es „Lieblingszahlen" gibt, nämlich 2 und 5. Der Grund dafür dürfte ein anatomischer sein, nämlich die Anzahl der Hände und der Finger. Auch der Gedanke liegt nahe, dass bereits ein rudimentäres Positionssystem vorliegt. Das folgende Beispiel – es stammt von der Insel Hense-Vulkan – scheint zunächst diese Auffassung zu stützen:

1 teé	2 rua	3 tolli	4 oatti	5 lima
6 lima teé	7 lima rua …			10 ulema
11 ulema teé …				15 ulema lima
16 ulema lima teé …				20 ulem tamata

Hier ist die Zahl 10 ausgezeichnet; die Vorstellung von einem Positionssystem lässt sich aber nicht halten. Die Ainu (Kamtschatka, Sachalin, Hokkaido) haben die folgenden Zahlwörter:

1 shnep, 2 tup, 3 repf, … … 8 tubishambi, 9 shnebishambi, 10 vambi.

Hier ist $8 = 10 - 2$ und $9 = 10 - 1$. Ähnlich wird am Jenissei gezählt:

8 ynä bese khuos, 9 chusä bese khuos.

Die Richtigkeit der strukturalistischen These, dass die Geschwindigkeit, mit der Änderungen eintreten, durch Isolierung signifikant verlangsamt werden kann, lässt sich am Ungarischen belegen. Diese zentraleuropäische Sprache ist von den im Umkreis gesprochenen Sprachen völlig verschieden. Die Zahlwörter

8 nyolc, 9 kilenc

sind aus den alten Wörtern nyo für 2 und külön für 3 gebildet. Die Tatsache, dass die Wörter für 1 und 2 aus früher Zeit stammen, stützt eine weitere Annahme des Strukturalismus: Zahlwörter sind stabiler als die meisten anderen Wörter.

Das System der „römischen Zahlen", das von den Etruskern entwickelt wurde, beruht nicht nur auf der Addition (oder Multiplikation), sondern auch auf der Subtraktion:

I, II, … IV, V, VI, VII, VIII, … IX, X, XI, XII, …

Das Bildungsgesetz der lateinischen Zahlwörter weicht von dem der Zahlzeichen ab. Dessen einzige sprachliche Überreste sind

18 duo de viginti, 19 un de viginti.

Für die These, die Herkunft der Zahlen liege in der menschlichen Anatomie, liefert die Zählweise der Tamanaco-Indianer in Venezuela ein überzeugendes Argument:

1	tevinitpe	
2	akcake	
3	aciluove	
4	akcakemnene	(zwei noch mal)
5	amgnaitone	
…		
10	amgna aceponare	(zwei Hände)
11	puitta-pona tevinitpe	(eine Zehe, wörtlich „eins an einem Fuß")
…		
15	iptaitone	(ein Fuß)
16	itakono puitta-pona tevinitpe	(eine Zehe am zweiten Fuß)
…		
20	tevin itoto	(ein Indianer)
21	itakono itoto jamgnar-pona tevinitpe	(ein Finger eines zweiten Indianers)
…		
40	akcake itoto	(zwei Indianer)
…		
60	aciluove itoto	(drei Indianer)

Offenbar ist hier die Zahl 20 ausgezeichnet. Eine Spur dieser Hervorhebung findet sich noch im Lateinischen (siehe obiges Beispiel).

Es ist an der Zeit, die Quelle für die riesige Zahl von Beispielen offen zu legen, die ich nur zu einem kleinen Teil vorführen konnte. Zu vermuten, diese Beispiele seien von Mathematikhistorikern gesammelt worden, hieße gewiss ihre Ausdauer zu überschätzen. In Wahrheit interessieren sich hauptsächlich die Anthropologen für Zahlwörter. Wegen des Widerstands gegen Veränderungen gelten Zahlwörter als verlässliche Zeugen bei der Erkundung von Verwandtschaften zwischen Völkern. Insbesondere liefern Zahlwörter die wichtigste Begründung für die anerkannte Hypothese einer nach Europa gerichteten, in Wellen ablaufenden Völkerwanderung, bei der jedes Volk, bevor es sesshaft wurde, das vor ihm angekommene an den Rand drängte (oder bis zur Unauffindbarkeit auslöschte). Alle diese Völker kamen aus dem

Tiefland von Turkestan in Zentralasien. Die älteste – noch in Teilen erhaltene – Welle von Völkern hat die Kelten nach Europa geführt. Diese, die heutigen Schotten, Iren, Bretonen und Basken bewohnen die westlichen Randgebiete Europas. Die Basis ihrer Zahlwortreihe ist ganz offenkundig die Zahl zwanzig:

	Basken	*Bretonen*	
10	amar		
20	oguey	ugent	
30	oguey-t-amar	tregont	
40	berroguey	daou ugent	(2-mal 20)
60	yruroguey	tri ugent	(3-mal 20)

Die These, die Kelten hätten früher ganz Europa besiedelt, wird durch die Analyse der Sprachen derjenigen Völker untermauert, von denen die Kelten nach aussen verdrängt wurden. Im Dänischen beispielsweise wird folgendermaßen gezählt:

50	half-tre-sinds-tyve	(drei-ohne-einhalb-mal 20)
60	tre-sinds-tyve	(3-mal 20)
70	half-fjer-sinds-tyve	(vier-ohne-einhalb-mal zwanzig)
80	fir-sinds-tyve	(4-mal zwanzig)

Ähnlich zählt man im Französischen:

80	quatre-vingt	(4-mal 20)
96	quatre-vingt-seize	(4-mal 20 plus 16)

Bei diesem Beispiel sind wir sogar Zeugen für den Verlust des keltischen Erbes. Vor etwa 25 Jahren nämlich kam im Französischen für die Zahl 80 das Zahlwort *octante* auf. (In Belgien wurde es schon einige Zeit früher verwendet.)

In höher entwickelten Gesellschaften wurden häufig die auf der Grundlage der Anatomie gebildeten Zahlwörter mit Bezeichnungen anderer Realien kombiniert. Beispielsweise unterlegten die Maya der Zahl 20 die Bedeutung einer Zeitspanne und bildeten daraus weitere Stufenzahlen:

1		kin	(1 Tag)
20		uinal	(1 Monat)
360		tun	(1 Jahr)
	× 20	katun	
	× 20	baktun	
	× 20	piktun	
	× 20	calabtun	
	× 20	kinchilzun	
	× 20	alantun	(dies sind schon 23 040 Millionen)

Das Zahlwort alantun ist besonders bemerkenswert. Obwohl die Maya kein Stellenwertsystem kannten, in dem Zahlwörter auch für „riesengroße" Zahlen bequem zu bilden sind, verfügten sie für eine so große Zahl über ein Zahlwort! Zum Vergleich: Eine kümmerliche 10 000 war die größte Zahl, für die es im alten Griechenland ein Zahlwort, myrias, gab. (Ich frage mich, ob die Maya mit einer galoppierenden Inflation geschlagen waren.)

Schauen wir uns wieder zum Vergleich die Zahlwörter im Polnischen an! Ihre Bildungsregeln sind dem Dezimalsystem angepasst; dies belegt, dass wir – jedenfalls in unserer Muttersprache – erst in jüngerer Zeit zu zählen begannen. (Das Dezimalsystem kam im 8. Jahrhundert nach Europa und setzte sich dort erst im 15. Jahrhundert endgültig durch.)

Die Zahl 60 als die ausgezeichnete Zahl in Mesopotamien verdient eine besondere Würdigung. Noch heute erinnern die Teilung der Stunde und des Winkelgrads in (Winkel-) Minuten und (Winkel-) Sekunden an ihre frühere Bedeutung. Ist es nicht erstaunlich, dass wir eine so alte Kulturleistung noch heute in der ursprünglichen Form nutzen, dass die Gelehrten aus Chaldäa etwas erfunden haben, das wir heute ohne Widerstand unverändert verwenden können? Ich werde auf die Zahl 60 als Element eines echten Stellenwertsystems im nächsten Vortrag zurückkommen.

Die bisherigen Beispiele erlauben einige Folgerungen. Es ist bemerkenswert, dass schon in frühester Zeit mit natürlichen Zahlen umgegangen und gerechnet wurde. Die Zusammensetzung von Größen aus Bündeln stammt offenbar aus natürlichen Quellen. Zahlwörter werden benutzt, um Verwandtschaftsbeziehungen zwischen Völkern zu erforschen; diese wichtige Feststellung belegt, dass es vom wissenschaftlichen Standpunkt her richtig ist, die Mathematik als Element der Menschheitskultur zu betrachten. So bleibt noch Hoffnung, dass diese Feststellung eines Tages auch vom gesellschaftlichen Standpunkt her korrekt sein wird. Ich frage mich, ob es sich anspruchsvolle Intellektuelle und Künstler in einiger Zukunft zweimal überlegen werden, bevor sie in aller Öffentlichkeit fröhlich verkünden: *In Mathe war ich immer schlecht!*

Voreilige Schlüsse aus der Untersuchung von Zahlwörtern können aber Ihre (geistige) Gesundheit gefährden – und das nicht nur dann, wenn Sie selbst die Untersuchung führen. Dazu erzähle ich etwas über den Vergleich zwischen den Zahlwörtern für Kardinalzahlen und denen für Ordinalzahlen.
Sie erkennen eine Regelmäßigkeit:

jeden – pierwszy	one – first	un – premier	ein – erste
dwa – drugi	two – second	deux – second	

Die Zahlwörter für die kleinen Kardinalzahlen und Ordinalzahlen unterscheiden sich also. Dieser anscheinend belanglose Sachverhalt verleitete die Paläoethnologen zu folgendem Schluss: Da sich Ordinal- und Kardinal-Zahlwörter unterscheiden, muss sich die Zahlvorstellung primitiver Völker notwendig auf die Mengenlehre gründen, wo diese Unterscheidung vor 120 Jahren eingeführt wurde. Zahlreiche Psychologen und Pädagogen wie Jean Piaget entwickelten die gemeinsame Überzeugung, auch für den Schulunterricht gelte das Haeckel'sche Prinzip, und leiteten daraus ab, der Mathematikunterricht müsse die Denkstrukturen primitiver Völker nachbilden und daher mit der Mengenlehre anfangen. Die Ergebnisse sind bekannt. Mich schaudert, wenn ich daran denke, dass hervorragende Wissenschaftler aufgrund einer zweitrangigen Beobachtung einer ganzen Generation das Leben vergiftet haben.

Das Gruppieren von Zahlen in Bündel ist ohne Zweifel eine echte mathematische Aktivität. Bis zum heutigen Tag widmen sich viele Mathematiker Problemen dieses Grundtyps und erzielen eine Fülle interessanter Ergebnisse. Ich möchte einige Beispiele nennen:

Die Pythagoreer entdeckten, dass ein „Quadratbündel“ k^2 mit $k \in \mathbb{N}$ genau dann in zwei Quadratbündel zerlegt werden kann (d.h. dass es zwei natürliche Zahlen l und m mit $k^2 = l^2 + m^2$ gibt), wenn k von der Form $r(p^2 + q^2)$ mit beliebigen natürlichen Zahlen r, p, q ist. (Gilt $k = r(p^2 + q^2)$ und $p > q$, so folgt $l = 2rpq$ und $m = r(p^2 - q^2)$.)

Eine Verallgemeinerung dieses Resultats ist der berühmte „Große Satz von Fermat“. Er behauptet, dass ein Bündel höherer Potenz als 2 nicht in zwei Bündel derselben Potenz zerlegbar ist. (Die Beschäftigung mit diesem zugegeben künstlichen Problem bringt einigen Gewinn; ich komme in Vortrag XVII darauf zurück.) Von Diophant stammt der hierher gehörende Satz, nach dem sich das Produkt zweier Summen je zweier Quadrate natürlicher Zahlen auf zwei Arten als Summe von zwei Quadraten natürlicher Zahlen darstellen lässt.

Verwandt mit dem Fermat'schen Satz ist die Waring'sche Vermutung. Sie besagt, dass es zu jeder natürlichen Zahl n eine natürliche Zahl m gibt, sodass sich jede natürliche Zahl als höchstens m-gliedrige Summe n-ter Potenzen darstellen lässt. (Der Beweis wurde 1909 von Hilbert erbracht.) Die Frage, wie die Zahl m von n abhängt, ist noch ungelöst. Für $n = 2$ gilt $m = 4$, wie Lagrange bewies; wir kennen heute die Werte von m für alle n bis 471 600 000.

Im Satz von Waring und Hilbert gilt $m = 9$ für $n = 3$ und $m = 19$ für $n = 4$. Beispielsweise lässt sich die Zahl 79 in 19, aber nicht in weniger vierte Potenzen zerlegen. Allgemeiner gilt $m \geq 2^n + \left\lfloor \left(\frac{3}{2}\right)^n \right\rfloor - 2$, und seit 1989 weiß man, dass hier für $n \leq 471\,600\,000$ sogar die Gleichheit gilt. Mahler bewies im Jahr 1957 noch, dass die Gleichheit für alle hinreichend großen Zahlen zutrifft; es ist aber nicht bekannt, ob man mit 471 600 000 schon von unten in diesen Bereich hineingestoßen ist.

Vortrag III

Das Wissen der Babylonier

Kehren wir zu unserer geologischen Zeittafel zurück! Das Pleistozän und mit ihm die Perioden der Vereisung gehen zu Ende, das Holozän oder Alluvium beginnt. Wir befinden uns im Jahr –10 000. Die Völker machen sich zu ihrer großen Wanderung in Gebiete mit mildem Klima auf.

Diese Erscheinung ist den Geozoologen wohl bekannt und findet innerhalb dieser Wissenschaftsdisziplin eine einsichtige Erklärung. Die Ursache wird klar, wenn man den jährlichen Vogelzug untersucht. Warum wohl nehmen diese kleinen Tiere Jahr für Jahr eine solch enorme Anstrengung auf sich? Ganz offenkundig wollen sie dem Winter entgehen, aber warum kehren sie dann überhaupt in Gegenden zurück, die sie wenige Monate später wieder verlassen müssen? Der Pirol beispielsweise hält sich nicht länger als drei Monate in den Wäldern Polens auf. Des Rätsels Lösung liegt in der Pflanzenwelt. In den Tropen, etwa im Urwald am Kongo, kann die durchschnittliche Entfernung zwischen zwei Pflanzen derselben Art bis zu 500 m betragen. Es gibt dort fast keine größeren Monokulturen, wo zahlreiche Exemplare derselben Art wachsen. Dem entspricht eine ähnliche Vielfalt und territoriale Inhomogenität der Tierwelt. Im Gegensatz dazu bestehen die gemäßigten Zonen aus großflächigen homogenen Biotopen mit wenigen Arten, die aber jeweils durch sehr viele Individuen vertreten sind. Einschlägige Beispiele sind Steppen, Savannen, Fichten- oder Buchenwälder. Solche Bereiche bieten jedenfalls zeitweise Nahrung im Überfluss und deshalb kehren die Vögel zur Aufzucht ihrer Jungen in die gemäßigten Zonen zurück.

Die Triebkraft für die Wanderungsbewegung der Völker war also das reiche Nahrungsangebot dieser Zonen und nicht eine Übervölkerung; schließlich überstieg damals die Bevölkerungszahl der Erde kaum einige Millionen. Das Sammeln, damals die einzige bekannte Methode zur Sicherung des Lebensunterhalts, differenzierte sich in zwei Formen. Die eine geschah im Jagdverband. Stämme, die diesen Weg „gewählt" hatten, folgten zunächst den Wanderungen weidender Herdentiere wie beispielsweise Antilopen und begannen dann, die Wanderungen zu lenken und die Tiere vor Beutegreifern zu schützen. Auf diese Art entwickelten sie sich von Jägern zu Hirten. Die zweite Form des Sammelns beruhte auf dem Ackerbau, also auf der Unterstützung des Bodens zur Produktion von Nutzpflanzen. Auch dieser Wandel ging langsam vor sich, aber die Kluft zwischen den zwei Lebensformen wuchs beständig. Die meisten Gebiete, in denen damals der Ackerbau blühte, sind heute kaum noch fruchtbar; die Sahara, das Zweistromland, das Tiefland von Turkestan (heute Kara-Kum und Kizyl-Kum) sind zu Wüsten geworden. Ich übergehe hier China und Indien, auf die ich in Vortrag IX zurückkomme.

Gesellschaften von Ackerbauern waren zahlenmäßig stärker als Nomadenstämme. Hier erhob sich erstmals die Notwendigkeit, das für den sozialen Zusammenhalt notwendige Wissen über die Welt festzuhalten, und es bildete sich eine Schicht heraus, die wir heute Schamanen oder Priester nennen dürfen. Die Bezeichnung „Wissenschaftler" ist nur deswegen unangemessen, weil der Wissenschaftsbegriff von dem unsrigen stark abwich. Die damalige Methodologie ist als empiristisch zu bezeichnen, denn sie stützte sich allein auf Versuch und Irrtum als Instrument des Wissenserwerbs.

Die empiristische Methodologie erschließt sich uns nur schwer. Die größte Schwierigkeit bereitet uns das Eingeständnis, dass es Wissen geben kann, das sich nicht auf den Kausalitätsbegriff stützt, ja diesen nicht einmal kennt, wo doch dieser Begriff zumindest seit dem Ende des 19. Jahrhunderts die Grundlage unserer Wissenschaft ist. Schwer zu verstehen ist auch, dass die reine zeitliche Abfolge – eine grundlegende Kategorie der empiristischen Methodologie – etwas ganz anderes ist als verkappte Kausalität. Es ist für uns auch schwer, sich mit der Tatsache abzufinden, dass Wissen nicht in Form von Lehrsätzen und Gesetzen organisiert sein muss, sondern eine Sammlung von Riten sein kann, die das richtige Verhalten in verschiedenen Lebenslagen im Einzelnen vorschreiben.

Die Beobachtung, dass ein Ritus keine Begründung seiner selbst enthält, hat viele Historiker dazu geführt, die Zauberer als eine Gruppe einzuschätzen, die ihr Wissen nur im eigenen Interesse benutzt, Menschen im Zustand der Unwissenheit ließ und ihnen Märchen erzählte, statt sie aufzuklären. Weit gefehlt! Auch das Wissen der Gelehrten hatte in der damaligen Zeit die Form von Riten und Zeremonien. Daran ist nichts erstaunlich; es gibt doch heute noch Wissenszweige mit ähnlicher Methodologie!
Ich will die empirische Form des Wissens an einigen Beispielen illustrieren.

Im Alten Reich, über das ich am Ende dieses Vortrags noch mehr sagen möchte, wurde die gesellschaftliche Disziplin nicht durch ein System von Zwängen, sondern auf viel subtilere Weise aufrechterhalten. Das war ganz einfach: Erwies sich ein Landstrich als aufsässig, wurden zur regionalen Aussaat-Zeremonie einfach keine Priester entsandt. Zunächst ging noch alles gut: Die Zeremonie wurde, mehr schlecht als recht, von „Lokalgrößen" abgefeiert. Man sang, Bänder wurden geschwungen, in einer Ackerfurche fand eine rituelle Begattung statt. Aber dann fiel unerklärlicherweise die Ernte mager aus. Eine Hungersnot drohte. Die „Lokalgrößen" unterdrückten ihre Angst vor Bestrafung und wendeten sich ans „Hauptquartier", um für ihr Gebiet Schutz zu erflehen. Wie kam es dazu? Die seit Jahrhunderten immer weiter verfeinerte Zeremonie enthielt – neben anderen Dingen – alle für einen erfolgreichen Ackerbau notwendigen Elemente. Sie war aber langwierig und undurchsichtig, sodass kein Laie wissen konnte, was wichtig war und was nicht. Ganz ähnlich verhält es sich im Gottesdienst; es wäre viel Selbstvertrauen nötig, die „entscheidenden 10 %" herauszugreifen. Die ägyptischen Priester zeichneten sich gerade durch die in jahrelangen Studien erworbene lückenlose Kenntnis des Ritus aus.

In der Ägyptologie wird die Geschichte Altägyptens in drei Perioden eingeteilt: das Alte, das Mittlere und das Neue Reich.

Wir sind fest davon überzeugt, dass jede Einschränkung des Gen-Pools, wie sie besonders durch Inzest entstehen kann, zur Zunahme geistiger Defekte (im medizinischen Sinn) führt. Diese Behauptung wird anscheinend durch die heutige Forschung bestätigt, obwohl mir keine vertrauenswürdige Quelle bekannt ist. Das Inzestverbot ist ein Ergebnis empirischer Wissenschaft. Einige Volksstämme unternahmen ja ganz massive Anstrengungen, um ihren Gen-Pool auszuweiten. So gehörten in Griechenland zu Zeiten der Achäer zu den Riten so genannte Orgien, bei denen die Frauen vom Stamm der Pferde (um irgendeinen Stammesnamen zu wählen) mit den Männern vom Stamm der Delfine ein sexuell getöntes Fest feierten; die Frauen vom Stamm der Delfine trafen ebenso mit den Männern vom Stamm der Schildkröten zusammen usw., bis sich der Kreis schloss. Ich erzähle Ihnen kein Beispiel für Ausschweifungen in der Antike, sondern ein Beispiel einer echten religiösen Zeremonie. Die frommen Menschen dieser Zeit wussten nicht und konnten natürlich auch nicht wissen, dass diese Zeremonie höchst vernünftig war, da sie zur Erweiterung des Gen-Pools beitrug.

So gut wie jede Kultur hat sich Regeln gegeben, nach denen die Toten von den Lebenden getrennt werden; in den meisten Fällen werden die Toten begraben oder verbrannt. In der Begründung für dieses Tun ähneln sich alle Kulturen, die ihr Wissen auf empirischem Weg erwerben. übereinstimmend herrscht nämlich der Glaube, in den Leichen hausten Vampire, die Vorübergehende angreifen, in ihnen Feuer entfachen und sie sogar zu Tode quälen können. Auch von unserer Warte aus trifft diese Erklärung zu, nur heißen die Vampire heute Bakterien und Viren. Denken wir daran, dass Louis Pasteur erst vor wenig mehr als einem Jahrhundert gelebt hat!

J. G. Frazers Buch *The Golden Bough* (dt. Übers. *Der goldene Zweig*) bietet eine umfassende Übersicht über die Zeremonien und Kulte jener Zeit und spürt ihnen bis in die Gegenwart nach. Nach Frazer haben die in slawischen Ländern stattfindenden Feste zu Ehren der Kupala und später des hl. Johannes, bei denen die Einwohner Kränze den Fluss hinabtreiben lassen, ihre Wurzeln in achäischen Orgien – wären Sie darauf gekommen, dass dahinter ein sexuelles Amüsement steht?

Mein letztes Beispiel stammt nicht aus früheren Zeiten. Auch heute gibt es viel benutzte wissenschaftliche Werke, die auf empirischen Methoden basieren – ich meine Kochbücher. Wenn ein solches Buch einen Ritus (dort heißt es „Rezept") zur Herstellung von Apfelkuchen enthält, so enthält es doch gewiss keine Begründung dieses Ritus. Stattdessen findet man eine Liste der darzubringenden Opfergaben (der notwendigen Rohstoffe). Das Endergebnis hängt von der Glaubensstärke (der Treue zum Rezept) der Priesterin (Hausfrau) ab. Wir verstehen die Mathematik der Zeit, von der wir sprechen, sicher besser, wenn wir in Gedanken ein wenig bei diesem Beispiel verweilen.

Als sich um das Jahr –8000 die Gletscher endgültig zurückzogen, verwandelten sich die Sahara, die arabische Halbinsel, die Gobi in Wüsten. Die Bewohner dieser Regionen zogen sich in die Umgebung der großen Flüsse zurück. Die wachsende Kopfzahl und Siedlungsdichte der Bevölkerung brachte die Notwendigkeit mit sich, zur Verteilung der Nahrung und zur Kontrolle über die Wasservorräte staatliche Strukturen zu schaffen.

Die großen Staaten der damaligen Zeit lagen an großen Flüssen. Diese waren der Nil (heute Ägypten und Sudan), der Niger (Nigeria), Euphrat und Tigris (Irak), Indus (Pakistan), Ganges (Indien), Hoang Ho und Yangtze Kiang (China). Auch heute noch sind diese Länder dicht besiedelt; beispielsweise nehmen Ägypten und Nigeria nur 4,1 % der Fläche Afrikas ein, beherbergen aber mehr als 25 % der Bevölkerung dieses Kontinents.

Anfangs umrundeten Nomadenstämme wie Wolfsrudel die großen Agrarländer. Später bildeten sich an deren Rändern kleine Pufferstaaten mit gemischten Strukturen. Die Organisationsform der großen Agrarländer ähnelte der eines Bienen- oder Ameisenstaats. Jedenfalls in gewissem Grad herrschte in den Anfängen das Matriarchat. Davon zeugt ein matrilineares Element in der Erbfolge der ägyptischen Monarchie: ein männlicher Pharao hatte den Thron inne, Mitregentin war seine Schwester, Thronerbe deren ältester Sohn. Diese Regelung war erstaunlich langlebig; noch in frühchristlicher Zeit herrschte Kleopatra an der Seite des Ptolemaios. Nebenbei bemerkt dominierte Kleopatra in diesem Team, und das muss keine Ausnahme gewesen sein!

Der Organisationsgrad dieser menschlichen Ameisenhaufen war schon erstaunlich. Wir verdanken ihnen die Pyramiden (von der Stufenpyramide zu Sakkara bis zur Cheopspyramide zu Gizeh), die Zyklopenmauern von Mykene und Theben in Griechenland, das Labyrinth und den Palast von Knossos auf Kreta und die noch intakten Staudämme in Armenien. Die unglaubliche Perfektion dieser Bauten zeigt sich im Prädikat „zyklopisch", das die alten Griechen (historisch gesehen die Dorer) prägten. Sie konnten sich nicht vorstellen, dass Menschen etwas so Gewaltiges erbaut haben sollten. (Erich Däniken äußert sich heute ähnlich.) Es ist ja in der Tat schwer vorstellbar, dass heutzutage mehrere Generationen lang am selben Bauwerk gearbeitet würde. Ebenso würde keine Baufirma den Auftrag annehmen, in Mesopotamien ein schleusenloses Bewässerungssystem zu errichten – die Sumerer haben das aber fertig gebracht. Wenn wir uns darüber wundern, dass sie Sonnenfinsternisse vorhersagen konnten, zeigt dies nur, dass wir uns in ihre Art zu denken und zu handeln schwer einfühlen können.

Für den Fall der Sonnenfinsternisse gibt es eine einsichtige Erklärung. Wir verdanken sie Ptolemaios, der im 2. Jahrhundert in Alexandria lebte, die von den Ägyptern gesammelten nützlichen Beobachtungsdaten niederschrieb und verwertete. (Mit dem Königshaus war er übrigens nicht verwandt.) Einmal wöchentlich um Mitternacht pflegten zwei Priester Gesicht zu Gesicht auf dem Dach ihres Tempels zu sitzen und alles aufzuzeichnen, was sie sahen – einschließlich ihrer selbst. Die beschrifteten Papyri wurden zusammengeklebt und aufbewahrt. Die Priester notierten im Lauf der Woche auch alle Himmelsereignisse. Diese Aufzeichnungen wurden für Vorhersagen nach dem Prinzip „danach, also deshalb" benutzt. Solche über Jahrtausende hinweg reichende Datensammlungen ermöglichen in der Tat manche Prognose. (Auch unsere Wettervorhersagen beruhen schließlich auf ähnlicher Grundlage, wenn die Wetterphänomene auch viel komplexer und – überraschenderweise – die verfügbaren Daten weit weniger vollständig sind.) Nach diesem Verfahren vermehrte sich zur damaligen Zeit das Wissen.

Es ist gerechtfertigt, Mesopotamien als die wissenschaftlich fruchtbarste aller Regionen anzusehen. Dieses Paradies auf Erden, das viele Forscher für den Ort des biblischen Gartens Eden halten, wurde häufig von aggressiven Stämmen nomadisierender Schafhirten wie den Akkadern und Assyrern angegriffen. Diesen Invasionen konnte die sesshafte Bevölkerung nur ihre handwerklichen Fähigkeiten und ihr Wissen entgegensetzen. Dies erklärt die dauerhafte Existenz jenes geheimnisvollen Volks der Babylonier und später der Chaldäer – Chaldäa ist eine Landschaft im heutigen Iran, das viele kriegerische Einfälle und die fast restlose Ausrottung, eine „Spezialität", mit der sich die Assyrer besonders brüsteten, jahrhundertelang überstand. Es überlebten nur diejenigen, vor denen sich die Mörder fürchteten. Der schlechte Ruf der Babylonier wird auch durch den biblischen Mythos vom Turm zu Babel (Genesis, 11) bezeugt: Diese bösen Menschen reden so unverständlich, dass man ihnen nicht zutraut, sie könnten sich auch nur untereinander verständigen.

Das älteste erforschte Staatsgebilde Mesopotamiens ist Sumer. Sein herausragender Beitrag zur Kultur ist die Keilschrift – außergewöhnlich auch deshalb, weil sie nur ein einziges, in verschiedenen Kombinationen geschriebenes Zeichen besitzt. Ich komme später darauf zurück. Das Sumerische war über sehr lange Zeit hinweg, nämlich 4000 Jahre lang, die Sprache der Gelehrten. (Um das –4. Jahrhundert übernahm das Griechische diese Rolle, im 5. Jahrhundert das Lateinische und seit etwa 25 Jahren ist Englisch die Sprache der Wissenschaft.) Sumerisch war die Sprache der chaldäischen Weisen – ein Wort, das in der Literatur die Gelehrten jener Zeit bezeichnet. Wir wissen, dass die sumerischen Tempel, die Ziggurats, abgestumpfte Pyramiden waren. Wir wissen auch, dass die Sumerer um –2500 von den Akkadern unterworfen wurden. Die Eroberer aber nahmen die Kultur der Sumerer auf und assimilierten sich vollständig.

Die Akkader erbauten das Babylon der Bibel (als eines von mindestens sieben Babylons) samt dem Turm von Babel. Ur in Chaldäa war der Geburtsort Abrahams, des gemeinsamen Stammvaters der Juden und Araber. Nach jeder Invasion musste das soziale Leben wieder bei null beginnen, aber die Kultur, die Wissenschaft und die Kunst überlebten stets. Die Angst vor dem Fluch der chaldäischen Weisen – eine Angst vor dem Unbekannten und daher umso schrecklicher – saß so tief, dass selbst Hammurabi seinen Kodex mit dem folgenden Satz enden lässt: *Und so habe ich, Hammurabi, das Volk der Schwarzhaarigen weder hintangesetzt noch erniedrigt.* (Die Sumerer waren schwarzhaarig, die Assyrer meist rothaarig.)

Schriftzeugnisse der Sumerer finden sich auf Tontafeln, die in Mesopotamien ausgegraben wurden. Die Schriftzeichen wurden in den Ton hineingedrückt, und obwohl die Tafeln nicht gebrannt wurden, blieben sie wegen des günstigen Klimas in beachtlicher Anzahl erhalten. Tafeln mit mathematischem Inhalt (es wurde aber Zeit!) enthalten meist Tabellen mit Berechnungen zu vorgegebenen Daten. Ähnliche Tabellen finden wir noch heute in agrartechnischen Lehrbüchern beispielsweise für das Volumen einer Strohmiete in Abhängigkeit vom Umfang und der Länge eines darübergeworfenen Seils. Mit anderen Worten: Die meisten Tafeln enthalten – in heutiger Sprechweise – Wertetabellen von Funktionen.

Es gibt auch Tafeln, deren Zweck nicht mehr eruierbar ist. Ein Beispiel ist *Plimpton 322* (der Name bezeichnet eine Sammlung, die Zahl die Ordnungsnummer der Tafel):

(1)	(2)	(3)
	119	169
	3367	4825
	4601	6649
	12709	18541
	65	97
	319	481
	2291	3541
	799	1249
	...	...

Die erste Spalte habe ich freigelassen. Sie enthält im Original Brüche < 1 in absteigender Reihenfolge. Die Forschung nimmt an, die Tafel habe noch eine vierte, jetzt abgebrochene Spalte gehabt. Man hat sich natürlich bemüht herauszufinden oder wenigstens zu erraten, was in der Tafel dargestellt ist, und fand heraus, dass $\sqrt{(3)^2 - (2)^2}$, also die Quadratwurzel aus der Differenz der quadrierten Zahlen aus den Spalten (3) und (2), stets eine ganze Zahl ist. Diese sollte in Spalte (4) gestanden haben. Für alle, die hier nicht gerne selber rechnen, die Ergebnisse: 120, 3456, 4800, 13500, 72, 360, 2700, 960, ... Danach war es leicht zu erschließen, dass die Brüche in der ersten Spalte durch den Ausdruck $\frac{(2)^2}{(3)^2 - (2)^2}$ gegeben sind.

Daraus können wir schließen, dass die Babylonier pythagoreische Tripel kannten. Trotzdem bleiben die Auswahl gerade dieser Tripel und ihre Anordnung ungeklärt. Wofür brauchte man sie? Wir müssen uns auch fragen, ob die Babylonier sich darauf verstanden, solche Tripel systematisch zu erzeugen. Die Griechen konnten es – siehe den Schluss des vorigen Vortrags.

Echte Babylon-Fans einmal ausgenommen, herrscht übereinstimmend die Meinung, man könne den Babyloniern die Verwendung solcher Funktionen oder Relationen im heutigen Verständnis dieser Begriffe nicht zutrauen. Die Tafeln seien vielmehr mit Denksportaufgaben zu vergleichen, wie sie in Wochenendausgaben mancher Zeitungen zu finden sind: *Nach welcher Regel ist die Zahlenfolge gebildet? Schreibe die nächsten zwei Zahlen hin!*

Dem Inhalt mancher Tafeln fehlt es sogar an einer erkennbaren mathematischen Bedeutung. Beispielsweise steht auf Tafel *British Museum 34568*, dass für ein Rechteck mit den Seiten x und y und der Diagonale z gilt:

$$x = 4 \qquad y = 3 \qquad z = y + \frac{1}{2}x$$

$$x = 4 \qquad z = 5 \qquad z = x + \frac{1}{3}y$$

$$\dots \qquad \dots \qquad \dots$$

$$x = 60 \qquad y = 32 \qquad z = x + \frac{1}{4}y$$

Dies ist nur noch Sport. Die Beobachtung, dass irgend zwei Zahlen durch eine geeignete lineare Beziehung verknüpft sind, ging sicherlich nicht über die arithmetischen Fähigkeiten der Babylonier hinaus. Wir sollten allerdings bedenken, dass der Fund einer Tafel uns nichts darüber sagt, wer diesen Text verfasst hat. Es könnte die Hausaufgabe eines Schulkinds oder das Notat eines anerkannten Gelehrten sein.

Die so genannten didaktischen Tafeln lassen sich genauer beurteilen. Die Texte geben Dialoge zwischen einem Lehrer und einem Schüler wieder, die an der Lösung einer Aufgabe arbeiten. Die Analyse solcher Tafeln erlaubt eine recht verlässliche Rekonstruktion des Stils der babylonischen Mathematik. (Ich verwende das Wort Mathematik nur, weil es allgemein üblich ist; ich werde noch darlegen, warum es nicht gut passt.)

Auf allen einschlägigen Tafeln wird der Wert $\pi = 3$ verwendet. Dies überrascht uns erst, wenn wir für den Umfang eines Kreises vom Radius r den Wert 6r und denselben Wert für den Umfang eines dem Kreis einbeschriebenen regelmäßigen Sechsecks erhalten. Wir wissen, dass der erste Wert 6r größer ist als der zweite Wert 6r. Eine heute völlig abwegige Aussage! Wie kann einer von zwei gleichen Werten größer sein als der andere?

Es ist klar, dass die Babylonier zur Bezeichnung des Verhältnisses zwischen dem Durchmesser und dem Umfang eines Kreises oder seiner Fläche zum Quadrat des Radius nicht das Symbol π verwendeten.

Werden wir doch nicht gleich ärgerlich! Ist π größer als 3,14 oder umgekehrt? Klar, π ist größer. Trotzdem verwenden wir in Zahlenrechnungen gewöhnlich $\pi = 3{,}14$ und niemand hält das für einen skandalösen Fehler. Zahlenwerte, die im täglichen Leben verwendet werden, haben niemals mehr als 8 geltende Ziffern – man braucht einfach nicht mehr. (Die Physiker behaupten übrigens, dass dies für alle Zukunft gilt.) Also sollten wir uns über die Babylonier und ihr „$\pi = 3$" nicht zu sehr aufregen.

Die Babylonier haben die von ihnen entwickelten Methoden jedenfalls konsequent benutzt und sind damit sehr weit gekommen. Dies zeigt sehr schön Stefan Kulczyckis Kommentar zur Tafel *British Museum 85194*.

Der Text lautet:
Aufgabe: *Kreisabschnitt. Rand 60, Sehne 50. Was ist die Fläche?*
Lehrer: *60 der Rand, um wie viel übertrifft er 50?*
Schüler: *Er übertrifft um 10.*
L: *50 multipliziere mit 10.*
S: *Es ist 500, wie du siehst*
L: *10 (die Teilungslinie) quadriere.*
S: *Es ist 100, wie du siehst.*
L: *100 ist weg von 500 ...*
S: *Es ist 450. Das ist das Ergebnis!*

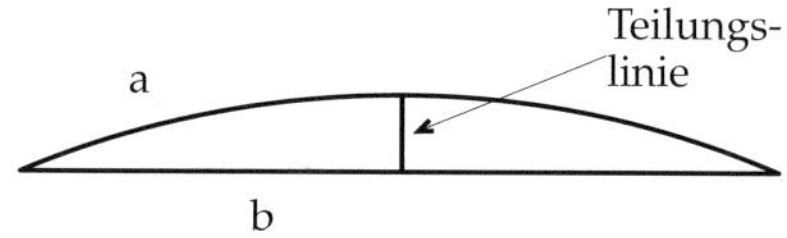

Fig. III. 1

Wenn wir vom Reiz dieses Gesprächs und besonders seines Schlusses absehen und die Rechnung im heutigen Formalismus wiedergeben, so erhalten wir den Ausdruck $(a-b)b-\frac{1}{2}(a-b)^2$. Dieser ist offenbar falsch (siehe Fig. III. 1). Wie kam er wohl zustande? Wenden wir dasselbe Verfahren auf den Halbkreis an! Dann gilt (siehe Fig. III. 2): $a = \pi r = 3r$, $b = 2r$ und die Teilungslinie hat die Länge $r = a - b$. Für den Flächeninhalt des Halbkreises ergibt sich

$$\frac{1}{2}\pi r^2 = \frac{3}{2}r^2 = 2r^2 - \frac{1}{2}r^2 = (a-b)b - \frac{1}{2}(a-b)^2$$

Dies ist des Rätsels Lösung!

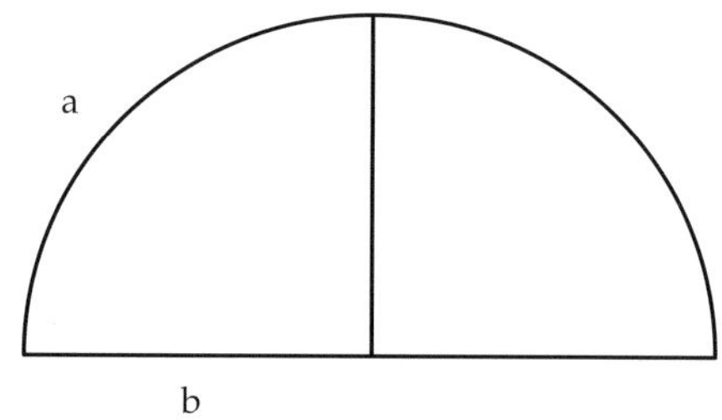

Fig. III. 2

Benutzen wir also $\pi = 3$ wie die Babylonier, erhalten wir für den Halbkreis den richtigen Wert. Dann muss das Verfahren doch auch für andere Kreisabschnitte funktionieren! Diese Denkweise äußert sich auch in anderen teils skurrilen Formeln wie der folgenden, die den Rauminhalt eines unregelmäßigen Prismas wiedergeben soll (die Bedeutung der Bezeichnungen ergibt sich aus Fig. III.3):

$$V = \frac{1}{2}\left(\frac{a+b}{2} + \frac{a'+b'}{2}\right)\cdot\frac{h+h'}{2}\cdot l.$$

In dieser Formel sind nicht einmal alle wesentlichen Abmessungen berücksichtigt. Ihr Aufbau ist aber klar: Man nehme einfach Mittelwerte – und für den Würfel kommt das Richtige heraus.

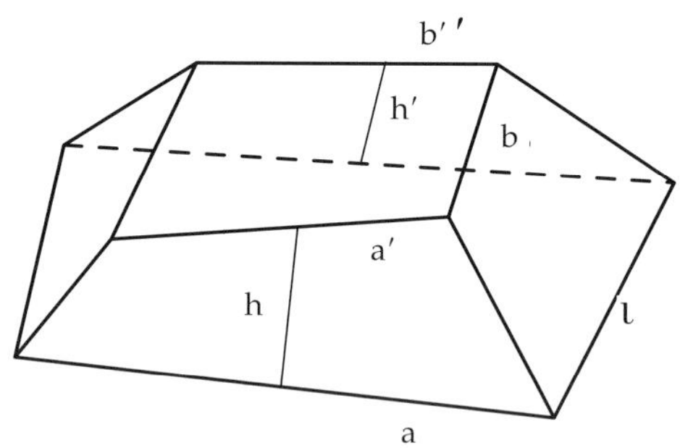

Fig. III. 3

Bis jetzt habe ich fast nur Beispiele aus der Geometrie vorgestellt. Der von den Babyloniern bevorzugte Zweig der Mathematik war aber die Numerik, nicht die Geometrie. Viele geometrische Aufgaben waren nur eingekleidete arithmetische Aufgaben. Betrachten wir dazu die Tafel *Yale Collection 5037*:

Gegeben sind das Volumen und die Höhe eines Quaders. Berechne die Länge x und die Breite y des Quaders, wenn diese die folgende Bedingung erfüllen:

$$x - \frac{2}{3} = y - \frac{1}{2}.$$

Solche Aufgaben stehen heute in Schulbüchern im Kapitel über quadratische Gleichungen.

Wie lösten nun die Babylonier quadratische Gleichungen? Ich meine: Eigentlich wissen wir es nicht. Die Lösungen, die uns überliefert sind, sehen im Wesentlichen aus wie die auf der didaktischen Tafel *Alter Orient 8863* aus Leipzig; dort finden wir eine Beschreibung des Wegs, auf dem der Lehrer einen Schüler von der Aufgabe zur Lösung lenkte. Den eigentlichen Aufgabentext übergehe ich; die Aufgabe lautete:

$$x + y = 100 \qquad (x + y)(x - y) + xy = 4400$$

Nachfolgend die Lösung:

$$\begin{aligned} 100^2 &= 10000, \\ 10000 - 4400 &= 5600, \\ \tfrac{1}{2} \cdot 100 &= 50, \\ 50^2 &= 2500, \\ 5600 + 2500 &= 8100, \\ \sqrt{8100} &= 90, \\ 100 - 90 &= 10, \end{aligned}$$

und schließlich

$$50 + 10 = 60, \qquad 50 - 10 = 40.$$

Vermutlich lief die Überlegung so: Kennt man $x + y$ und $x - y$, ergibt sich die Lösung aus den Gleichungen

$$x = \tfrac{1}{2}(x + y) + \tfrac{1}{2}(x - y) \qquad y = \tfrac{1}{2}(x + y) - \tfrac{1}{2}(x - y).$$

Die Formulierung der Aufgabe legt diesen Lösungsweg nahe. Summe und Differenz der Unbekannten waren aber eigentlich in jedem Fall gesucht. Was aber bedeutet, nebenbei bemerkt, an dieser Stelle der Ausdruck „gesucht"? Die Übertragung der Rechenschritte in die heutige Formelsprache erklärt in meinen Augen gar nichts. Wir müssen uns darauf zurückziehen, dass die Babylonier solche Aufgaben lösen konnten, ohne dass wir eine Begründung ihres Lösungsverfahrens kennen.

Ich meine, dass die Suche nach einem „babylonischen Lösungsweg für quadratische Gleichungen" nur Zeitverschwendung wäre. Vielleicht gab es gar kein allgemeines Verfahren, sondern nur in jedem Einzelfall unterschiedliche Lösungen, und neue Fälle wurden mit schon gelösten verglichen und analog gelöst. Zugunsten dieser Behauptung, es habe weder ein allgemeines Verfahren gegeben noch überhaupt einen Bedarf dafür, spricht die Beobachtung, dass einige Tafeln für ähnliche Probleme unterschiedliche Lösungen enthalten. Es gibt beispielsweise eine Tafel mit der an die Newton'sche Binomialentwicklung für den Exponent $\frac{1}{2}$ erinnernden Näherungsformel

$$\sqrt{a^2 + b^2} = a + \frac{b^2}{2a}$$

gefolgt von der Näherungsformel

$$\sqrt{a^2 + b^2} = a + 2ab^2.$$

Man findet leicht Werte von a und b, für die der Unterschied zwischen den zwei Ergebnissen recht klein ausfällt; man könnte auch Wertepaare finden, für die je eine der beiden Formeln der anderen überlegen ist. Daher sind beide nützlich und nur die Praxis entscheidet, welche von beiden den Vorzug verdient. Wir dürfen nicht vergessen, dass immer noch von Mathematik als empirischer Wissenschaft die Rede ist; und die Lösungsmethode wird genauso wenig begründet wie das Kochrezept für ein Soufflé.

Der Unterschied zwischen den mathematischen Kenntnissen der Babylonier und denen der Griechen hat uns schon zu der Frage geführt, ob wir im ersten Fall überhaupt von Mathematik sprechen können. Gibt es kein Gebiet der Wissenschaft, in das die Rechenaufgaben der Babylonier besser passen? Zu dieser Frage veröffentlichte Donald E. Knuth im Jahr 1972 einen Aufsatz mit dem Titel *Ancient Babylonian Algorithms (Altbabylonische Algorithmen)*, in dem er vorschlägt, im mathematischen Wissen der Babylonier eher den Anfang der Informatik als der Mathematik zu sehen. Diese Meinung lässt sich leicht rechtfertigen. Das wesentliche Ziel der Informatik ist die Konstruktion von Algorithmen, d. h. Rezepten zur Lösung numerischer Probleme und deren technische Umsetzung. Mit der Erfindung des Computers wurde der zweite Teil dieser Aufgabe relativ einfach. Die Informatik befreite sich von den aus der Mathematik, ihrer ursprünglichen Quelle, ererbten Strukturen; es wurden auch Algorithmen entwickelt, die nicht notwendig einer streng mathematischen Argumentation folgen. Oft werden Approximations- und Optimierungsmethoden verwendet, die theoretisch in dem Sinne unkorrekt sind, dass ein Algorithmus schnell eine Näherungslösung liefern kann, die durch Fortsetzung des Verfahrens nicht verbessert, ja sogar verschlechtert wird. Typisch für Algorithmen ist aber, dass in vielen Fällen der Beweis der Korrektheit fehlt, ohne dass dies jemanden zu stören scheint. Das ist genauso wie in Babylon! Man kommt nicht umhin, diese frühzeitliche Analogie zur Informatik im Zusammenhang mit dem spiraligen Ablauf der Geschichte nach Hegel zu sehen. Wird in der Wissenschaftstheorie demnächst wieder die Empirie vorherrschen?

Knuths Aufsatz erschien in den *Communications of the ACM*. Der Informatiker, Mathematiker und Wissenschaftshistoriker Knuth ist der mathematischen Gemeinde besonders durch TEX bekannt geworden, ein Textverarbeitungssystem, mit dem sich mathematische Formeln perfekt editieren lassen.

Bevor wir unsere Betrachtung der babylonischen Mathematik beenden, möchte ich auf das Thema Keilschrift zurückkommen. Mit „Keil" ist der Abdruck eines Schreibgriffels in Gestalt eines (nur im Idealfall gleichschenkligen) Dreiecks gemeint. Der Keil wurde mit der Breitseite nach oben, links oder rechts in weichen Ton gedrückt. Gruppen solcher Zeichen wurden phonetisch gelesen. Die Keilschrift basiert aber nicht auf Phonemen; sie ähnelt darin dem Morse-Alphabet. Die Keile links in Fig. III. 4 stehen für ma, die rechts für a; demnach ist a nicht Teil von ma. Inzwischen ist die Keilschrift gut erforscht und ohne Schwierigkeiten lesbar. Die überregionale Bedeutung des Babylonischen als Sprache der Wissenschaft beruht auf der Fülle von Texten, die in Keilschrift und zugleich in griechischer Schrift vorliegen.

Fig. III. 4

Ein einzelner vertikaler Keil stand für die Zahl 1. Die Zahlen bis 9 wurden durch Ketten von Einsen dargestellt, die Zahl 10 durch einen horizontalen Keil mit der Breitseite nach rechts. Bis zu fünf Zehner wurden nebeneinander gesetzt. Links von einem vertikalen Keil geschrieben erhöhten sie die Zahl je um sechzig. Die Zahlen von 61 bis 359 wurden in einem Stellenwertsystem geschrieben, nämlich links die Anzahl der Sechziger, rechts der 60er-Rest. Eine Zeichengruppe noch weiter links bedeutete das 360fache der durch Weglassen aller anderen Zeichen entstehenden Zahl. Es handelte sich also um ein echtes Stellenwertsystem, allerdings mit einem Mangel: Es gab keine Null. Aber welche Null fehlte eigentlich?

In Abb. III. 5 ist die Zahl 815 ($= 13 \cdot 60 + 35$) dargestellt. Es könnte sich aber auch um $13 + \frac{35}{60}$ oder um $13 \cdot 360 + 35 \cdot 60$ handeln. Die gemeinte Bedeutung lässt sich nur aus dem Zusammenhang erschließen. Die Babylonier kamen schon früh auf den Gedanken, das Fehlen einer Gruppe von Keilen durch einen Punkt anzuzeigen. Bis zur Entdeckung der Null als Zahl, nicht nur als Zeichen, vergingen jedoch noch viele Jahrhunderte. Bedenken Sie, dass die größte Schwierigkeit eines Stellenwertsystems in der Positionierung des Kommas liegt, also in der Angabe der Nullen am Anfang oder Ende der Zahl; bedenken Sie weiter, dass sich Zahlen wie 360 in Keilschrift nicht ohne den Punkt (für Null) schreiben lassen. Solche Zahlen kommen auf den meisten Tafeln nicht vor – sie wurden bewusst vermieden.

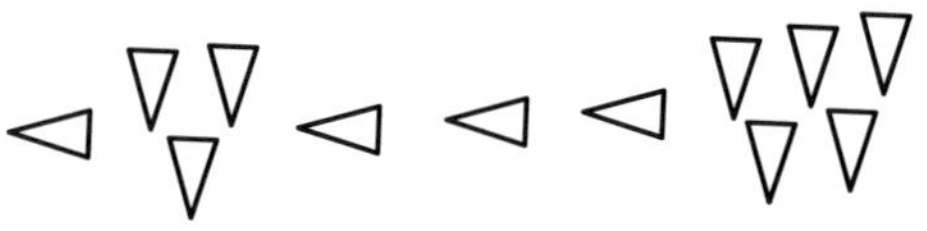

Fig. III. 5

Ägypten war ein völlig anderes Land. Der Unterschied lag schon in den topographischen Bedingungen. Die Grenzen waren klar bestimmt: Im Westen die Trockenwüste Sahara, im Norden das Mittelmeer, im Osten das Rote Meer, im Süden das felsenreiche Land Punt, heute das Grenzgebiet zwischen Sudan und Äthiopien. Daher war Ägypten weniger von Invasionen bedroht. Alljährlich stellte die Nilüberschwemmung die Fruchtbarkeit des Bodens wieder her, sodass sich eine recht hoch entwickelte Landwirtschaft halten konnte. (Euphrat und Tigris haben diese segensreiche Wirkung nicht. Im Laufe der Jahrhunderte verwandelte ihr stark salzhaltiges Wasser Mesopotamien in eine Wüste.) Das Niltal als begünstigte ökologische Nische war im Altertum die Region mit der höchsten Bevölkerungsdichte. Daher war ein gut organisiertes Staatswesen wichtiger als anderswo. Anfangs gab es zwei Staaten, nämlich das der Weißen am Unterlauf und das der Schwarzen am Oberlauf des Nils. Der Aufbau der beiden Staaten war ähnlich, ebenso ihre Religionen; die Gottheit der Weißen war Osiris, die der Schwarzen war Seth. Etwa im Jahr −3100 vereinigte der Pharao Menes-Narmer die zwei Reiche; hieraus erklärt sich auch, dass ab dieser Zeit der Pharao zwei Kronen trug. Das anfängliche Gleichgewicht zwischen den zwei Reichen verschob sich bald zugunsten von Unterägypten. Kennzeichnend dafür ist, dass Osiris als Gott das Gute, Seth das Böse verkörperte.

Der einheitlich organisierte Staat zog auf der einen Seite alle Waren von den Produzenten ein und teilte auf der anderen Seite der Bevölkerung alles zum Lebensunterhalt Nötige zu, insbesondere Nahrungsmittel. Das Volk war in Arbeitsbrigaden aus je einigen Dutzend Leuten eingeteilt, die dem Staat uneingeschränkt zur Verfügung standen. Sie hatten keine festen Wohnsitze, und der Vorarbeiter besaß die absolute Gewalt. Dank dieses Systems konnte der Staat die ehrgeizigsten Vorhaben ausführen bis hin zu den berühmten Pyramiden. (Die erste, die des Djoser, wurde um −2650 erbaut, die größte, die des Cheops, knapp 100 Jahre später.)

Über die Mathematik im Alten Reich, wie diese Periode heißt, wissen wir nur wenig. Nur das System, nach dem das Ackerland zur Bestellung an die Brigaden verteilt wurde, gibt uns einige Information. Hier wurde eine Faustregel verwendet; dies bedeutete, dass man sich zur Berechnung sowohl von Rechtecks- wie von Dreiecksflächen mit dem Ausdruck *Grundlinie mal Höhe* zufrieden gab. Hoffen wir, dass Nahrungsmittel nicht nach einer solchen Holzhammermethode verteilt wurden! Der wesentliche Grund für unseren niedrigen Kenntnisstand liegt darin, dass Papyrus unglücklicherweise nicht so haltbar ist wie Ton.

Die ersten tief greifenden Umwälzungen wurden durch die immer gefährlicher werdenden Einfälle aus dem Lande Punt verursacht. Unter deren Druck zerfiel in den Jahren −2181 und −2133 das ägyptische Reich. (Manche Ägyptologen konstatieren eine Revolution – wieder ein Hinweis darauf, wie vorsichtig ein Historiker mit Begriffen umgehen muss.) Unter neuen Bedingungen bildete sich ein neues Staatswesen, das Mittlere Reich. In der Nähe der Nilkatarakte wurden Befestigungen errichtet und ein Söldnerheer (bezeichnenderweise kein aus der Bevölkerung ausgehobenes Heer) wurde aufgestellt. Dieser Zustand dauerte etwa bis zum Einfall der Hyksos um −1800. Zwei Dokumente geben uns Auskunft über die ägyptische Mathematik in den dazwischenliegenden 300 Jahren. Alle späteren Quellen sind griechischen Ursprungs und belegen nur die Vorstellung der Griechen, dass sich nie etwas ändere: „Schon die alten Ägypter …"

Die zwei Dokumente sind der Papyrus Rhind (benannt nach einem englischen Offizier, der, um es zartfühlend auszudrücken, den Papyrus zu seinem Privateigentum machte) und dem Papyrus Moskau (benannt nach dem Aufbewahrungsort). Der erste Papyrus nennt den Namen seines Autors Ahmes, der seinem Werk den folgenden bescheidenen Titel gab: *Anweisungen zum Studium aller Dinge, zu jeder Erkenntnis und zur Aufdeckung aller verborgenen Geheimnisse.* Ahmes nahm für seinen Text in Anspruch, es handle sich um eine schöpferische Weiterentwicklung des aus dem Alten Reich überlieferten Wissens.

Beide Papyri zeigen einen mathematischen Stil, der dem babylonischen ähnelt. Ihre Denkweise ist der empiristischen Methodologie verpflichtet. Sehen wir uns die Unterschiede an!

Der erste Unterschied liegt in der Schreibweise der Zahlen. Die ägyptische Schrift ist eine Bilderschrift; Bilder (griechisch „Hieroglyphen") entsprechen Begriffen. Damit war von vornherein ein Stellenwertsystem ausgeschlossen.

Fig. III. 6

Da das ägyptische Zahlensystem wesentlich primitiver als das babylonische ist, lohnte sich eine nähere Beschreibung nicht, gäbe es in der Arithmetik nicht eine bemerkenswerte Spezialität. Ein über ein hieroglyphisches Zahlzeichen gesetztes Oval verwandelte die Zahl in ihr Reziprokes. In Fig. III. 6 steht links die Hieroglyphe für die Zahl 12, rechts das Zeichen für $\frac{1}{12}$. Mit anderen Worten: Das Oval hatte dieselbe Bedeutung wie der Exponent −1 in heutiger Schreibweise. Die zwei vertikalen Striche in der Hieroglyphe dürfen nicht als zwei Einer (vor einem Zehner) missdeutet werden; jede Hieroglyphe ist unzerlegbar und das Auftreten der zwei Striche an dieser Stelle ist reiner Zufall.

Die Konsequenz aus dieser einfachen Notation war, dass die Ägypter nur Stammbrüche, also die Kehrwerte natürlicher Zahlen benutzten. Wie wurden sie dann mit anderen Brüchen fertig? Es blieb ihnen nichts übrig, als sie durch Summen (notwendigerweise) verschiedener Stammbrüche darzustellen. Da jede Bruchzahl als Summe aus einer ganzen Zahl und endlichen vielen verschiedenen Stammbrüchen darstellbar ist, verfügten die Ägypter auf diese Weise über alle rationalen Zahlen. Es ist klar, dass ihnen diese Tatsache nicht bewusst war. Zu jener Zeit war schon die Formulierung eines solchen Sachverhalts undenkbar.

Wollen Sie eine Anwendung des Zerlegungsalgorithmus sehen?

$\frac{9}{19} - \frac{1}{3} = \frac{27-19}{57} = \frac{8}{57}$,

$\frac{8}{57} - \frac{1}{8} = \frac{64-57}{456} = \frac{7}{456}$,

$\frac{7}{456} - \frac{1}{66} = \frac{462-456}{30096} = \frac{6}{30096} = \frac{1}{5016}$,

also

$\frac{9}{19} = \frac{1}{3} + \frac{1}{8} + \frac{1}{66} + \frac{1}{5016}$.

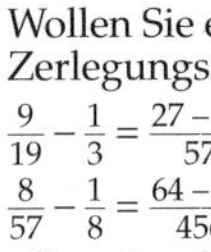

Der Algorithmus zur Zerlegung eines Bruchs in eine Summe von Stammbrüchen besteht nach Abtrennung des ganzzahligen Teils darin, den größten aller kleineren Stammbrüche zu subtrahieren. Die Differenz ist ein Bruch, dessen Zähler kleiner ist als der Zähler des ursprünglichen Bruchs (warum?); das Verfahren endet also nach endlich vielen Schritten. Im Allgemeinen ist die Zerlegung nicht eindeutig bestimmt, wie die Zerlegung $\frac{1}{2} = \frac{1}{3} + \frac{1}{6}$ zeigt. Die von den Ägyptern entwickelte Art der Bruchrechnung lebte viele Jahrhunderte lang. Dies erkennt man beispielsweise an der Berechnung der Seite des regulären Fünfzehnecks in Euklids *Elementen*. Zu der Entstehungszeit der *Elemente*, also um –300, wurde mit Brüchen eigentlich schon auf unsere Art gerechnet. Euklid scheint absichtlich nicht berücksichtigt zu haben, dass die gesuchte Seite AQ ist (Fig. III. 7); rechnerisch hätte dies der Beziehung $\frac{2}{5} - \frac{1}{3} = \frac{1}{15}$ entsprochen. Stattdessen zieht er die Mittelsenkrechte der Sehne AP, bringt sie mit dem Kreis zum Schnitt und nimmt AX als Seite des Vielecks. Diese Lösung ist offenbar richtig, aber komplizierter. Rechnerisch entspricht sie $\frac{1}{2}\cdot\left(\frac{1}{3} - \frac{1}{5}\right) = \frac{1}{15}$. Er wählte diesen Lösungsweg, um bei dem damals schon altertümlichen, aber bewährten Verfahren mit Stammbrüchen zu bleiben.

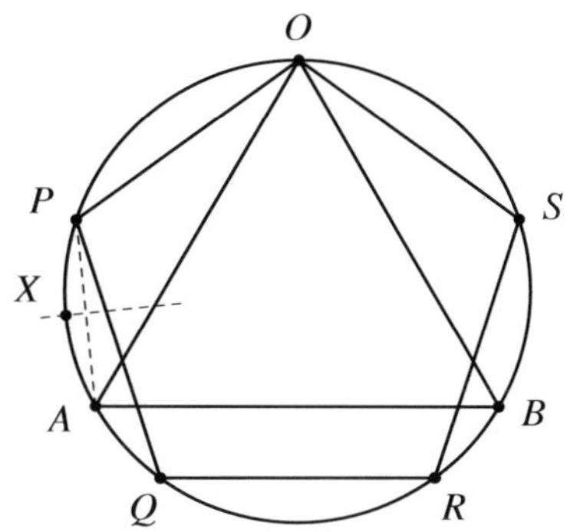

Fig. III. 7. Euklids Vorschrift beginnt so: „Schreibe dem Kreis erst das gleichseitige Dreieck OAB und danach das gleichseitige Fünfeck OPQRS ein!"

Bis heute haben Stammbrüche ihren Reiz nicht eingebüßt. Dies sollen die folgenden ungelösten Probleme illustrieren, in denen es um die Zerlegung in nicht notwendig verschiedene Stammbrüche geht.

Problem von P. Erdös und E. G. Strauss: Ist jeder Bruch der Form $\frac{4}{n}$ mit $n > 4$ in eine Summe von genau drei Stammbrüchen zerlegbar?

Vermutung von Schinzel: Es gibt zu jeder natürlichen Zahl a eine natürliche Zahl n_a von der Art, dass alle Brüche $\frac{a}{n}$ mit $n > n_a$ in eine Summe von genau drei Stammbrüchen zerlegbar sind.

Für das erste Problem weiß man seit 1976, dass die Antwort für alle $n \leq 11 \cdot 10^6$ „ja" lautet. Auch zum zweiten Problem gibt es nur Teilaussagen, die aber noch weiter von der vollständigen Lösung entfernt sind.

Im Jahr 1785 lieferte ein anonymer Autor eine interessante Anwendung der Stammbrüche bei der Aufzählung aller Möglichkeiten für Parkette aus regulären Vielecken:

Stoßen in jeder Ecke des Parketts je drei Polygone zusammen, und zwar immer ein i-Eck, ein j-Eck und ein k-Eck, erfüllen die (nicht notwendig verschiedenen) Zahlen i, j und k die Gleichung

$$\frac{1}{i} + \frac{1}{j} + \frac{1}{k} = \frac{1}{2}.$$

Sind es vier Polygone, gilt

$$\frac{1}{i} + \frac{1}{j} + \frac{1}{k} + \frac{1}{l} = 1$$

und bei fünf Polygonen

$$\frac{1}{i} + \frac{1}{j} + \frac{1}{k} + \frac{1}{l} + \frac{1}{m} = \frac{3}{2}.$$

(Offenbar gibt es nicht zu jeder natürlichzahligen Lösung einer solchen Gleichung ein Parkett; die Existenz ist in jedem einzelnen Fall nachzuweisen.)

Kehren wir wieder nach Ägypten zurück! Die ägyptischen Gelehrten verfügten über Tafeln der Stammbruchzerlegungen von Brüchen der Form $\frac{2}{n}$. Für den Bruch $\frac{2}{3}$ gab es eine eigene Hieroglyphe.

Wegen des besonderen Umgangs mit Brüchen war die Arithmetik sehr mühsam. Versetzen Sie sich in einen Schüler, der die folgende Aufgabe aus dem Papyrus des Ahmes lösen sollte:

Verteile 100 Brotlaibe so auf 5 Personen, dass die Anteile eine arithmetische Progression bilden und dass $\frac{1}{7}$ der Anzahl der Laibe für die ersten drei Personen ebenso groß ist wie die Anzahl der Laibe für die übrigen zwei Personen.

Sogar mit unseren heutigen hoch entwickelten Rechenmethoden ist die Lösung recht mühsam. Dies sieht man schon am Ergebnis $38 + \frac{1}{3}$; $29 + \frac{1}{6}$; 20; $10 + \frac{1}{2} + \frac{1}{3}$; $1 + \frac{2}{3}$. Die Ausdauer der Ägypter ist wirklich zu bewundern.

Zur Zeit des Mittleren Reichs waren die Rechenrezepte der Ägypter den babylonischen schon weit überlegen. Sie besaßen eine korrekte Formel zur Berechnung des Trapezinhaltes und Problem 14 des Papyrus Moskau zeigt, dass sie auch das Volumen eines quadratischen Pyramidenstumpfs berechnen konnten. Hier die Lösung:

Seite der Grundfläche: 4, Seite der Deckfläche: 2, Höhe: 6.

Gerechnet wird so:

$$4^2 = 16, \quad 2 \cdot 4 = 8, \quad 2^2 = 4, \quad 16 + 8 + 4 = 28, \quad \frac{1}{3} \cdot 6 = 2, \quad 28 \cdot 2 = 56$$

Der Rechenweg folgt genau der bekannten Formel

$$V = \frac{1}{3} \cdot h \cdot (a^2 + ab + b^2).$$

Die Vorstellung, die Ägypter hätten über eine theoretische Rechtfertigung dieser experimentell verifizierten Berechnung verfügt, wäre eine unzulässige Projektion unserer mathematischen Denkweise zurück in eine ferne Vergangenheit. Die Form des Pyramidenstumpfs war typisch für Getreidespeicher, worauf sich auch die Aufgabe bezog. Die zwei Jahrtausende, in denen solche Speicher in Gebrauch standen, genügten sicher, um eine bessere Berechnungsformel als die babylonische zu finden. Von Abstraktionen – und Formeln sind doch Abstraktionen – findet sich weder in Ägypten noch in Babylon auch nur eine Spur.

Auch der ägyptische Wert für π ist besser als der babylonische. Er war $\left(\frac{16}{9}\right)^2$ und weicht von „unserem“ Wert für π nur um 0,025 ab, ist also wirklich recht genau.

Die Ägypter versuchten auch, eine Beziehung zwischen Streckenabschnitt und Winkel herzustellen; sie nannten diese Beziehung „sqd“. Die Griechen haben uns nicht einmal eine Andeutung hinterlassen, wie dieses Wort zu lesen sein könnte; wir wissen nicht einmal, welche Vokale zu ergänzen sind, um es überhaupt lesbar zu machen. In der folgenden Aufgabe mit Lösung kommt sqd vor. Zunächst die Aufgabe:

Die Seite der Grundfläche einer Pyramide ist 360 Ellen lang, die Höhe der Pyramide beträgt 250 Ellen. Rechne mir sqd aus!

Lösung: $\frac{1}{2} \cdot 360 = 180$,

$180 : 250 = \frac{1}{2} + \frac{1}{5} + \frac{1}{50}$ (Bruchteile einer Elle).

1 Elle	7 Handbreiten
$\frac{1}{2}$ Elle	$3 + \frac{1}{2}$ Handbreiten
$\frac{1}{5}$ Elle	$1 + \frac{1}{3} + \frac{1}{15}$ Handbreiten
$\frac{1}{50}$ Elle	$\frac{1}{10} + \frac{1}{25}$ Handbreiten

Antwort: sqd beträgt $5 + \frac{1}{25}$ Handbreiten.

Die Behauptung liegt nahe, dass hinter dieser Rechnung der Begriff „Tangens des Winkels zwischen Grundfläche und Mantelfläche der Pyramide“ steht. Sollte der Autor des Textes dies wirklich gemeint haben, ist seine Idee jedenfalls über Hunderte von Jahren unentdeckt geblieben. Die ersten Erkenntnisse, denen wir das Prädikat „trigonometrisch“ zuerkennen können, sollten erst 1500 Jahre später gewonnen werden.

Damit schließe ich meine Bemerkungen über die mathematischen Kenntnisse der Babylonier und Ägypter. Wir hätten uns eigentlich näher mit ihnen befassen sollen, da die empiristische Methodologie zur Zeit eine Wiedergeburt erfährt. Die Schrödinger-Gleichung, eine Vermutung aufgrund experimenteller Befunde, Computerprogramme ohne Korrektheitsbeweis – all dies weist deutlich auf eine zukünftige Wende in der Methodologie hin.

Vortrag IV

Deduktives Denken

Dem Einfall der Hyksos nach Ägypten folgten etwa 300 Jahre, in denen dieses Volk über Ägypten herrschte. Zugleich begann damit eine etwa 1000 Jahre lange Periode des Kampfs um die Vorherrschaft zwischen den Gesellschaftsformen der Ackerbauer und der nomadisierenden Viehhirten. (Wir kennen diese Zeit aus der Bibel: Joseph war Statthalter und seine Abkömmlinge waren Dienstmannen der Hyksos.) Am Ende dieser Zeit um das Jahr −800 stand, jedenfalls in den Küstenländern des Mittelmeers, der Sieg der Nomaden.

Vom Kampf zwischen den zwei Gesellschaftsformen erzählt – neben anderen Quellen – die biblische Erzählung über Kain und Abel: Der gute Hirt Abel wird von dem bösen Bauern Kain ermordet. Diese Geschichte vermittelt uns die tiefe Überzeugung eines Hirtenvolks, in diesem Fall der Juden, dass die Vorherrschaft der Ackerbauer zur Gründungszeit des jüdischen Staats Folge eines Verbrechens war. Das unerbittliche Prinzip „Auge um Auge, Zahn um Zahn" erschien ihnen so gerechtfertigt.

Diese Episode aus der Gründungszeit Israels, des Staates der nach der Niederlage der Hyksos aus Ägypten vertriebenen Juden, wird in ihrem Kern durch andere Quellen bestätigt. In dieselbe Zeit fällt auch die Geburt des phönizischen Staates, der große Macht erlangen sollte.

In einem gewissen Sinn ist Phönizien ein Modellfall. Israel einmal ausgenommen, entstanden nämlich durch die Unterwerfung der Ackerbauern durch Nomaden zivilisatorische Zwittergebilde. Die siegreichen Nomaden stellten zwar die herrschende Schicht, aber die überlegene Kultur und Religion der weiter fortgeschrittenen Ackerbauern blieben tonangebend. (Ich verweise wieder auf Frazers Buch *Der goldene Zweig*.)

Eine ähnliche Entwicklung folgte auf die Eroberung des heutigen Griechenlands durch die Achäer. Ihre Mythologie lebt von den Kämpfen gegen die Amazonen (ein matriarchalisches Staatswesen), gegen die Zentauren (unglaublich, dass man auf einem Pferd reiten konnte!) und gegen alle und jede. Die Kämpfe liefen immer nach demselben Muster ab: Der König der Eindringlinge nahm die Königin des einheimischen Stammes gefangen, vergewaltigte sie und machte sie dann zu seiner Frau. (Dass sie ihn samt seinen Kriegern danach unter den Pantoffel nahm, verschweigen die Heldensagen meistens.) Die Assimilation von Nomadenstämmen durch Ackerbauergesellschaften kann nicht überraschen; materiell gesehen war deren Entwicklungsstand unwiderstehlich. Diese Zeit und Situation wird durch den Terminus „minoisch-mykenische Kultur" umrissen und durch die homerischen Mythen beschrieben; der Trojanische Krieg und auch die Sage vom Zug der Sieben gegen Theben ist auf das Griechenland der Achäer zu datieren. (Ich empfehle das Buch *The Golden Fleece (Das Goldene Vlies)* von Graves.)

Die Völker, die nach dieser Zeit in Wellen aus dem fernen Turkestan hereinströmten, waren sich dieser schleichenden Übernahme der Sieger durch die Besiegten wohl bewusst und ließen sich nicht darauf ein. Die Periode der Kriegszüge der Dorer – so der Name der neuen Eroberer – gegen die Achäer heißt in der Geschichte Altgriechenlands das *Finstere Zeitalter*. Der Name rührt davon her, dass aus dieser Zeit fast keine historischen Quellen vorhanden sind. Dies überrascht umso weniger, wenn wir einen Blick auf vier Männer werfen, die in den Augen der geschichtlichen Griechen, der Dorer, die Zeit der Wirren personifizieren.

Der erste ist Theseus. Er verkörpert den militärischen Sieg und die Zerstörung der vorgefundenen Gesellschaft samt ihrer Kultur. (Die Zerstörung war aber nicht total, wie Homers Existenz beweist.) Schon die Kriegskunst zeigt, wie sehr sich die Dorer von ihren Gegnern unterschieden. Die Achäer benutzten Kampfwagen und fochten einzeln, die Dorer rückten zu Fuß in einer Phalanx vor, einer schiefen Reihe von Kriegern, die jeweils ihren Nachbarn mit dem Schild deckten. Die Furcht der Dorer vor „Ansteckung" durch die verweichlichte Kultur der Achäer als eines Volkes, das die Ackerbauphase schon hinter sich gelassen hatte, wird durch die materielle Armut der Dorer im Vergleich zu den Achäern schlagend deutlich. Ein einziges Achäergrab kann Schätze enthalten, die sich mit den großen Vermögen aus der Blütezeit Athens messen können. Der Tod des mythischen Minotauros steht für die Vernichtung der archäischen Kultur und Gesellschaft. übrig geblieben sind die Zyklopenmauern und als künstlerische Erinnerung die Epen Homers.

Der zweite Mann, der symbolhaft die Umwälzung vertritt, ist Drakon, der Schöpfer der griechischen Demokratie. Er war es, der dem dorischen Staatswesen seine rechtlichen Grundlagen gab. Seine Gesetzessammlung gilt als Muster unnachgiebiger Härte, wie die Redewendung von den „drakonischen Gesetzen" noch heute zeigt. Die Geschichtsschreibung hat aber treffend bemerkt, dass die Demokratie, falls sie ihre Parteigänger nicht unverzüglich mit materiellem Wohlstand belohnt, sicher keine eingängige Staatsform ist – meinen polnischen Landsleuten von heute brauche ich das sicher nicht zu sagen! Jedenfalls schuf Drakon die Vorform eines stabilen Staates mit Zügen der alten Viehhirtengesellschaft, die bis in unsere Zeit als Vorbild dient.

Als dritter ist Solon zu nennen. Ihm verdanken die Griechen wichtige wirtschaftliche Reformen, deren Ziel die Einrichtung eines auf Sklaverei gegründeten politischen Systems war. Es ist ganz natürlich, dass in der Kultur früher Hirten die Erkenntnis aufkommt, Rinder und Schweine seien nicht die einzigen Lebewesen, deren Aufzucht wirtschaftlichen Gewinn bringt. Die Entdeckung, dass sich das Verhältnis zwischen Starken und Schwachen, zwischen Gewinnern und Verlierern auch gesetzlich fixieren lässt, führte zu einem revolutionären Wandel. Es wurde oft ausgeführt, dass das Prinzip der Sklaverei viel älter ist, aber nicht jede Form der Abhängigkeit, und sei sie noch so brutal, ist schon Sklaverei. Solon kommt das Verdienst zu, den gesetzlichen Rahmen zur Einführung dieser Wirtschaftsform geschaffen zu haben.

Der vierte und letzte Mann, in dem sich die dorische Revolution verdichtet, ist Thales. Ihm schreiben die Griechen die Erschaffung eines neuen Ordnungsprinzips allen Wissens zu, die Erschaffung der Wissenschaft in unserem Sinn.

Bevor wir uns jedoch Thales zuwenden, dem für uns wichtigsten dieser vier Männer, möchte ich noch etwas zu deren historischer Existenz sagen. Die Kultur des athenischen goldenen Zeitalters, der wohl am stärksten vernunftgeprägten Kultur der Menschheitsgeschichte, hatte Mühe, ihre mythischen Traditionen mit den geschichtlichen Tatsachen in Einklang zu bringen. Viel Mühe wurde aufgewendet, um die Trennlinie zwischen mythischen und geschichtlichen Persönlichkeiten immer schärfer zu ziehen. Die Entscheidungen der altgriechischen Wissenschaftler, Personen dem Mythos oder der Realität zuzuordnen, waren willkürlich und keineswegs einheitlich. Über Pythagoras beispielsweise, von dem ich gleich sprechen werde, gab es mehrere Biographien auf historischer Grundlage. Dies hielt aber Schriftsteller wie Aristoteles nicht davon ab, in ihm nicht eine historische Person, sondern die Personifizierung einer bestimmten Denkweise zu sehen. Uneinheitlich ist auch die Einordnung der vier Männer, von denen ich oben sprach. Theseus, dem im Altertum Geburts- und Todesjahr zugeschrieben wurden, ist für uns heute ein mythischer Held. In Solon, dem Vater der modernen Gesetzgebung, sehen wir mit Sicherheit eine historische Person, und dies gilt auch für Thales. Der Schöpfer der Wissenschaft kann doch kein mythischer Held gewesen sein, der auf dem Gipfel des Olymp mit Zeus einen Plausch hält! Wir dürfen glauben, dass er um −640 in Milet geboren wurde und im Jahr −546 starb. Der Thales-Tempel im antiken Milet könnte durchaus sein Mausoleum gewesen sein, zumindest eine Gedenkstätte. Die philosophiegeschichtliche Literatur schreibt ihm zahlreiche ausgearbeitete Ideen und Anekdoten zu. Es nützt aber nichts, wenn wir uns mit unlösbaren Rätseln abmühen; am besten betrachten wir Thales als den personifizierten Träger gewisser Grundsätze des Denkens, die nachfolgende Generationen mit ihm in Verbindung gebracht haben. Wir sprechen heute von der deduktiven Methode. Der Grad der Zuverlässigkeit, den wir dem Ergebnis einer wissenschaftlichen Untersuchung zubilligen, hängt davon ab, in welchem Maß diese Methode die Untersuchung leitete.

Der wesentliche Beitrag der Dorer zum menschlichen Denken ist also das Ideal des sicheren Wissens. Ihre erste Erkenntnis war:

Ein vollständiges Weltbild muss so komplex sein wie die Welt selbst und ist daher völlig nutzlos.

Sicheres Wissen kann daher nur bruchstückhaft sein. Angenommen, alle Fragen, die man über das Universum stellen kann, wären mit den zugehörigen Aussagen der Wissenschaft auf einer Landkarte notiert – das Ergebnis wäre eine Ansammlung verstreuter und isolierter Punkte. Dieser Aspekt der Wissenschaft wird nur selten ans Licht gebracht, obwohl sich dadurch zahlreiche Missverständnisse und Einwände vermeiden ließen.

Die zweite Feststellung hat Charakter einer Setzung, wenn sie auch mit der ersten ersichtlich in Verbindung steht:

Sicheres Wissen besteht aus kleinsten Teilen. Es lässt sich in Lehrsätze zerlegen.

Ich halte fest, dass ohne diese Annahme jede weitere Untersuchung der technischen Einzelheiten – ich meine die Herstellung solcher atomaren Bausteine des Wissens – völlig unmöglich wäre. Um einen Lehrsatz aussprechen zu können, sind einige Bedingungen zu erfüllen. Erstens:

Ein Lehrsatz handelt von Abstrakta.

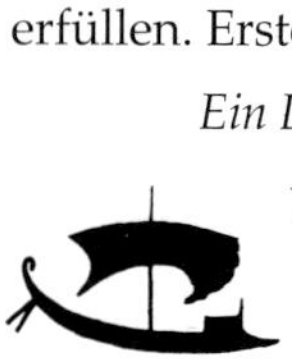

Lehrsätze handeln ausdrücklich nicht von Individuen oder Individuengruppen. Die Aussage „Jede Kuh hat genau einen Kopf" ist insoweit ein Lehrsatz der Biologie, als er sich auf ein Abstraktum der Biologie bezieht, nämlich eine Art.

(Kälber mit zwei Köpfen gibt es bekanntlich!) Dieser Grundsatz hat eine bemerkenswerte Konsequenz: Die Wissenschaftsdisziplinen mit den verständlichsten Abstraktionen gewinnen die Oberhand. Insbesondere werden Fragestellungen begünstigt, die sich in Zahl und Raum ausdrücken lassen, also Probleme, die heute die Überschrift „Mathematik" tragen.

Die zweite Bedingung lautet:

Ein Lehrsatz muss in einer formalen Sprache ausgedrückt werden.

Damit unterliegen Prädikate denselben Einschränkungen wie vorher die Subjekte. Hier ist zu beachten, dass ein Formalismus nicht notwendig nur eine symbolische Notation von Mitteilungen ist. Unerlässlich sind auch unumstrittene Vereinbarungen der Bedeutungen. Die Aussage *„Eine Strecke hat ebenso viele Punkte wie eine Gerade"* ist nur dann ein Satz über Mengen, wenn eine exakte Vereinbarung über den Sinn der Beziehung *"hat ebenso viele Elemente wie"* vorausgeht. Ohne diese Vereinbarung ließe sich der Satz leicht widerlegen, etwa mit dem Argument, auf einer Geraden lägen unendlich viele Punkte, die nicht zur Strecke gehörten. Ist die Bedeutung der Worte in einer Aussage einvernehmlich festgelegt, entsteht ein formaler Satz; dazu bedarf es keines einzigen mathematischen Zeichens. Es dauerte bis zum −4. Jahrhundert, bevor die Griechen entdeckten, dass gewisse Zeichen in verschiedenen Disziplinen verwendbar waren. Auch heute noch wird keine mathematische Arbeit, und sei sie noch so formal, nur in Symbolen geschrieben.

Wenn ich auf der Zeitachse negative Zahlen verwende, sollten Sie daran denken, dass es dort keine Null gibt.

Drittens:

Ein Lehrsatz muss eine Wenn-Dann-Klausel enthalten.

Diese Forderung steht im Einklang mit dem Grundsatz, dass das Wissen fragmentarisch ist, und verleiht ihm eine konkrete Bedeutung. Die anscheinend wahre Behauptung *„Wasser fließt abwärts"* wird sofort durch jeden Springbrunnen und (etwas weniger auffällig) durch jeden Wasserhahn widerlegt. Die Voraussetzungen für die Gültigkeit von Sätzen wurden schon früh in zwei Klassen unterteilt. Diejenigen, die für eine große Anzahl von Sätzen gelten sollten, wurden in die Formulierung nicht aufgenommen, sondern zu Beginn der gesamten Satzgruppe ausgesprochen; dies sind die *Axiome* oder *Postulate*. Bedingungen, die nur einen einzelnen Satz betreffen, wurden in die Formulierung aufgenommen; dies sind die *Voraussetzungen*.

Der letzte methodologische Grundsatz der dorischen Wissenschaft ist die Erkenntnis:

Aus Lehrsätzen können weitere Lehrsätze folgen.

Der Vorrat von Sätzen lässt sich also vermehren, indem auf bereits akzeptierte Sätze neue aufgebaut werden. Das Zusammenstellen der sachdienlichen Begründungen ist das *Beweisen.*

Es kann uns nicht überraschen, dass die Quellen aus dem −7. Jahrhundert, der Zeit also, in der Thales gelebt haben soll, keine derart komprimierte Beschreibung der deduktiven Methode enthalten. Dieses Regelwerk wurde über Jahrhunderte entwickelt und verfeinert und sogar bis heute wird immer noch an einem vertieften Verständnis gearbeitet. Jedenfalls hat das Denken über die Wissenschaft und die Prinzipien ihrer Entwicklung die mit Thales eingeschlagene Richtung beibehalten.

Ich füge hinzu, dass wir uns mithilfe der deduktiven Methode leicht tun, Feststellungen zurückzuweisen, die nicht in das vorgeschriebene Raster passen. Dies ist der Preis für die Sicherheit des Wissens, die den Erfindern der deduktiven Methode das höchste Gut war.

Ein deduktiver Lehrsatz hat also folgende Form:

Wenn die folgenden Bedingungen erfüllt sind …
und wenn keine weiteren Umstände das Ergebnis beeinflussen,
dann tritt Folgendes ein: …

Diese Form lässt weiteren Untersuchungen auch dann Raum, wenn sich die als allgemein gültig hingestellte Aussage nicht als Lehrsatz erweisen sollte, weil sie der Wirklichkeit widerspricht. In diesem Fall müssen wir zugeben, dass eine Annahme falsch oder die Herleitung fehlerhaft war und müssen genauer nachdenken. Ist der Fehler entdeckt, haben wir (unvermeidlich!) eine neue Wahrheit gefunden, die freilich auch trivial sein kann. Jeder, der sich irgendwann einmal an einem mathematischen Problem gemessen hat, weiß, wie fruchtbar solche Überlegungen sind und wie wertvoll dieser methodische Ansatz ist. Er steht in frappantem Gegensatz zur empirischen Methode, die weiterer Forschung den Weg abschneidet, wenn eine Regel nicht zum vorausgesagten Ergebnis führt; bestenfalls können gegen den Autor rechtliche Schritte eingeleitet werden.

Ein revolutionäres Ereignis fordert uns heraus, nach den Ursachen zu forschen. Im vorliegenden Fall verbirgt sich im Wort „Ursache" als einem Kausalzusammenhang schon die Antwort auf die Frage. Machen wir uns zunächst den Unterschied zwischen den zwei Lebensweisen der Antike klar, der auf Ackerbau und der auf Viehzucht gegründeten.

Der Grundzug des Ackerbaus ist die Stabilität. Die Menschen waren ortsgebunden, ihre Lebensumstände änderten sich nicht und wurden daher kaum wahrgenommen. Auf die Frage „Wo ist das Wasser?" gab es eine Routine-Antwort, etwa: „Biege an der dritten Palme ab und steige die Stufen hinunter!" Ein Wanderhirt verfügte nicht über Informationen dieser Art. Er war gezwungen, eine Wasserstelle selbst aufzufinden; er fand sie eher in tiefer als in höher liegenden Zonen, eher an Orten mit mehr als mit weniger Pflanzenwuchs. Die erstgenannte Situation fordert nur Erinnerungsvermögen, nicht aber die Fähigkeit zu argumentieren und sich auf Kausalbeziehungen zu stützen. Diese betrafen auch keineswegs die ungeteilte Welt der Wahrnehmungen, sondern nur einige Einzelaspekte wie Höhenlage und Pflanzenwuchs. Wenn Sie das richtige Gefühl für das Maß bekommen wollen, in dem eine stabile Lage das Argumentieren überflüssig machen kann, so stellen Sie sich vor, Sie läsen gerade zu Hause in Ruhe diese Zeilen und würden überraschend gefragt, wo Wasser zu finden oder wie ein Feuer zu löschen sei. Sie würden vermutlich ganz mechanisch antworten: „In der Küche" oder „Ich rufe die 112 an." Für solche Antworten brauchen Sie nichts von Physik zu wissen; Sie verhalten sich nur nach angelernten empirischen Regeln.

Anlässlich einer Konferenz über Revolutionen in der Mathematik sprach ich über die Ursprünge der deduktiven Methode. Jan Waszkiewicz sprach über dasselbe Thema und begann mit der Frage, warum ich der Ansicht sei, nur die Hirtengesellschaft der Dorer hätte die deduktive Methode entwickelt. Meine zugegebenermaßen nicht völlig zufrieden stellende Antwort war (und ist auch heute noch), dass das Mögliche nicht immer eintreten muss. Für mich steht nur fest, dass eine Gesellschaft von Ackerbauern dazu keinesfalls in der Lage ist.

Die Argumente, die ich vorgetragen habe, legen den Schluss nahe, dass deduktiv organisiertes Denken sich mit höherer Wahrscheinlichkeit (oder sogar ausschließlich) in solchen Gesellschaften entwickelt, denen dauernd wechselnde Lebensbedingungen die Notwendigkeit auferlegen, Kausalbeziehungen zu nutzen und allgemein gültige Aussagen zu formulieren, kurz, in den Gesellschaften der Hirtenvölker.

Ich hebe hervor, dass allgemein gültige Aussagen über denselben Sachverhalt nicht nur voneinander abweichen, sondern sich sogar widersprechen können. Wir akzeptieren heute das Gesetz von Galilei, nach dem Körper im freien Fall konstant beschleunigt werden. Aristoteles aber behauptete, die Fallgeschwindigkeit hänge vom Gewicht des Körpers ab. Lassen Sie doch einmal eine Feder und ein 10-kg-Gewicht aus 1 m Höhe auf Ihre Zehen fallen und überlegen Sie, warum wir trotzdem bei Galilei bleiben! Sobald der Schmerz nachgelassen hat, werden Sie zum Ergebnis kommen, dass Galileis Gesetz (streng genommen gilt es ja nur im Vakuum, von dem Galilei nichts wusste) deswegen allgemein anerkannt ist, weil sich dieses Modell der Realität für Anwendungen und weitere Folgerungen besser eignet. Damit haben wir einen weiteren Grund für die Sonderstellung der Mathematik unter den Wissenschaften nach griechischem Muster. Diese Wissenschaften sind abstrakt und handeln von Modellen anstelle von realen Objekten oder Phänomenen. Auf der Modellebene aber hält die Mathematik die besten Konstruktionswerkzeuge bereit.

Ich habe ausgeführt, dass der Prozess, in dem die deduktive Methode präzisiert wurde, sich über lange Zeit hinzog. Damit stellt sich auch die Frage, wann der einzigartige Weg zum wissenschaftlichen Denken, den die Dorer eingeschlagen hatten, allgemein Anklang fand. (Ich weiß wohl, dass auch heute noch manche so genannte seriöse Autoren die Leistung des Thales für eine Fortsetzung der babylonischen und ägyptischen Untersuchungen halten.) Ein hierfür entscheidender geschichtlicher Augenblick war die Gründung der pythagoreischen Schule, einer ordensähnlichen Gesellschaft.

Pythagoras wird heute allgemein als historische Person angesehen, wenn auch Aristoteles und andere ihn nur für die Verkörperung des pythagoreischen Gedankengebäudes hielten. Biographien des Pythagoras aus antiker Zeit stammen von Diogenes Laertius, Porphyrios und Iamblichos. Für die Anhänger der Vorstellung, Pythagoras habe wirklich gelebt, ist −572 sein Geburts- und −497 sein Todesjahr. Er wurde auf der Insel Samos geboren und ist das Musterbeispiel eines Kolonialgriechen, also eines für diese Phase der griechischen Geschichte typischen Teils der Bevölkerung. Die wachsenden Städte waren bestrebt, sich von ihrem Bevölkerungsüberschuss zu befreien, indem sie die jungen Männer ermutigten, das Land zu verlassen und an den Küsten des Mittelmeers Kolonien zu gründen. Diese pflegten enge Bindungen mit den Mutterstädten; beispielsweise entsandten sie gemeinsame Mannschaften zu den Olympischen Spielen. Pythagoras und seine Mitstreiter landeten im heutigen Süditalien und gründeten dort die Stadt Kroton. (In römischer Zeit rühmte sich die Stadt ihrer Gladiatorenschule, deren berühmtester Absolvent Mylon von Kroton war.) In Kroton wurde die pythagoreische Schule gegründet, und zwar als Einrichtung wie auch als geistige Bewegung.

Wir müssen an dieser Stelle die Dinge unter einem breiteren Blickwinkel betrachten. Das −6. Jahrhundert scheint den Zeitpunkt in der Menschheitsgeschichte zu markieren, zu dem erstmals die Frage nach dem Sinn des Lebens explizit gestellt wurde. Es ist höchst erstaunlich, dass dieses erste Erwachen ohne Satellitenfernsehen, oder, im Ernst, ohne weit reichende Kommunikationsmittel gleichzeitig in weit voneinander entfernten Weltgegenden stattfand. In China traten Konfuzius (K'ung-fu-tse, −551; −479) und Lao-tse (ein Zeitgenosse von Konfuzius, dessen Lebensdaten unbekannt sind) auf. (Die Silbe *tse* bezeichnet einen Gelehrten.) Zur gleichen Zeit wirkten in Indien der Fürstensohn Siddharta (−560; −480; sein Beiname Buddha bedeutet „der Erweckte", „der Erleuchtete") und Jina (der Sieger (über sich selbst)) Mahavira Jnatiputra. Pythagoras gehört gewiss zu dieser Gruppe von Gelehrten, die das Ziel des Lebens auf die einzig mögliche Art, nämlich in ethischen Kategorien erklärten. Konfuzius betonte

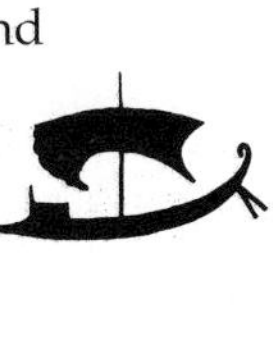

die Notwendigkeit, bestehende Normen in festgelegten Verhaltensweisen zu befolgen: Eine Zeremonie schafft Respekt, Respekt schafft Ordnung. Lao-tse ist der Vater des Taoismus (*tao:* Bahn, Weg). Wenn man völlig sicher ist, eine bestimmte Sache zu wollen, dann kann diese Sache nicht von Übel sein, dann läge das Übel darin, sich von der Sache abzuwenden. Jina sah das Motiv des Lebens und sein eigentliches Ziel im Sieg über sich selbst und im Frieden mit allen Menschen und Dingen, ganz ohne Rücksicht auf die Opfer, die dafür zu erbringen waren. Buddha sah den Sinn des Lebens darin, zur völligen Freiheit des Geistes zu gelangen. Dazu bedarf es der Selbstbefreiung von allen Wünschen, denn diese engen unseren Geist ein und nehmen uns gegen andere ein: Der Zustand völliger Freiheit ist das Nirwana. Pythagoras schloss aus der Unüberschaubarkeit und den inneren Widersprüchen, die sich in allen Aspekten des Lebens und der Welt auftun, dass es eine Harmonie geben muss, die der Welt und sogar den Göttern Halt und Ordnung gibt. Der wichtigste Lebensinhalt ist es, diese Harmonie in aller ihrer Tiefe zu erforschen. So besteht die pythagoreische Lehre in der Versenkung in die Harmonie der Welt.

Durch die ganze Antike hindurch wurde das Geistesleben von der pythagoreischen Lehre beherrscht. Deren Geschichte lässt sich zwanglos in drei Epochen einteilen: Zu Anfang Ausbreitung, dann Zusammenbruch und Auflösung, schließlich Vorherrschaft in Wissenschaft, Kultur und Kunst. Mit dem Ende des Mittelalters wurde sie in modifizierter Form als Pantheismus wiederbelebt und feierte große Triumphe, die sich am besten in der Person Keplers manifestieren. Wir werden in mehreren der folgenden Vorträge auf diesen Gegenstand zurückkommen. Zunächst aber möchte ich mich auf die erste Epoche konzentrieren, also die Ausbreitung der pythagoreischen Lehre in den Anfängen.

Bevor wir uns näher mit der Harmonie der Welt befassen, müssen wir entscheiden, wo sie am besten wahrnehmbar ist, welche ihrer Ausprägungen am klarsten zu erkennen sind. Die Pythagoreer selber hielten die Musik (daher unsere Verbindung des Harmoniebegriffs mit der Musik), die Astronomie, die Arithmetik und die Geometrie für die wichtigsten Gebiete. Die durchschlagende Wirkung der pythagoreischen Lehre auf unsere Kultur zeigt sich darin, dass während des gesamten Mittelalters diese vier Disziplinen unter der lateinischen Bezeichnung *quadrivium* im zweiten Teil des Studiums der *artes liberales*, der freien Künste, die zentralen Gegenstände waren. (Der erste Teil, das *trivium* (hier von „*trivial*"!), bestand aus Grammatik, Rhetorik und Logik.) Der Erfolg der pythagoreischen Lehre begann mit der Musik.

Die Pythagoreer entdeckten, dass zwei gleich stark gespannte im Längenverhältnis 1:2 stehende Saiten eine Konsonanz erzeugen; eine ähnliche Wirkung entsteht bei den Längenverhältnissen 2:3 und 3:4. Wir nennen diese Intervalle heute Oktave, Quinte und Quarte. Damit ist ein Element der geheimnisvollen Harmonie aufgedeckt: Die Konsonanz und die Verhältnisse kleiner natürlicher Zahlen stehen in Zusammenhang. Diese Gesetzmäßigkeit verbindet zwei scheinbar weit voneinander entfernte Bereiche. So entstand die Hypothese, das Wesen der Harmonie sei in der Welt der Zahlen zu finden. Warum auch nicht, waren doch Harmonie und Zahlen dasselbe! Diese Gleichsetzung erklärt den in vielen Büchern zitierten pythagoreischen Glaubenssatz *„Alles ist Zahl"*. Leider wird in diesen Büchern aber kaum je mitgeteilt, dass dieser Satz **nur für die erste** der oben genannten Epochen zutrifft.

Die Arbeiten der Pythagoreer enthalten, besonders in der ersten Epoche, eine Fülle von Ideen, die klar mathematischer Art sind, aber auch viele, die ich, noch zurückhaltend, zweifelhaft nenne. Zu den mathematischen Entdeckungen gehören die pythagoreischen Tripel, also alle diejenigen natürlichen

Zahlen x, y, z, die der Gleichung $x^2 + y^2 = z^2$ genügen (vgl. den vorigen Vortrag). Die Pythagoreer untersuchten auch die so genannten *figurierten Zahlen*. (In Fig. IV. 1 sind die Dreiecks- und die Viereckszahlen durch kleine Kreise dargestellt.) Zwei typische Ergebnisse lauten: *Die n-te Dreieckszahl erhält man aus der vorhergehenden, indem man n addiert. Die n-te Viereckszahl ist die Summe der ersten n ungeraden Zahlen.* Nun eine Kostprobe für zweifelhafte Ergebnisse: Da 1 Punkt einen Punkt, 2 Punkte eine Gerade, 3 Punkte eine Ebene und 4 Punkte den Raum bestimmen (weiter geht es natürlich nicht), bilden die Zahlen 1, 2, 3 und 4 das Große Zahlenquadrupel und stehen im Rang über allen anderen Zahlen. Dafür gibt es in der Tat Argumente. Saiten im Längenverhältnis 4:5 klingen recht dissonant; wegen $1 + 2 + 3 + 4 = 10$ benutzen wir das Dezimalsystem; es gibt 10 Objekte im Kosmos: Fixsternsphäre, Sonne, Mond, Merkur, Venus, Mars, Jupiter, Saturn, Erde und Antichthon, die Gegenerde. Wenn jemand einwendete, er habe die Gegenerde noch nie gesehen, wurde ihm entgegnet, nichts anderes sei zu erwarten; schließlich liege die Gegenerde ja auf der entgegengesetzten Seite der Erde und sei daher unsichtbar. Die Errungenschaften der Pythagoreer zu jener Zeit waren also eine seltsame Mischung aus Wissenschaft, Mystizismus und glattem Betrug. Dies galt in besonderem Maß für die Zahlen, als ihnen die gewichtige Rolle aufgebürdet wurde, die Harmonie der Welt zu tragen.

Fig. IV. 1

Die Ergebnisse auf dem Gebiet der Geometrie (wir sprechen immer noch von der ersten Epoche gegen Ende des −6. Jahrhunderts) bestanden hauptsächlich in einer Klärung und Präzisierung der grundlegenden Begriffe und Sachverhalte. Es gibt gute Gründe, den Pythagoreern die Einführung der Begriffe *Gerade, Strecke, Winkel, Ebene* in der für uns noch gültigen Form zuzuschreiben. Auf sie gehen auch die Begriffe *eingeschriebener Winkel, Mittelpunktswinkel, Sehnen-Tangenten-Winkel* zurück, sie bewiesen Sätze über Winkel mit paarweise parallelen bzw. orthogonalen Schenkeln. Die Pythagoreer kannten auch einen Beweis für den Satz des Pythagoras. Nebenbei illustriert der Name dieses Satzes den Brauch, Sätze nach berühmten Männern zu benennen.

Im Mittelpunkt der geometrischen Untersuchungen stand für die Pythagoreer die Ähnlichkeit von Figuren. Den bis heute wichtigsten Satz auf diesem Gebiet benannten sie nach Thales[1]. Sein ziemlich schwieriger Beweis steht in Schulbüchern. Dies kann nicht überraschen, wenn man sich vor Augen hält, dass der Satz einen wichtigen Sachverhalt der Maßtheorie ausspricht, nämlich dass die Parallelprojektion einer Geraden auf eine zweite Gerade maßtreu ist. (Ausführlicher: Das Projektionsbild des Maßes der ersten Geraden ist ein Maß auf der zweiten Geraden.) Der Beweis muss an irgendeiner Stelle den für das Messen charakteristischen Grenzübergang enthalten. Die pythagoreische Beweisidee bestand aus zwei Teilen. Der erste enthielt den schwierigsten Schluss, für den die Erfinder des Beweises eine Aussage heranzogen, die in heutigen Schulbüchern als Satz des Thales bezeichnet wird: *Eine Parallele zu einer Dreiecksseite teilt die zwei anderen Seiten im gleichen Verhältnis* (Fig. IV. 2).

[1] A. d. Ü.: Hier ist nicht der im deutschen Sprachgebrauch als Satz des Thales bekannte Satz gemeint, sondern der 1. Strahlensatz.

Der Kern des Beweises besteht nun darin, für die zwei Strecken auf jeder der zwei geteilten Dreiecksseiten ein gemeinsames Maß zu konstruieren, d. h. eine Strecke mit zwei ganzzahligen Vielfachen, die den beiden Strecken gleich sind. An dieser Stelle erhebt sich die Frage, ob ein solches gemeinsames Maß stets existiert. Falls es existiert, kann man mit seiner Hilfe den Grad der Harmonie bestimmen, der zwischen den zwei Strecken besteht; Harmonie manifestiert sich ja im Verhältnis zweier natürlicher Zahlen, und sie kommt, wie in der Musik, der Vollkommenheit umso näher, je kleiner diese Zahlen sind. In diesem Fall ist die Gültigkeit des Satzes von Thales auch leicht zu sehen, da die Harmonie auf beiden Dreiecksseiten dieselbe ist. Was aber, wenn sich kein gemeinsames Maß finden lässt? Lange herrschte die Meinung, nur der Mangel an Findigkeit sei daran schuld, dass sich die Existenz eines gemeinsamen Maßes nicht nachweisen ließ. Die Ähnlichkeitslehre blühte dennoch ungestört und lieferte praktisch alle Sätze über ähnliche Figuren, die man zu meiner Schulzeit zum Abitur wissen musste; es waren einige mehr, als heute verlangt werden.

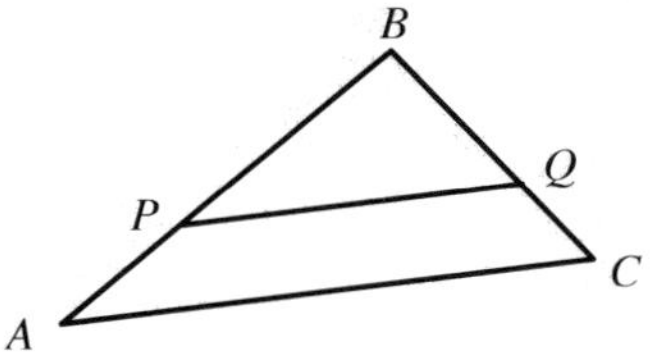

Fig. IV. 2. Den Beweis, dass aus $PQ \parallel AC$ die Gleichung $\frac{AP}{PB} = \frac{CQ}{QB}$ folgt, also den Beweis des Satzes von Thales, hat Euklid (in einer einzigen Zeile!) in seinen *Elementen* gegeben.)

Und dann brach eine Katastrophe herein! Es wurde bewiesen, dass es Strecken gibt, die nicht in gegenseitiger Harmonie stehen, die kein gemeinsames Maß haben, inkommensurabel sind. Der Schock wäre geringer gewesen, wenn nicht jedermann diese Strecken vor Augen gehabt hätte, wenn man sich also um sie hätte herumdrücken können (etwa so, wie wir in der Praxis irrationale und erst recht transzendente Zahlen vermeiden.) Schon die Seite und die Diagonale des Quadrats bilden ein solches Streckenpaar! Die Grundlagen mussten revidiert werden. War also vielleicht doch nicht alles Zahl, war der Begriff der Harmonie mangelhaft, gab es vielleicht zur Rettung einen schlauen Ausweg? An diesem Dilemma zerbrach die pythagoreische Schule; einige Quellen berichten sogar, Pythagoras sei aus Kroton verbannt worden und im Exil gestorben. Was aber für Pythagoras von Übel war, erwies sich als Segen für seine Schule. Ich komme darauf im nächsten Vortrag zurück.

Zwei Gegenstände möchte ich noch ansprechen. Der erste ist die Wendung „es wurde bewiesen", die ich sinngemäß oben gebraucht habe. Die verschiedenen antiken Quellen geben zu diesem Beweis unterschiedliche Datierungen und Autoren an. Es gibt sogar eine Version, in der behauptet wird, der Beweis sei in Kroton schon Jahre vor seiner Veröffentlichung bekannt gewesen und es sei versucht worden, Kenntnisse geheim zu halten, die der pythagoreischen Schule abträglich waren. Eine Entscheidung über die wahrscheinlichste Version ist schwer zu treffen, da wegen des Religionscharakters der pythagoreischen Schule keine Kenntnisse aus dem Kreis der Mitglieder nach außen drangen. (Vor dem Auftreten organisierter Religionen betrachtete man alle weltanschaulichen Richtungen als Religionen.)

Wie dem auch gewesen sein mag, es stieß alles, was die intellektuelle Elite Krotons vorbrachte, bei den schlichten Bürgern auf Missfallen. Die heutige Situation ist übrigens nicht wesentlich anders; der einzige Unterschied besteht darin, dass es heute zahlreiche Einrichtungen gibt, die mit ihrem Wissen (von so genanntem strategischen Wissen abgesehen) höchst leichtfertig umgehen, während die frühen Pythagoreer von ihren Jüngern forderten, sich ihrer Weltanschauung demütig zu unterwerfen und sich die Ordensregeln willenlos zu eigen zu machen. Neben der Pflicht, sich dem Studium der Harmonie zu widmen, gab es noch andere Vorschriften: Es war verboten, Tiere zu quälen, Bohnen zu essen, mit dem Schwert im Feuer zu stochern. Der größte Teil unserer unmittelbaren Kenntnisse über die Pythagoreer stammt aus einem einzigen Werk, den *Στοιχεῖα*, den *Elementen*. Der Verfasser ist Hippokrates von Chios, ein Pythagoreer, der aus dem Orden verstoßen worden war, weil er Geometrieunterricht gegeben und dafür noch Geld genommen hatte. (Andere Quellen sagen, er sei verstoßen worden, weil er Uneingeweihten die Existenz inkommensurabler Strecken verraten habe.) Bekannt wurde er wegen der Konstruktion der so genannten *Möndchen des Hippokrates*; siehe Fig. IV. 3. Ein Möndchen ist hier eine von zwei Kreisbögen begrenzte Figur. Die Summe der Flächeninhalt der zwei Möndchen ist ebenso groß wie der Flächeninhalt des rechtwinkligen Dreiecks, über dessen Katheten sie errichtet sind.

Die Rede ist natürlich nicht von den berühmten *Elementen* des Euklid und auch nicht von Hippokrates von Kos, dem Vater der Medizin.

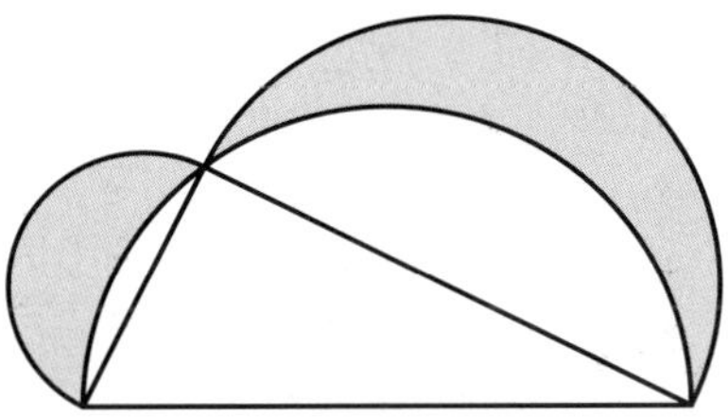

Fig. IV. 3. Falls die Kreisbögen Halbkreisbögen sind, ist das Dreieck rechtwinklig, und der Inhalt der gerasterten Fläche ist ebenso groß wie der Flächeninhalt des Dreiecks.

Der zweite Gegenstand, von dem ich noch sprechen wollte, ist besonders wichtig. Es gibt gute Gründe für die Ansicht, die Pythagoreer hätten einen wichtigen zivilisatorischen Standard aufgestellt und zur Norm erhoben, der für das europäische Streben nach der Weltherrschaft entscheidend war. (Von diesem Streben beginnt sich die Welt erst jetzt zu befreien.) Dieser Standard betrifft ein in unserer Zivilisation so tief verwurzeltes Element, dass es schwer fällt, sich dessen Fehlen vorzustellen. Ich spreche von der Möglichkeit, maßstäblich zu zeichnen, also Karten und Konstruktionspläne herzustellen. Für einen Mathematiker ist klar, worauf sich diese Möglichkeit gründet: Nur die euklidische Geometrie und keine andere lässt Ähnlichkeiten zu, die nicht schon Isometrien sind. In allen anderen Geometrien haben Figuren unterschiedlicher Größe unterschiedliche Eigenschaften.

Menschen, die keine Mathematiker sind, können sich nur schwer vorstellen, dass eine geometrische Figur nicht verkleinert oder vergrößert werden kann, ohne dass sich auch andere Eigenschaften ändern. Damit können wir auch Immanuel Kants Position richtig einschätzen, der behauptete, die euklidische Geometrie sei eine Form der Erkenntnis a priori, und als solche die einzig mögliche Geometrie. Die Ähnlichkeit ist so sehr Teil unserer Kultur, dass es kaum mehr auffällt, wie dieses Konzept den nachfolgenden Generationen vermittelt wird. Wenn eine Grundschullehrerin die Kinder auffordert, den Buchstaben abzuschreiben, den sie eben an der Tafel vorgeschrieben hat, dann sehen sich die Kinder den halbmeterhohen Buchstaben an, schreiben einen 2 cm hohen Buchstaben ins Heft und sind gemeinsam mit der Lehrerin überzeugt, dies sei dasselbe. Wann und von wem wurde ihnen gesagt, dass *die Ähnlichkeitsabbildungen in der euklidischen Ebene eine Gruppe von Automorphismen bilden?* Vielleicht hatte Kant ja doch Recht!

Auf Bitte meines Freundes Witold Wieslaw möchte ich nochmals betonen, dass ich in diesen Vorträgen nicht nur Ansichten vertrete, die allgemeiner Konsens sind, sondern auch meine persönlichen Überzeugungen (siehe Vortrag I). Manche Historiker bezeichnen solche Überzeugungen als Ergebnisse eigener Forschung.

Es gibt aber auch Gründe für die gegenteilige Ansicht. Das eben genannte Beispiel zeigt, dass wir – entgegen dem Augenschein – wahrscheinlich über die sozial vermittelte Vererbung noch weniger wissen als über die genetische Vererbung. Es gibt jedoch Kulturen, die keine auf die Ähnlichkeit gegründete Wahrnehmung der Umwelt entwickelt haben. Die früheste verschlüsselte Information aus der Periode, in der die Völker des minoisch-mykenischen Kulturkreises von den Dorern unterworfen wurden, ist im Mythos über die Eroberung Kretas enthalten. Speziell meine ich den Faden der Ariadne. Die Bevölkerung von Knossos suchte in der Festung, dem Labyrinth, vor den Invasoren Schutz. Um sich dort nicht zu verirren, wickelte Theseus auf seinem Weg ein Wollknäuel ab und nachdem er den Minotauros (also die Menschen in der Festung) erschlagen hatte, folgte er dem Faden und kam so wieder nach draußen. Der Faden ersetzte eine Skizze auf dem Schild oder in der Handfläche.

Auf dieselbe Art raubten die Griechen die Schatzkammer im Labyrinth von Howara aus. Die ägyptischen Priester fanden den Weg mithilfe eines Hymnus. Die Wände des Labyrinths waren nämlich mit Bildern geschmückt, die beim Durchschreiten der Gänge zu den rezitierten Versen passten. So in die Schatzkammer gekommen, diente ihnen ein zweiter Hymnus als Algorithmus für den Rückweg. Die griechischen Söldner lösten das Problem viel einfacher: Sie benutzten einen Lageplan. (Sie verhielten sich übrigens so geschickt, dass sie nicht erwischt wurden.) Dieser Vorfall belegt den gewaltigen Informationswert einer maßstäblichen Skizze. Sie ist auch für Analphabeten leicht zu verstehen; sie ist ein Code, für den kein Schlüssel nötig ist. Man muss nur in der Lage sein, das gezeichnete Objekt größer als in der Zeichnung zu sehen. Die Europäer erwarben sich dadurch einen so großen Vorsprung vor Völkern ohne diese Abstraktionsfähigkeit, dass sie den Seeweg nach China fanden und nicht die Chinesen den Seeweg nach Europa, obwohl diese doch achthundert Jahre zuvor den Kompass erfunden hatten.

Noch spektakulärer sind die militärischen Erfolge der Europäer bei der Eroberung Amerikas und Sibiriens. Der analphabetische Halsabschneider Pizarro kämpfte niemals gegen mehr als eine einzige Festungsbesatzung, weil er die Bewegungsfreiheit der Inkas in ihrem eigenen Land gelähmt hatte. Die Inkas verließen sich nämlich auf ein System von wegkundigen Führern. Diese lungerten, Kokablätter in der Backe, auf den Marktplätzen herum und riefen die Namen der Orte aus, zu denen sie den Weg wussten. Sobald eine ausreichend große Schar von Kunden zusammengekommen war, machte sich die Gruppe auf den Weg. Es genügte also, die Führer festzusetzen, um den mächtigen Inkastaat zu einer Ansammlung von Orten ohne Verbindung zu degradieren. Auf ähnliche Art eroberten die Scharen des Kosakenführers Jermak Sibirien, wenn auch das Ergebnis in diesem Fall anders war. Trotz ihrer hohen Verluste vereinigten sich nämlich die besiegten Stämme und konnten dadurch ein Heer aufstellen, das groß genug war, um Jermak zu besiegen; dieser ertrank am Ende im Jenissei. Leider waren die russischen Truppen in Sibirien inzwischen so stark geworden, dass die Ureinwohner von ihrem Sieg nichts hatten.

Die Bewertung, die ich vorgetragen habe, könnte mit dem Argument infrage gestellt werden, auch die Inkas und die Polynesier hätten Karten gehabt. Nun ist aber eine Karte der Inkas ein Bündel von Lederriemen mit einer komplizierten Anordnung von Knoten. Zum Lesen muss man den Code kennen. Im Gegensatz dazu kann schon jedes in Europa aufgewachsene Kind einen Lageplan lesen.

Vermutlich haben Konstruktionspläne noch mehr Bedeutung als Karten und Lagepläne. Noch bis ins ausgehende 19. Jahrhundert wurden auf chinesischen Werften Dschunken nach folgender Technik hergestellt: Eine alte Dschunke wurde zerlegt, die einzelnen Teile wurden nachgebaut und schließlich zu neuen Dschunken zusammengezimmert. (Gelegentlich dürfte es auch verwegene Schiffsbauer gegeben haben, die es darauf ankommen ließen und den Bau auswendig wiederholten.) Es gibt auch einen Hinweis darauf, dass dieses Verfahren früher in Europa verwendet wurde. Cäsar ließ nämlich vor der Eroberung Britanniens eine Galeere auf dem Landweg durch das heutige Frankreich transportieren und nach deren Muster eine Flotte zur Überquerung des Kanals bauen. Man erkennt daran die unschätzbare Wichtigkeit, den Hersteller über die Konstruktion eines Gebrauchsgegenstands oder einer Maschine informieren zu können, ohne den Gegenstand mitzuliefern. Diese Fähigkeit erhöht die Produktivkraft eines Staates ganz entscheidend. Die Erfindung des Konstruktionsplans hat ebenso revolutionär gewirkt wie die Erfindung des Computers heute und war ein wichtiger Schritt zur Industrialisierung Europas. Aus diesem Grund konnte das kleine, ärmliche, rückständige Europa in weniger als zweitausend Jahren die Erde erobern. Dieser Vorsprung ist jetzt dahin – jeder kann heute Konstruktionspläne zeichnen – und die Vorherrschaft Europas ist geschwächt.

Auch in der Musik gibt es ein Beispiel für zwei Wahrnehmungen der Welt – eine mit, eine ohne Ähnlichkeitsbegriff. Da dem Beispiel die praktische Bedeutung fehlt, sollte es weniger kontrovers sein als die vorigen. Wenn wir uns den Hals einer Gitarre ansehen, erkennen wir, dass die Abstände zwischen den Bünden (so heißen die schmalen metallenen Leisten) umso kleiner sind, je näher am Resonanzkörper die Bünde liegen. Eine genauere Analyse zeigt, dass die Konstruktion auf Ähnlichkeit beruht: Der Hals insgesamt und jeder seiner Abschnitte zwischen einem Bund und dem Korpus sind zueinander ähnlich. Daher kann der Musiker den Hals mithilfe einer Klemme, des Kapotastro, kürzen. Damit werden alle Saiten verkürzt und wenn die Gitarre vorher gestimmt war, bleibt sie gestimmt, nur werden die Töne höher. Eine Melodie, auf den verkürzten Saiten gespielt, klingt ebenso wie auf den normal langen Saiten. Man spricht von einer Transposition in eine andere Tonart. Daher hat jede europäische Melodie zwölf Versionen, die in unseren Ohren gleich klingen. (Die Zahl Zwölf kommt daher, dass nach zwölf Stegen die halbe Saitenlänge erreicht ist und dies eine volle Oktave ergibt, die höchste musikalische Harmonie; siehe oben.) Diese Transpositionsmöglichkeit gibt es nur in der europäischen Musik. Ein einziger Blick auf den Hals der Sitar, der indischen Schwester der Gitarre, zeigt schon, dass hier eine solche Umstellung nicht möglich ist. Denjenigen, die das Hören dem Sehen vorziehen, empfehle ich den berühmten Beatles-Film *Help*. Dort kann man die Schwierigkeiten deutlich hören, mit denen diese hervorragenden Musiker zu kämpfen hatten, als sie ihre Lieder auf indischen Instrumenten spielten.

Vom mathematischen Standpunkt aus können wir unsere Ergebnisse in folgender Weise zusammenfassen: Die Pythagoreer wählten für uns die euklidische Geometrie. Sie taten dies nicht bewusst, aber ihre Entscheidung war gewiss zu unserem Vorteil.

Es darf uns nicht überraschen, dass die Grundlagen der euklidischen Geometrie schon vor Euklid gelegt wurden. Vielen mathematischen Namensgebungen fehlt die schlüssige historische Rechtfertigung. Wir haben dies schon bei den Sätzen von Pythagoras und Thales erfahren und werden in so gut wie jedem dieser Vorträge weitere Beispiele zu hören bekommen.

Vortrag V

Das goldene Zeitalter und der Zweifel

Der Zusammenbruch der pythagoreischen Loge fiel zeitlich mit dem Beginn der Blüte Griechenlands zusammen. Im Jahr −490 errangen die Griechen bei Marathon ihren ersten großen Sieg über die Perser. Im Jahr −480 verteidigten sie die Thermopylen heldenhaft gegen ein zweites persisches Invasionsheer, siegten zur See bei Salamis und setzten durch den entscheidenden Sieg bei Plataiai den Persereinfällen ein Ende. Griechenland, obwohl klein und nicht sehr reich, wurde zur Vormacht am Mittelmeer. Damit begann das so genannte goldene Zeitalter Athens. Die griechischen Staaten, insbesondere Athen unter Perikles, gewannen materiellen Wohlstand für ihre Bürger und erlebten darüber hinaus auch einen kulturellen Aufschwung. Viele der großartigsten antiken Kunstwerke, wenn nicht die großartigsten überhaupt, und einige der tiefsten wissenschaftlichen Erkenntnisse sind Früchte dieser Zeit. Die Blütezeit ging aber schnell zu Ende. Die Rivalität um die Vorherrschaft führte zum Peloponnesischen Krieg. Die geschwächten griechischen Städte konnten dem nur am Rande zu Griechenland gehörenden Mazedonien nichts entgegensetzen und erlitten im Jahr –338 in der Schlacht von Chaironea einen vernichtenden Schlag. Alexander (oft mit dem Beinamen *der Große*), Sohn des siegreichen Makedonenkönigs Philipp, führte die Makedonen und Griechen zur Eroberung „der ganzen Erde“. Von Sieg zu Sieg eilend überschritten seine Heere die Grenzen der damals den Griechen bekannten Welt. Als der noch jugendliche Alexander im Jahr −323 starb, lagen überall, von Spanien bis Indien, griechische Garnisonen. Da sie nun niemandem mehr zu dienen hatten, bedienten sie sich selbst. Ihre Heerführer, die sich Diadochen (Nachfolger) nannten, schwangen sich zu Territorialherren auf. Damit gerieten weite Gebiete unter den Einfluss griechischer Kultur. Der Aufstieg des Punjab beispielsweise geht auf diese Zeit zurück. Ptolemaios, der unter Alexander Stratege (General) gewesen war, wurde zum Gründer der letzten Dynastie ägyptischer Pharaonen, die mit Kleopatra und ihrem Bruder Ptolemaios zu Ende ging. Zu Ehren des Makedonenkönigs gründete der Diadoche im Nildelta Alexandria, eine prachtvolle Stadt, ein Zentrum der Wissenschaft.

Viele Kulturhistoriker unterscheiden die Periode vor Alexander von der Periode nach Alexander; sie nennen die Kultur der ersten hellenisch oder griechisch, die der zweiten hellenistisch. In diesem und im folgenden Vortrag werde ich die Entwicklung der uns hier interessierenden Wissenschaft in der letzten, der fruchtbarsten Periode der griechischen Kultur untersuchen.

Die Entdeckung der Existenz nichtkommensurabler Strecken, die, so glauben viele, das Weltbild der Pythagoreer zerbrechen ließ, spaltete die Loge der Pythagoreer in zwei

Parteien. Die erste war die der Akousmatiker, der „Zuhörer" oder Jünger. Sie sahen in der aufgedeckten Nicht-Existenz eines gemeinsamen Maßes ein Wunder, ein unergründliches Geheimnis, über das es zu meditieren galt. Die Zahl wurde ihnen zur vorgeblichen Essenz aller Dinge, wurde zum Fetisch wie den Tibetern die heilige Silbe *Om*. Diese mystische Bewegung – so dürfen wir sie nennen – bestand noch über einige Jahrhunderte hin. Wichtige Beiträge zu Naturwissenschaft oder Philosophie hat sie nicht hervorgebracht.

Die Mitglieder der zweiten Gruppe gaben sich den recht hochtrabenden Namen „Mathematiker"; dieser leitet sich ab aus dem griechischen *mathein* (wissen, lernen) und bedeutet demnach Wissenschaftler oder Lehrer. Damit traten erstmals in den Annalen der Geschichte Mathematiker auf.

Die heutige Bedeutung des Wortes *Mathematiker* ist noch recht jung. Bis in die Mitte des 19. Jahrhunderts wurden alle wissenschaftlichen Disziplinen mit betont deduktivem Charakter als Mathematik bezeichnet. Wurde also eine Disziplin als hinreichend deduktiv eingeschätzt, wurde sie der Mathematik zugeschlagen. Dies geschah beispielsweise zu Beginn des 19. Jahrhunderts mit der Elektrizitätslehre, die zuvor als Zweig der Physik gegolten hatte. (Die Bezeichnung Physik – von *physis*, Natur – trugen übrigens alle Naturwissenschaften mit weniger hoch entwickelter Methodologie. Am Ende des 18. Jahrhunderts gehörten dazu unter anderem Elektrizitätslehre und Physiologie.) Unsere heutige Mathematik hieß damals Geometrie. (Noch zu Beginn des 19. Jahrhunderts bezeichnete Kummer in einem Gutachten Kronecker als begabten Geometer, ungeachtet der damals bekannten Tatsache, dass die Geometrie in unserem Sinn nicht Kroneckers bevorzugtes Gebiet war.) Die Begriffe Mathematik und Mathematiker nahmen ihre heutige Bedeutung erst gegen Ende des 19. Jahrhunderts an.

Die Mathematiker – ich kehre jetzt wieder zu den Pythagoreern zurück – kamen zur Überzeugung, sich dem Problem der Inkommensurabilität stellen zu müssen.

Offenbar lässt sich ein Problem auf zwei Wegen angehen: Der erste ist der Frontalangriff, der zweite die Kapitulation. Im Fall der Inkommensurabilität zwang der erste Weg dazu, die These „Alles ist Zahl" zu verteidigen, dabei aber den Zahlbegriff zu modifizieren. Der zweite Zugang bedeutete, die frühere Grundannahme zu verwerfen; wenn bis jetzt alles durch Zahlen beschreibbar gewesen sein sollte, dann von jetzt an eben nichts mehr. Unglücklicherweise reagiert der Mensch viel häufiger auf die zweite Art als auf die erste und so war es schon im alten Griechenland. Ein neues Schlagwort wurde geprägt, um den früheren Zahlenkult beerdigen zu helfen: Überlasst die Zahlen den Kaufleuten! Das Interesse konzentrierte sich nun auf Figuren, also auf Probleme, die wir heute der Geometrie zuordnen. Sichtbaren Ausdruck fand diese Umorientierung in dem neuen Symbol der pythagoreischen Lehre, dem Pentagramm oder Stern-Fünfeck. (Als Variante wurde auch die Figur aus den fünf Diagonalen benutzt; siehe Fig. V. 1.) Das Pentagramm wurde gerne als Ornament verwendet und wegen der ihm zugeschriebenen magischen Kräfte oft als Amulett getragen. Auch ist es Teil der Hoheitszeichen vieler Staaten, beispielsweise der früheren Sowjetunion, Jordaniens, des Irak, der Vereinigten Staaten von Amerika und Chinas.

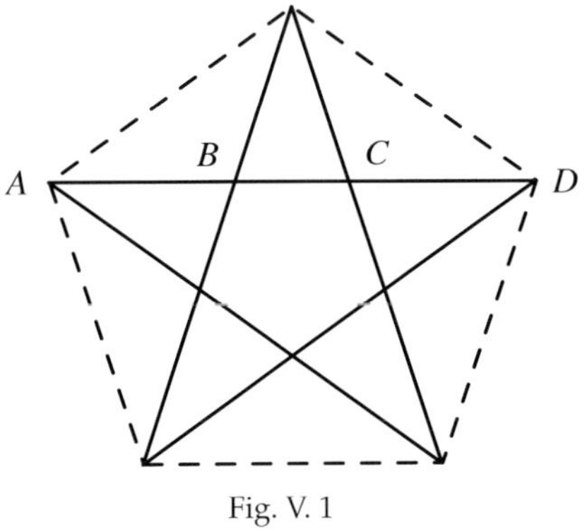

Fig. V. 1

Das Pentagramm eignet sich gut dazu, den „zahlenfreien“ Zugang zur Mathematik zu illustrieren. Seine zentrale Eigenschaft besteht darin, dass die meisten seiner Streckenpaare im gleichen Verhältnis stehen. Mit den Bezeichnungen von Fig. V. 1 gilt

$$\frac{AD}{BD} = \frac{BD}{AB} = \frac{AB}{BC}.$$

Wird eine Strecke der Länge a so in zwei Teilstrecken x und $a - x$ geteilt, dass

$$\frac{a}{x} = \frac{x}{a-x}$$

gilt, dass also x die mittlere Proportionale zwischen a und $a - x$ ist, heißt a im *goldenen Schnitt* geteilt. Bekanntlich ist das zugehörige Teilverhältnis irrational; es gilt

$$x = \tfrac{1}{2}\left(\sqrt{5} - 1\right) \cdot a.$$

Dieser Zahlenwert interessiert hier nur am Rande; wir fassen die geometrische Proportion ins Auge. Genau dieser Zugang herrschte in Griechenland vor: Statt der Verhältnisse natürlicher Zahlen wurden geometrische Proportionen betrachtet. Sie waren es, die die Harmonie der Welt abbildeten, und besonders galt dies für den goldenen Schnitt. Dieser Glaube war so fest, dass der goldene Schnitt zur Richtschnur des Ebenmaßes wurde. Bei den Statuen des Phidias und des Praxiteles teilt die Gürtellinie den Körper im goldenen Schnitt. Im selben Verhältnis teilen auch der Nacken den Oberkörper und das Knie den Unterkörper. Wem das noch nicht genügt, mag sich merken, dass der goldene Schnitt auch beim Bein zu erkennen ist: Bei Männerstatuen ist der größere Teil x der Unterschenkel, bei Frauenstatuen der Oberschenkel. Die Suche nach goldenen Teilungen war nicht schematisch, vielmehr wurde auch durch Messungen danach gesucht. Der goldene Schnitt war in der Natur allgegenwärtig; sogar die Blattstellung am Stengel einer Pflanze hat damit zu tun.

Diejenigen Leser, die Blätter am Stengel eher mit der Fibonacci-Folge als mit dem goldenen Schnitt in Verbindung bringen, haben Recht. Die Zahl $\frac{1}{2}(\sqrt{5} + 1)$, die in der Fibonacci-Folge eine Rolle spielt, ist das Reziproke des goldenen Verhältnisses. (Ganz genau gesagt: Diese Zahl ist der Grenzwert der Folge der Quotienten aus der n-ten und der $(n-1)$-ten Fibonacci-Zahl.)

Die Geometrie war auch das wichtigste Forschungsgebiet. Ein wohl bekanntes Beispiel ist das so genannte *delische Problem.* Die Sage erzählt, dass auf der Insel Delos eine Seuche ausbrach und Boten ausgesendet wurden, um das Delphische Orakel zu befragen. Zurückgekehrt überbrachten sie als Antwort des Apollo: Die Seuche werde verschwinden, wenn sein Altar, ein würfelförmiger Stein, in der Größe verdoppelt würde. (Es gibt noch andere Legenden, aber alle handeln von einem Altar.) Heute würde man vermutlich einen achtmal so großen Altar hinstellen, je größer, desto besser. Aber so einfältig waren die Griechen nicht; zweimal heißt zweimal. Es konnte kein Zweifel daran bestehen, dass die Verdopplung sich auf das Volumen des Altars bezog. Damit entstand die Aufgabe, die Kantenlänge eines Würfels zu bestimmen, der das doppelte Volumen eines gegebenen Würfels hat. Bevor die gesuchte Länge gefunden war, erlosch die Seuche, das Problem der Würfelverdopplung aber lebte weiter. Dies ist das ursprüngliche delische Problem; bald kamen noch zwei Probleme hinzu. Das *Trisektionsproblem* besteht darin, einen gegebenen Winkel in drei gleiche Teile zu zerlegen. Die *Quadratur des Kreises* ist die Aufgabe, ein zu einem gegebenen Kreis flächengleiches Quadrat zu konstruieren. Hierzu ist eine Erklärung nötig. Die Griechen berechneten nämlich Flächen nicht, sondern bemühten sich um die Quadratur der gegebenen Figur, d.h. sie suchten ein flächengleiches Quadrat. Es blieb ihnen auch keine andere Wahl. Zu Rechnungen dieser Art braucht man reelle Zahlen und diese waren bis zum Jahr −370 unbekannt.

Die Mathematiker des goldenen Zeitalters lösten alle diese Probleme, entfachten mit ihren Lösungen aber einen Sturm der Entrüstung. Der Streit entbrannte an der Frage, wie weit die Lösungen überhaupt akzeptabel seien. Um das Ärgernis zu erklären, möchte ich nun zwei Lösungen näher beschreiben, und zwar die am wenigsten und die am meisten angreifbare – jedenfalls in meinen Augen.

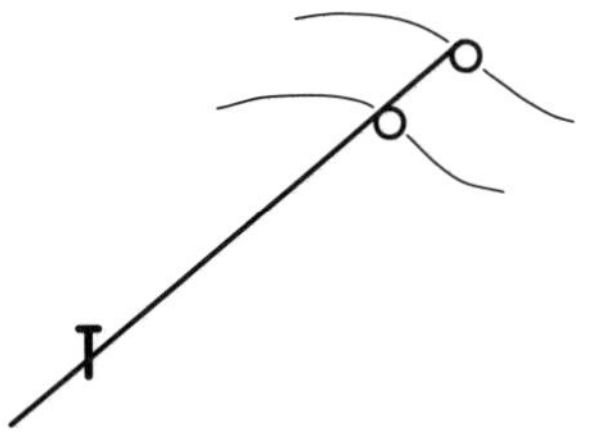

Fig. V. 2

Das Trisektionsproblem ist mithilfe eines *Konchoidenzirkels* relativ leicht zu lösen. Ein solcher Zirkel besteht einfach aus einem Stab mit zwei Löchern und einem Nagel zum Anlegen. Mit diesem Gerät lassen sich die Konchoiden gegebener Kurven zeichnen. (Wörtlich übersetzt bedeutet Konchoide *Umriss einer Muschelschale*. Eine der Konchoiden des Kreises ist die Pascal'sche Schnecke.) Um die Konchoide einer ebenen Kurve zu zeichnen, schlägt man den Nagel an einem beliebigen Punkt der Ebene ein, legt den Stab am Nagel an und führt das eine Loch längs der Kurve; ein in das zweite Loch gesteckter Bleistift erzeugt dann die Konchoide (Fig. V. 2). Offenbar gibt es zwei Möglichkeiten: Entweder wird der Bleistift in das dem Nagel näher gelegene oder in das weiter entfernte Loch gesteckt; im ersten Fall erhält man den inneren, im zweiten Fall den äußeren Zweig der Konchoide. In der folgenden Konstruktion benötigen wir nur den äußeren Zweig der Konchoide einer Geraden, der *Konchoide des Nikomedes*.

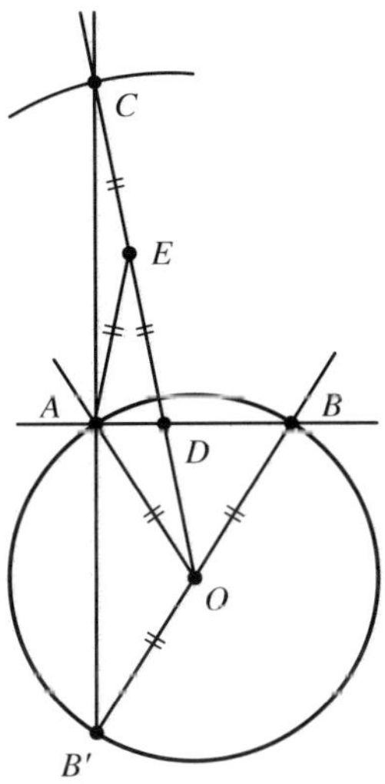

Fig. V. 3

Um einen gegebenen Winkel mit Scheitel O zu dritteln, zeichnet man einen Kreis um O mit einem Radius, der halb so groß ist wie die Entfernung zwischen den zwei Löchern des Konchoidenzirkels. Der Kreis schneide die Schenkel des Winkels in A und B. Der Nagel wird in O platziert und der äußere Ast der Konchoide der Strecke AB gezeichnet. Sei B' der zweite Endpunkt des Durchmessers durch B und C der Schnittpunkt der Geraden AB' mit dem Konchoidenast (Fig. V. 3). Ich behaupte nun, dass der Winkel AOC ein Drittel des Winkels AOB ist und beweise dies folgendermaßen:

Sei D der Schnittpunkt der Strecken OC und AB sowie E der Mittelpunkt der Strecke CD. Wegen der Beziehung zwischen dem Radius und der Entfernung der Löcher des Zeichengeräts finden wir sechs Strecken gleicher Länge:

$$OA = OB = OB' = CE = DE = AE$$

Die letzte Gleichheit gilt, weil ACD ein rechtwinkliges Dreieck und der Mittelpunkt der Hypotenuse zugleich Mittelpunkt seines Umkreises ist. (Man beachte, dass der Winkel BAB' über einem Durchmesser liegt, also ein rechter Winkel ist.) Wir können also schließen:

$$\sphericalangle CAE = \sphericalangle ACE\ (= \sphericalangle ACO), \quad \sphericalangle AEO = \sphericalangle AOE\ (= \sphericalangle AOC)$$
$$\sphericalangle OAB' = \sphericalangle OB'A\ (= \sphericalangle OB'C)$$

Alle diese Winkel sind nämlich Winkel in gleichseitigen Dreiecken. Aus dem Außenwinkelsatz folgt

$$\sphericalangle COB = \sphericalangle OB'C + \sphericalangle B'CO, \quad \sphericalangle OAB' = \sphericalangle AOC + \sphericalangle ACO,$$
$$\sphericalangle AEO = \sphericalangle ACE + \sphericalangle CAE = 2\cdot\sphericalangle ACE = 2\cdot\sphericalangle ACO.$$

Insgesamt ergibt sich

$$\begin{aligned}\sphericalangle AOB &= \sphericalangle AOC + \sphericalangle COB = \sphericalangle AOC + \sphericalangle OB'C + \sphericalangle B'CO\\ &= \sphericalangle AOC + \sphericalangle OAB' + \sphericalangle ACO = \sphericalangle AOC + \sphericalangle AOC + \sphericalangle ACO + \sphericalangle ACO\\ &= 3\cdot \sphericalangle AOC.\end{aligned}$$

Dies ist das gewünschte Ergebnis.

Der vorgeführte Beweis ist geometrischer Standard und lässt, jedenfalls auf den ersten Blick, nicht erkennen, was die Mathematiker der Antike an ihm auszusetzen hatten.

Das zweite Beispiel ist eine Konstruktion zur Würfelverdopplung. Während der vorige Beweis weitgehend anonym ist – er war nämlich vermutlich schon bekannt, bevor Nikomedes die Konchoide allgemein bekannt machte – hat der zweite einen sicher identifizierbaren und gut bekannten Autor. Es handelt sich um Archytas von Tarent (–428; –365), Politiker (er war sogar Tyrann), Militär (er war Stratege, also General), überzeugter Pythagoreer (selbstverständlich aus der mathematischen Linie) und Ingenieur. Zu seiner Zeit ließ Tarent im Kampf um die Vorherrschaft in Unteritalien Kroton hinter sich zurück. Die Konstruktion des Archytas stützt sich auf die schon ältere Idee von den zwei mittleren Proportionalen.

Die mittlere Proportionale (auch geometrisches Mittel) zweier Strecken a und b ist eine Strecke x mit der Eigenschaft

$$\frac{a}{x} = \frac{x}{b}.$$

Die Strecke x lässt sich mithilfe eines rechtwinkligen Dreiecks leicht konstruieren. Die Aufgabe, zwei mittlere Proportionale zu bestimmen, besteht dann darin, die Strecken u und v zu konstruieren, die der Gleichung

$$\frac{a}{u} = \frac{u}{v} = \frac{v}{b}$$

genügen. Diese Konstruktion ermöglicht nun in der Tat die Verdopplung des Würfels. In moderner Schreibweise gilt, wenn wir $b = 2a$ setzen:

$$v = \frac{u^2}{a},\quad v^2 = u\cdot b = u\cdot 2a,\quad \text{folglich}\ \frac{u^4}{a^2} = u\cdot 2a,\quad \text{also}\ u = \sqrt[3]{2}\cdot a.$$

Wie aber lässt sich diese Konstruktion ausführen? Angesichts der offenkundigen Ähnlichkeit zweier Dreiecke sind die Strecken AK und AL in Fig. V. 4 die zwei mittleren Proportionalen der Strecken AB und AM. Das Problem besteht darin, zu gegebenen Strecken AB und AM ein Dreieck zu finden, das die Beziehungen nach Fig. V. 4 erfüllt.

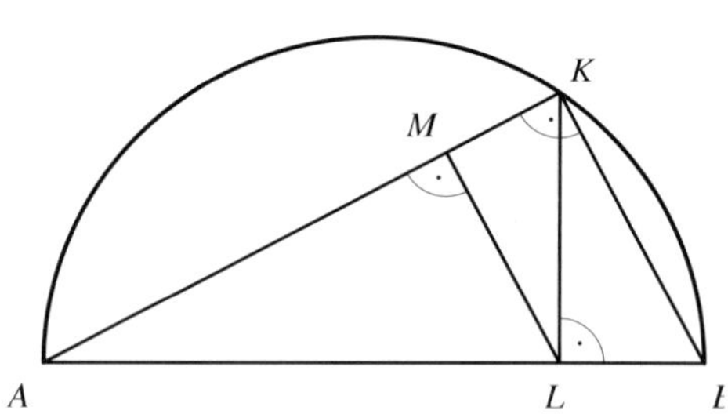

Fig. V. 4

Die Konstruktion des Archytas ist ein typisches Beispiel für die Art, wie in der Antike ein Problem angegangen wurde: Aus der Annahme, das Problem sei gelöst, werden möglichst viele Folgerungen hergeleitet. Dieses Verfahren wird hier aber auf eine höchst ungewöhnliche Konfiguration angewendet. Man betrachtet nämlich einen (Voll-) Kreis mit dem Durchmesser AB und einen Halbkreis mit demselben Durchmesser, in dem die Konstruktion nach Fig. V. 4 vollzogen ist. Das Außergewöhnliche besteht nun darin, dass der Halbkreis in einer zur Ebene des Kreises orthogonalen Ebene liegt. Wir lassen diese Ebene so weit um eine zur Kreisebene orthogonale Achse durch A rotieren, bis der Punkt L auf den Kreis fällt (Fig. V. 5). Wir ergänzen die Figur (wenn wir dieses Bild einer räumlichen Konfiguration so nennen dürfen) um die Orthogonalprojektion N von

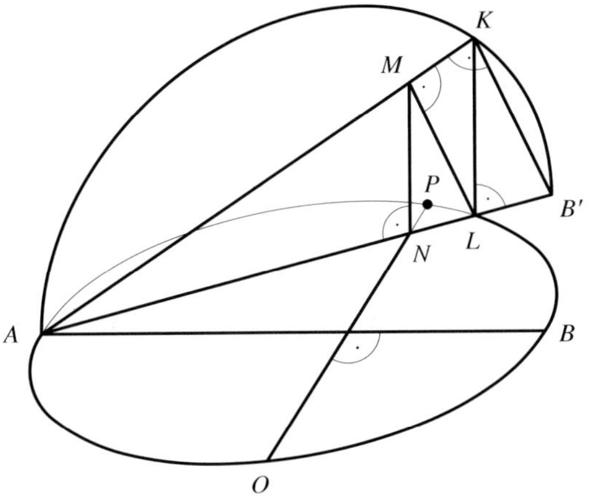

Fig. V. 5

M auf AB′ und die durch N gehende und zu AB orthogonale Sehne OP. Nun wollen wir die Lage des Punkts K im Raum (!) allein durch die gegebenen Längen der Strecken AB und AM kennzeichnen.

Unsere bisherigen Überlegungen erlauben die Feststellung, dass der Punkt K sowohl auf dem Zylinder mit Durchmesser AB als auch auf derjenigen Fläche liegt, die durch Rotation des Halbkreises entsteht, wobei dieser stets auf einer zur Grundfläche des Zylinders orthogonalen Ebene liegt. Diese Rotationsfläche ist ein Torus mit dem Innenradius 0. (Wir können uns bei dieser Konstruktion ganz sicher fühlen, denn die Flächen ließen sich im nassen Sand am Meeresufer leicht herausmodellieren.) Da sich zwei Flächen in einer ganzen Kurve schneiden, genügen die bisherigen Bedingungen noch nicht, um den Punkt K eindeutig festzulegen. Um dies zu erreichen, legen wir ihn – Archytas folgend – auf eine dritte Fläche. Im Einzelnen:
Man beachte die Beziehung

$$MN^2 = AN \cdot NL = ON \cdot NP.$$

Die erste Gleichheit ergibt sich daraus, dass AML ein rechtwinkliges Dreieck ist. Die zweite drückt aus, dass die Potenz des Punkts N in Bezug auf den Kreis auf jeder Sehne abgelesen werden kann. (Sollten Sie diesen Begriff nicht kennen, argumentieren Sie einfach mit den ähnlichen Dreiecken AON und PLN.) Aus der Gleichung $MN^2 = ON \cdot NP$ folgt, dass das Dreieck OMP rechtwinklig ist; der Punkt M liegt also auf einem Halbkreis über dem Durchmesser OP. Dies bedeutet aber auch, dass M auf dem Kegel mit Spitze A, Achse AB und Öffnungswinkel OAP liegt. Die Punkte O und P sind konstruierbar, weil beide von A die Entfernung AM haben. Beachten Sie schließlich noch, dass auch K auf diesem Kegel liegt.

Damit ist die Lage des Punktes K endlich bestimmt: Er liegt auf drei Flächen, die sich aus den zwei gegebenen Strecken allein bestimmen lassen, und die Konstruktion des Archytas ist zu Ende geführt.

Leser, die sich die Mühe gemacht haben, die Konstruktion nachzuvollziehen, mögen sich nun ein Urteil bilden, ob der Begriff „Konstruktion" zu weit gefasst wurde. Die Zeitgenossen des Archytas waren darüber durchaus geteilter Meinung. Im Kern drehte sich die Debatte darum, welche Methoden bei der Erkundung des dreidimensionalen Raums noch zulässig seien. Auch in der Naturwissenschaft muss selbstverständlich zwischen akzeptablen und inakzeptablen Methoden klar getrennt werden. Diese im –4. Jahrhundert einsetzende Kontroverse über die Grenzen der Mathematik, die damals noch alle Naturwissenschaften umfasste, blieb für viele Jahrhunderte lebendig. Ich erwähne als Beleg nur das Gedicht *Plato und Archytas* des polnischen Dichters Cyprian Kamil Norwid aus dem 19. Jahrhundert. (Nebenbei: Was wissen zeitgenössische Norwids über die Grundprobleme der Naturwissenschaften von gestern und heute?)

In diesem Zusammenhang erscheint hier nun erstmals Platon, der führende Verfechter methodischer Schranken. Bevor ich aber auf seinen Einfluss auf die Naturwissenschaften und insbesondere die Mathematik eingehe, möchte ich ein für die Mathematik fundamental wichtiges Thema nennen, nämlich die Untersuchung der Struktur des Raums, des *Kontinuums*. Diese fiel als Nebenprodukt der Voreingenommenheit zugunsten der Geometrie ab, die in der pythagoreischen als der die Wissenschaft beherrschenden Lehre gepflegt wurde.

Die axiomatische Annahme, ähnliche Figuren unterschiedlicher Größe hätten gleiche geometrische Eigenschaften und dieselbe Struktur, macht den Raum (und sei es auch nur ein winziges Teilstück wie eine Strecke) zu einem Objekt, das sich von allen in der Praxis erfahrbaren Dingen himmelweit unterscheidet. Speziell lässt sich ja eine Strecke ähnlich auf eine Teilstrecke abbilden. Nehmen wir dazu an, die Anzahl der Punkte einer Strecke sei eine geometrische Eigenschaft, so hat die Teilstrecke ebenso viele Punkte wie die Gesamtstrecke. Damit ist schon Anlass zu ernsten Meinungsverschiedenheiten gegeben. Verfolgen wir diese Argumentation weiter, so folgt, dass durch fortgesetzte Teilung einer Strecke niemals ein einzelner Punkt entstehen kann. Damit bliebe also ein einzelner Punkt unzugänglich und noch die kürzeste vorstellbare Strecke enthielte unendlich viele Punkte. Heutzutage ist an Begriffen wie *Unerreichbarkeit* und *Unendlichkeit* nichts Besonderes, aber die Mathematiker früherer Zeiten wurden nur schwer damit fertig, dass fast keine mathematische Argumentation ohne diese Begriffe auskam. Ins hellste Licht gerückt wurde deren offenkundige Sinnwidrigkeit durch die *Aporien der Eleaten*, einer Philosophenschule um Parmenides und Zenon von Elea (–490; –430). Diese *Aporien* („Ratlosigkeiten") sind allgemein bekannt als Zenon'sche Paradoxa. Sie legen offen, dass der Inhalt mathematischer Begriffe nur schwer mit der Erfahrung in Einklang zu bringen ist. Es gibt mehrere solche Paradoxa; eines davon ist das Pfeilparadoxon: Ein fliegender Pfeil befindet sich in jedem einzelnen Punkt seiner Bahn in Ruhe – wie kann er sich dann bewegen? Ein zweites Paradoxon handelt von Achilles und der Schildkröte: Will Achilles die Schildkröte einholen, muss er erst den Ort erreichen, an dem sich die Schildkröte zu einem gegebenen Zeitpunkt befindet. Während der Zeit, die Achilles für diesen Weg braucht, hat sich die Schildkröte aber vorwärts bewegt – und so weiter bis ins Unendliche. Wenn dies so ist: Wie soll Achilles die Schildkröte dann jemals einholen? Nun könnten manche meinen, hier würden einfache Dinge künstlich kompliziert gemacht. Wie würden wir aber die Frage eines Fünftklässlers beantworten: „Wenn eine Strecke aus Punkten besteht und Punkte keine Länge haben, wie kann dann die Strecke eine Länge haben?" Zu den Zenon'schen Paradoxa gibt es eine ausgedehnte Literatur, in der sie unter jedem erdenklichen Gesichtspunkt kommentiert werden. Wir nennen sie hier als die erste ausdrückliche Formulierung der Frage, ob der Inhalt wissenschaftlicher Begriffe der Natur der zu beschreibenden Phänomene entsprechen soll (oder sollte).

Gegen Ende des –5. Jahrhunderts war die Möglichkeit, zahlreiche Phänomene, Ereignisse und Größen in verschiedener Weise systematisch zu erfassen, zum Anlass intensiver Forschung geworden. In diesem Zusammenhang kommt dem Wirken der Sophisten besonderes Gewicht zu. Die Sophisten waren eine interessante Gruppe von Intellektuellen. Alle philosophiegeschichtlichen Werke befassen sich mit den Ansichten der Mitglieder der Sophistenschule, übergehen aber oft die praktische Seite ihres Wirkens. Das explosive Wachstum der griechischen Demokratie ließ den Bedarf nach einer Fülle neuer Dienstleistungen entstehen. Die Erkenntnis, dass eine Wahl eher durch eine zündende Kampagne als durch den Vortrag schlüssiger Argumente zu gewinnen ist, ist keine Erfindung unserer desillusionierten Zeit. Bekanntlich ist es im Wahlkampf wichtig, den politischen Gegner in einer Debatte niederzumachen,

und Debattieren ist eine geradezu handwerkliche Fertigkeit. Es ist daher vernünftig, sich auf eine Debatte vorzubereiten und zwar, wenn möglich, mithilfe kompetenter Profis. Genau diesen Service boten die Sophisten der politischen Klasse Griechenlands an. Es ist nicht auszuschließen, dass die Triebfeder ihrer Philosophie in der Suche nach einer Antwort auf die Frage bestand, ob man in jeder Diskussion die Oberhand gewinnen könne oder ob die Fähigkeit des menschlichen Geistes, jedes beliebige Argument zu widerlegen, an unüberschreitbare Grenzen stoße. Am besten bekannt in dieser Hinsicht ist die – höchst pessimistische – Einstellung des Sokrates (−469; −399). Seine erstaunlichste Erkenntnis war, dass sich durch geschicktes Spiel mit zwei Argumenten, nämlich einem naturgesetzlichen und einem moralischen, jede Behauptung rechtfertigen lässt, im Extremfall sogar die vom Opponenten vorgebrachte.

Im Wesentlichen ist damit nicht mehr gesagt, als dass aus einem Widerspruch jede beliebige Folgerung gezogen werden kann. Wichtiger als diese Entdeckung aus der reinen Logik war aber die Erkenntnis, dass zwei einander widersprechende und doch in gleicher Weise zu akzeptierende Ordnungsstrukturen der menschlichen Gesellschaft nebeneinander existieren. Stellen Sie sich vor, im Parlament erklärte ein Abgeordneter, das Naturgesetz (Marktwirtschaft und freier Wettbewerb) und das moralische Gesetz (Liebe deinen Nächsten, das Ethos der Solidarität, soziale Gerechtigkeit) widersprächen einander. Er könnte diese Behauptung verschärfen, indem er zeigte, dass sich aus der Hinnahme dieser beiden Prämissen jede beliebige Behauptung logisch rechtfertigen lässt. Bedeutet dies aber etwa nicht, dass eine solche Aussage mit den Voraussetzungen, aus denen sie formal hergeleitet wurde, nichts mehr zu tun haben kann? Daraus aber ist zu schließen, dass Leute, die sich dieser Voraussetzungen bedienen, dies nur tun, weil sie ihnen in den Kram passen. Sokrates äußerte derartige Ansichten und bezahlte dafür: Er wurde wegen Gottlosigkeit dazu verurteilt, Selbstmord zu begehen; er vollzog ihn, indem er den sprichwörtlichen Schierlingsbecher trank. Auch sonst war es in jenen demokratischen Zeiten nicht gesund, seine Gedanken frei zu äußern. Zenon wurde in einem großen Kupferkessel zu Tode gebracht.

Dennoch war damals die Erkenntnis weit verbreitet, dass nebeneinander unterschiedliche Sichtweisen und Wertesysteme bestehen, und zwar sowohl moralische als auch rationale. Es ist also kein Wunder, dass eine starke Neigung herrschte, Ordnung in das Reich des menschlichen Denkens zu bringen.

Dies war das Klima, in dem Platons Akademie gegründet wurde. Das Wort *Akademie* ist eine Neupragung, die sich von dem Standort herleitet, dem heiligen Hain des Akademos in Athen. Unter allen wissenschaftlichen Einrichtungen war und ist Platons Akademie die mit der längsten Lebensdauer. Erst im 6. Jahrhundert wurde sie aus ideologischen Gründen geschlossen. Nur die ältesten italienischen Universitäten nähern sich allmählich dem biblischen Alter der Akademie. Platon (−428; −347), ihr Gründer und langjähriger Leiter, war ein Schüler des Sokrates gewesen. Den wichtigsten Grundsatz, den er von seinem Meister übernahm, war der Glaube an die Allmacht des Verstandes. Von Mathematik verstand er nichts, denn Sokrates hielt sie für unwichtig. Xenophon, der Verfasser des famosen „Thrillers“ *Anabasis*, behauptet, Sokrates habe ihm gesagt, das Studium der Geometrie und die Beschäftigung mit schwer verständlichen Dingen könne einen Mann sein Leben lang blockieren und ihn vom Erwerb nützlicher Fähigkeiten abhalten. Trotzdem war Platon ein glühender, um nicht zu sagen radikaler Anhänger der pythagoreischen Schule. In der Tat ist Radikalität ein Merkmal seines gesamten Wirkens und Denkens. Seine Werke sind voll von Ideen, wie man die gesellschaftlichen

Missstände kurieren könnte – Ideen, auf die die kompromisslosesten Radikalen aller Zeiten stolz sein könnten. Platon hielt eine hinreichend strenge Anwendung klarer und ins einzelne gehender Gesetze für ein Allheilmittel. Menschen dieses geistigen Zuschnitts neigen dazu, all das hoch zu schätzen, was ihren Horizont übersteigt. Aus diesem Grund hegte Platon eine maßlose Bewunderung für die Wissenschaft der pythagoreischen Schule.

Das Tor der Akademie trug den Spruch: *Kein der Geometrie Unkundiger trete hier ein!* Platon selbst aber trat ein. Sein Beitrag zur Geometrie umfasst mit Sicherheit die Beschränkung der geometrischen Konstruktionen auf Lineal und Zirkel und möglicherweise die Einführung des indirekten Beweises.

Die Wahl der zwei genannten Konstruktionswerkzeuge war ein zwar willkürlicher, aber dramatischer Schritt, der ganz im Einklang mit Platons Charakter stand. Er rechtfertigte ihn durch den Anspruch, nur Geraden und Kreise seien vollkommene, da in sich bewegliche Kurven. (Andere ebene Kurven dieser Art gibt es in der Tat nicht; im Raum kommt die Schraubenlinie hinzu.) Damit war die Basis für den noch heute gültigen Kanon der geometrischen Konstruktionen gelegt und ein strenges Regelwerk aufgestellt. Die Lösungen der so genannten delischen Probleme wurden verworfen. (Das Verdikt sollte für alle Zeiten gelten, wenn sich auch der wahre Grund erst im 19. Jahrhundert herausstellte.) Platon zufolge waren Zenons Paradoxa schlicht Missverständnisse, so als verwechselte man Erde und Himmel. Platon glaubte, die Wissenschaft befasse sich mit einer idealen Welt, und diese sei vollkommen; die Anwendung wissenschaftlicher Erkenntnisse auf die handgreifliche Wirklichkeit sei reine Naivität.

Immer wieder werden große Männer in den Himmel gehoben und für makellos erklärt. Für jeden denkenden Menschen sind sie aber einfach Kollegen, Menschen aus Fleisch und Blut, die uns in unseren alltäglichen Verrichtungen entweder fördern oder stören können. Ich schreibe hier auch über die größten Geister in diesem Stil, mag es auch Leute geben, die eine solche Respektlosigkeit ärgert. Über Platon als Denkmal seiner selbst können sie in den Werken über Geschichte der Philosophie nachlesen, ebenso über Aristoteles, Kant und andere.

Wissenschaftliche und künstlerische Kontroversen sollten mithilfe des Strafgesetzes entschieden werden. Platon schreibt in seiner *Republik*, es gebe einige Menschen, die entfernte Objekte klein zeichneten, obwohl sie doch wüssten, dass sie normal groß seien. Diese Leute seien als Lügner auszupeitschen.

Allgemein neigte Platon allen Vorstellungen zu, die eine strenge Ordnung in die Welt brachten. Beispielsweise trat er für die These ein, die materielle Welt sei aus vier Elementen aufgebaut, forderte aber andererseits wie die Pythagoreer für jedes dieser Elemente ein mathematisches Äquivalent. Die Zeiten hatten sich aber geändert: Nicht mehr Zahlen, sondern Körper waren gesucht. Platon fand als Symbole von Feuer, Luft, Wasser und Erde vier reguläre Körper, nämlich Tetraeder, Oktaeder, Hexaeder und Ikosaeder, und beklagte das Fehlen eines fünften solchen Körpers als Symbol des Geistes. Wir können uns seine Freude und seinen Stolz leicht vorstellen, als Theaitetos, einer seiner Schüler, das Dodekaeder als fünften regulären Körper entdeckte.

Platon war der Ansicht, die Beschäftigung mit der Wissenschaft sei freien Bürgern vorbehalten. Praktische Tätigkeiten und Alltagsprobleme stumpften seiner Meinung nach den menschlichen Geist derart ab, dass Denken gar nicht mehr möglich war. Diese Behauptung ist schwer zu widerlegen. Immerhin waren aber seine zwei besten Schüler, Aristoteles und Eudoxos, nur Metöken, also Freie ohne Bürgerrechte. Platon musste auch wissen, dass dies für Demokrit und die beiden Hippokrates galt.

Ich spreche hier so kritisch über Platon, dass meine Leser auf den Gedanken kommen könnten, ich wolle ihm alle Verdienste absprechen. Auf (für mich)

unerklärliche Weise muss Platon aber ein hervorragender Lehrer gewesen sein – die Tatsache, dass er hervorragende Schüler hatte, lässt sich nur so erklären. Diese Fülle glänzender Schüler ist einmalig in der Geschichte. Theaitetos und Eudoxos waren große Mathematiker. Wir verdanken Eudoxos die Mathematik im modernen Sinn dieses Worts; ich komme im nächsten Vortrag genauer darauf zu sprechen. Zunächst einige Worte über Aristoteles.

Aristoteles ist ein Phänomen. Er war der einzige Heide, dem die Kirche selbst in Zeiten unerbittlichster Orthodoxie bei der Prägung christlicher Seelen einen Platz einräumte. Noch bemerkenswerter ist, dass er auch von allen Glaubensrichtungen des Islam, und seien sie noch so fundamentalistisch, anerkannt wird.

Aristoteles (−384; −322) wurde in Stagira geboren. Sein Vater war Arzt am makedonischen Königshof. Als Siebzehnjähriger kam Aristoteles nach Athen, wo er für zwanzig Jahre in der Akademie zu Platons Füßen sitzen sollte. Drei Jahre lang war er Alexanders Erzieher. In diesem Zusammenhang ist eine (sehr erbauliche) Anekdote überliefert: Der Zögling forderte Aristoteles auf, ihn in einem Tag die Geometrie zu lehren, und dieser soll entgegnet haben, es gebe keinen Königsweg zur Geometrie. Im Jahr −335 gründete Aristoteles das Lykeion, eine nach ihrer Lage in einem Stadtteil Athens benannte Schule. Sie war deswegen bedeutend, weil sie die erste Bibliothek Europas beherbergte; zuvor hatte es nur in China und Babylon Bibliotheken gegeben.

Im Lykeion schrieb Aristoteles zahllose Bücher. Es sind streng genommen so viele, dass man annimmt, einige seien unter seiner Aufsicht von anderen verfasst worden. Die Werke überdecken alle nur denkbaren Wissensgebiete und Themen – mit einer bemerkenswerten Ausnahme: Mathematische Werke fehlen. Aristoteles' Einstellung zur Mathematik wich von der seiner Zeitgenossen entschieden ab. Er hielt sie für ein nützliches Werkzeug zur Beschreibung diverser Phänomene (beispielsweise konnte er geometrisch erklären, wie ein Regenbogen entsteht), aber mehr traute er ihr nicht zu. Über fast 1500 Jahre waren die Werke des Aristoteles die Grundlage aller Studien, sei es im christlichen oder im islamischen Raum, noch im 16. Jahrhundert war für Naturwissenschaftler wie Galilei die Kritik der Werke des Aristoteles der Ausgangspunkt eigenständiger Forschung. Dies gibt seiner rein von Nützlichkeitserwägungen geprägten Einstellung zur Mathematik umso mehr Gewicht. In gewissem Sinn als Ersatz für die Mathematik führte Aristoteles die formale Logik und insbesondere die Theorie der Syllogismen ein. Auf diese Dinge werde ich in Vortrag XXIII zurückkommen, der sich mit der Geschichte der Logik befasst und auch eine Erklärung liefert, warum ich die Geschichte dieser Disziplin in diesem Buch nicht im zeitlichen Ablauf der Mathematikgeschichte bespreche.

Es könnte scheinen, das goldene Zeitalter Griechenlands habe die Mathematik vernichtet: Auf der einen Seite Platons einschränkender und daher erstickender Zugang, auf der anderen Seite die Weigerung des Aristoteles, der Mathematik ein Recht auf unabhängige Existenz einzuräumen. Dieser negative Einfluss wurde aber durch zwei herausragende Entwicklungen in der Geschichte der Mathematik konterkariert: die Einführung der reellen Zahlen und die Grundlegung der Maßtheorie. Darüber werde ich im nächsten Vortrag sprechen.

Vortrag VI

Zahl und Maß

Wir kehren nun zur pythagoreischen Schule zurück, genauer gesagt zu derjenigen ihrer Strömungen, die wir als die mathematische bezeichnet haben. Im −4. Jahrhundert galt die Geometrie als wichtigster Zweig der Wissenschaft. Diese Einschätzung löste manche diffizilen Fragen über den Inhalt geometrischer Begriffe aus, insbesondere über die Struktur des Raums oder Kontinuums, wie man damals sagte. Die einzig mögliche und mit der Ähnlichkeitslehre verträgliche Interpretation der Annahme, der Raum bestehe aus Punkten, führte zum Schluss, Figuren bestünden in der Regel aus unendlich vielen Punkten.

Die Notwendigkeit, mit Dingen umzugehen, die in unendlicher Anzahl vorhanden sind, rief verständlicherweise Unbehagen hervor. Unendliche nicht abbrechende Prozesse waren bekannt und wurden akzeptiert, aber es fiel schwer zuzugestehen, dass gleichzeitig, in einem einzigen Augenblick, unendlich viele Objekte existieren können. Damit entstand die Unterscheidung zwischen zwei Arten des Unendlichen, des *potentiell* und des *aktual* Unendlichen. Gegen die potentielle Unendlichkeit der natürlichen Zahlen gab es nichts einzuwenden: Wir haben es stets nur mit einer endlichen Anzahl zu tun, können aber immer weitere Zahlen hinzufügen (kindlich gesprochen: *Ich hab eins mehr als du!*). Die aktuale Unendlichkeit, wie sie bei der Gesamtheit der Punkte einer Strecke vorliegt, wirkte wegen ihrer Eigenschaften verwirrend und wurde gemeinhin als paradox oder sogar als absurd empfunden. Die meisten Wissenschaftler versuchten daher, diese Schwierigkeit durch methodologische Einschränkungen zu überwinden: Einige Dinge darf man einfach nicht tun, man darf nicht einmal über sie sprechen. Die Folge waren massive logische Schwierigkeiten. Zwar durfte man über einen einzelnen Punkt einer Strecke eine Aussage machen, nicht aber über alle ihre Punkte. Kurz und allgemein gesagt: Begründungen durften sich auf die potentielle Unendlichkeit stützen, auf die aktuale aber nicht. Auf die damals noch nicht sehr hoch entwickelte Naturwissenschaft hatten diese von Platon und Aristoteles ausgesprochenen Einschränkungen eine wohltuende Wirkung, weil sie mancherlei Unsinn unterbanden, wie er mangels gesicherten Wissens gerne sprießt, und weil sie das Denken durch Eingrenzung philosophischer Unklarheiten disziplinierten. Für die Mathematik jedoch wirkten sie als eine Art Unterdrückung und lähmten jeden Versuch, gewisse Probleme zu lösen. Es stellte sich bald heraus, dass dies ein Holzweg war.

Und nun feierte das scheinbar für immer begrabene Thema „Zahlen" seine Auferstehung! Die Zahl wurde ins Leben zurückgerufen, jenes einfache Allzweck-Werkzeug, von dem man sich immer erhofft hatte, es könne nach geeigneter Encodierung den inneren Aufbau der Welt enträtseln helfen. Durch die Entdeckung der Inkommensurabilität waren die Zahlen diskreditiert; die Idee, wie man sich dennoch wieder auf sie stützen konnte, wurde in Platons Akademie geboren. Es ist heute nicht mehr zu erschließen, welchem Ziel diese Idee zunächst dienen sollte. Jedenfalls hatten die zwei (ja: zwei!) Methoden zur Konstruktion der reellen Zahlen, die im −4. Jahrhundert erdacht wurden, einen gemeinsamen Ausgangspunkt, nämlich die Betrachtung gleichartiger Größen. Da die Urheber beider Methoden Schüler Platons waren, liegt die Vermutung nahe, dieser Grundgedanke sei in der Akademie entwickelt worden.

Gleichartige Größen waren axiomatisch definiert, d. h. durch Vorgabe der Forderungen, denen sie genügen sollten. Die erste Forderung lautet:

Gleichartige Größen müssen vergleichbar sein.

Mit anderen Worten: Es muss stets entscheidbar sein, ob ein gegebenes Objekt verglichen mit einem zweiten größer, gleich oder kleiner ist. Ist dies der Fall, so repräsentieren die Objekte gleichartige Größen wie Volumina, Gewichte oder Längen.

Die zweite Forderung soll das Zusammenfassen ermöglichen:

Zu zwei gleichartigen Größen gibt es immer eine dritte derselben Art, die der Summe der zwei ersten gleich ist.

Somit ist das Doppelte eines Gewichts oder die Summe zweier Gewichte immer von derselben Art, d. h. wieder ein Gewicht; entsprechend für Volumina, Längen usw.

Die nächste Forderung bezieht sich auf die Subtraktion:

Ist die Größe A größer als die (gleichartige) Größe B, dann gibt es eine (gleichartige) Größe, die zu B addiert eine zu A gleiche Größe ergibt.

Die vierte und letzte Forderung hat einen (historisch falschen) Namen. Sie heißt *archimedisches Axiom*, und zwar wohl deswegen, weil Archimedes, der hundert Jahre später lebte, sie in seinen Arbeiten ausgiebig benutzte. Die Forderung lautet:

Sind zwei beliebige (gleichartige) Größen A und B gegeben, so gibt es ein ganzzahliges Vielfaches von B, das größer ist als A.

In einfachen Worten: Jede noch so große Entfernung kann in endlicher – wenn auch vielleicht sehr langer – Zeit in beliebig kleinen Schritten zurückgelegt werden. Dies ist eine zwar natürliche, aber doch sehr starke Forderung. Erst in den Siebzigerjahren des 19. Jahrhunderts erschienen gehaltvolle Untersuchungen über das archimedische Axiom und die Folgen, die seine Elimination aus der Mathematik nach sich zieht (Felix Klein).

Beide Konstruktionsmethoden für die reellen Zahlen packten das Problem an, *allein mithilfe natürlicher Zahlen das Verhältnis zweier gleichartiger Größen zu beschreiben.* (Die Beschränkung auf natürliche Zahlen war selbstverständlich für die Griechen bedeutungslos, da sie keine anderen kannten.)

Zunächst möchte ich die Lösung des Theaitetos (−410; −368) vorstellen. Sie scheint die frühere gewesen zu sein und wurde nicht allgemein akzeptiert. Ich habe Theaitetos schon vorher genannt: Er war der Entdecker des fünften regulären Körpers, des Dodekaeders. Bei weitem wichtiger ist seine zweite Entdeckung, zu der ich nun komme. Sie ist unter dem Namen *euklidischer Algorithmus* bekannt. (Der Name ist natürlich unhistorisch und recht jung; schon das Wort „Algorithmus" gehört ja erst in unser Jahrtausend.)
Dieser Algorithmus ist ein vielfach anwendbares Verfahren. Bevor ich seine Wirkungsweise beschreibe, sei festgestellt, dass die axiomatisch geforderten Eigenschaften der gleichartigen Größen die Division mit Rest ermöglichen.

Seien nun A und B zwei gleichartige Größen. Nach dem archimedischen Axiom gibt es eine natürliche Zahl m mit $A < m \cdot B$. Es gibt also auch eine größte natürliche Zahl n, die auch 0 sein kann, mit $A \geq n \cdot B$; man kann sie finden, indem man alle Zahlen von 0 bis m durchprobiert. Damit gilt entweder $A = n \cdot B$ oder der Rest $C = A - n \cdot B$ ist eine zu A und B gleichartige Größe, für die $C < B$ gilt. Im ersten Fall teilt B, wie wir sagen, A ohne Rest und im zweiten Fall mit Rest C. In beiden Fällen ist n das Divisionsergebnis.

Wem hier aufgefallen ist, dass Theaitetos die Null nicht verwendet haben kann, sei versichert, dass die Griechen die Division mit Rest wirklich beherrscht und den euklidischen Algorithmus nur dann angewendet haben, wenn die erste Größe größer war als die zweite. Ich halte es für günstig, den Algorithmus und seine Folgerungen in moderner Form zu beschreiben, und dies schon deshalb, weil der Unterschied nicht wesentlich ist.

Wir können jetzt mit der Beschreibung des euklidischen Algorithmus fortfahren. Er wirkt auf gleichartige Größen in folgender Weise:
Seien A_1 und A_2 zwei gleichartige Größen. Teile A_1 durch A_2; der Quotient sei n_1 und der Rest A_3. Wende dieselbe Operation auf A_2 und A_3 an und berechne so n_2 und A_4. Fahre so fort. Ist kein Rest mehr vorhanden, endet der Prozess. Im anderen Fall kann man ihn beliebig lange fortsetzen.

Das Verhältnis zwischen den Größen A_1 und A_2 wird durch eine Folge natürlicher Zahlen $(n_1; n_2, n_3, \ldots)$ beschrieben, die durch Anwendung des euklidischen Algorithmus auf diese Größen entstehen. Die Folge ist endlich oder unendlich. Modern gesprochen stellt jede solche Folge eine positive reelle Zahl dar. Speziell wird das Verhältnis der Diagonale des Quadrats zur Seite durch die unendliche Folge $(1; 2, 2, 2, \ldots)$ dargestellt, in der die Zweien „bis zum Ende durchlaufen". Damit ist die Harmonie des Quadrats durch natürliche Zahlen beschrieben und sogar sehr schön durch ganz kleine! Das einzige Problem ist, dass es unendlich viele sind.

Wie oben schon erwähnt, unterlag die von Theaitetos erdachte Methode zur Einführung reeller Zahlen der Methode des Eudoxos – wir werden sie in Kürze besprechen – und ist deshalb viel weniger bekannt. Von welcher Art sind nun die Folgen natürlicher Zahlen nach Theaitetos? Zuerst ist festzustellen, dass ihre Form trotz der äußerlichen Ähnlichkeit nichts mit einer Positionsschreibweise wie etwa dem Dezimalsystem zu tun hat. Der Grund ist einfach. An jeder Position in einer Theaitetos-Folge kann eine Zahl beliebiger Größe stehen, sodass wir, welche Basis für ein Stellenwertsystem wir auch wählen, doch damit rechnen müssen, dass in der Folge eine Zahl auftritt, die größer als diese Basis ist. Die Folgen von Theaitetos sind heute als *Kettenbrüche* bekannt. Ein entsprechender Begriff erschien erst wieder in der Mathematik des ausgehenden 16. Jahrhunderts, aber er war nur kurz in Mode. Ich möchte hier noch einige Worte über Kettenbrüche sagen.

Der leitende Gedanke lässt sich am besten an recht speziellen Größen gleicher Art beleuchten, nämlich an natürlichen Zahlen. Wenden wir den euklidischen Algorithmus einmal auf die Zahlen 11 und 7 an! Das Ergebnis lässt sich wie folgt niederschreiben:

$$11 = 1 + \frac{4}{7} = 1 + \frac{1}{\frac{7}{4}} = 1 + \frac{1}{1 + \frac{3}{4}} = 1 + \frac{1}{1 + \frac{1}{\frac{4}{3}}} = 1 + \frac{1}{1 + \frac{1}{1 + \frac{1}{3}}}$$

Diese Form hat nur grafisch mehr zu bieten als die Form $(1; 1, 1, 3)$.

Größen, für die der Algorithmus nicht abbricht, heißen inkommensurabel. „Unsere" irrationalen Zahlen sind Zahlen, die zu 1 inkommensurabel sind. Ist die Kettenbruchentwicklung einer Zahl endlich, so lässt sie sich zu einem Bruch vereinfachen; das Umgekehrte gilt ebenfalls.

Der euklidische Algorithmus liefert die eindeutig bestimmte Darstellung einer Zahl durch einen unendlichen Kettenbruch. (Beachten Sie zum Vergleich, dass eine rationale Zahl auf unendlich viele Arten als Summe von Stammbrüchen darstellbar ist.) Um genau zu sein: Für die Darstellung ist noch zu fordern, dass die letzte Zahl der Entwicklung nicht 1 sein darf. Umgekehrt ist jeder beliebige Kettenbruch konvergent, stellt also eine reelle Zahl dar. (Es ist klar, dass die Mathematiker der Antike all dies noch nicht wissen konnten.)

Lagrange bewies, dass irrationale Wurzeln quadratischer Gleichungen mit ganzzahligen Koeffizienten periodische Kettenbruchentwicklungen, rationale Wurzeln sogar abbrechende Entwicklungen haben. Auch die Umkehrung dieses Satzes ist gültig.

Von der letzten Zahl abgesehen ist die Periode der Entwicklung der Quadratwurzel einer rationalen Zahl symmetrisch. Ein Beispiel:

$$\sqrt{19} = (4; \overline{2, 1, 3, 1, 2, 8})$$

Die letzte Zahl der Periode ist außerdem das Doppelte des Ganzteils der Quadratwurzel, in unserem Fall $8 = 2 \cdot 4 = 2 \cdot [\sqrt{19}]$.

Wer sich für ein ungelöstes Problem auf diesem Gebiet interessiert, mag sich mit folgender Frage beschäftigen: Kommen in der Kettenbruchentwicklung von $\sqrt[3]{2}$ endlich oder unendlich viele verschiedene Zahlen vor?

Kettenbrüche haben für die Approximation irrationaler Zahlen viele Vorteile und auch noch andere schöne Eigenschaften. Trotzdem ist festzustellen, dass dieser Gegenstand, von einer kurzen Blütezeit im 18. und 19. Jahrhundert abgesehen, ein Randgebiet der Mathematik blieb.

Die reellen Zahlen, die sich als das stärkste Werkzeug der Mathematik erweisen sollten, fanden Eingang in der von Eudoxos, einem Zeitgenossen des Theaitetos, vorgeschlagenen Form. Wie Theaitetos studierte Eudoxos (−408; −355) an Platons Akademie. Anders als Theaitetos war Eudoxos aber kein Bürger Athens, sondern ein mittelloser Metöke aus Knidos auf der Insel Rhodos. Es wird erzählt, er habe es sich nicht leisten können, eine Wohnung in Athen zu mieten und habe deshalb täglich zu Fuß von Piraios zur Akademie gehen müssen. Seine größten Errungenschaften – und ich gehe so weit, sie als die größten Errungenschaften der Mathematik überhaupt zu bezeichnen – waren die Theorie der Proportionen und die Exhaustionsmethode, die ich beide in diesem Vortrag besprechen werde. Seine Zeitgenossen hielten seine Theorie der um die Erde rotierenden Sphären für seine beste Leistung. Ich komme in Vortrag VIII darauf zurück.

Die Idee des Eudoxos besteht darin, nicht ein einzelnes Verhältnis zweier gleichartiger Größen zu beschreiben, sondern die Frage nach der Gleichheit zweier Größenverhältnisse zu stellen, wobei die Größen im zweiten Verhältnis nicht notwendig von der gleichen Art wie die im ersten Verhältnis sein müssen. Damit waren die natürlichen Zahlen ein Vergleichswerkzeug statt lediglich das Ergebnis.

Eudoxos definiert das Verhältnis zweier Größen folgendermaßen:

Zwei gleichartige Größen A und B stehen im selben Verhältnis wie zwei gleichartige Größen α und β (ihre Art muss nicht dieselbe sein wie die von A und B), wenn für jedes Paar (m, n) natürlicher Zahlen die folgenden Bedingungen gelten:

Gilt $m \cdot A < n \cdot B$, so auch $m \cdot \alpha < n \cdot \beta$,

gilt $m \cdot A = n \cdot B$, so auch $m \cdot \alpha = n \cdot \beta$,

gilt $m \cdot A > n \cdot B$, so auch $m \cdot \alpha > n \cdot \beta$.

Diese Definition scheint ziemlich kompliziert zu sein, und ihr Nutzen liegt keineswegs auf der Hand. Etwas Nachdenken bringt uns aber zur Einsicht, dass sie zu entscheiden erlaubt, ob das Verhältnis zweier Gewichte mit dem Verhältnis zweier Winkel oder Strecken übereinstimmt. Damit leisten Verhältnisse eine universelle, für alle Arten von Größen gültige Beschreibung. Darüber hinaus lässt sich, wenn B als Einheitsgröße einer bestimmten Art festgelegt wird, einer Größe A ein Verhältnis zuordnen, das uns einen Zahlenwert für A liefert. Mit anderen Worten: Wir haben A gemessen. Die Ergebnisse solcher Maßbestimmungen sind für alle Arten von Größen von gleicher Art, nämlich Zahlenverhältnisse. Damit werden die Maßzahlen aus völlig verschiedenen Bereichen vergleichbar. Entstanden ist so eine universelle Sprache zur Untersuchung aller quantitativen Phänomene; wir sind an dem Ziel angelangt, das den Pythagoreern vor Augen stand. Gestehen wir Verhältnissen den Charakter von Zahlen zu, dann ist alles Zahl. Insbesondere gibt es zu jeder natürlichen Zahl einen Vertreter im Bereich der Verhältnisse: Für jede Größe A vertritt das Verhältnis von $n \cdot A$ und A die „frühere" Zahl n.

Die Ausführbarkeit der Subtraktion ist für die Korrektheit der Definition des Eudoxos entbehrlich. Unerlässlich ist jedoch, dass die betrachteten Größen das archimedische Axiom erfüllen. Der scharfsinnige Leser wird den Punkt finden, an dem die Sache schief geht, wenn dieses Axiom nicht erfüllt ist.

Folgen von Verhältnissen, ebenso wie Kettenbruchnäherungen nach Theaitetos, stellen positive reelle Zahlen dar. Sie sind nicht nur etwas Ähnliches wie die von Dedekind im Jahr 1872 axiomatisch definierten Zahlen, sondern sogar genau dasselbe. Sehen Sie selbst: Genügen Paare (m, n) dem ersten Teil der obigen Definition eines Verhältnisses, so nähern die Brüche $\frac{n}{m}$ das Verhältnis von A und B (und auch das Verhältnis von a und b) von oben an. Entsprechend nähern für Paare, die dem dritten Teil der Definition genügen, die Brüche $\frac{n}{m}$ beide Verhältnisse von unten an. Damit stimmen zwei Verhältnisse genau dann überein, wenn sie dieselbe Menge unterer und dieselbe Menge oberer Schranken besitzen, d.h. wenn sie als Dedekind'sche Schnitte übereinstimmen.

Dieser Sachverhalt hat einige Mathematikhistoriker dazu veranlasst, Dedekinds Verdienste zu schmälern. Beispielsweise schreibt Dirk Struik in seinem Werk *A Concise History of Mathematics* (deutsch: *Abriß der Geschichte der Mathematik. Braunschweig 1967*[4]), Dedekind *habe das Werk des Eudoxos lediglich vollendet.* Dies ist eine deutliche Überspitzung. In moderner Sprechweise können wir sagen: Eudoxos zeigte, dass jedes Verhältnis (also jede reelle Zahl) ein Schnitt ist. Dedekind fügte hinzu, dass jeder Schnitt eine reelle Zahl (also ein Verhältnis) ist. Dieser Zusatz ist sehr wichtig und lässt sich am besten im Zusammenhang mit den transzendenten Zahlen würdigen, denen wir uns in Vortrag XX widmen werden.

Euklid und Archimedes, die größten Mathematiker der hellenistischen Zeit, feierten die Entdeckung des Eudoxos über alle Maßen. Ihnen verdanken wir überhaupt unser Wissen um seine Errungenschaften, da keine Originalwerke erhalten sind. Wegen des anschließenden Niedergangs der Wissenschaft im Allgemeinen und der Mathematik im Besonderen wurden Eudoxos' Ergebnisse von den Wissenschaftlern späterer Jahre nur schleppend aufgenommen. Zweitausend Jahre nach Eudoxos pries Isaac Newton in seinen *Principia* einen besonderen Aspekt dieser Konstruktion: Heute dividieren wir bedenkenlos Entfernungen (also Längen) durch die Zeit und legen dem Ergebnis Sinn bei, wo doch so verschiedenartige Größen eigentlich gar nicht durcheinander dividiert werden können. In Wirklichkeit dividieren wir ja nicht die Größen, sondern deren Maßzahlen. Dies wäre nicht möglich, wenn nicht alle Größen durch dieselben Zahlen beschrieben würden. Genau dies verdanken wir Eudoxos.

Die Bezeichnung *reelle Zahlen* ist künstlich und entstand eher zufällig. Ihre Wurzel liegt in der Notwendigkeit, sie gegen die *imaginären Zahlen* abzugrenzen, und sie spiegelt die wichtigste Eigenschaft der Verhältnisse nicht wieder, nämlich dass sie die Gesamtheit aller möglichen Messergebnisse darstellen. Ich werde binnen kurzem auf die Theorie des Messens zurückkommen; zuvor möchte ich aber die drei folgenden Fragen beantworten:

Wie kann man mit so seltsam definierten Objekten rechnen?
Ist die Definition praktisch brauchbar?
Warum hat die Konstruktionsidee des Eudoxos die des Theaitetos verdrängt?

Das Rechnen mit Verhältnissen kann auf das Rechnen mit geeigneten Darstellungen von Verhältnissen zurückgeführt werden. Jedes Verhältnis lässt sich beispielsweise durch eine Strecke repräsentieren und die Rechnung kann dann auf geometrischem Weg ausgeführt werden. Warum gerade Strecken? Einen zwingenden Grund für diese Wahl gibt es nicht, aber die Griechen hatten im −4. Jahrhundert eine so große Fertigkeit im Umgang mit Strecken entwickelt, dass die Wahl eben auf diese fiel. Das Rechnen mit Verhältnissen wird im 5. Buch von Euklids *Elementen* beschrieben, wo der Autor sämtliche grundlegenden Eigenschaften der Verhältnisse herleitet. (*Sämtliche* bedeutet hier diejenigen Eigenschaften, die alle aus der Schule bekannten Rechenoperationen liefern.) Wir werden im nächsten Vortrag zu dieser Frage zurückkehren.

Brauchbarkeit lässt sich am besten durch Gebrauch beweisen. Lassen Sie uns also beweisen, dass das Verhältnis zweier höhengleicher Dreiecke (genauer: ihrer Flächeninhalte), deren Höhen gleich sind, mit dem Verhältnis ihrer Grundlinien (genauer: der Längen der Grundlinien) übereinstimmt.

Zunächst einige Erläuterungen! Die Griechen aus der Zeit, der wir unser Augenmerk widmen, besaßen keine Formeln für den Flächeninhalt von Figuren oder die Volumina von Körpern. Dies kann nicht anders sein, denn die Werte solcher Ausdrücke sind reelle Zahlen; diese müssen also vorher vorhanden sein. Stattdessen führten die Griechen, wie schon weiter oben angemerkt, Quadraturen aus, d. h. sie konstruierten zu einer gegebenen Figur ein flächengleiches Quadrat. Mit noch weniger Aufwand ließ sich der Flächeninhalt zweier Figuren vergleichen. Um beispielsweise die Gleichheit zweier Flächeninhalte zu zeigen, genügt es zu zeigen, dass beide dem Flächeninhalt einer dritten Figur gleich sind. Die Nützlichkeit dieser Methode wird durch einen Blick auf Fig. VI. 1 deutlich, die einen griechischen Beweis für die Flächengleichheit zweier Dreiecke mit gleicher Basis und gleicher Höhe darstellt. Jedes der beiden Dreiecke kann nämlich durch Zerlegung in ein Rechteck verwandelt werden, dessen eine Seite der Basis des jeweiligen Dreiecks und dessen andere Seite der halben Höhe gleich ist. (Ist ein beliebiges Dreieck gegeben, so zeichne man durch den Mittelpunkt der Höhe die Parallele zur Basis und drehe die beiden oberhalb liegenden Teildreiecke um 180°.) Tatsächlich war die Zerlegung (also Zerschneiden und Bewegen) vor Eudoxos die einzige bekannte Methode des Flächenvergleichs.

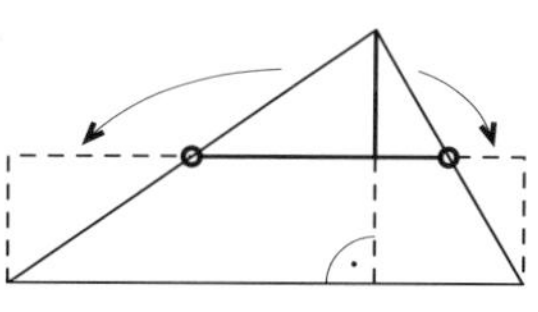

Fig. VI. 1: Unmittelbar ist die im Text beschriebene Methode nur auf spitz- und rechtwinklige Dreiecke anwendbar. Wenn Sie, werte Leser, diesen Mangel bemerkt haben, können Sie auch die Methode rekonstruieren, die von den Griechen für stumpfwinklige Dreiecke verwendet wurde.

Ein zweiter Hinweis ist nötig. Im vorvorigen Absatz habe ich in Klammern die Worte „Flächeninhalte“ und „Längen“ hinzugesetzt. Wir müssen aber im Auge behalten, dass die Griechen des –4. Jahrhunderts diese Begriffe nicht hatten, denn Flächeninhalt und Länge sind Maße (eines Dreiecks bzw. einer Strecke) und damit reelle Zahlen. Daher sprachen die Griechen von der Streckengleichheit (was nicht überraschen kann, da gleich lange Strecken kongruent, identisch sind) und von der Gleichheit von Dreiecken, womit sie die Gleichheit der Flächeninhalte meinten. Nach griechischer Sprachregelung bedeuteten gleiche Dreiecke also flächengleiche Dreiecke (Kongruenz war hier ja nicht notwendig). Um dem Beweis seinen spezifischen Stil zu belassen, halte ich mich an diese Terminologie, so lange sie nicht zu Missverständnissen führt.

Nun der Beweis! Seien ABC und DEF zwei gegebene Dreiecke mit gleichen Höhen in den Eckpunkten C bzw. F. Zu beweisen ist

$$\frac{\Delta ABC}{\Delta DEF} = \frac{AB}{DE}.$$

Nach dem Satz aus Fig. VI. 1 ändert sich das Dreieck (der Flächeninhalt!) nicht, wenn der Eckpunkt C oder F auf einer Parallelen zu AB oder DE verschoben wird. Entsprechend kann auch die Basis verschoben werden. Wir lassen B und D in einem Punkt K und C und F in einem Punkt L zusammenfallen, der so gewählt ist, dass LK auf der gemeinsamen Grundlinie senkrecht steht. Danach sei M die neue Lage von A und N die von E (Fig. VI. 2). Offenbar gilt

$$\Delta ABC = \Delta MKL, \quad \Delta DEF = \Delta KNL, \quad AB = MK, \quad DE = KN.$$

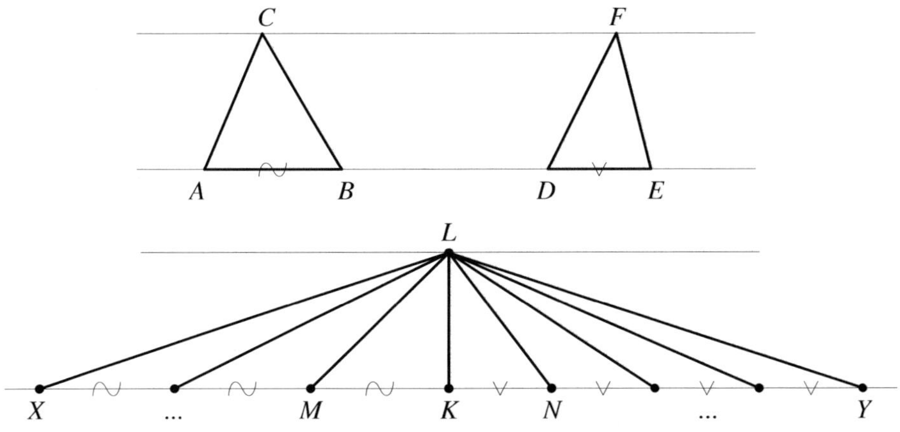

Fig. VI. 2

Man wähle nun ein beliebiges Paar (m, n) natürlicher Zahlen und trage die Strecke KM von K aus m-mal nach M hin ab. Der letzte auf diese Weise erhaltene Punkt sei X. Man verbinde alle Zwischenpunkte mit L. Dadurch entstehen m Dreiecke, die alle dem Dreieck MKL gleich sind. Auf die gleiche Weise erhält man durch n-maliges Abtragen der Strecke KN nach N hin (bis zu einem letzten Punkt Y) n Dreiecke, die sämtlich dem Dreieck KNL gleich sind. Nun falte man das Zeichenblatt längs der Geraden KL. Liegt X von K weiter entfernt als Y, gilt also $XK > KY$, so gilt auch $\Delta XKL > \Delta KLY$ Hieraus folgt:

Gilt $m \cdot AB = m \cdot MK = XK > YK = n \cdot KN = n \cdot DE$, dann auch

$$m \cdot \Delta ABC = m \cdot \Delta MKL = \Delta XKL > \Delta YKL = n \cdot \Delta KNL = n \cdot \Delta DEF$$

Ebenso gilt:

Aus $m \cdot AB = n \cdot DE$ folgt $m \cdot \Delta ABC = n \cdot \Delta DEF$ und
aus $m \cdot AB < n \cdot DE$ folgt $m \cdot \Delta ABC < n \cdot \Delta DEF$.

Nach der Definition des Eudoxos ist damit gezeigt, dass

$$\frac{AB}{DE} = \frac{\Delta ABC}{\Delta DEF}.$$

Damit haben wir unser Ziel erreicht.

Der vorgetragene Beweis stimmt im Wesentlichen mit dem Originalbeweis überein, der in Euklids 6. Buch zitiert ist. Ich meine, dass er das Arbeiten mit Verhältnissen klar demonstriert. Und können wir nicht einen Seufzer der Erleichterung ausstoßen, dass die Kollegen aus der Antike uns die Mühe abnahmen, die reellen Zahlen einzuführen? Nur mit solchen Sätzen im Hintergrund können wir nämlich daran denken, Formeln nach heutigem Stil einzuführen und müssen uns dabei nicht darum kümmern, dass sie nur deshalb leisten, was sie leisten sollen, weil der Lehrer es so gesagt hat. (Was übrigens, wenn sich der Lehrer geirrt hat?)

Die dritte Frage ist, wie üblich bei Erklärungsversuchen für kollektives Verhalten, nicht eindeutig zu beantworten. Ich glaube aber, dass die Antwort, die ich nun geben möchte, doch recht überzeugend ist. Reelle Zahlen sind Ergebnisse von Messungen, aber wie misst man eigentlich? Die Methode der Flächenmessung durch Zerlegung hat einen engen Anwendungsbereich, war aber als die einzige schon vor Eudoxos bekannt. Ich sage dies ganz bewusst, denn Eudoxos schuf nicht nur die reellen Zahlen, sondern auch eine neue Messmethode. Diese überdauerte unverändert bis ins 17. Jahrhundert und wurde tatsächlich erst im 19. Jahrhundert durch wieder eine neue Methode ersetzt, die aufgrund der Arbeiten Riemanns entstand. Die Methode des Eudoxos ist als *Exhaustionsmethode* bekannt. Ich meine, dass die Einführung der reellen Zahlen nach Eudoxos sich deswegen gegen die Einführung nach Theaitetos durchsetzte, weil sie zugleich ein mächtiges Werkzeug für die Anwendung bereitstellte.

Bevor ich nun die Exhaustionsmethode beschreibe, möchte ich das Augenmerk auf einen in der Mathematikgeschichte fast einmaligen Sachverhalt lenken. Die zwei beschriebenen Arten der Einführung der reellen Zahlen wiesen der Entwicklung der Mathematik zwei höchst unterschiedliche Wege. Die Größe des Unterschieds lässt sich an der relativen Bedeutungslosigkeit der Kettenbrüche in der heutigen Mathematik beurteilen. Wahrscheinlich hätten umgekehrt die Dedekind'schen Schnitte dieses Schicksal erlitten, wenn die Konzeption des Theaitetos den Sieg davongetragen hätte. Deshalb muss es überraschen, wie viele Philosophen der Mathematik die Tugend anhängen wollen, sie sei die einzig mögliche Art zu denken. Durch die beschriebene Weggabelung wird das genaue Gegenteil belegt. Und da verkündete Immanuel Kant, von seinesgleichen als Großer anerkannt, Mathematik sei eine Form des Wissens a priori!

Viele Mathematikhistoriker behaupten, die Kettenbruchmethode sei mangels arithmetischer Rechenverfahren verworfen worden. Diese Behauptung ist irreführend. Zum Ersten wurden die Kettenbrüche weniger eingesetzt, sodass es nicht zwingend nötig wurde, solche Algorithmen zu erfinden. (Es gibt keinen Grund für die Annahme, es könne keine geben.) Zum Zweiten gab es zum Zeitpunkt der Entscheidung für die eine oder andere Methode auch keine Algorithmen für das Rechnen mit Verhältnissen nach Eudoxos. Weiter sollte man nicht vergessen, dass die Verhältnisse, also die reellen Zahlen, erheblich weiterentwickelt worden waren, bevor die Algorithmen endlich entstanden.

Die Exhaustionsmethode ist ebenso leicht zu beschreiben wie zu rechtfertigen. Sie anzuwenden bedarf jedoch großer Erfindungsgabe. Deswegen wurde sie in jüngerer Zeit durch weniger brillante Verfahren ersetzt, die aber auch dem Anwender weniger abverlangen. Diese Verfahren sind das Riemann'sche und das Lebesgue'sche Integral.

Nun also eine Beschreibung der Exhaustionsmethode!

Wir trennen von der zu messenden Figur einen Teil (in der Regel ein Polygon oder ein Polyeder) ab, dessen (bekanntes) Maß mehr als halb so groß ist wie das Maß der gegebenen Figur. (Dies kann einen nicht trivialen Beweis erfordern, da das Maß der gegebenen Figur unbekannt ist.) Sei S_1 das Maß des abgetrennten Teils. Dieselbe Prozedur wird mit dem verbleibenden Teil der Figur wiederholt. Durch fortgesetztes Abtrennen von Teilfiguren, die jeweils größer als der halbe Rest sind, erhält man der Reihe nach $S_2, S_3, \ldots$ Eudoxos behauptet nun, dass die Summe

$$S_1 + S_2 + S_3 + \ldots + S_n$$

die gegebene Figur umso besser annähert, je größer n ist, und dass die unendliche Summe das Maß der gegebenen Figur ist.

Zum Beweis, dass die Methode des Eudoxos das richtige Ergebnis liefert, muss man wissen, dass

$$(*) \quad \frac{1}{2} + \frac{1}{4} + \frac{1}{8} + \ldots + \frac{1}{2^n} = 1 \quad \text{gilt.}$$

Es soll heute Lehrer geben, die den Schülern nicht erklären können, dass der nicht abbrechende Dezimalbruch 0,99999 … den Wert 1 hat.

Dies war den Griechen zu Eudoxos' Zeit schon bekannt. Sie kannten auch den noch heute schwer ausdrückbaren Sachverhalt, dass zwei Zahlen, deren Differenz beliebig klein ist, miteinander übereinstimmen. In der Tat: Wäre dies anders, so gäbe es eine feste Differenz r. Diese wäre aber nicht beliebig klein, sondern gewiss größer als $\frac{r}{2}$. Nun wieder zurück zum Beweis des Exhaustionsverfahrens! Wegen der aus Fig. VI. 3 ersichtlichen Beziehung

$$1 - \left(\frac{1}{2} + \frac{1}{4} + \frac{1}{8} + \ldots + \frac{1}{2^n}\right) = \frac{1}{2^n}$$

genügt es zu zeigen, dass $\frac{1}{2^n}$ mit wachsendem n beliebig klein wird. Dies folgt nun aus dem archimedischen Axiom, angewendet auf positive Zahlen als Größen. Man betrachte eine sehr kleine positive Zahl x und die Zahl 1. Das archimedische Axiom (siehe den Anfang dieses Vortrags) sagt aus, dass es eine natürliche Zahl k mit $\frac{1}{x} < k$ gibt. Nun gilt aber $k < 2^k$, also $\frac{1}{x} < 2^k$ und damit $\frac{1}{2^k} < x$. Da die Zahl x beliebig gewählt war und die linke Seite der Gleichung (*) nicht größer als 1 ist (vgl. Fig. VI. 3), ist Gleichung (*) bewiesen.

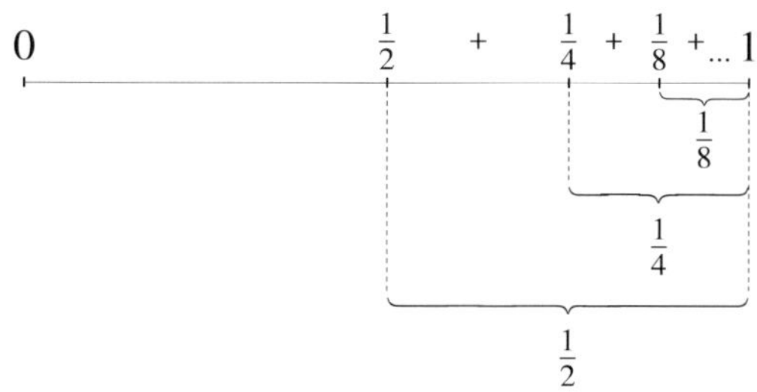

Fig. VI. 3

Mit diesem Zwischenergebnis können wir nun beweisen, dass die Exhaustionsmethode korrekt ist: Das gesuchte Maß (dessen Existenz hier vorausgesetzt wird) sei S. Dann gilt

$$S \geq S_1 + S_2 + S_3 + \ldots \geq \frac{S}{2} + \frac{S}{4} + \frac{S}{8} + \ldots = S.$$

Die erste Ungleichheit ergibt sich daraus, dass stets Teilfiguren ohne Überlappung abgetrennt wurden, und die Gleichheit ist eine Folge der Formel (*). Es fehlt nur noch eine Begründung für die zweite Ungleichheit.

Nach Annahme gilt $S_1 > \frac{1}{2}S$. Weiter schließt man

$$S_1 + S_2 > S_1 + \ (S - S_1) = \frac{S}{2} + \frac{1}{2}S_1 > \frac{S}{2} + \frac{S}{4},$$

$$S_1 + S_2 + S_3 > (S_1 + S_2) + \frac{1}{2}(S - (S_1 + S_2)) =$$

$$= \frac{S}{2} + \frac{1}{2}(S_1 + S_2) > \frac{S}{2} + \frac{1}{2}\left(\frac{S}{2} + \frac{S}{4}\right) = \frac{S}{2} + \frac{S}{4} + \frac{S}{8}.$$

Auf diese Weise fortfahrend erhalten wir

$$S_1 + \ldots + S_{n-1} + S_n > (S_1 + \ldots + S_{n-1}) + \frac{1}{2}(S - (S_1 + \ldots + S_{n-1})) = \frac{S}{2} + \frac{1}{2}(S_1 + \ldots + S_{n-1}) >$$

$$> \frac{S}{2} + \frac{1}{2}\left(\frac{S}{2} + \ldots + \frac{S}{2^{n-1}}\right) = \frac{S}{2} + \frac{S}{4} + \ldots + \frac{S}{2^n}.$$

Damit ist offenbar der Beweis der zu zeigenden Ungleichung erbracht. (In heutiger Sprache hätten wir hinzuzufügen: durch vollständige Induktion. Ich erspare mir und meinen Lesern die Erklärung, warum beim Übergang zur unendlichen Summe die Beziehung „>“ durch „≥“ zu ersetzen ist.)

Meine Leser könnten sich hier fragen, warum ich die Exhaustionsmethode hier so ausführlich begründet habe. Der Grund ist ganz einfach: Besser lässt sich meiner Meinung nach nicht demonstrieren, mit welcher Strenge die Mathematiker zur Zeit des Peloponnesischen Krieges argumentierten und in welch hohem Maß der damalige mathematische Stil mit dem heutigen übereinstimmt.

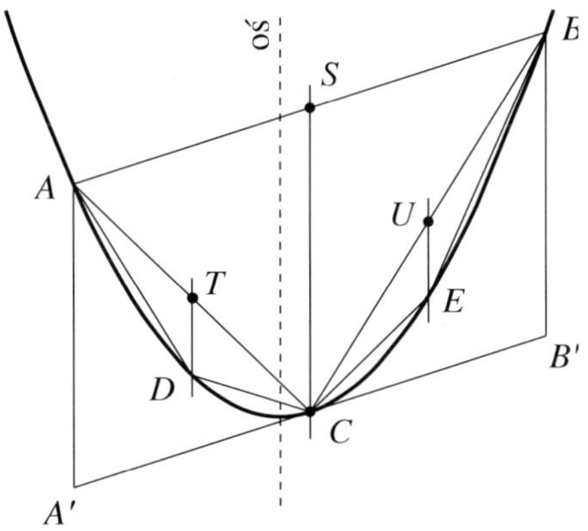

Fig. VI. 4

Nachdem nun die Korrektheit der Exhaustionsmethode nachgewiesen ist, bleibt noch zu zeigen, wie sie in der Praxis angewendet wurde.

Das erste Beispiel stammt aus der Schrift *Die Quadratur der Parabel* des Archimedes. Dort ist die Aufgabe gestellt, das Flächenmaß eines Parabelabschnitts zu bestimmen, also der Figur, die von einer Parabel und einer Sehne begrenzt wird. Archimedes schlägt den folgenden Lösungsweg ein. Er legt durch den Mittelpunkt S der Sehne AB die Parallele zur Achse der Parabel. Diese schneidet die Parabel im Punkt C (Fig. VI. 4). Der Flächeninhalt des Parabelabschnitts beträgt dann $\frac{4}{3} \cdot \Delta ABC$.

Dies ist das Ergebnis, nun der Beweis! Dazu benötigen wir Eigenschaften der Parabel, die in den Gymnasiallehrplänen nicht vorkommen und meines Wissens auch an Universitäten nicht gelehrt werden. Dort wird nämlich der Flächeninhalt des Parabelabschnitts durch Integration bestimmt und das auf diese Art gewonnene Ergebnis weicht in der Form erheblich vom Ergebnis nach Archimedes ab. Welche Eigenschaften meine ich nun? Zunächst diejenige, dass die Parabeltangente im Punkt C zur Sehne AB parallel ist. Weitere Eigenschaften werde ich nach Bedarf einführen.

Archimedes beginnt die Exhaustion, indem er für S_1 den Flächeninhalt des Dreiecks ABC wählt. Um zu zeigen, dass damit vom Parabelabschnitt mehr als die Hälfte abgetrennt wird, legt er in C die Tangente an die Parabel und zieht in den Sehnenendpunkten A und B die Parallelen zur Parabelachse. Damit erhält er das Parallelogramm AA'BB' (Fig. VI. 4), dessen Fläche das Doppelte der Fläche des Dreiecks ABC ist. Da unser Parabelabschnitt in diesem Parallelogramm echt enthalten ist, nimmt das Dreieck ABC mehr als dessen halbe Fläche ein. Der Rest besteht aus den zwei Parabelabschnitten über den Sehnen AB und BC. Auf beide wendet Archimedes dasselbe Verfahren nochmals an und erhält zwei Dreiecke ACD und CBE. (Der Rest bei den einzelnen Schritten kann sich also aus mehreren Flächenstücken zusammensetzen.)
Die Wegnahme von S_2 ist zulässig, weil die Situation beim zweiten Schritt im Prinzip dieselbe wie beim ersten ist. Im dritten Schritt nimmt Archimedes dann gleichzeitig vier Dreiecke von vier Parabelabschnitten weg, dann acht usw.

Als zweite Eigenschaft – und ich bezweifle, ob viele meiner Leser die kennen – benötigen wir, dass mit jedem Schritt der Flächeninhalt der einzelnen abgetrennten Dreiecke mit dem Faktor $\frac{1}{8}$ abnimmt. Archimedes wusste dies und so konnte er sagen, dass der gesamte Flächeninhalt der abgetrennten Teile von Schritt zu Schritt mit dem Faktor $\frac{1}{4}$ abnimmt; die Anzahl der Dreiecke verdoppelt sich ja mit jedem Schritt. Damit konnte er schließen:

$$S_1 + S_2 + S_3 + \ldots = \Delta ABC \cdot (1 + \tfrac{1}{4} + \tfrac{1}{16} + \ldots) = \tfrac{4}{3} \cdot \Delta ABC$$

Dieses Beispiel ist nicht nur mathematisch, sondern auch aus einer anderen Sicht interessant. Es überzeugt uns, dass das mathematische Wissen nicht notwendig wächst; es gibt Felder (wie die Fähigkeit zum Lösen geometrischer Probleme), auf denen wir ohne weiteres gegen unsere Vorgänger (vor 2200 Jahren!) den kürzeren ziehen könnten.

Das zweite Beispiel hat seine eigene Geschichte. Die Lösungen der Probleme, die ich oben zur Illustration der Proportionenlehre behandelt habe, liefern die wohl bekannten Formeln für den Flächeninhalt des Dreiecks. Man glaubte, auf ähnliche Weise auch für den Rauminhalt der Dreieckspyramide eine Formel herleiten zu können. Euklid gab zwar eine solche Formel an, benötigte aber zum Beweis die Exhaustionsmethode. Zweifellos ist dieser Zugang schon deshalb wesentlich komplizierter, weil implizit ein Grenzübergang enthalten ist. Jahrhundertelang hielt man Euklids Verfahren für eine Marotte, aber niemand fand einen elementaren Weg. Die Frage nach der Existenz eines solchen Weges wurde so hoch gehandelt, dass sie im Jahr 1900 sogar in die berühmte Liste der Hilbert'schen Probleme aufgenommen wurde (siehe Vortrag XXII). Im selben Jahr fand Dehn die Antwort: Sie war negativ. Die Volumenformel für die Pyramide ist mit elementaren Methoden nicht herleitbar; ein Grenzübergang im Sinne einer Integration ist unvermeidlich. Dann können wir auch Euklid folgen und das Exhaustionsverfahren anwenden.

Ich werde jetzt in leicht abgewandelter Version vorführen, wie Euklid das Pyramidenvolumen durch Exhaustion bestimmte. Dazu habe ich einige Sätze in geeigneter Weise zusammengestellt und verwende die heutige Ausdrucksweise. Es zählt ja nur die Präsentation der Grundidee mit möglichst wenig ablenkenden technischen Einzelheiten.

Eine Volumenformel für das Prisma ist durch Zerlegung zu finden. Dies nützt Euklid ganz wesentlich aus. Er schöpft nämlich die Pyramide aus, indem er zunächst zwei Dreiecksprismen wegnimmt; damit hat er die Größe S_1. Die Prismen sind in Fig. VI. 5 abgebildet; die Punkte K, L, M, N, P, Q sind Seitenmitten. Die Volumina der Prismen KLBNQP und KMNLCQ sind zusammen mehr als die Hälfte des Pyramidenvolumens, weil der Rest, nämlich die zwei Pyramiden AKMN und NPQD, in die weggenommenen Prismen hineinpassen. (Genauer passt die erste nach Verschiebung längs der Geraden AC in das Prisma KMNLCQ und die zweite nach Verschiebung längs DB in das Prisma KLBNQP.) Dieser Prozess wird für jede der beiden verbleibenden Pyramiden wiederholt und ergibt S_2 in Form von vier Prismen; entsprechend geht es weiter. Jede der Pyramiden ist ähnlich (sogar homothetisch) zur ursprünglichen mit dem Ähnlichkeitsfaktor 1 : 2, sodass zwischen den Volumina das Verhältnis 1 : 8 besteht. Auf diese Weise wird also ganz ähnlich wie im ers-

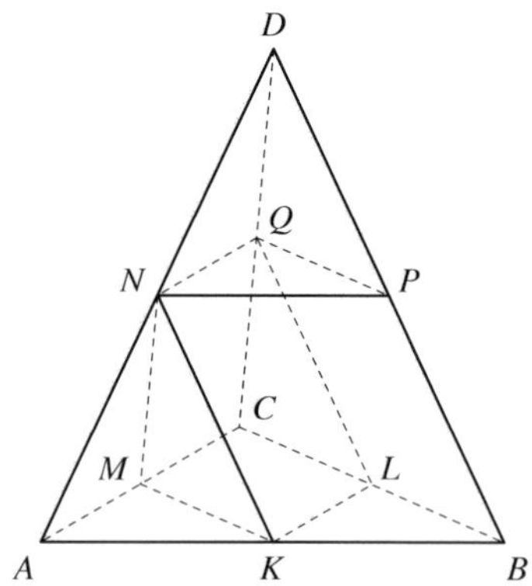

Fig. VI. 5

ten Beispiel in jedem Schritt $\frac{1}{4}$ dessen weggenommen, was im vorigen Schritt weggenommen wurde. Damit beträgt das Endergebnis wieder $\frac{4}{3} \cdot S_1$. Nun müssen wir noch herausfinden, wie viel dies ist. Die Grundfläche des Prismas KLBNQP beträgt $\frac{1}{4}$ der Grundfläche der Pyramide ABCD und seine Höhe ist halb so groß wie die Pyramidenhöhe. Daher beträgt sein Volumen $\frac{1}{8}$ des Produkts dieser zwei Größen. Das Prisma KMNLCQ kann als Hälfte des Prismas mit der Grundfläche KMCL und derselben Höhe angesehen werden. Da das Parallelogramm KLCM die halbe Grundfläche der Pyramide ist, beträgt das Volumen dieses zweiten Prismas ebenfalls $\frac{1}{8}$ des Produkts aus Grundfläche und Höhe der Pyramide. Damit erhalten wir $\frac{4}{3}\left(\frac{1}{8} + \frac{1}{8}\right)$, also $\frac{1}{3}$ dieses Produkts.

Das Problem besteht kurz gesagt darin, für das Pyramidenvolumen eine Formel vom Typ

Volumen = etwas · Grundfläche · Höhe

herzuleiten, wobei *etwas* eine Konstante ist. Genau das hat Euklid bewiesen. Wenn man schon weiß, dass ein solcher konstanter Koeffizient existiert, lässt sich sehr knapp nachweisen, dass er $\frac{1}{3}$ betragen muss. Zu diesem Zweck bediente sich Euklid einer Zeichnung wie in Fig. VI. 6.

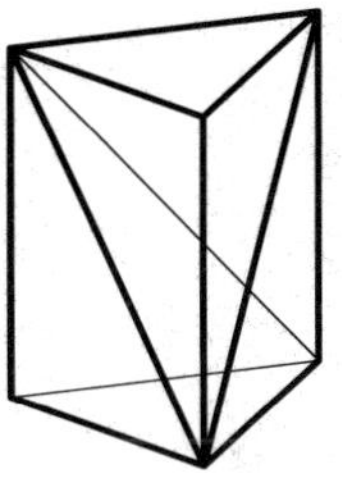

Fig. VI. 6

Die Exhaustionsmethode ist mathematisch einfacher als die später geschaffenen Maßbegriffe. Unglücklicherweise verlangt ihre Anwendung, wie ich oben schon bemerkte, einiges „künstlerisches" Talent. Falls sich die Exhaustionsmethode auf eine Figur anwenden lässt, für die das Peano-Jordan'sche Maß (das Gegenstück zum Riemann'schen Integral) und das Lebesgue'sche Maß definiert sind, ergibt sich nach allen drei Verfahren dasselbe Maß. Hat im Gegensatz dazu die Figur kein Peano-Jordan'sches Maß, liefert die Methode des Eudoxos ein vom Lebesgue'schen Maß (nach unten) abweichendes Maß.

Die Entdeckung von so mächtigen Werkzeugen wie Zahl und Maß musste die Entwicklung rasant vorantreiben. Das Verdienst für diesen Fortschritt kommt in erster Linie Euklid und Archimedes zu, die ich hier mehrfach genannt habe. Der nächste Vortrag wird eine besser geordnete Zusammenstellung ihrer Beiträge zur Mathematik enthalten.

Vortrag VII

Euklid und Archimedes

Ich habe schon (als einen der vielen Träger dieses Namens) Ptolemaios erwähnt, einen der Generale in Alexanders Armee und Kommandeur der ägyptischen Garnison. Nach Alexanders Tod im Jahr −323 ernannte er sich zum Diadochen (Nachfolger) und Satrap (Diktator) Ägyptens. Im Jahr −305 kehrte er zur traditionellen Herrschaftsform zurück, nannte sich Pharao und regierte bis −285. Er gründete eine Dynastie, die dreihundert Jahre lang regierte und mit Kleopatra (und ihrem Bruder, wieder einem Ptolemaios) endete. Mit ihrem Untergang ging auch das ägyptische Staatswesen unter. Ptolemaios I. nimmt in der Geschichte der Wissenschaften einen wichtigen Platz ein. Er war es nämlich, der in Alexandria, der im Nildelta neu gegründeten und nach seinem vergötterten Vorbild benannten Stadt das *Museion* errichtete, ein großes wissenschaftliches Forschungszentrum. Der Name bedeutet *Tempel des Muses*, hatte also eine viel umfassendere Bedeutung als heute. Einer der wichtigsten Teile des Museion war die riesige Bibliothek.

Euklid soll der erste Leiter dieser Bibliothek gewesen sein. Überraschenderweise wissen wir über ihn nicht viel. Er soll aus Megara stammen (was auf der Verwechslung mit einem anderen Euklid beruht), zwischen −365 und −300 gelebt und (da er ein ernst zu nehmender Wissenschaftler sein musste...) an Platons Akademie studiert haben, er soll umfassende Kenntnisse der (damals schon) alten ägyptischen (Alexandria liegt nun einmal dort) Gelehrsamkeit besessen haben. Jeder Versuch aber, auch nur eine dieser Vermutungen durch wenigsten zwei Quellen abzusichern, endet mit einem Fehlschlag. Unser ganzes Wissen verengt sich auf die Tatsache, dass Euklid um das Jahr −300 herum ein Buch schrieb, das gemeinhin unter seinem latinisierten Titel *Elemente* bekannt ist.

Dieses Werk ist die bedeutendste wissenschaftliche Abhandlung der Weltgeschichte. Nach der Anzahl der Ausgaben gerechnet liegt es nur hinter der Bibel. Allein an gedruckten Ausgaben gibt es mehr als 1000. Die erste erschien im Jahr 1482 in Venedig; es handelt sich dabei um eine Übersetzung vom Arabischen ins Lateinische, die ein gewisser Campanus anfertigte. Wer dieses Buch sehen möchte, kann es in der Bibliothek der Jagiellonischen Universität Krakau finden, wohin es der Herausgeber unmittelbar nach Erscheinen sandte. So geschehen zu einer Zeit, als Polen eine Großmacht war!

Die erstaunliche Tatsache, dass die Übersetzung ins Lateinische nicht auf dem griechischen Original beruhte, hat einen einleuchtenden Grund. Das Originalmanuskript war schon lange zuvor verloren gegangen. Das Geschick spielte ja der großen Bibliothek zu

Alexandria grausam mit. Im Jahr −47 setzten die Römer, nachdem sie Pompeius besiegt hatten, die ägyptische Flotte in Brand und ließen die Schiffe mit dem Wind auf Alexandria zutreiben. So brannte die Bibliothek bis auf die Grundmauern nieder. Die wenigen geretteten Papyri wurden im Tempel des Serapis gelagert, störten dort in römischer Zeit niemanden und interessierten nur wenige. Im Jahr 392 wurden die Papyri als heidnische Schriften mit wohlwollender Billigung durch Theodosios den Großen von den Christen verbrannt. Was dann noch übrig war, fiel im Jahr 640 in die Hände der Muslime und wurde am zentralen Forschungsinstitut in Bagdad aufbewahrt.

Ein Beweis für die hohe Qualität der *Elemente* ist darin zu sehen, dass stets fast gleich lautende Textfassungen zur Verfügung standen. Der erste Versuch einer kritischen Edition (in griechischer Sprache) datiert ins 4. Jahrhundert zurück und wird Theon von Alexandria zugeschrieben. (Einige zünden Bücher an, andere lassen sich von ihnen entzünden.) Die nächste kritische Edition, diesmal in Latein, besorgte Commandino im Jahr 1572. Die jüngste (und nach allgemeiner Einschätzung beste) Einheitsfassung in Griechisch, Latein und Deutsch stammt von einer Gruppe von Wissenschaftlern unter der Leitung von Heiberg aus den Jahren 1883 bis 1886. Heute gibt es in fast allen Schriftsprachen Ausgaben der *Elemente*. Eine traurige Ausnahme bildet das Polnische; nur acht der dreizehn Bücher wurden zu Beginn des 19. Jahrhunderts von Jozef Czech übersetzt.

Die *Elemente* entfalten auf axiomatischer Grundlage das gesamte mathematische Wissen der hellenistischen Zeit. Die Reichhaltigkeit und Klarheit der Gedankenführung wird dadurch belegt, dass dieses Werk bis zum Ende des 19. Jahrhunderts in vielen Ländern als Lehrbuch benutzt wurde; noch Bertrand Russell lernte in der Schule die Geometrie aus den *Elemente*. Die Bedeutung dieses Buchs geht aber noch viel weiter. Für mehr als zweitausend Jahre galt es allen Wissenschaften als verpflichtendes Vorbild für Präzision und deduktive Stringenz. Die Redensart *modo geometrico* stand für wissenschaftliche Genauigkeit. Baruch Spinoza zum Beispiel gab seinem Werk, das nichts mit Mathematik zu tun hatte, den Titel *Ethica modo geometrico exposita*.

Die technische Perfektion der *Elemente* war so hoch, dass der erste Fehler erst gegen Ende des 19. Jahrhunderts von Moritz Pasch (siehe Vortrag XXI) entdeckt wurde. Viele der in den *Elemente* enthaltenen Beweise entzücken den Leser noch heute wegen ihrer Erfindungskraft und Eleganz – ein schönes Beispiel ist die Konstruktion des regelmäßigen Fünfzehnecks, die ich in Vortrag III vorgestellt habe. Kurzum, die *Elemente* sind ein so bedeutendes und schönes Buch, dass sie eine genauere Beschreibung verdienen.

Die *Elemente* bestehen aus 13 Büchern. Jedes beginnt mit einer Liste, in der die Definitionen der einzuführenden Begriffe zusammengestellt sind. Das erste Buch enthält auch Postulate, also die Annahmen, aus denen dann mehr als 250 Sätze hergeleitet werden. Die Postulate beziehen sich zwar auf die Geometrie, dienen aber auch zum Beweis einiger Sätze der Arithmetik.

Im ersten Buch gibt es 35 Definitionen. Die Liste beginnt mit den folgenden:

1. *Ein Punkt ist, was keine Teile hat.*
2. *Eine Linie ist eine Länge ohne Breite.*
3. *Die Enden einer Linie sind Punkte.*
4. *Eine gerade Linie ist eine solche, die zu den Punkten auf ihr gleichmäßig liegt.*
5. *Eine Fläche ist, was nur Länge und Breite hat.*
6. *Die Enden einer Fläche sind Linien.*
7. *Eine ebene Fläche ist …*

und so fort, bis hin zu

35. *Parallelen sind gerade Linien, die in derselben Ebene liegen und dabei, wenn man sie nach beiden Seiten ins Unendliche verlängert, auf keiner einander treffen.*

Heute würde man die meisten Begriffe der Liste als Grundbegriffe betrachten, also als Begriffe, deren Interpretation willkürlich ist, falls sie nur im Einklang mit den Axiomen steht. (So formulierte dies David Hilbert.) Euklid jedoch war der Ansicht, jeder mathematische Begriff müsse mit einem Vorschlag versehen werden, wie er zu verstehen sei oder was man sich darunter vorzustellen habe. Auf der anderen Seite müssen sich aber alle Folgerungen über die Begriffe und ihre gegenseitigen Beziehungen auf Postulate oder zuvor bewiesene Sätze gründen.
Gefordert werden soll,

1. *dass man von jedem Punkt nach jedem Punkt die Strecke ziehen kann,*
2. *dass man eine begrenzte gerade Linie zusammenhängend gerade verlängern kann,*
3. *dass man mit jedem Mittelpunkt und Abstand den Kreis zeichnen kann,*
4. *dass alle rechten Winkel einander gleich sind,*
5. *und dass, wenn eine gerade Linie beim Schnitt mit zwei geraden Linien bewirkt, dass innen auf derselben Seite entstehende Winkel zusammen kleiner als zwei rechte werden, dann die zwei geraden Linien bei Verlängerung ins Unendliche sich treffen auf der Seite, auf der die Winkel liegen, die zusammen kleiner als zwei rechte sind (siehe Fig. VII. 1).*

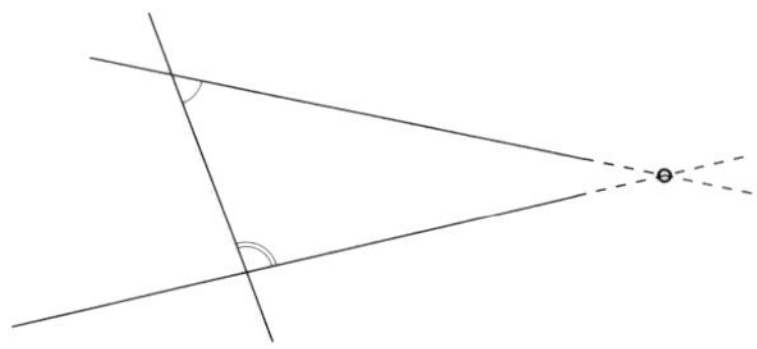

Fig. VII. 1

Die Formulierungen der Postulate (eine begrenzte gerade Linie von einem Punkt zu einem anderen Punkt) haben seit jeher starkes Interesse erweckt. Die Erklärung für diese – auf uns fremdartig wirkende – Ausdrucksweise ergibt sich, wenn wir uns die strengen Regeln der von Platon und Aristoteles geprägten herrschenden philosophischen Lehre vergegenwärtigen. Eine „ganze" Gerade war unzulässig, denn sie wäre unendlich gewesen. Euklid und seine Nachfolger verstanden die ersten drei Postulate in folgendem Sinn: Zirkel und Lineal dürfen ohne jede Einschränkung verwendet werden, wodurch alle Konstruktionen ausführbar sind, die den Regeln Platons folgen. Das vierte Postulat birgt kein Problem, während das fünfte … wir kommen im nächsten und in Vortrag XIX darauf zurück.

Neben den Postulaten nahm Euklid in die ersten fünf Bücher der *Elemente* fünf so genannte Axiome (Aussagen, über die Konsens besteht) auf, die nicht auf die Geometrie beschränkt sind[1].

1. *Was demselben gleich ist, ist auch einander gleich.*
2. *Wenn Gleichem Gleiches hinzugefügt wird, sind die Ganzen gleich.*
3. *Wenn von Gleichem Gleiches hinweggenommen wird, sind die Reste gleich.*
4. *Was einander deckt, ist einander gleich.*
5. *Das Ganze ist größer als der Teil.*

[1] A. d. Ü.: Dies gilt insbesondere für Axiom 4. In der hier vorliegenden Formulierung nach Thaer (Euklid: Die Elemente Buch I – XIII, übers. von Cl. Thaer. Nachdruck Darmstadt 1962) wird dies nicht so leicht deutlich. Man kann das Axiom auch folgendermaßen formulieren: *Was sich gegenseitig ersetzen kann, ist einander gleich.*

Die Zusammenstellung dieser allgemeinen Gesetze erscheint uns recht zufällig und kann kaum einen Anspruch auf Vollständigkeit begründen. Der dahinter liegende Sinn war wohl, der von Aristoteles erhobenen Forderung gerecht zu werden, die logischen Grundlagen für alle Schlüsse seien offen zu legen. Im Vergleich mit den exakten Beweisen der *Elemente* sieht die Liste kümmerlich aus. Dies ist kein Beinbruch – kein Mathematiker hat jemals in einem Beweis mangels eines geeigneten Syllogismus einen Fehler begangen.(Dies jedenfalls ist Bourbakis Meinung; ich werde darüber in Vortrag XXIII eingehend sprechen.) Dennoch verdient das 4. Axiom Aufmerksamkeit. Es legt nämlich fest, dass Gleichheit zweier Objekte genau dann vorliegt, wenn sie in denselben aussagenlogischen Funktionen den Wert „wahr" liefern. Es wäre interessant zu wissen, ob Aristoteles dies zur Kenntnis genommen hat (wenn ja, hat er sich darüber niemandem gegenüber geäußert).

Das erste Buch der *Elemente* enthält 48 Lehrsätze. Die Sätze 1 bis 26 handeln von kongruenten Dreiecken, gleichschenkligen Dreiecken und von der Orthogonalität, die Sätze 27 bis 34 von der Parallelität und die Sätze 35 bis 47 von der Gleichheit (im Sinne des Flächeninhalts) von Vielecken. Der 47. Lehrsatz insbesondere ist der Satz des Pythagoras, der letzte Lehrsatz des Buchs ist die Umkehrung des Satzes von Pythagoras.

Ich möchte nun Euklids Beweis für den Satz des Pythagoras vorstellen. Euklid kennt den (damals schon klassischen) Beweis mithilfe der Ähnlichkeit; er spart diesen jedoch für einen späteren Teil seiner *Elemente* auf. An der in Rede stehenden Stelle gibt er einen begrifflich einfacheren Beweis, der ohne Ähnlichkeit auskommt. Hier genügt ihm die Feststellung, dass der Flächeninhalt eines Dreiecks mit gegebener Basis und Höhe halb so groß ist wie der Flächeninhalt des Rechtecks mit gleicher Basis und Höhe. (Ich habe bei der Diskussion über die Proportionenlehre des Eudoxos schon einen Beweis mitgeteilt. Die einschlägigen Lehrsätze tragen in den *Elementen* die Nummern 38, 44 und 45.)

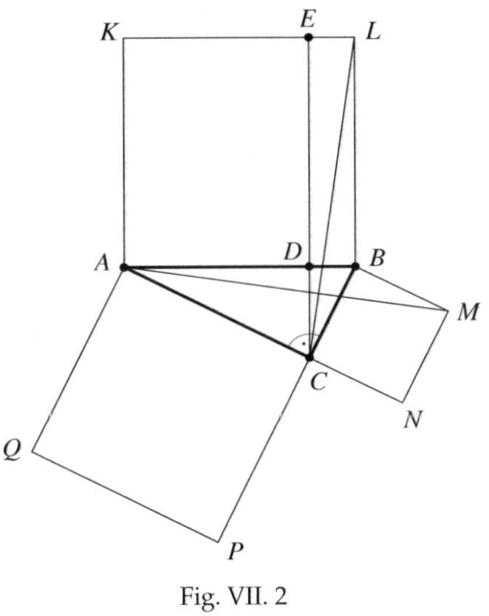

Fig. VII. 2

Euklid gründet den Beweis auf die wohl bekannte Figur, in der über den Seiten eines rechtwinkligen Dreiecks Quadrate errichtet sind. Er beweist, dass die Verlängerung der im Eckpunkt C errichteten Höhe das große Quadrat in zwei Teile zerlegt, die jeweils einem der kleineren Quadrate flächengleich sind. Mit den Bezeichnungen von Fig. VII. 2 sollen also das Rechteck AKED dem Quadrat ACPQ und das Rechteck BLED dem Quadrat BMNC flächengleich sein. Da sich die zwei Aussagen formal nicht unterscheiden, zeigen wir nur die zweite. Die Dreiecke BCL und BMA sind kongruent, da $BC = BM$ und $BL = BA$ gilt und die Winkel zwischen entsprechenden Seiten gleich sind (nämlich gleich dem um 90° vermehrten Winkel ABC). Daher sind die Dreiecke insbesondere flächengleich. Betrachtet man BL als Basis des Dreiecks BCL, erkennt man, dass seine Fläche halb so groß ist wie die Fläche des Rechtecks BLED (siehe den Schluss des vorigen Absatzes). Entsprechend ergibt sich für das Dreieck BMA mit der Basis BM, dass seine Fläche halb so groß ist wie die des Rechtecks (oder genauer: des Quadrats) BMNC. Das war's!

Das zweite Buch enthält 14 Lehrsätze, in denen mithilfe von Flächengleichheiten gewisse algebraische Identitäten bewiesen werden. Einige Beispiele:

1. $(a + b + c + \ldots) \cdot h = ah + bh + ch + \ldots$ (siehe Fig. VII. 3),
2. $(a + b) \cdot a + (a + b) \cdot b = (a + b)^2$,
4. $(a + b)^2 = a^2 + 2ab + b^2$ (siehe Fig. VII. 4),
7. $a^2 + b^2 = 2ab + (a - b)^2$,
10. $(a + b)^2 + b^2 = 2\left(\frac{a}{2}\right)^2 + 2\left(\frac{a}{2} + b\right)^2$.

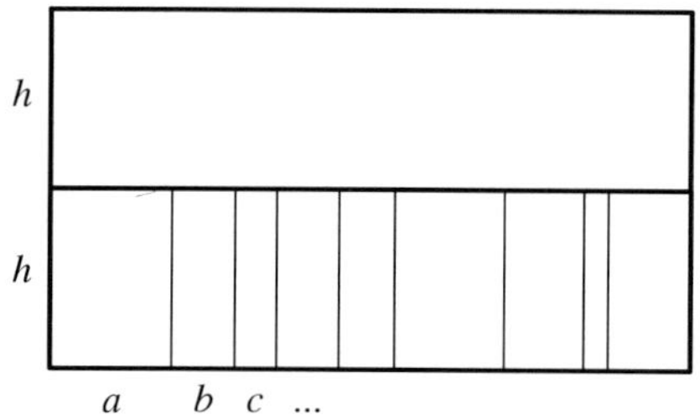

Fig. VII. 3

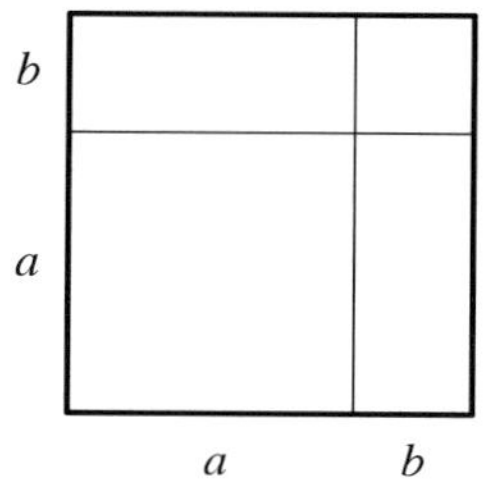

Fig. VII. 4

Das Buch enthält aber auch einige weitere rein geometrische Sätze wie den so genannten verallgemeinerten Satz des Pythagoras für spitzwinklige und stumpfwinklige Dreiecke (Nr. 13 und 14).

Das dritte Buch beginnt mit 11 Definitionen von Begriffen, die sich auf den Kreis und seine Peripherie beziehen, wie Zentriwinkel, Umfangswinkel und äußeren Berührungswinkel. Daran schließen sich 26 Lehrsätze über diese Begriffe, darunter der Satz des Thales (eine der zahlreichen historisch falschen Bezeichnungen!) und ein Satz über die Potenz eines Punktes in Bezug auf den Kreis.

Buch IV enthält 16 Lehrsätze über ein- und umbeschriebene Polygone sowie Konstruktionen der regulären n-Ecke für $n = 3, 4, 5, 6, 10, 15$. (Die Konstruktion für $n = 15$ habe ich in Vortrag III dargestellt.)

Buch V ist der Proportionenlehre des Eudoxos gewidmet. Seine 25 Lehrsätze begründen das Rechnen mit Verhältnissen (also mit reellen Zahlen) und insbesondere auch mit zusammengesetzten Verhältnissen. Sind beispielsweise α, β, γ und δ Verhältnisse und ist m eine natürliche Zahl, so folgen aus der Voraussetzung

$$\frac{\alpha}{\beta} = \frac{\gamma}{\delta}$$

die Aussagen

$$\frac{\alpha + \gamma}{\beta + \delta} = \frac{\alpha}{\beta}, \qquad \text{(Satz 12)}$$

$$\alpha < \gamma \rightarrow \beta < \delta, \qquad \text{(Satz 14)}$$

$$\frac{\alpha}{\beta} = \frac{m\alpha}{m\beta}, \qquad \text{(Satz 15)}$$

$$\frac{\alpha}{\gamma} = \frac{\beta}{\delta}, \qquad \text{(Satz 16)}$$

$$\frac{\alpha - \gamma}{\beta - \delta} = \frac{\alpha}{\beta}. \qquad \text{(Satz 19)}$$

Anhand des Beweises von Satz 16 möchte ich den Umgang mit den Proportionen nach Eudoxos nochmals illustrieren. Die Voraussetzung

$$\frac{\alpha}{\beta} = \frac{\gamma}{\delta}$$

ergibt mithilfe von Satz 15 für jedes Paar (m, n) natürlicher Zahlen die Beziehungen

$$\frac{\alpha}{\beta} = \frac{m\alpha}{m\beta} \text{ und } \frac{\gamma}{\delta} = \frac{n\gamma}{n\delta},$$

also

$$\frac{m\alpha}{m\beta} = \frac{n\gamma}{n\delta},$$

und hieraus folgen mithilfe von Satz 14 die Aussagen

$$m\alpha > n\gamma \rightarrow m\beta > n\delta,$$
$$m\alpha = n\gamma \rightarrow m\beta = n\delta,$$
$$m\alpha < n\gamma \rightarrow m\beta < n\delta,$$

Dies ist der Inhalt von Satz 16.

Buch VI enthält 33 Lehrsätze über die Ähnlichkeit von Polygonen. Wir finden darunter den Satz über die Gleichheit der Verhältnisse zwischen den Flächen und den Grundseiten zweier höhengleicher Dreiecke, den ich schon bei der Diskussion von Proportionen im vorigen Vortrag zitiert habe. Dieser Satz wird dann für einen schönen Beweis des Satzes von Thales[2] verwendet und zwar so:

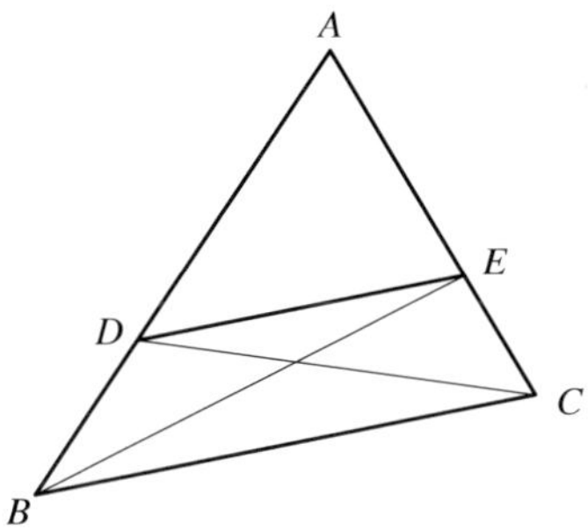

Fig. VII. 5

Schneidet eine Parallele zur Grundlinie BC eines Dreiecks ABC dessen Seiten in den Punkten D und E (siehe Fig. VII. 5), dann gilt

$$\frac{BD}{DA} = \frac{\Delta BDE}{\Delta ADE} = \frac{\Delta CDE}{\Delta ADE} = \frac{CE}{EA}.$$

Die erste und die dritte Gleichheit folgen nämlich aus dem eben genannten Satz und die Flächengleichheit der Dreiecke BDE und CDE folgt, weil sie gleiche Höhen und eine gemeinsame Grundlinie haben. An dieser Stelle wird die Parallelität der Geraden BC und DE ausgenutzt.

Hier drängt sich die Frage auf, warum der Satz des Thales in der Schule entweder gar nicht bewiesen wird oder, falls doch, in einer abschreckenden Form, indem nämlich das Problem der Kommensurabilität der Abschnitte auf den Parallelen ins Spiel kommt. Zu dem Zeitpunkt, in dem dieser Satz im Curriculum erscheint, kennen die Schüler aber doch schon den Begriff des Flächeninhalts des Dreiecks samt der Berechnungsformel. Die obige Frage lässt sich nur dahingehend beantworten, dass es den Lehrkräften und Schulbuchautoren an Wissen fehlt. Dies ist gewiss eine harte Antwort, aber ein überzeugendes Gegenargument sehe ich nicht.

Die Bücher VII bis IX sind der Arithmetik gewidmet. Insbesondere wird der euklidische Algorithmus für natürliche Zahlen vorgeführt, der sich durch seine Einfachheit vom Verfahren des Theaitetos (siehe den Beginn des vorigen Vortrags) abhebt. Während Theaitetos an den Quotienten der aufeinander folgenden Divisionen interessiert war, fasst Euklid nur die Reste, genauer gesagt den letzten nicht verschwindenden Rest, ins Auge. (Angewendet auf natürliche Zahlen bricht der Algorithmus stets nach endlich vielen Schritten ab; vgl. den vorigen Vortrag.) Dieser letzte Rest ist der größte gemeinsame Teiler der zwei Ausgangszahlen. Den einfachen Beweis dieses Sachverhalts will ich meinen Lersern ersparen und stattdessen eine Aufgabe für Fünftklässer lösen: Berechne den größten gemeinsamen Teiler der Zahlen 1517 und 1073!

[2] Siehe Fußnote 1 zu Vortrag IV, Seite 47.

Euklid geht folgendermaßen vor: Dividiere 1517 durch 1073; der Rest ist 444. Dividiere 1073 durch 444; Rest 185. Dividiere 444 durch 185; Rest 74. Der Rest im nächsten Schritt ist 37 und dann kommt der Rest 0. Der größte gemeinsame Teiler von 1517 und 1073 ist also 37.

Und jetzt, werte Leserin, werter Leser, falls Sie ein Kind haben, das in die Mittelstufe (oder Oberstufe!) einer Schule geht, und falls Sie außerdem zur Grausamkeit neigen: Lassen Sie das Kind diese Aufgabe nach dem in der Schule gelehrten Verfahren lösen, also durch Zerlegung in Primfaktoren. Das Ergebnis wird Ihnen zeigen, warum ich die oben ausgestoßenen Beleidigungen hier zu Recht bekräftige.

In den bisher erwähnten Büchern enthalten ist auch das Sieb des Eratosthenes, eine einfache Methode, um Primzahlen aufzufinden. (Wieder ist der Name unhistorisch; über Eratosthenes werde ich nachher noch berichten.) Bewiesen wird auch, dass es unendlich viele Primzahlen gibt. Zur damaligen Zeit war dies ein etwas heißes Thema und so wird der Sachverhalt in der Form ausgedrückt, dass es zu jeder Primzahl eine größere gibt. Der Beweis ist ebenso einfach wie schön: Gäbe es nur endlich viele Primzahlen, so könnte man ihr Produkt bilden und 1 addieren. Die entstehende Zahl ist größer als alle vorigen Primzahlen und durch keine davon teilbar. Es gibt also mindestens eine weitere Primzahl. Widerspruch!

Buch X enthält die Konstruktionen von Ausdrücken mit Wurzeln wie zum Beispiel $\sqrt{a^2 + b^2}$ und $\sqrt{ab}$. (Es handelt sich wirklich um geometrische Konstruktionen solcher Wurzelausdrücke!)

Die Bücher XI – XIII behandeln die räumliche Geometrie. In Buch XI finden wir 28 Definitionen und 40 Sätze über Ebenen, Geraden und Kantenwinkel von Polyedern, beispielsweise den Satz, dass die Summe je zweier Kantenwinkel einer dreizähligen Ecke größer ist als der dritte Kantenwinkel. Buch XII enthält 18 Lehrsätze über Volumen- und Oberflächenverhältnisse von Körpern, darunter den Satz über das Volumen des allgemeinen Tetraeders, den ich im Zusammenhang mit der Exhaustionsmethode im vorigen Vortrag diskutiert habe. Buch XIII schließlich enthält 19 Lehrsätze über reguläre Polyeder. Der abschließende Lehrsatz der *Elemente* besagt: *Es gibt genau fünf reguläre Polyeder.* Damit beschließe ich den Abriss über den Inhalt der *Elemente*.

Bedeutung und Wertschätzung der *Elemente* waren so groß, dass alles, was nur Euklids Namen trug, schon für rühmenswert gehalten wurde. Es gibt ein Verzeichnis der anderen Werke Euklids. Wenn dessen Authentizität auch stark anzuzweifeln ist, verdient es doch Interesse.

In den *Data* behandelt Euklid die Frage, inwieweit gewisse Stücke einer Figur weitere Stücke festlegen. Zwei Beispiele:

Satz 30: Verbindet eine Strecke einen gegebenen Punkt mit einer gegebenen Geraden unter einem gegebenen Winkel, so ist die Lage der Strecke eindeutig bestimmt.

Satz 41: Die Form eines Dreiecks ist durch einen seiner Winkel und das Verhältnis der anliegenden Seiten bestimmt.

In heutiger Sprache ist dies der zweite Ähnlichkeitssatz.

Das Werk *Von der Teilung der Figuren* behandelt den Problemkreis der Zerlegung einer Figur in zwei Teile mit gegebenem Flächenverhältnis in Form einer Aufgabensammlung mit Lösungen.

Ein Beispiel:

Aufgabe 26: Zerlege ein Dreieck durch eine Gerade, die durch einen gegebenen Punkt außerhalb des Dreiecks geht, in zwei flächengleiche Teile.

Das Werk *Optika* ist den Anfängen der – in heutiger Bezeichnung – geometrischen Optik gewidmet. Die Beschreibung der Phänomene lässt gelegentlich die Genauigkeit vermissen. Dies wäre überraschend, wenn wir sicher wüssten, dass dieses Werk wirklich von Euklid stammt. So besagt beispielsweise der Lehrsatz 5: *Diejenige zweier Strecken, die näher beim Auge liegt, erscheint größer.* Dies stimmt nicht, wenn die Strecken nicht parallel sind. Einige Beobachtungen sind aber ganz verblüffend: *Nähern wir uns einer Kugel, so erscheint sie immer größer, obwohl der Teil, den wir sehen, immer kleiner wird.* (Fig. VII. 6)

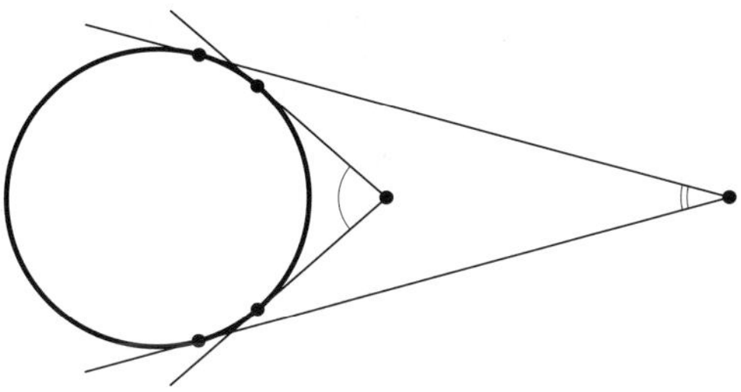

Fig. VII. 6

Die *Phaenomena* befassen sich mit der Astronomie. Dies geschieht ganz im Geiste des Eudoxos; ich komme darauf im nächsten Vortrag zurück, wenn ich über Claudius Ptolemaios spreche. Das Werk *Sectio Canonis* handelt von der Musik.

Die genannten Werke liegen uns vor; es ist jedoch unsicher, von wem sie stammen. Ich nenne nun einige Werke, die uns nur durch das Zeugnis Dritter bekannt sind. Dazu gehören *Konika* (dies ist auch der Titel eines später erschienenen glänzenden Werkes von Apollonios), *Örter auf der Oberfläche* (es ist schwer zu sagen, wovon dieses Buch handelte) und die *Porismen*. Dieses Werk bietet eine Illustration der Gefahren, die einem Historiker drohen, wenn er von anderen Historikern abschreibt.

Wir kennen die *Porismen* anhand der Überlieferung durch Pappos (siehe den nächsten Vortrag). Es handelt sich um eine „Theorie der nicht eindeutig festgelegten Figuren". Ein Satz aus diesem Werk als Beispiel:

Drei der sechs Punkte, in denen sich vier Geraden schneiden, seien auf einer der Geraden fest vorgegeben. Liegen dann zwei der übrigen Punkte auf den gegebenen Geraden, so liegt auch der letzte (sechste) Punkt auf einer gegebenen Geraden.

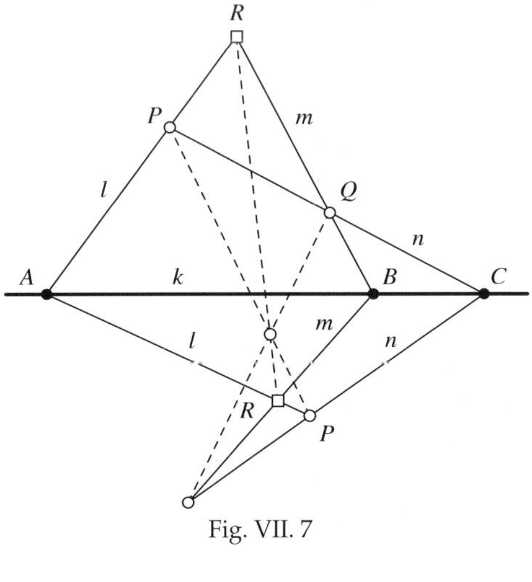

Fig. VII. 7

Der Sinn ist nicht klar; dies wird durch den folgenden Versuch, die Bedeutung zu rekonstruieren, nur bestätigt. Man zeichne zunächst eine Konfiguration wie den oberen Teil von Fig. VII. 7. Vermutlich handelt es sich um eine dynamische Situation: Die Punkte A, B und C sind fixiert, die Punkte P und Q liegen jedoch auf den gegebenen, aber beweglich zu denkenden Geraden l, m und n. (Die Gerade l geht durch A und P, die Gerade m durch B und Q und die Gerade n durch C, P und Q.) Der sechste Punkt soll auf l und m liegen. Der untere Teil der Figur stellt eine andere Lage der Geraden l, m und n und der durch sie bestimmten Punkte dar. Lassen sich nun die unterschiedlichen Lagen des Punkts R mit einer Geraden in Verbindung bringen? Ja! Die Verbindungsgerade je zweier Exemplare von R geht stets durch den Schnittpunkt der Verbindungsgeraden der zwei Exemplare von P bzw. von Q. Diese Rekonstruktion verdanken wir Stefan Kulczycki, der in seinem Buch *Geschichte der griechischen Mathematik* die These aufstellt, Euklid habe auch Probleme behandelt, die man heute der projektiven Geometrie zuordnen würde. Der so rekonstruierte Satz ist genau der Satz von Desargues. Freilich bleibt ein Rest von Ungewissheit bestehen.

In der Nachfolge Euklids wurde die Bibliothek zu Alexandria von den ersten Wissenschaftlern ihrer Zeit geleitet. Einer von ihnen war Eratosthenes von Cyrene (–275; –194), der in der Mathematik wegen des nach ihm benannten Siebs bekannt wurde, eines Verfahrens zur Ermittlung von Primzahlen. Wie ich oben schon sagte, war in Wirklichkeit nicht er der Erfinder. Die Bezeichnung des Siebs ist wahrscheinlich auf Eratosthenes' zahlreiche Untersuchungen auf dem Gebiet der Primzahlen zurückzuführen. Viel berühmter wurde er durch sein Werk *Geographika*, dessen interessantester Teil Entfernungsberechnungen für verschiedene Städte enthält, die auf der Annahme der Kugelgestalt der Erde beruhen. Er fand ein Verfahren, den Winkel zwischen der Richtung der Sonne und der Vertikalen in Alexandria in dem Zeitpunkt zu messen, in dem die Sonne genau senkrecht über Syene stand, einer Stadt, die auf dem Meridian von Alexandria liegt und deren Entfernung von Alexandria bekannt ist. Aus dem Ergebnis berechnete er durch einen genialen Schluss den Erdradius. Legt man für ein Stadion, das von Eratosthenes benutzte Längenmaß, den nach heutiger Kenntnis wahrscheinlichsten Wert zugrunde, so ergibt sich für den Erdradius ein nur geringfügig zu großer Wert. Besonders erstaunlich ist, dass Eratosthenes die Messung ohne die Hilfe einer Uhr zu Wege brachte. Auch wenn man sich dies zunächst nicht vorstellen kann: Es ist möglich und zugleich ein interessantes geometrisches Problem.

Der berühmteste hellenistische Wissenschaftler war Archimedes von Syracus (–287; –212). Sein Todesjahr steht im Zusammenhang mit dem Zweiten Punischen Krieg (Hannibal, Elefanten, Sie erinnern sich ...); Archimedes starb tatsächlich während der Eroberung von Syracus durch die Römer. (Die Städte Siziliens unterstützten Karthago in seinem Kampf gegen den wachsenden Einfluss Roms.) Das Leben des Archimedes wurde im 19. Jahrhundert von den Lehrern ausgiebig mit Anekdoten ausgeschmückt, um ihn für die Mädchen in ihren Internaten und die Jungen in den Lateinschulen attraktiver zu machen. Die bekannteste Anekdote beschreibt die peinliche Szene, in der Archimedes – nackt natürlich – aus der Badewanne springt. Mit seinen wissenschaftlichen Errungenschaften hat das natürlich nichts zu tun.

Archimedes' bedeutendste Schriften befassen sich mit der Zahl π, und ihre Bedeutung beruht nicht nur auf den Rechenergebnissen, sondern auch auf der Neuheit der Methoden. Zunächst ist es keine Überraschung, dass Umfang und Durchmesser aller Kreise im selben Verhältnis stehen. Zwei Kreise sind stets zueinander ähnlich, ja sogar homothetisch, und Streckungen erhalten das Längenverhältnis. Man kann dieses Verhältnis also gerne π nennen. Dann interessiert der numerische Wert dieser Zahl π. Ebenso wenig überrascht es, dass der Flächeninhalt und das Radiusquadrat aller Kreise im selben Verhältnis stehen; die Begründung ist dieselbe wie zuvor. Zu beweisen ist aber, dass diese zwei Verhältnisse gleich sind. Entsprechend sind für das Auftreten der Zahl π in den Oberflächen- und Volumenformeln für Kegel, Zylinder und Kugel Beweise nötig. Einige sind einfach, andere recht kompliziert; Archimedes führte alle

durch. Sicher ist es bemerkenswert, dass er die Notwendigkeit solcher Beweise erkannte, aber erst die Beweise selbst erwecken unsere Bewunderung. Ich werde sie in der Folge vorführen.

Um zu beweisen, dass das „Umfangs-π" mit dem „Flächeninhalts-π" übereinstimmt, benutzte Archimedes die folgenden zwei Sätze:

Satz 1: Ist der Flächeninhalt $|F|$ *einer Figur F kleiner als der Flächeninhalt eines Kreises K, so gibt es ein dem Kreis einbeschriebenes Polygon W mit* $|W| > |F|$.

Satz 2: Ist der Flächeninhalt $|F|$ *einer Figur F größer als der Flächeninhalt eines Kreises K, so gibt es ein dem Kreis umbeschriebenes Polygon W mit* $|W| < |F|$.

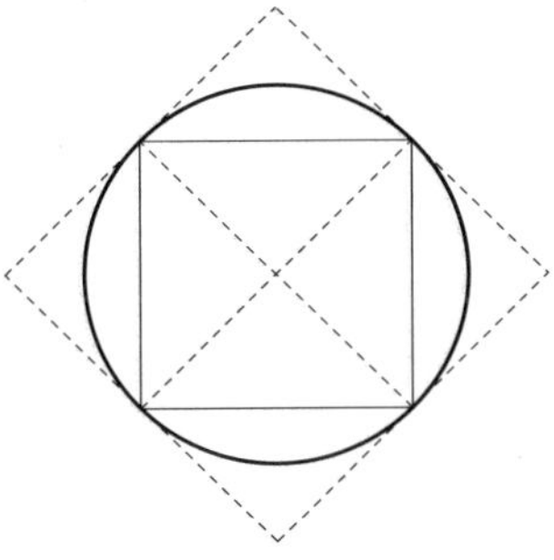
Fig. VII. 8

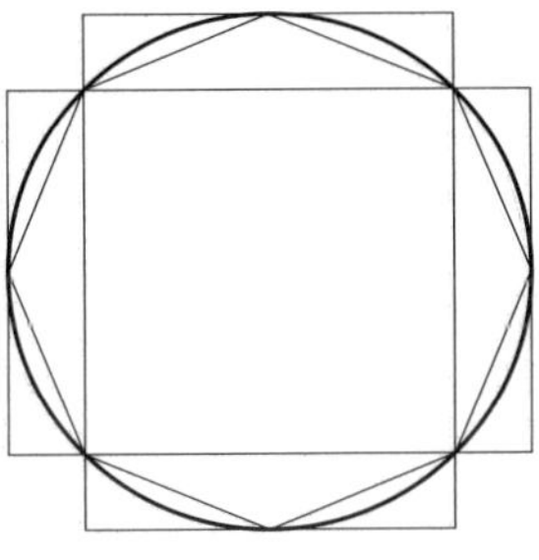
Fig. VII. 9

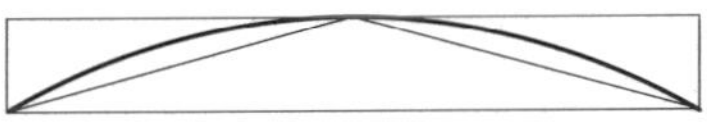
Fig. VII. 10

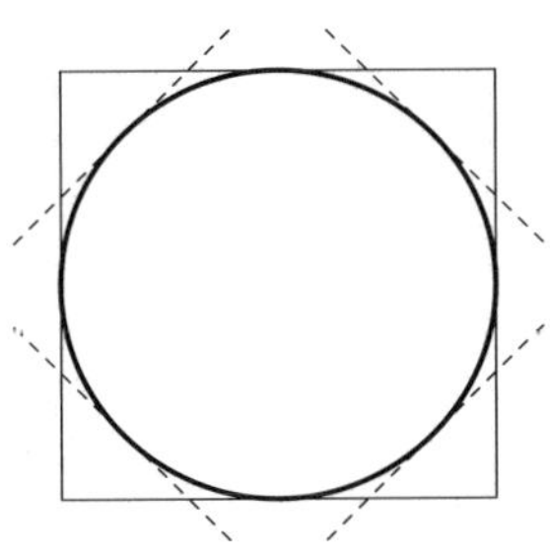
Fig. VII. 11

Archimedes bewies beide Sätze mithilfe der Exhaustionsmethode. Wir schöpfen also den Kreis mithilfe regulärer 2^n-Ecke aus. S_1 sei das einbeschriebene Quadrat (vgl. den vorigen Vortrag). Dieses ist größer als der halbe Kreis, weil es halb so groß ist wie das umbeschriebene Quadrat (Fig. VII. 8). S_2 sei die Figur, die aus vier gleichschenkligen, den vier Restflächen einbeschriebenen Dreiecken zusammengesetzt ist (Fig. VII. 9). Entsprechend geht es weiter. Die Vereinigung von $S_1, S_2, \ldots, S_n$ ist ein dem Kreis einbeschriebenes reguläres 2^{n+1}-Eck. Um zu zeigen, dass mit jedem Schritt vom Rest mehr als die Hälfte weggenommen wird, argumentieren wir folgendermaßen: In der Spitze eines jeden Dreiecks wird die Tangente, in den anderen zwei Eckpunkten jeweils die Senkrechte zur Basis errichtet (Fig. VII. 10). Damit entsteht ein dem Kreissegment umbeschriebenes Rechteck, dessen Flächeninhalt doppelt so groß ist wie der des Dreiecks. Dann muss aber der Flächeninhalt des Dreiecks mehr als die Hälfte des Flächeninhalts des Segments ausmachen. Der Kreis lässt sich also durch Polygone ausschöpfen. Mit anderen Worten: Der Kreis ist durch Polygone approximierbar und der Fehler lässt sich unter $|K| - |F|$ drücken. Damit ist Satz 1 bewiesen.

Zum Beweis von Satz 2 schöpfen wir die Restfläche zwischen dem umbeschriebenen Quadrat und dem Kreis aus. Indem jeweils Teile des Quadrats abgeschnitten werden, wird die Näherung Schritt für Schritt besser. Wie oben entstehen reguläre 2^n-Ecke, da wir die Ecken der aufeinander folgenden Figuren immer längs der Tangenten abschneiden, die in den Mittelpunkten der von benachbarten Eckpunkten begrenzten Bögen errichtet sind (Fig. VII. 11). Zur Rechtfertigung dieses Vorgehens müssen wir aber noch zeigen, dass mit jedem

Schritt mehr als die Hälfte des von zwei Strecken und einem Kreisbogen begrenzten Dreiecks abgeschnitten wird. Dies ist gar nicht einfach und wir müssen zu diesem Zweck erst den folgenden interessanten Satz beweisen, den Huygens mehr als 1500 Jahre später bei seiner Untersuchung der Zykloide so glänzend eingesetzt hat (Vortrag XIV).

Schneiden sich die in den Punkten A und B errichteten Kreistangenten im Punkt P und ist S der Mittelpunkt des kleineren der zwei von A und B begrenzten Bögen, dann halbiert AS den Winkel PAB.

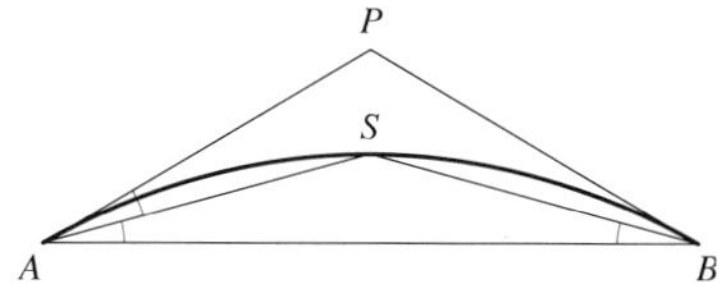

Fig. VII. 12

Warum gilt dies? Die Winkel SAB und SBA des gleichschenkligen Dreiecks ASB (Fig. VII. 12) stimmen überein und die Winkel SBA und PAS stimmen überein, da sie dem halben Zentriwinkel gleich langer Bögen gleich sind.

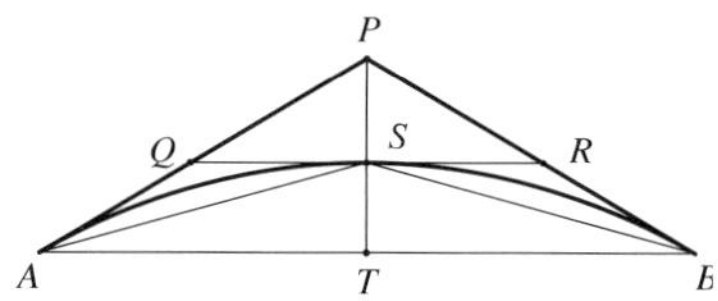

Fig. VII. 13

Zurück zum Eckenabschneiden! Betrachten wir Fig. VII. 13. Der Flächeninhalt des Dreiecks QPR ist größer als die Flächensumme der Dreiecke QAS und RBS. Warum? Es gilt $|\Delta QPR| = |\Delta QPS| + |\Delta RPS|$. Die Dreiecke QPS und QAS haben eine gemeinsame Basis. Die Höhe von QPS ist PS, die Höhe von QAS ist ST. Es gilt aber $PS > ST$, da die Winkelhalbierende AS des Dreiecks APT die Gegenseite im Verhältnis der anliegenden Seiten AP und AT teilt und $AP > AT$ gilt. Dies ergibt $|\Delta QPS| > |\Delta QAS|$. Diese Ungleichung und die Symmetrie der Figur führen nun zum Ziel.

Es bleibt noch die Bemerkung, dass das auszuschöpfende krummlinige Dreieck in der aus den Dreiecken QPR, QAS und RBS zusammengesetzten Fläche echt enthalten ist. Damit haben wir die Restfläche zwischen dem umbeschriebenen Quadrat und dem Kreis ausgeschöpft und Satz 2 ist bewiesen.

Jetzt sind wir so weit, dass wir die Gleichheit der zwei π's zeigen können. Mit anderen Worten: Wir werden die Flächenformel für den Kreis beweisen.

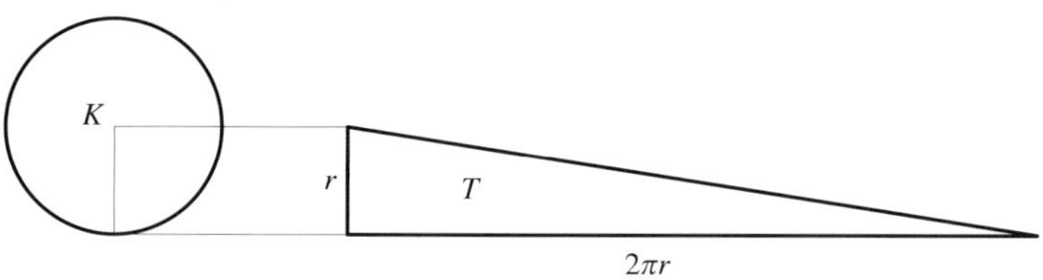

Fig. VII. 14

Gegeben seien ein Kreis K und ein rechtwinkliges Dreieck, dessen eine Kathete dem Kreisradius r und dessen andere Kathete dem Kreisumfang $2\pi r$ gleich ist (Fig. VII. 14). Falls $|K| > |T|$ gilt, gibt es nach Satz 1 ein einbeschriebenes Polygon W mit $|W| > |T|$. Man zerlege dieses Polygon in Dreiecke mit dem Kreismittelpunkt als gemeinsamem Eckpunkt. Mit den Bezeichnungen von Fig. VII. 15 und h_{max} als größter der Zahlen h_i erhalten wir

$$|W| = \tfrac{1}{2}a_1h_1 + \tfrac{1}{2}a_2h_2 + \ldots + \tfrac{1}{2}a_nh_n \leq \tfrac{1}{2}h_{max} \cdot (a_1 + a_2 + \ldots + a_n) < \tfrac{1}{2}r \cdot 2\pi r = T.$$

Dies ist ein Widerspruch, der die Annahme $|K| > |T|$ widerlegt.

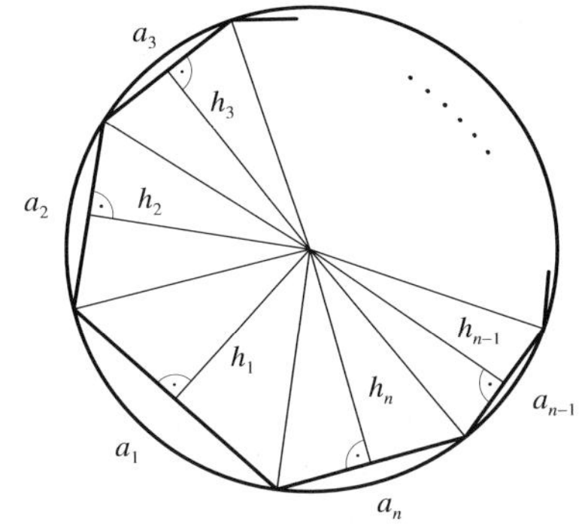

Fig. VII. 15

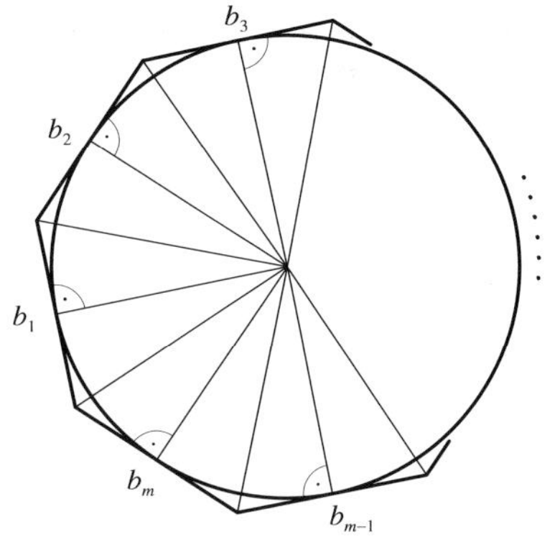

Fig. VII. 16

Angenommen nun, es sei $|K| < |T|$. Dann gibt es nach Satz 2 ein umbeschriebenes Polygon V mit $|V| < |T|$. In diesem Fall erhalten wir (Fig. VII. 16) die Ungleichung

$$|V| = \frac{1}{2} r \cdot b_1 + \frac{1}{2} r \cdot b_2 + \ldots + \frac{1}{2} r \cdot b_n = \frac{1}{2} r \cdot (b_1 + b_2 + \ldots + b_n) > \frac{1}{2} r \cdot 2 \pi r = |T|.$$

Dies ist ebenfalls ein Widerspruch und auch die Annahme $|K| > |T|$ ist zu verwerfen. Folglich bleibt nur noch die Möglichkeit $|K| = |T|$ übrig; der Flächeninhalt des Kreises muss also πr^2 betragen, wobei π aus der Formel für den Umfang stammt.

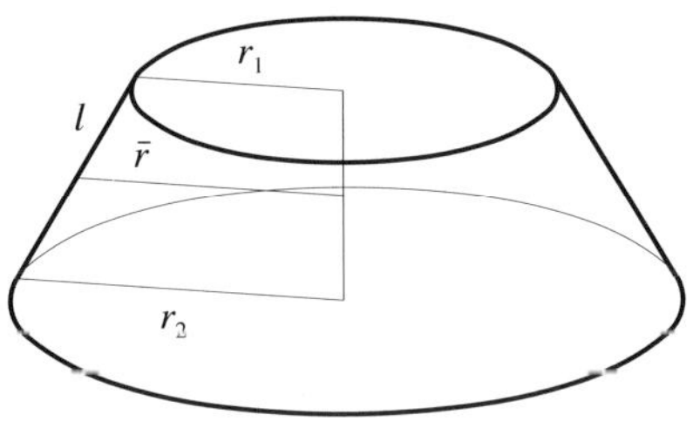

Fig. VII. 17

Es ist nun verhältnismäßig leicht, Formeln für die Mantelfläche des Zylinders ($2\pi r h$) und des Kegels ($\pi r l$) oder das Zylindervolumen ($\pi r^2 h$) und das Kegelvolumen $\left(\frac{1}{3}\pi r^2 h\right)$ herzuleiten. Die zwei Körper lassen sich nämlich mit beliebiger Genauigkeit durch Prismen bzw. Pyramiden approximieren. Bevor ich nun die wohl bekannten Beweise des Archimedes für die Oberfläche und das Volumen der Kugel vorstelle, möchte ich an die sehr nützliche, aber weniger bekannte Formel für die Mantelfläche des Kegelstumpfs erinnern; ihr Inhalt beträgt $\pi l(r_1 + r_2) = 2\pi \bar{r} l$ (Fig. VII. 17).

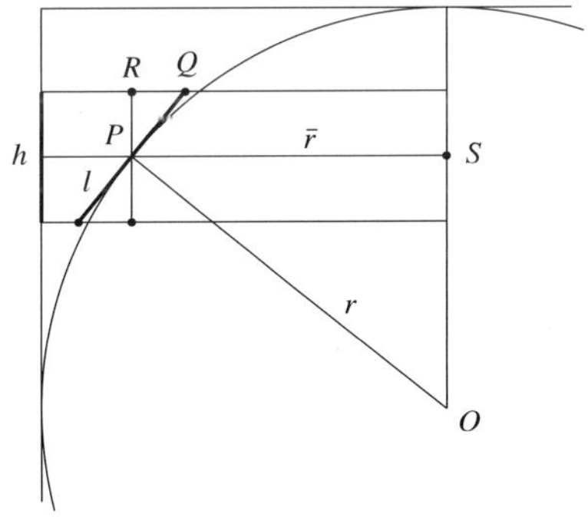

Fig. VII. 18

Zur Berechnung der Kugeloberfläche umschreibt Archimedes der Kugel einen Zylinder mit dem Grundkreisradius r und der Höhe 2r. Dann beweist er: Werden Kugel und Zylinder von zwei zur Grundkreisebene des Zylinders parallelen Ebenen geschnitten, so ist die Mantelfläche des Zylinderabschnitts ebenso groß wie die Mantelfläche des Kegelstumpfs, der von diesen zwei Ebenen begrenzt wird und die Kugel in gleichem Abstand zu beiden Ebenen berührt. Zum Beweis ist ein Blick auf den Achsenschnitt des Zylinders und der Kugel nützlich (Fig. VII. 18).

Aus der Ähnlichkeit der Dreiecke OPS und QPR (beide sind rechtwinklig und haben die gleich großen Winkel $\sphericalangle$OPS und $\sphericalangle$QPR) folgt

$$\frac{OP}{PS} = \frac{QP}{PR}, \text{ also } OP \cdot PR = PS \cdot QP,$$

wofür wir auch

$$r \cdot \frac{h}{2} = \bar{r} \cdot \frac{l}{2}, \text{ also } 2\pi r h = 2\pi \bar{r} l$$

schreiben können. Dies wollten wir zeigen.

Archimedes argumentiert nun, dass bei kleinem Abstand zwischen den zwei Schnittebenen eine Familie von umbeschriebenen Kegelstümpfen entsteht, die die Kugeloberfläche beliebig gut approximiert. Die Summe der Mantelflächen ist aber – unabhängig vom Abstand zwischen den Ebenen – stets der Mantelfläche des umbeschriebenen Zylinders gleich, also $4\pi r^2$. Dies ist dann auch die Oberfläche der Kugel.

Archimedes teilte dieses Ergebnis in seiner Abhandlung *Kugel und Zylinder* mit. Enthalten ist auch eine Herleitung der Volumenformel für die Kugel. Der Grund für die Aufnahme beider Beweise in dieselbe Arbeit liegt darin, dass in beiden derselbe Zylinder vorkommt; ein Unterschied besteht nur darin, dass es jetzt bequemer ist, den Zylinder in einer gemeinsamen Auflageebene neben die Kugel zu platzieren. Aus dem Zylinder werden zwei Kegel herausgebohrt, die mit den Spitzen im Mittelpunkt des Zylinders zusammenstoßen und mit dem Grund- bzw. Deckkreis des Zylinders abschließen. Eine zur Auflageebene parallele Schnittebene im Abstand x vom Mittelpunkt des Zylinders und vom Mittelpunkt der Kugel schneidet aus der Kugel einen Kreis mit dem Radius $\bar{r} = \sqrt{r^2 - x^2}$, also dem Flächeninhalt $\pi(r^2 - x^2)$, und aus dem ausgebohrten Zylinder einen Kreisring mit den Radien r und x, also dem Flächeninhalt $\pi r^2 - \pi x^2$ heraus. Die Flächeninhalte sind also gleich.

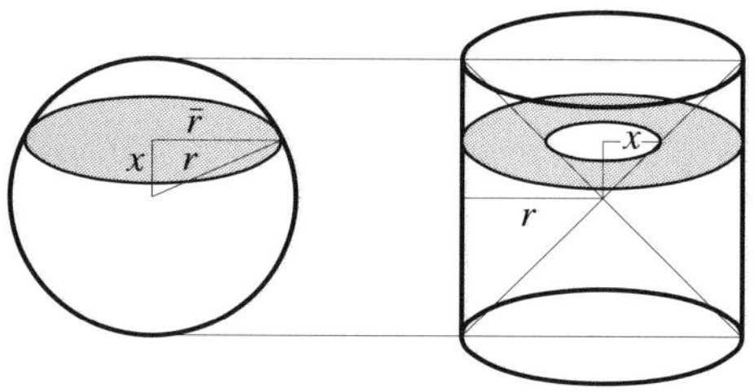

Fig. VII. 19

Nun schließt Archimedes: Gießen wir gleich schnell Wasser in die zwei (Hohl-)Körper, ist zu jedem Zeitpunkt und bei jedem Wasserstand die in beiden Gefäßen vorhandene Wassermenge dieselbe. Daher sind auch die vom Wasser eingenommenen Volumina stets gleich. Dies bedeutet, dass das Kugelvolumen dem Volumen des ausgebohrten Zylinders gleich ist. Es beträgt daher

$$\pi r^2 \cdot 2r - 2 \cdot \frac{1}{3} \cdot \pi r^2 \cdot r = \frac{4}{3}\pi r^3.$$

Mit diesen zwei Beweisen überschreitet Archimedes die Grenzen der platonischen Mathematik weit und zeigt vollkommene Beherrschung infinitesimaler Methoden. Die in der Herleitung des Kugelvolumens verwendete Argumentation ist heute als *Cavalieri'sches Prinzip* bekannt, benannt nach einem Mathematiker des 17. Jahrhunderts, der es in voller Allgemeinheit formulierte.

Archimedes hat noch weitere Forschungsergebnisse im Zusammenhang mit der Zahl π vorgelegt. Wir rufen uns ins Gedächtnis, dass die archimedische Spirale die Bahn eines Punktes ist, der sich mit konstanter Geschwindigkeit auf einer Geraden bewegt, die sich ihrerseits mit konstanter Geschwindigkeit um einen ihrer Punkte dreht. Mithilfe dieser Spirale rektifizierte Archimedes den Kreis. (Unter der Rektifikation einer Kurve versteht man die Konstruktion einer Strecke, die ebenso lang ist wie die Kurve.) Lassen Sie mich die wesentlichen Schritte beschreiben.

Ein Punkt beginne seine Bewegung im Zentrum S der Spirale; die ihn tragende Gerade drehe sich um 360° in die Lage A. In S werde das Lot auf die Strecke SA errichtet und in A die Tangente an die Spirale gelegt. Der Schnittpunkt dieser zwei Geraden sei P (Fig. VII. 20).

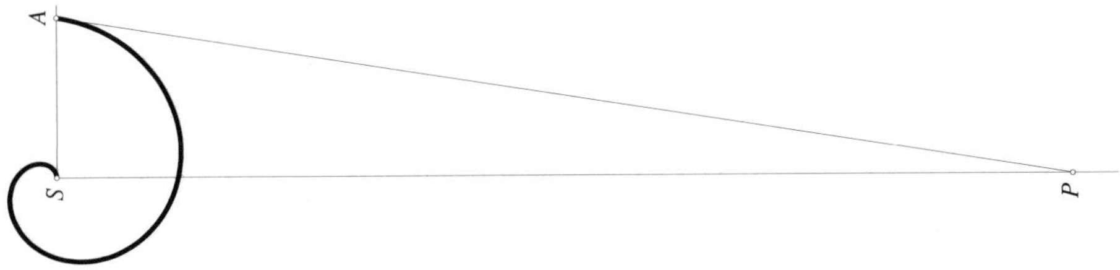

Fig. VII. 20: Das Dreieck PAS stimmt mit dem Dreieck T aus Fig. VII. 14 überein. Damit ist (natürlich nicht auf klassischem Weg) die Quadratur des Kreises geleistet und das dritte delische Problem gelöst; die Verwandlung des Dreiecks in ein Quadrat ist ja sehr einfach.)

Archimedes zeigte nun, dass $\mathrm{SP} = 2\pi \cdot \mathrm{SA}$ gilt.
Er erhielt schließlich die folgende Abschätzung:

$$3\frac{1137}{8069} < \pi < 3\frac{1335}{9347}$$

Mithilfe eines Taschenrechners ist leicht zu bestätigen, dass damit π in ein Intervall eingeschlossen ist, dessen Länge unter 0,002 liegt.

Selbstverständlich sind nicht alle Arbeiten des Archimedes der Zahl π gewidmet. Auf ein weiteres seiner Forschungsgebiete spielt jene Anekdote an, die ihn sagen lässt: *Gib mir einen Punkt, auf dem ich stehen kann, und ich werde die Erde bewegen!* Unglücklicherweise nahm sich der Lehrer, der diese Anekdote erfand, nicht die Mühe nachzuprüfen, in welchem der Werke des Archimedes nach Meinung der Physiker das Hebelgesetz vorkommt.

Das einschlägige Werk heißt *Über das Gleichgewicht ebener Flächen*. Wie die *Elemente* ist es axiomatisch aufgebaut. Ich nenne einige der Axiome:

1. *Gleiche Gewichte in gleichen Entfernungen sind im Gleichgewicht; gleiche Gewichte in unterschiedlichen Entfernungen sind nicht im Gleichgewicht, sondern neigen sich zum weiter entfernten hin.*
4. *Liegen gleiche und ähnliche Figuren übereinander, so liegen auch ihre Schwerpunkte übereinander*
7. *Der Schwerpunkt einer konvexen Figur liegt im Inneren der Figur.*

Das Werk ähnelt in seiner Art den *Elementen*; es ist eine Sammlung aus einigen Dutzend streng hergeleiteter Sätze über die Lage von Schwerpunkten. Als Beispiel gebe ich einen keineswegs offenkundigen Satz: Archimedes bewies, dass der Schwerpunkt eines als ebene Fläche mit homogen verteilter Masse aufgefassten Dreiecks mit dem Schwerpunkt dreier gleicher, in den Ecken des Dreiecks platzierter Massen zusammenfällt. Diese Eigenschaft kommt unter allen Polygonen nur den Dreiecken zu. Im Beweis benutzte Archimedes wieder das später nach Cavalieri benannte Prinzip. Weitere Fortschritte in der Untersuchung von Schwerpunkten bedurften dann allerdings des Vektorbegriffs, den erst Galilei in die Mathematik einführte. Folglich blieb der Wissenszuwachs auf diesem Teilgebiet der Mathematik marginal und wurde nur sporadisch durch einzelne Beiträge von Galilei, Descartes, Euler, Lagrange und Jacobi genährt. Dies ist schade, denn der Gegenstand ist zu reizvoll, als dass er den Händen der zweckorientierten Physiker allein überlassen bleiben sollte.

Es ist allgemein bekannt, dass Archimedes aus der Badewanne gesprungen sein soll (eine typische Story für Internatsschülerinnen im 19. Jahrhundert), als er ein Gesetz entdeckte, das sich folgendermaßen formulieren lässt: Der in Kilogramm gemessene Gewichtsverlust, den ein Körper durch Eintauchen ins Wasser erfährt, ist ebenso groß wie sein in Liter gemessenes Volumen. Daher erhält man durch Division des Gewichts des Körpers durch diese Gewichtsdifferenz sein spezifisches Gewicht (in Kilogramm pro Kubikdezimeter).

Vom Standpunkt der Wissenschaftsgeschichte aus spielt dieses berühmte archimedische Verdrängungsprinzip eine traurige Rolle. Obwohl es von allen Historikern (auch von denjenigen, die zu Zeiten des Archimedes oder wenig später schrieben) übereinstimmend als Entdeckung des Archimedes bezeichnet wird, kommt es in keiner seiner Abhandlungen vor. Nach glaubhafter Überlieferung ging es darum, ob ein Goldschmied das Material der Krone des Tyrannen Hieron von Syrakus in betrügerischer Absicht mit Silber legiert hatte. (Vermutlich war der Goldschmied schuldig und erlitt eine schwere Strafe.) Gut begründet jedenfalls ist die Annahme, dass Archimedes seine Forschungsergebnisse auch in der Praxis nutzte. Wir wissen allerdings nicht, welche Verbesserungen in der Katapulttechnik Archimedes zuzuschreiben sind, und wir wissen, dass er kein römisches Schiff mithilfe optischer Linsen in Brand setzte – das geht nämlich nicht. Aber als Tatsache bleibt bestehen, dass noch heute in den Ländern an der Südküste des Mittelmeers, beispielweise in Ägypten, die Wasserschnecke, ein schraubenförmiges Fördergerät, bei der Bewässerung benutzt wird. Es gibt gute Anhaltspunkte für die These, dass diese Maschine seit der Zeit des Archimedes dort bekannt ist. Archimedes erweist sich damit als ein unkonventioneller Wissenschaftler. Er brach alle Regeln, die der Wissenschaft in makedonischer Zeit noch auferlegt gewesen waren. Eine Regel brach er allerdings nicht, nämlich die Exaktheit des Schließens. Wie Kepler sagte, waren die Beweise des Archimedes *absolutae et omnis numeris perfectae (unfehlbar und in allen Rechnungen tadellos)* und fügte hinzu, seine eigenen seien von anderer Art.

Durch sein Interesse an der Arithmetik brach Achimedes ein weiteres der platonischen Denkverbote. Beispielsweise suchte er nach ganzzahligen Lösungen von Gleichungen mit ganzzahligen Koeffizienten. Hier eine Herausforderung für alle, die sich auf diesem Gebiet mit Archimedes messen wollen: Man löse die Gleichung $m^2 - A \cdot n^2 = 1$ für $A = 4729494$. (In späterer Sprechweise ist dies eine Pell'sche Gleichung.)

Ich habe versucht, anhand der Werke meine Leser in das Denken der bedeutendsten schöpferischen Mathematiker der Antike einzuführen. Einen anderen Weg, über hervorragende Mathematiker zu schreiben, kenne ich nicht. Sätze wie „Er war einer der bedeutendsten…“ oder „Seine Werke hatten großen Einfluss…“ haben wenig Aussagekraft. Man kann sie auf den Autor einer mittelmäßigen Doktorarbeit anwenden, und um unangemessene Ansprüche aufzudecken, muss man die Arbeit lesen.

Vortrag VIII

Die Epigonen

Die Punischen Kriege markieren innerhalb des klassischen Altertums eine deutliche Trennlinie zwischen der griechischen und der römischen Epoche. Es mag manchen Bewunderer der römischen Epoche geben, aber ich kann darüber nur erstaunt den Kopf schütteln. Meiner Meinung nach ist der Unterschied zwischen den Kulturen der Griechen und der Römer ebenso groß wie der Unterschied zwischen Olympischen und Zirkusspielen. Natürlich gab es auch römische Dichter wie Vergil, Ovid, Lukrez und Petronius (der in Polen hauptsächlich dank *Quo Vadis* bekannt ist), es gab Historiker und Philosophen wie Plinius und Seneca, aber die geistige Leere des römischen Lebens, die die „höheren Dinge" ihren Sklaven überließen, ist doch offenkundig. Nicht der Schatten eines Zweifels an dieser geistigen Armut verbleibt, wenn man die Mathematik betrachtet.

In der Zeitspanne zwischen den Punischen Kriegen und der militärischen und politischen Eroberung Griechenlands durch die Römer erschienen die Werke des Apollonios von Perge (−262; −170). Insbesondere sind seine sechs Bücher über Kegelschnitte zu nennen, die aber leider nur unvollständig überliefert sind. In diesem ausgereiften und umfassenden Werk werden die Eigenschaften der Ellipse, der Hyperbel und der Parabel als ebene Schnitte eines Kreiskegels beschrieben. Speziell werden die Begriffe Brennpunkt und Leitlinie eingeführt und zwar mithilfe von Kugeln, die den Kegel und die Ebene des Kegelschnitts berühren. Die Berührpunkte zwischen den Kugeln und dieser Ebene sind die Brennpunkte, die Leitlinien sind die Schnittgeraden dieser Ebene mit denjenigen Ebenen, die den Berührkreis zwischen Kegel und Kugel enthalten. (Fig. VIII. 1 zeigt dies für die Ellipse.) Apollonios legte auch dar, wie das Verhältnis zwischen dem Öffnungswinkel des Kegels und dem Winkel zwischen Schnittebene und Kegelachse den Typ des Kegelschnitts bestimmt. Schließlich führte er auch den Begriff der Exzentrizität ein, also das Verhältnis zwischen der Entfernung eines Kegelschnittpunkts von einem Brennpunkt und seiner Entfernung von einer Leit-

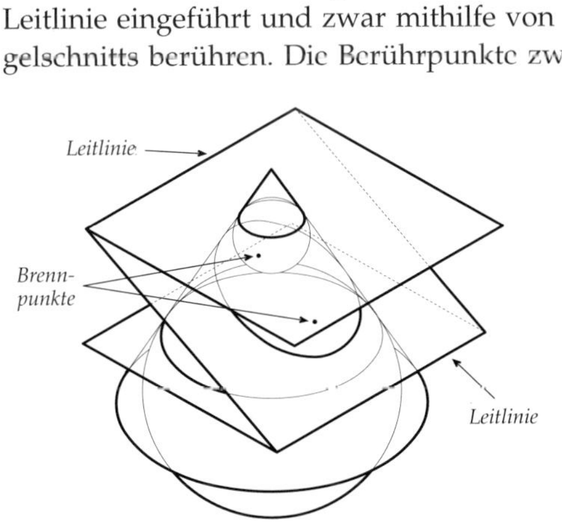

Fig. VIII. 1

linie. Den Zusammenhang zwischen der Exzentrizität und den oben genannten Winkeln fand er nicht, was auch nicht überraschen kann, weil dazu trigonometrische Funktionen nötig sind. Die zeitgenössischen Chronisten beschreiben Apollonios als einen unleidlichen Menschen, aufgeblasen und prahlerisch. Schade um ihn! Dennoch war er der letzte echte Mathematiker der Antike.

Im Jahr −148 fielen die Römer in Makedonien ein, im Jahr −146 in Griechenland. Sie gingen so weit, Griechenland einen anderen Namen zu geben – es hieß jetzt Achaia. Die hellenistischen Staaten wurden einer nach dem anderen erobert. Ägypten unterlag erst recht spät, nämlich im Jahr −30. In diesen wirren Zeiten gab es nur einige wenige versprengte Wissenschaftler. Der einzige überzeugende Vertreter dieser Profession war Heron von Alexandria. Die Blütezeit seines Wirkens fiel in die Übergangsphase der römischen Republik zum Kaiserreich. Sein Ruhm und wohl auch sein Vermögen verdankte er seinen technischen Erfindungen. Besonders zu nennen sind seine „Wundermaschinen", mit denen die ägyptischen Priester die Gläubigen in demütiges Staunen versetzten. Beispielsweise sahen die Pilger, nachdem sie im Tempel-Shop ein Reisigbündel gekauft und in das heilige Feuer geworfen hatten, wie sich die Türen des Tempels, die kein Mensch bewegen konnte, von selbst öffneten. Dieses Wunder beruhte auf der ersten geschichtlich bezeugten Anwendung der Dampfmaschine. In seiner Villa auf Kreta soll Heron eine ähnliche Maschine installiert und sie gelegentlich dazu benutzt haben, die Säulen des Bauwerks in leichtes Zittern zu versetzen. Angesichts der auf Kreta häufigen Erdbeben war dies eine wirkungsvolle Methode, allzu ausdauernden Gästen das Bleiben zu verleiden. Herons Maschine fand nirgendwo weitere Anwendung, schon gar nicht in anderen Ländern; wegen des hoch entwickelten Systems der Sklaverei gab es eben reichlich Arbeitskräfte. Eine weitere beachtliche Erfindung Herons war ein Münzautomat. Wurde eine passende Münze eingeworfen, so ergoss sich eine Portion geweihten (und anders nicht erhältlichen) Wassers aus dem Gerät. (Weihwasser ist keine christliche Erfindung!) Herons erstaunlichster Mechanismus war aber eine Wasseruhr, die die Zeit nach dem damals vorherrschenden System maß, nämlich der Einteilung des Tags und der Nacht in je 12 Stunden unabhängig von der Jahreszeit. Die jahreszeitlichen Schwankungen der Tag- und Nachtdauer sind in niederen Breiten klein; ein Mechanismus, der diese Unterschiede berücksichtigt hätte, wäre wohl auch ein Ding der Unmöglichkeit gewesen.

Herons mathematische Leistungen waren bescheiden. Der Ausdruck

$$\frac{1}{4}\sqrt{(a+b+c)(a+b-c)(a-b+c)(-a+b+c)}$$

zur Flächenberechnung des Dreiecks aus den Seiten a, b und c trägt seinen Namen und ist in der Abhandlung *Metrika* enthalten. Es handelt sich um ein typisches Beispiel eines bemerkenswerten Stücks Mathematik ohne ersichtliches Motiv. Hier ist wohl eine gute Gelegenheit für ein klärendes Wort. Mathematisches Tun erschöpft sich nicht im Beweisen von Lehrsätzen. Jede Theorie enthält unabsehbar viele Sätze für alle denkbaren Absichten und Zwecke und es bleiben immer unendlich viele zu entdecken. Nur solche (noch unbewiesenen) Sätze lohnen den Beweis, dessen Ergebnisse zu noch unbeantworteten Fragen weiterführen. Herons Formel hat diese Qualität nicht. Hier ist sie – das war's! Aus den gegebenen drei Seiten eines Dreiecks kann man die Fläche berechnen, sonst nichts.

Überraschend ist aber die Leichtfertigkeit (oder ist es Kühnheit?), mit der Heron arithmetische Probleme stellt. Ein Beispiel: *Gib ein Quadrat an, dessen Flächeninhalt und Umfang sich zu 896 summieren.* Die Leichtfertigkeit ist darin zu sehen, dass hier Größen unterschiedlicher Art, nämlich Fläche und Umfang, addiert werden. Man könnte Heron mit dem Argument verteidigen, dass sich in dieser Aufgabe die Erkenntnis widerspiegle, dass nicht mit den in der Aufgabe genannten Objekten, sondern mit den repräsentierenden reellen Zahlen gerechnet wird. Diese Interpretation ist aber schwer aufrechtzuerhalten, weil einige Informationen fehlen. Die Lösung gelingt durch quadratische Ergänzung:

$$\begin{aligned} x^2 + 4x &= 896 \\ x^2 + 4x + 4 &= 900 \\ (x + 2)^2 &= 30^2 \\ x &= 28 \end{aligned}$$

Der Gedanke liegt nahe, dass diese Aufgabe auf eine bereits bekannte Lösung hin konstruiert wurde.

Fast alle weiteren wissenschaftlichen Errungenschaften aus römischer Zeit haben mit Astronomie zu tun. Dies gibt uns den Anlass für einen zeitlichen Rückblick auf die Entwicklung des astronomischen Wissens jener Zeiten.

Der Himmel ist bekanntlich vollkommen. Weil das so ist, muss seine mathematische Beschreibung diese Vollkommenheit widerspiegeln. Daher können sich die Himmelskörper nur mit gleichmäßiger Geschwindigkeit auf Kreisbahnen bewegen. Diese Feststellung widerspricht den Beobachtungen. Wenn sie aber die absolute Wahrheit ausdrückt, entsteht das Problem, wie die sichtbaren Phänomene zu erklären sind. Dieses Problem bildete den Kern aller Kosmologien bis hin zu Kepler und es wurde von Kopernikus ebenso wie von Eudoxos in Angriff genommen, der als erster bedeutende Fortschritte erzielte.

Eudoxos befasste sich mit der Bahnbewegung des Jupiter. Nach Ansicht einiger Historiker soll Eudoxos seine Theorie später so erweitert haben, dass sie alle Himmelskörper erfasste. Die Beobachtung zeigte, dass die Jupiterbahn Schleifen hat: In gewissen Phasen läuft der Planet rückwärts und schlägt erst, nachdem er seine eigene Bahn geschnitten hat, wieder die ursprüngliche Richtung ein. Die von Eudoxos entwickelte Theorie der um die Erde rotierenden Kugelschalen wurde von den Zeitgenossen als seine größte Leistung angesehen. Die Theorie gründet sich auf eine Annahme, die auch heute noch schockieren kann: Da eine Kugelschale (Sphäre) ein immaterielles Objekt ist, können sich mehrere identische Sphären in derselben Position befinden. Obwohl sie aus denselben Punkten bestehen, sind sie verschieden. Ihre Unterschiedlichkeit manifestiert sich darin, dass sie gleichzeitig um verschiedene Achsen rotieren können. Das Modell des Eudoxos für den Jupiter war aus vier konzentrischen Sphären (von insgesamt 27 für das gesamte Universum) aufgebaut. Die erste drehte sich mit konstanter Geschwindigkeit in 24 Stunden einmal um sich selbst; dies entspricht der Tagesrotation der Erde. Die zweite Sphäre drehte sich, ebenfalls mit konstanter Geschwindigkeit, einmal in 12 Jahren (also annähernd in der Umlaufzeit des Planeten um die Sonne) um eine Achse, die mit der Achse der ersten Sphäre fest (nur noch in sich drehbar) verbunden ist. Mit diesen Sphären brauchen wir uns nicht zu befassen, da sie lediglich die Periodizität der Beobachtungsergebnisse wiedergeben. Die Achse der dritten Sphare ist mit der jetzt als ortsfest betrachteten Achse der zweiten Sphäre verbunden und die Achse der vierten mit der Achse der dritten. Die dritte und die vierte Sphäre drehen sich gegenläufig und mit konstanter Geschwindigkeit. Der Jupiter ist auf dem Äquator der vierten Sphäre befestigt. Welche Bahn beschreibt der Jupiter nun? Eudoxos bewies mit großer Sorgfalt, dass die Bahn

eine geschlossene Kurve ist. Ihre Gestalt lässt sich aus Fig. VIII. 2 erschließen; dort ist $A\bar{A}$ die Achse der dritten Sphäre und $B\bar{B}$ die der vierten. Die Drehung der dritten Sphäre führt den Punkt P nach P′. Überlagern wir jedoch die Bewegung der vierten Sphäre, gelangt P nach P″. Die Kurve erweist sich als Schnittfigur der Sphäre mit einem von innen berührenden Zylinder (d.h. Sphäre und Zylinder liegen auf derselben Seite ihrer gemeinsamen Tangentialebene), dessen Abmessungen von dem Winkel zwischen den Achsen der dritten und der vierten Sphäre abhängen. Heute heißt eine derartige Kurve *Viviani'sches Fenster* (Fig. VIII. 3). Eudoxos konnte nicht herausfinden, ob sich die Parameter seines Modells so wählen lassen, dass es die Jupiterbewegung richtig wiedergibt. Dies erwartete auch niemand von ihm. Nachgewiesen war auf diese Weise jedenfalls, dass sich auch sehr verwickelte Bewegungen (man denke auch an die zwei ersten, hier nicht berücksichtigten Sphären) beschreiben ließen, ohne gegen die alleinige Zulässigkeit gleichförmiger Kreisbewegungen zu verstoßen.

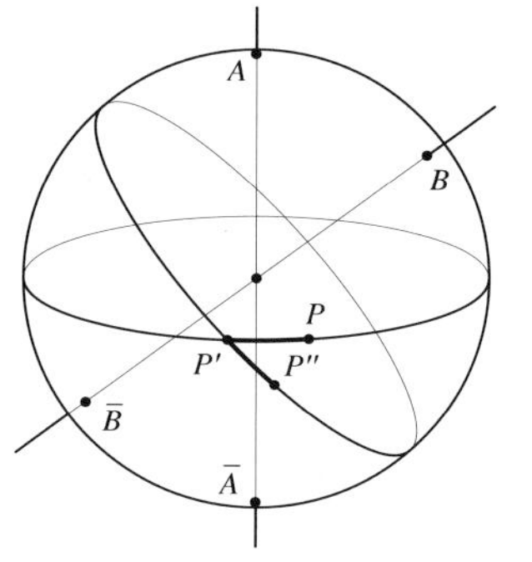

Fig. VIII. 2

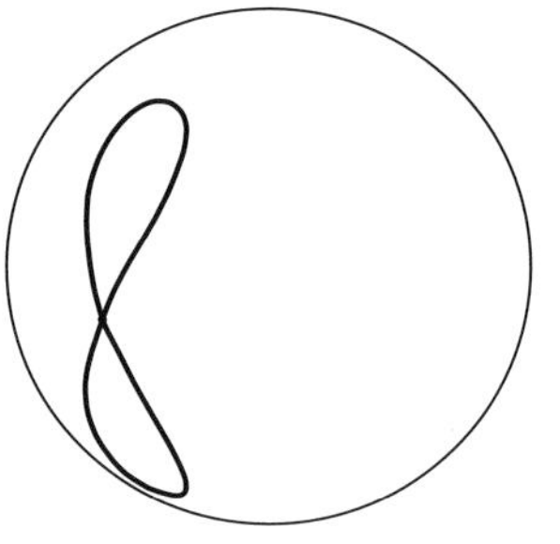
Fig. VIII. 3

Den nächsten Versuch, die beobachtete Realität und die Grundannahmen in Einklang zu bringen, unternahm Hipparchos (−180; −127). Er bemerkte, dass (auf der Nordhalbkugel) die Sonne im Sommer schneller läuft als im Winter (wenn man den Einfluss der Erddrehung vernachlässigt). Um diesen Unterschied zu erklären, nahm er an, dass sich die Erde nicht exakt im Mittelpunkt des Bahnkreises der Sonne befindet; wenn nämlich die Sonne auf diesem Kreis mit gleichförmiger Geschwindigkeit umläuft, beobachtet man einen ungleichförmigen Gang des Beobachtungswinkels. Fig. VIII. 4 stellt diese Situation dar; ich habe sie allerdings nur deswegen hier eingefügt, um zeigen zu können, dass sie grob irreführend ist. Nicht einmal auf einer ganzen Buchseite wäre Platz genug für eine Figur, in der man mit bloßem Auge sehen könnte, dass der Kreismittelpunkt nicht mit der Position der Erde zusammenfällt (oder dass der Kreis von der in Wirklichkeit vorliegenden Ellipse verschieden ist). Verstehen Sie dies auch als Hinweis auf die Präzision der damaligen astronomischen Messungen, bei denen solche minimalen Abweichungen als bedeutungsvoll erkannt wurden!

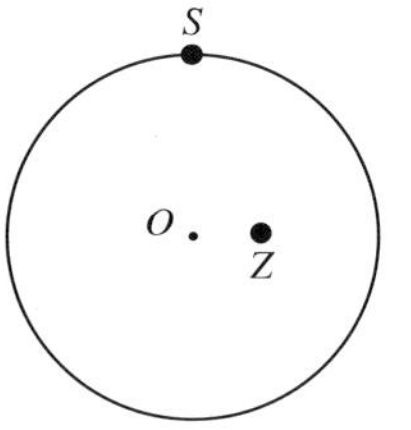

Fig. VIII. 4

Das Schicksal des Hipparchos liefert eine Bestätigung für mein oben geäußertes Urteil über die Einstellung der Römer zur Wissenschaft. Niemand nahm von seinen Ergebnissen Notiz. Sie wären für immer verloren gegangen, wäre nicht Menelaos gewesen, der 200 Jahre nach dem Tod des Autors die Manuskripte fand. Er und Nikolaos von Gerasa machten sich an die mühsamen Berechnungen, die nötig waren, um Hipparchos' Vermutungen zu verifizieren. Dabei wurde, erstmals für Europa, eine rechnerische Verbindung zwischen Winkel und Sehnen hergestellt. Nikomachos führte eine trigonometrische Funktion (so die heutige Sprechweise) ein,

durch die der Winkel an der Spitze eines gleichschenkligen Dreiecks mit dem Verhältnis zwischen Basis und Schenkel verknüpft wurde. Für uns handelt es sich um den Funktionsterm $2\sin\frac{\alpha}{2}$.
Dies war die Grundlage, auf der Ptolemaios (oder Klaudios Ptolemaios) (85; 165) aufbauen konnte. Er war weder mit dem römischen Kaiser Claudius noch mit den Ptolemaiern Ägyptens verwandt. Sein Hauptwerk, der *Almagest*, lieferte über 1500 Jahre hinweg für alle astronomischen Phänomene die verbindlichen Erklärungen.
Der griechische Titel bedeutet „Mathematisches (gemeint: astronomisches) Handbuch." Später setzte sich der eher umgangssprachliche Titel „Die große (oder sehr große) Sammlung" durch. Das griechische Wort für „die große" heißt „e megiste", aus dem die arabischen Übersetzer (vgl. die Bemerkungen in Vortrag VII zum Überleben der *Elemente*) „al majisti" machten, woraus in den mittelalterlichen Übersetzungen ins Lateinische „almagesti" wurde.

Der Satz des Menelaos über die Kollinearität dreier Punkte auf den Trägergeraden der Seiten eines Dreiecks ist ein Fund von anderem Kaliber als die Formel von Heron. Die sachgerechte Formulierung gelang erst im 17. Jahrhundert. Es bleibt der persönlichen Einschätzung vorbehalten, ob das lange Warten auf die Notwendigkeit, erst Vektoren einzuführen oder auf die Kümmerlichkeit der Mathematiker zu Zeiten von Claudius und Nero zurückzuführen ist.

Ptolemaios fand für das Problem, die beobachtete Planetenbewegung aus gleichförmigen Kreisbewegungen zusammenzusetzen, eine zweite Lösung. Er führte nämlich für jeden der um die Erde rotierenden Planeten sowie für die Sonne und den Mond einen Hauptkreis ein, den Deferenten, der die beobachtete Bahnbewegung approximierte. Auf diesen Kreis legte er den Mittelpunkt eines zweiten Kreises, des Epizykel, und auf dessen Peripherie den Planeten. Deferent und Epizykel ließ er gleichmäßig rotieren. Die Drehrichtungen und Geschwindigkeiten passte er den Beobachtungen an. Beispielsweise drehten sich bei Sonne und Mond die Epizyklen entgegengesetzt zu den Deferenten. Es stellte sich schnell heraus, dass ein Epizykel nicht genügte, und so wurde ein zweiter auf den ersten gesetzt, ein dritter auf den zweiten usw. (Fig. VIII. 5). Das ptolemeische System bestand schließlich aus 77 Kreisen. Da nur 7 Himmelskörper zu versorgen waren, gibt das im Durchschnitt 11 für jeden. Auch Kopernikus benutzte in seinem heliozentrischen System Deferenten und Epizyklen. Er hielt sein System für besser als das ptolemeische, weil er mit 34 Kreisen auskam. Es liegt nahe, die Ähnlichkeit des ptolemeischen Systems mit einer mechanischen Uhr nicht für zufällig zu halten. Die Identifikation der Bewegung der Himmelskörper mit dem Ablauf der Zeit ist ja unausweichlich.

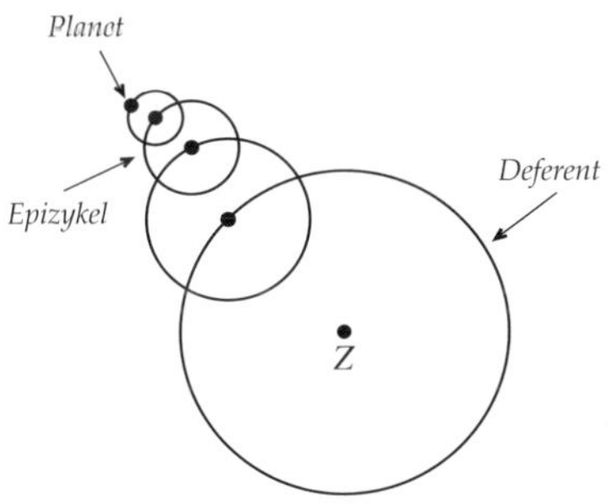

Fig. VIII. 5

Der *Almagest* erhob nicht den Anspruch, die einzig mögliche Theorie zu vertreten. Im Gegenteil schreibt der Autor im XIII. Buch ausdrücklich, die Planetenbewegung ließe mehrere Beschreibungen zu und es sei die Aufgabe des Astronomen, die einfachste zu finden. Ich nutze diese gute Gelegenheit, die zwei grundsätzlich möglichen Zugänge zur Mathematik ins Licht zu rücken. Die Mathematik lässt sich als geeignetes Handwerkszeug in der naturwissenschaftlichen Forschung (so Aristoteles) oder als tief liegende Theorie zur Beschreibung des Universums auffassen (so Pythagoras und Platon). Diese zwei Richtungen müssen sich auch in der Mathema-

tikgeschichte immer wieder manifestieren. Sehr wahrscheinlich ist die Arbeit der Vertreter der ersten Richtung äußerst nützlich, wenn wasserdichte Ergebnisse gesucht sind, aber die Weiterentwicklung der Mathematik verdanken wir nur den Vertretern der zweiten Richtung. Überraschen kann dies nicht. Forschung höchsten Erkenntnisanspruchs wird mehr Schüler und auch mehr Förderer für sich gewinnen. Steht die Wahrheit auf dem Spiel, wird die wissenschaftliche Auseinandersetzung schärfer und dies belebt jede Wissenschaft.

Nun zurück zu Ptolemaios! Die enorme Fülle von Beobachtungsdaten, die er auswertete, lässt uns staunen. Er teilt uns beispielsweise mit, dass er über eine Aufstellung aller Sonnen- und Mondfinsternisse seit -747 verfügt, die ersten also aus einer Zeit, zu der Thales noch nicht geboren war. Dieser Sachverhalt belegt eindeutig, dass Ptolemaios mit den ägyptischen Priestern zusammenarbeitete, denn sie allein waren im Besitz solcher Daten.

Auch in den Werken des Diophant, der im 3. Jahrhundert lebte, lassen sich noch Einflüsse aus einer Zeit aufspüren, in der die deduktive Methode noch nicht entwickelt war. Wir kennen Diophant nur aus fragmentarisch erhaltenen Werken, die ihm zuzuschreiben sind. Dass diese Werke in griechischer Sprache geschrieben waren, gibt kein besseres Indiz für seine Nationalität als heute ein in Englisch verfasster wissenschaftlicher Aufsatz. (Erst nach dem Fall des römischen Weltreichs wurde Latein zur Sprache der Wissenschaft.) Der Stil der Werke des Diophant ist eher babylonisch als griechisch. Der Inhalt besteht, genau wie bei den babylonischen Keilschrifttafeln, aus Aufgaben mit Lösungen. Lehrsätze und Axiome, aus denen Folgerungen gezogen werden könnten, sind nicht zu finden; mit anderen Worten, es fehlen die charakteristischen Merkmale der deduktiven Methode. Die Aufgaben kreisen im Wesentlichen um das Thema, ganzzahlige Lösungen von Gleichungen zu bestimmen. Einige sind sehr kompliziert, beispielsweise die Gleichung $Ax^3 + Bx^2 + Cx + D = y^2$.

In vielen Fällen lassen sich für solche Gleichungen Lösungen finden. Die Beschränkung auf natürliche Zahlen erlaubt es häufig, eine obere Schranke für die möglichen Lösungen anzugeben, viele Werte lassen sich durch Teilbarkeitsüberlegungen oder auf ähnliche Weise ausschließen. Heute gilt das Lösen solcher Gleichungen als wichtiges Teilgebiet der Zahlentheorie. Zu Ehren des Erfinders heißen diese Gleichungen *diophantisch*. Hier nun ein Beispiel für ein Problem anderer Art aus den Werken Diophants: *Stelle das Produkt aus den Summen je zweier Quadrate als Summe zweier Quadrate dar!* (Das Problem war in Zahlen, nicht in Variablen gegeben.) Diophant gab zwei Lösungen an:

$$(p^2 + q^2)(r^2 + s^2) = (pr - qs)^2 + (ps + qr)^2 = (ps - qr)^2 + (pr + qs)^2$$

Wer mit komplexen Zahlen vertraut ist, erkennt hier leicht die offenbar gültige Gleichheit zwischen dem Betrag eines Produkts und dem Produkt der Beträge. Da Diophant die komplexen Zahlen nicht kannte, fragt man sich, wie er dieses Problem löste. Seine Werke werden von einigen Mathematikhistorikern auch in dem Sinne hervorgehoben, dass sie die Anfänge eines Rechnens mit Symbolen erkennen lassen. Die Praxis, gewisse Größen durch einen Buchstaben oder ein anderes Symbol zu bezeichnen, ist so natürlich, dass man annehmen kann, sie sei schon immer geübt worden. Dies gilt besonders für eine Region, in der eines der Schriftsysteme auf Hieroglyphen basierte.

Der Blick in die Vergangenheit wurde mehr und mehr zum bevorzugten Stil wissenschaftlicher Betätigung. Das Endstadium der antiken griechischen Kultur ist gekennzeichnet durch Ausdrücke der Bewunderung für ihre Urheber, die vor mehr als 500 Jahren wirkten. Die Nachfolger bemühten sich, das Erbe in Sammelwerken zu ordnen, und hofften, es auf diese Weise vor dem Vergessen zu bewahren. Die Gelehrten dieser Zeit wiegten sich nicht in Illusionen über die Zukunftsaussichten aufgeklärter Wissenschaft.

Der Mechanismus der Rückwärtsorientierung ist gewöhnlich immer derselbe. Wird eine Kultur durch eine andere, offenbar nicht in Opposition stehende Kultur ersetzt (wie die griechische im –2. Jahrhundert durch die römische und die europäische in der zweiten Hälfte der 20. Jahrhunderts durch die amerikanische), so sehen viele Zeitgenossen anfangs darin einen natürlichen Prozess, nämlich die Verwirklichung des Fortschritts. Dann stellt sich aber heraus, dass eine Überspitzung, die zunächst als eine natürliche und typische Begleiterscheinung der Übergangsperiode erschien, in Wirklichkeit das wesentliche und bleibende Charakteristikum der neuen Situation ist. Der anwachsende heftige Widerstand gegen die Barbareien des Umbruchs wird durch die wirtschaftlichen und technischen Errungenschaften der neuen Zeit noch gedämpft. Die Revolte bricht aus, sobald diese Ersatzleistungen das drastische Absinken des intellektuellen Niveaus nicht mehr kompensieren können. Dies erklärt, warum die ohnehin starke Hinwendung zur Mathematik des goldenen Zeitalters gerade beim Fall des römischen Kaiserreichs ihre größte Kraft gewann. Die Wissenschaftler dieser Jahrhunderte schrieben fast ausschließlich über ihre großen, heute fast unbekannten Vorfahren.

Der bekannteste unter diesen Verherrlichern vergangener Größe der Mathematik war Pappos von Alexandria (4. Jahrhundert). Sein bedeutendstes Werk heißt *Synagoge*, zu deutsch *Die Sammlung*. Es handelt sich um eine sehr ausführliche Zusammenfassung der griechischen Mathematik mit zahlreichen historischen Kommentaren und dazu noch vielen Zusätzen. Das Wort *Zusätze* ist hier mit Recht gewählt. Mehr als einmal nämlich schreibt Pappos längst dahingeschiedenen Gelehrten Ergebnisse zu, von denen diese sicher keine Ahnung hatten. Es spricht viel dafür, dass der Autor Pappos selbst war. Sicherlich aber liegt hier keine Fälschung vor. Pappos handelte vermutlich in der Überzeugung, dass, wenn schon er in der Lage war, in den Werken seiner berühmten Vorgänger Lücken zu füllen, erst recht diese selbst gewusst haben mussten, was er wusste, und dass eben nur die entscheidenden Teile der Schriften verloren gegangen waren – das übliche Schicksal der Quellen. Das schlagendste Beispiel bieten die archimedischen Polyeder. Pappos behauptet, dass Archimedes dreizehn halbreguläre Polyeder und dazu noch zwei unendliche Familien solcher Polyeder kannte. (Ein halbreguläres Polyeder hat reguläre Flächen, die nicht alle gleich viele Seiten haben, und seine räumlichen Winkel sind kongruent, einfach gesagt also gleich.) Es ist kaum vorstellbar, dass Archimedes dies gewusst und sein Wissen an die Nachwelt weitergegeben haben soll, ohne dass in den dazwischenliegenden 500 Jahren sich irgendwer öffentlich dazu geäußert oder etwas dazu geschrieben hat. Angeblich war dieses Wissen über Generationen hinweg vererbt worden und Pappos war der Erste, der es offenbarte. Jedenfalls fällt es schwer, das Gegenteil zu beweisen, und so wird der von Pappos vorgeschlagene Name bis heute verwendet. Ein weiteres Beispiel bilden die Inhaltsangaben der verlorenen Werke Euklids, die ich im vorigen Vortrag erwähnte; unser ganzes Wissen über diese Werke stammt von Pappos. Das einzige wirklich von

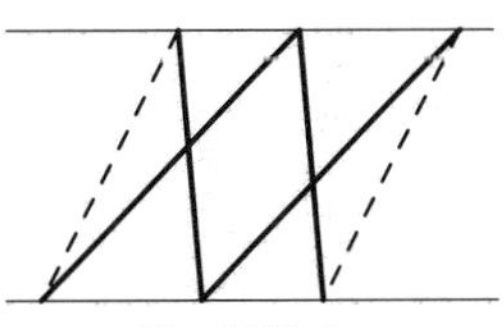

Fig. VIII. 6

Pappos stammende Resultat – es trägt noch heute seinen Namen – ist der Satz über das Sechseck, dessen Eckpunkte auf zwei Geraden liegen. (Bei Pappos sind diese parallel, aber diese Voraussetzung ist entbehrlich.) Der Satz lautet: *Sind zwei Paare von Gegenseiten eines Sechsecks parallel, so*

auch das dritte Paar (Fig. VIII.6). Dieser Satz wurde im 17. Jahrhundert von Pascal stark verallgemeinert; er markiert, so kann man sagen, den Anfang der projektiven Geometrie. Pappos' Werke sind für alle, die sich mit griechischer Mathematik befassen, von unschätzbarem Wert – die wesentlichen Kenntnisse verdanken wir in erster Linie ihm.

Ein weiterer Epigone der griechischen Mathematik, der auf das folgende Jahrtausend prägend wirkte, war Proklos (410; 485). Ein von ihm aufgeworfenes Problem und nicht seine Gelehrsamkeit sichert ihm einen Platz in der Wissenschaftsgeschichte. Dieses Problem galt über viele Jahrhunderte hinweg als eines der wichtigsten, wenn nicht sogar als das Problem in der Mathematik überhaupt. Proklos schrieb einen *Kommentar zum ersten Buch von Euklids Elementen*. Das Werk trieft geradezu von Bewunderung und Verherrlichung, aber die Bewunderung enthält einen Schuss Aggression. Proklos preist Euklids perfekte Leistung und zerpflückt zugleich das Werk Buchstabe für Buchstabe. Er zählt nach, dass Euklid für sein fünftes Postulat fast ebenso viele Wörter braucht wie für die ersten vier Postulate. (In deutscher Übersetzung sogar mehr!) Proklos folgert daraus, dass Euklid das fünfte Postulat gar nicht in die Liste der Postulate hatte aufnehmen wollen, sondern es nur, da er in Eile gewesen sei, vorübergehend an dieser Stelle notiert habe. Ganz gewiss, so versichert Proklos, habe Euklid auf diese Sache zurückkommen, das fünfte Postulat aus den anderen vier herleiten und es dann aus der Liste der Postulate streichen wollen. Von Postulaten erwartet man, dass sie elementare, also einfache und prägnante Wahrheiten mitteilen. Noch ein weiteres Argument spricht für die Behauptung von Proklos: Die ersten 28 Lehrsätze der *Elemente* werden ohne Verwendung des fünften Postulats hergeleitet.

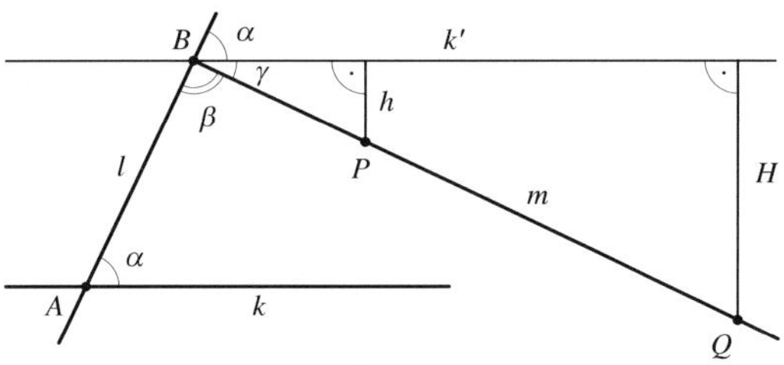

Fig. VIII. 7

Proklos ging sogar noch einen Schritt weiter: Er „bewies" das fünfte Postulat. Die Geraden k und m und die sie schneidende Gerade l mögen die Voraussetzungen des fünften Postulats erfüllen (Fig. VIII. 7); die Summe der Winkel α und β sei also kleiner als zwei Rechte. Die Gerade k', für die die entsprechende Winkelsumme zwei Rechte beträgt, schneidet die Gerade k nicht. Die aus den Geraden k, l und k' bestehende Figur hat nämlich den Mittelpunkt der Strecke AB als Symmetriezentrum; hätten nun k und k' einen Schnittpunkt, so auch einen zweiten, nämlich das Punktspiegelbild des ersten. Dies ist aber nicht möglich. Man projiziere jetzt die Punkte der Geraden m orthogonal auf die Gerade k'. Mit den Bildpunkten entstehen rechtwinklige Dreiecke und die Gegenkatheten des Winkels γ werden unbegrenzt länger, wenn der projizierte Punkt nach rechts wandert. Für einen geeigneten Punkt Q muss also die Kathete eine Länge H annehmen, die größer ist als der Abstand der Geraden k und k', weswegen Q und B auf entgegengesetzten Seiten der Geraden k liegen müssen. Dann aber muss die Gerade m die Gerade k zwischen B und Q schneiden, was zu beweisen war.

Die meisten Leser werden natürlich wissen, dass dieser Beweis einen Fehler enthält. Aber auch dann ist es gar nicht einfach, den Irrtum aufzuzeigen. Er steckt in den Worten der *Abstand der Geraden k und k'*. Ändert man diese ab zu *der maximale Abstand zwischen den Punkten der Geraden k und k'*, wird die Existenz dieses Maximums implizit gefordert. Diese Forderung ist in der euklidischen Ebene (also in der gängigen, von der Schule her bekannten Ebene) erfüllt, aber gerade als Folge des fünften Postulats. Wir sehen daraus, dass Proklos lediglich die Äquivalenz zwischen der Existenz eines solchen Maximums und dem fünften Postulat bewies. Die Sache wäre kaum das Papier wert, hätte Proklos' Verehrung für Euklid und die *Elemente* in den folgenden 1400 Jahren nicht zu wiederholten Versuchen geführt, das fünfte Postulat zu beweisen. Diese Versuche endeten in der Erschaffung der nichteuklidischen Geometrien, dem größten geistesgeschichtlichen Schock, den die Mathematiker im Lauf der gesamten Geschichte den Nicht-Mathematikern zufügten. Mehr darüber in Vortrag XIX!

Bis hierher haben wir über die erste Periode eines üppigen Wachstums der Mathematik gesprochen. Die nächste solche Periode ließ 500 Jahre (nach anderer Meinung sogar 1000 Jahre) auf sich warten. Bevor ich schließe, muss ich an zwei betrübliche Ereignisse erinnern.

Das erste betrifft Hypatia, die erste Frau, die in der Geschichte der Wissenschaft erwähnt wird. Anstatt einen braven Ehemann zu suchen und den Rest ihrer Tage hinter dem Herd zu verbringen, entwickelte diese junge Frau Interesse an den überlieferten wissenschaftlichen Werken. Und noch mehr: Sie las diese Bücher nicht nur, sondern verstand sie auch. Kein Wunder, dass der heilige Kyrillos, der zu dieser Zeit in Alexandria predigte, die Christen unter dem Motto „Liebe deinen Nächsten" dazu aufrief, diesem bedenklichen Zustand ein Ende zu setzen. Da er ein glänzender Prediger war, wurde Hypatia im Jahr 415 zu Tode gesteinigt. Anscheinend hatten die Steiniger die Werke der Weisen (Wer aber ohne Schuld ist, ...) nicht gelesen und konnten daher hemmungslos in Aktion treten.

Das zweite betrübliche Ereignis ist die Auflösung der heidnischen Akademie Platons durch den byzantinischen Kaiser Justinian im Jahr 529. Immerhin hält die Akademie bis heute den Rekord für die am längsten tätige wissenschaftliche Einrichtung.

Wenn Sie einen guten Roman über diese Zeiten lesen wollen, so empfehle ich das Buch *Belisarius* (dt. Übers. *Belisar von Byzanz*) von Robert Graves.

Der nächste bedeutende europäische Beitrag zur Mathematik ließ dann bis zum Jahr 1534 auf sich warten.

Vortrag IX

Jenseits der Grenzen Europas

Bis hierher könnte der Eindruck entstanden sein, dass die ernsthafte mathematische Betätigung auf Europa beschränkt war, oder, angesichts der im größeren Teil Europas herrschenden Barbarei, genauer gesagt auf den griechischen Einflussbereich. Ich meine, dass dieser Eindruck der Wahrheit entspricht; um ihn zu rechtfertigen, möchte ich die Geschehnisse außerhalb des griechischen Kulturkreises wenigstens kurz beleuchten.

Bis zum heutigen Tag ist das Wissen über die Geschichte Chinas ziemlich bruchstückhaft, die Quellenmaterialien sind spärlich und dazu noch ungenau übersetzt, und China scheint auch nicht darauf aus zu sein, den Rest der Welt in seinem Wunsch zu unterstützen, etwas über die Kultur- oder Wissenschaftsgeschichte seiner Völker zu erfahren. Dies ist umso mehr zu bedauern, als es zahlreiche gute Gründe für die Ansicht gibt, ein chinesisches Staatswesen habe schon vor 30 000 Jahren bestanden, als es in ganz Europa noch keine Spur von Zivilisation gab. Mit Sicherheit war das chinesische Reich um –3000 höher entwickelt als etwa das Reich der Sumerer.

Das grundlegende und wohl auch einzige Charakteristikum der chinesischen Kultur ist ihre Kontinuität. Sie ruht auf dem Ackerbau und geht an die Dinge rein empirisch heran. Der Wettbewerb mit nomadischen Kulturen hatte auf ihre Entwicklung keinen Einfluss. Dies liegt wohl daran, dass die erste wirklich erfolgreiche Invasion durch ein Viehzüchtervolk erst im Jahr 1279 stattfand – ich werde auf dieses Ereignis noch zurückkommen. Zuvor entstanden die einzigen Erschütterungen des chinesischen Reichs durch den Zerfall in kleinere, miteinander rivalisierende Fürstentümer, ein Zustand, der uns aus der späteren Geschichte des feudalzeitlichen Europa wohl bekannt ist. Zusammenschlüsse waren manchmal lediglich formal, manchmal auch real. Beispielsweise wurde die Shang-Dynastie, die China etwa von –1550 an regiert hatte, im Jahr –1050 gestürzt und durch die Chou-Dynastie verdrängt, deren Autorität rein formal war. In einer Periode der Auflösung in Territorialherrschaften lebten K'ung-fu-tse (auch: Konfuzius, –551; –479) und sein Zeitgenosse Lao-tse (seine Lebensdaten sind unbekannt, da er nicht dem Adel angehörte), über die wir im Zusammenhang mit Pythagoras in Vortrag IV gesprochen haben. Der Druck nomadischer Völker wurde erstmals im Jahr –221 spürbar und führte sofort zum Zusammenschluss der Teilstaaten. Der Mann, der China wieder vereinigte und danach vierzehn Jahre lang (von –220 bis –206) regierte, war Ch'in-Shih-huang-ti. Er war eine herausragende Persönlichkeit; seine Beiträge zur Mathematik werden aber nur selten erwähnt.

Ch'in-Shih-huang-ti ließ das größte Bauwerk der Welt errichten, die Große Chinesische Mauer, die man mit bloßem Auge vom Raumschiff aus sehen kann. Die Mauer hatte den Zweck, die Hirtenvölker der benachbarten Mongolei abzuwehren. Ch'in-Shih-huang-ti vereinheitlichte das System der Maße und Gewichte und setzte eine Einheitsschrift durch. Damit verdiente er sich den Ruf eines schrecklichen Barbaren. Um nämlich die neue Schrift durchzusetzen, wurden im Jahr −213 alle wichtigen Urkunden umgeschrieben und die Originale samt allen anderen Unterlagen verbrannt. Bei Todesstrafe wurde verboten, ein im alten Stil geschriebenes Schriftstück aufzubewahren. Ch'in-Shih-huang-ti war gewiss kein freundlich-milder Herrscher und starb auch schließlich eines gewaltsamen Todes. Für die Erfindung einer neuen Schrift verdient er aber gewiss unseren Respekt.

Eine gut ausgearbeitete Schrift in Ideogrammen besitzt einen enormen Vorteil gegenüber einer Buchstabenschrift. Die Mathematiker haben eine solche Begriffsschrift und wissen ihre Vorzüge zu schätzen. Betrachten Sie nur die folgenden Zeichenfolgen:

$$x^x + 17 = \sqrt[7]{\frac{a+b}{x}}, \quad \int_0^y f(x)\,dx$$

Gelesen klingen diese Zeichenfolgen in Deutsch, Polnisch und Chinesisch verschieden, aber die unterschiedlichen Lautfolgen bedeuten in allen drei Sprachen dasselbe. Deshalb gibt es trotz der vielen Sprachen, die die Menschheit spricht, weltweit nur eine Mathematik und nur eine mathematische Schriftsprache.

Ch'in-Shih-huang-tis Leitidee war: *Viele Sprachen sprechen, eine Sprache schreiben.* Er sah darin eine wesentliche Bedingung für die Vereinheitlichung des schon damals riesigen chinesischen Staatsgebildes. Und seine Idee griff! Die gemeinsame Schriftkultur und die einheitliche Verschriftlichung der wissenschaftlichen Erkenntnisse erwies sich als Grundbedingung für den Zusammenhalt einer Gesellschaft, deren Mitglieder „seit Beginn der Zeit" ein Viertel der Weltbevölkerung stellen. Ein weiterer Beweis für den Erfolg dieser Idee ist, dass Japan und einige andere Nachbarn Chinas das Chinesische immer noch als Schriftsprache der Wissenschaft verwenden. So sehr es gerechtfertigt ist, die Grausamkeiten dieses Kaisers zu verdammen, so sehr ist auch sein Geniestreich zu würdigen. Diese Idee wurde später auch von den Mathematikern verwirklicht und sie zogen ihren Nutzen daraus. Die heutige hoch entwickelte Mathematik wäre anders einfach nicht denkbar.

Nebenbei bemerkt wäre es interessant zu erfahren, wie viele Menschen sich eigentlich darüber klar sind, dass die mathematische Schriftsprache ideographisch und nicht alphabetisch ist, dass die mathematische Notation also auf Hieroglyphen beruht. Sobald man sich dies bewusst gemacht hat, gewinnt man auch besseres Verständnis für das Problem des Schreibunterrichts in China, der uns Europäern so geheimnisvoll erscheint. Auch die Abwegigkeit der immer wieder auflebenden Berichte, nach denen die Chinesen angeblich demnächst die europäische Schreibmethode übernehmen sollen, wird damit ins rechte Licht gerückt. Dies hieße ja, dass die Chinesen China abschaffen wollten – oder ist heute nichts unmöglich? Mit dem Tod von Ch'in-Shih-huang-ti beginnt die Zeit der Han-Dynastie, die das größte je existierende chinesische Reich errichtete. Mit Beginn des 1. Jahrhunderts begegneten sich römische und chinesische Grenztruppen im Gebiet des heutigen Afghanistan.

Um das Jahr 220 zerfiel mit dem Ende der Han-Dynastie das Reich. Erst die T'ang-Dynastie konnte im Jahr 618 das Reich wieder einen. Ihr folgte im Jahr 960 das Haus der Sung.

Wir kennen den Inhalt der Prüfung, der sich die Beamtenanwärter zu Zeiten der T'ang-Dynastie unterziehen mussten. Mathematikhistoriker halten einen Teil dieser Prüfung für mathematisch und daraus lassen sich Rückschlüsse auf den Stand der Mathematik ziehen. Dieser Prüfungsteil hieß *Suan-Ching*, zu deutsch *Die neun Klassiker*. Die Sammlung besteht aus neun Büchern unterschiedlicher zeitlicher Herkunft, die sich nicht zu einem Ganzen zusammenschließen. Wir können heute nur die armen Prüflinge bedauern, von denen erwartet wurde, aus diesen Büchern von jeder beliebigen Stelle an, die von den Prüfern angesagt wurde, aus dem Gedächtnis zu rezitieren. Verständnis des Inhalts wurde nicht verlangt.

Das älteste dieser Bücher, das *Chou-Pi*, wurde in der Zeit der Chou-Dynastie verfasst und als „wertvolles Dokument" unter Ch'in-Shih-huang-ti umgeschrieben. Kein Europäer, nicht einmal ein Zeitgenosse, würde dieses Werk als mathematisch einstufen, denn es enthält nur Wahrsagungen und Zauberformeln. Vor etwa zehn Jahren wurde es hier im Westen wegen des außergewöhnlichen Interesses für Parawissenschaften sehr populär. Auch das Buch *I-Ching* ist eine Sammlung von allerlei Zaubereien. Seine zarte Verbindung zur Mathematik besteht in einem magischen Quadrat aus den Zahlen 1 bis 9. Das Buch *Sun-tsu* wurde vermutlich im 1. Jahrhundert geschrieben und enthält ein dezimales Stellenwertsystem, bei dem die Zahlen durch Stäbe dargestellt werden. Ein senkrecht gestellter Stab beispielsweise bezeichnet eine Einheit, ein waagerecht oberhalb eines oder mehrerer solcher Stäbe gelegter Stab fünf Einheiten. Für die nächsthöhere Größenordnung wurden die Stäbe jeweils um 90° gedreht. In Fig. IX. 1 sind die Zahlen 7839 und 16066 dargestellt. Mit einigen zusätzlichen Vorsichtsmaßnahmen funktioniert das System fehlerfrei.

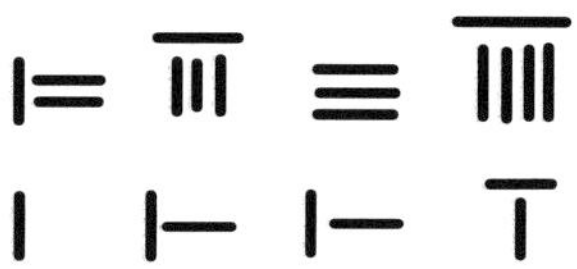

Fig. IX. 1

Echte Mathematik findet sich in nur zwei Büchern der neun Klassiker. Eines davon wurde zur Han-Zeit geschrieben und heißt *Chin-Chuang Suan-Shu*. Der Titel bedeutet vermutlich *Neun Kapitel*. Es handelt sich um ein Lehrbuch über elementare Arithmetik mit Einzelthemen zur Vermessung (mit $\pi = 3$ wie in Sumer), zum Dreisatz und zu Systemen von zwei oder drei linearen Gleichungen mit Lösungen. Dazu gibt es übrigens eine witzige Anekdote. Ein gewisser Mathematikhistoriker erklärte nämlich, die *Neun Kapitel* enthielten die Anfänge der Matrizenrechnung. Sein Hauptargument ging dahin, dass die Koeffizienten der Gleichungen in Ideogrammen geschrieben seien, nicht aber die Unbekannten. Manche Leute kommen schon auf seltsame Ideen, wenn sie eine Publikation brauchen!

Im Jahr 1914 schrieb Y. Mikami in seinem Buch *On the Japanese Theory of Determinants*, im 17. Jahrhundert hätte der Japaner Seki Kowa die alte chinesische Methode weiterentwickelt …

Das zweite mathematische Buch der *Neun Klassiker* ist das *Hai-Tao*. Sein Autor Liu-Hui lebte im 3. Jahrhundert. Das Buch ist ein Geometriekurs in griechischem Geiste. Ebenso wie die Werke der zeitgenössischen Europäer eifert es den großen Vorbildern respektvoll nach. Ganz ähnlich wie Archimedes berechnete Liu-Hui den Wert von π, indem er dem Kreis reguläre Polygone ein- und umbeschrieb. Wir müssen seine Ausdauer bewundern, denn er ging bis zum 3072-Eck.

Das Ende der Sung-Dynastie kam im Jahr 1279 mit dem Einfall der Mongolen, die danach 90 Jahre lang herrschten. Zu dieser Zeit kam Marco Polo nach China; er war dort der erste Europäer nach den Gesandten, die ein Jahrtausend vorher vom römischen ins chinesische Reich gereist waren. Nach Europa zurückgekehrt, schrieb er seinen Bericht *Die Wunder der Welt* (auch: *Eine Beschreibung der Welt*), der uns heute aber durchweg unzuverlässig erscheint. Im Jahr 1386

wurden die Mongolen vertrieben und die Herrschaft der letzten chinesischen Dynastie, der Ming, begann. (Ihnen folgten noch die Mandschu-Kaiser, die Kuomintang, schließlich die Kommunisten.) Zur Zeit dieser Dynastie, im Jahre 1517, erreichte das erste portugiesische Schiff die Stadt Kanton. Wenn auch die Kenntnisse über China wuchsen, so gab es doch keine Anzeichen für eine chinesische Mathematik, die über schlichte Anwendungen der Arithmetik und Geometrie hinausgegangen wäre. Dies änderte sich erst, als die chinesischen Wissenschaftler mit dem Rest der Welt in Verbindung traten. Die Moral dieser Geschichte ist, dass auch ohne Mathematik Leben möglich ist. In dieser Ansicht bestärkt uns, dass die europäischen Gesellschaften während des größten Teils ihres Bestehens ebenfalls ohne Mathematik auskamen.

Es gab aber doch einen „östlichen Weg zur Mathematik". Das überzeugendste Beispiel gibt uns die indische Mathematik. Ein indischer Einheitsstaat entstand erst in unserer Zeit. Vorher, um das Jahr −1500, erlitt Indien durch den Ariereinfall den Konflikt zwischen Ackerbauern und Hirten. (Der Name dieses Volkes wurde erst viel später von den Nazis als Etikett für die Rassenreinheit missbraucht.) Anders als die etwa zur gleichen Zeit stattfindende Invasion der Hyksos in Ägypten fand die arische Invasion kein definitives Ende. Indien sog die Invasoren auf, ebenso wie es später, im Jahr −327, die griechischen Besatzungstruppen Alexanders des Großen aufsaugte und so die Eigenständigkeit des Punjab erhöhte. Die Periode der ideologischen Umwälzungen im −6. Jahrhundert, die mit den Namen Jaina und Buddha verbunden sind, führte nicht zu kriegerischen Konflikten, sondern schuf ein neues Weltbild. Es gab zwar erfolgreiche Bestrebungen, Indien zu einen, aber die Erfolge waren nicht von Dauer. Die bekannteste indische Dynastie ist die der Maurya (−325 bis −184). König Ashoka aus diesem Hause steht im Bewusstsein des Volkes für Indien, so wie Harun-al-Rashid für die Araber steht. Ab 1398 wurde Indien wieder und wieder von den Mongolen unter Tamerlan überfallen, die schließlich im Jahr 1526 eine eigene Dynastie begründeten. Von dieser schließlich erbte Queen Victoria im Jahr 1876 den indischen Thron. Trotz alledem blieb Indien während dieser ganzen Zeit ein Flickenteppich kleiner Fürstentümer. Regiert wurden sie von örtlichen Maharadschas, die nur nominell Vasallen des jeweils regierenden Königs waren.

Als bequemen und unterhaltsamen Einstieg in die Wesensart hinduistischen Wissens und hinduistischer Unterrichtsmethoden empfehle ich das Werk *Vetāla-pantscha-vimśati*, die *Fünfundzwanzig Erzählungen eines Leichendämons*. Es handelt sich um ein Fragment einer größeren Sammlung mit dem Namen *Ozean der Erzählströme*. Die Geschichten spielen um die Zeit des Ashoka, der auch ihr Held ist.

Die ältesten Spuren indischer Mathematik finden sich in den *Sulbasutras* aus dem −5. Jahrhundert. Die Beschreibung eines Altars enthält einen Rechenausdruck für $\sqrt{2}$, nämlich

$$1+\frac{1}{3}+\frac{1}{3\cdot 4}+\frac{1}{3\cdot 4\cdot 34}.$$

Genähert ergibt sich 1,4142156, ein beachtlich genauer Wert. Auch der Ausdruck selbst hat seinen Reiz! So legten überhaupt die hinduistischen Gelehrten großen Wert auf ästhetische und elegante Beweisführungen und liebten Paradoxa und Rätsel. Kurz gesagt: Sie spielten lieber mit ihren Ideen, als dass sie an nützliche und praktische Anwendungen dachten. Beispielsweise suchten sie nach Dreiecken mit ganzzahligen Seitenlängen, die noch gewisse Zusatzbedingungen erfüllten. Ihre Untersuchungen waren viel strenger und tiefgründiger als die der Griechen und zwar vielleicht deshalb, weil sie nicht dem Druck und der Einengung durch die Praxis unterworfen waren. Den ersten Schritt zu trigonometrischen Funktionen hatte Nikomachos getan; im

hundert Jahre später verfassten *Surya Siddhanta* finden wir eine Sinustafel. Den Hindus ist auch das Rechnen mit negativen Zahlen zu verdanken. Sie machten sich niemals die Mühe, deren Existenz mit der Existenz der „gewöhnlichen“ Zahlen in Einklang zu bringen – sie benutzten sie einfach, weil sie nötig waren. Ganz anders Europa: Hier wurden die negativen Zahlen erst mit Verzögerung akzeptiert, nämlich erst dann, als Galilei den Vektorbegriff entwickelt hatte und diese Zahlen auf dem Zahlenstrahl auffindbar wurden. Die Hindus waren es auch, die das Dezimalsystem einführten, dessen Anfänge sich bis zu den Brahmi-Zahlen des –3. Jahrhunderts zurückverfolgen lassen. Ganz besonders ist hervorzuheben, dass die Hindus als erste die Notwendigkeit einer Ziffer 0 erkannten, um unterschiedliche Größenordnungen darstellen zu können. Halten Sie sich dazu vor Augen, dass eine Null als Zeichen für eine unbesetzte Größenordnung in einem Stellenwertsystem leicht durch jedes beliebige Zeichen ersetzt werden könnte (vgl. Vortrag III über die Notation in Keilschrift). Schwierig ist aber die Erfindung einer Null, die die Unterscheidung zwischen Zahlen wie

2659000; 2659; 0,00002659

ermöglicht

Die Hindus also erfanden und benutzten eine solche Null, taten aber nichts für eine weite Verbreitung ihres Stellenwertsystems. Erst die Araber fanden daran Gefallen, sprachen von indischen Zahlen und schufen eine Theorie und Algorithmik des Dezimalsystems. Dies ist der Grund, warum wir von arabischen Ziffern oder Zahlen sprechen.

Wir kennen viele Namen hinduistischer Gelehrter; ich nenne Aryabhata (6. Jahrhundert), Brahmagupta (7. Jahrhundert) und Mahavira (9. Jahrhundert). Ihre Ergebnisse ließen sich nur als Abfolge von Aufgaben mit Lösungen mitteilen. Weder eine klare Weiterentwicklung noch ein spezielles Forschungsziel sind zu erkennen. Damit zeigt sich neben dem pythagoreischen und dem aristotelischen Zugang zur Mathematik ein dritter, der indische, bei dem die Mathematik als ideale Methode zur Schulung und Vervollkommnung des Geistes verstanden wird.

Der berühmteste und hervorragendste Vertreter dieser Richtung war Bhaskara (7. Jahrhundert), der Autor des Werks *Lilavati*, zu deutsch *Die Schöne*. Es enthält eine Sammlung attraktiver und überraschender Übungs- und Problemaufgaben, die in der Tat den Verstand trainieren können. Die Geschichte des Überlebens dieses Buchs ist ebenfalls recht ungewöhnlich und mit den Schicksalen der mathematischen Klassiker der Griechen zu vergleichen. Im Jahr 1587 erschien eine Übersetzung des Buchs ins Persische. Diese wurde im Jahr 1832 zur Grundlage einer englischen Übersetzung und einer Rückübersetzung ins Sanskrit, die beide in Kalkutta erschienen. Die englische Version eroberte die Welt; sie wurde nämlich zur Freude vieler Leser die Quelle aller späteren unterhaltungsmathematischen Aufgaben in den Sonntagsausgaben der Zeitungen. Die leichte Zugänglichkeit dieser Art von Mathematik bedeutet keineswegs einen Mangel an Tiefe; ganz im Gegenteil hat sie auch bedeutende Ergebnisse hervorgebracht. Hervorragende Mathematiker unserer Zeit wie Sierpinski und Polya neigen dazu, die Mathematik in dieser Weise aufzufassen.

Ganz besonders war dieser Zugang für die arabischen Mathematiker charakteristisch, die mit dieser Einstellung einen sehr bedeutenden Beitrag zur Mathematik geleistet haben. Wir sollten auch nie vergessen, dass gerade sie die Fackel der Mathematik über fast tausend Jahre hinweg am Brennen gehalten haben, als sich die Europäer aus dieser Disziplin zurückgezogen hatten.

Nach der Hedschra, Mohammeds Flucht von Mekka nach Medina im Jahr 622, griffen die Araber alle Nachbarländer an. Sie eroberten den südlichen Küstenstreifen des Mittelmeers, Sizilien, Sardinien, Spanien, die arabische Halbinsel, Persien und weitere Gebiete. In Europa wurden sie erst im Jahr 732 bei Poitiers zurückgeworfen. Ihre militärischen Erfolge sind umso überraschender, als sie erst nach der Schlacht bei Poitiers begannen, ein geordnetes Staatswesen aufzubauen. Diese Verzögerung wirft ihren Schatten bis in die heutige Zeit als Trennung zwischen Sunniten und Schiiten. (Da Mohammed keine Söhne hatte, entstand der Konflikt zwischen den Abkömmlingen der Söhne seiner Brüder und seines Schwiegersohns Ali um die rechtmäßige Erbfolge.)

In den Jahren 750 bis 1258 dominierte unter den Abbasiden das mächtige Kalifat zu Bagdad. (Kalif bedeutet Nachfolger, genauso wie Diadoche.) Der bekannteste Herrscher aus diesem Hause war Harun-al-Raschid, das bekannteste literarische Werk dieser Zeit sind die *Geschichten aus Tausendundeiner Nacht*. Die Abbasiden-Herrscher bauten nicht nur die Hängenden Gärten der Semiramis, sondern gründeten solch ein glänzendes und reich ausgestattetes Haus der Weisheit, das einige Jahrhunderte später das Vorbild für die Universitätsgründungen in Europa abgab. Das *Haus der Weisheit* konnte sich einer unermesslichen, alle bisherigen weit übertreffenden Bibliothek und eines Observatoriums rühmen, denn die Astronomie genoss bei den Arabern eine hohe Wertschätzung. Als Hinweis auf den bedeutenden Beitrag der Araber ist zu werten, dass noch heute, 500 Jahre nach der Periode, in der sie in der Wissenschaft die führende Rolle innehatten, alle größeren variablen Sterne arabische Namen tragen. Der Bibliothek verdanken wir das Überleben der meisten klassischen griechischen Werke einschließlich der *Elemente* und des *Almagest*, dazu auch vieler Werke indischer Mathematiker. Die Araber hegten die Meinung, jedes wissenschaftliche Werk sei, unabhängig von der Herkunft des Autors, ein Gottesgeschenk, das folglich mit höchstem Respekt zu behandeln und aufzubewahren sei. Diese Einstellung der Vertreter einer höchst intoleranten Religion muss doch überraschen und sollte die Vertreter anderer Religionen beschämen, die es wissenschaftlichen Werken gegenüber nicht zu einer solchen Haltung gebracht haben.

Die Araber, der eigenen Bedeutung bewusst, hatten keine Hemmungen, ihre Errungenschaften mit denen ihrer Vorgänger zu vergleichen. Niemals zweifelten sie an ihrem eigenen wissenschaftlichen Rang. (Weil meine Vorträge alle von Mathematik handeln, spreche ich hier nur über arabische Mathematiker und kann selbst über die bedeutendsten Vertreter anderer Disziplinen wie etwa Averroes nichts sagen.) In fast allen Gebieten der Wissenschaft gestanden die Araber jedoch Aristoteles unvergängliche Größe zu, eine Einstellung, die sie den Universitäten des europäischen Mittelalters vererbten.

Eine zentral wichtige Persönlichkeit, deren Name mit dem *Haus der Weisheit* verbunden ist, war Mohammad ibn Musa al-Hwarizmi. Er lebte im 9. Jahrhundert. Der letzte Teil seines Namens, der auf die Herkunft aus der Region Khoresmien hinweist, ist heute noch in der Mathematik gegenwärtig, wenn auch in ganz anderem Sinne. Die lateinische Übersetzung von al-Hwarizmis Abhandlung über die schriftlichen Rechenverfahren mit dezimal dargestellten Zahlen hieß *Algoritmi de numero Indorum*, also al-Hwarizmis [Abhandlung] *über indische Zahlen*. Von da an wurde *Algorithmus*, die verderbte Form des Eigennamens, zu einem wichtigen wissenschaftlichen Fachbegriff für eine Anweisung, nach der die Lösung einer Aufgabe abzulaufen hat. Anhand dieses Werkes lernte man in Europa das Dezimalsystem kennen.

Vielleicht noch wichtiger als die Abhandlung über das Dezimalsystem waren al-Hwarizmis Arbeiten, mit denen er eine neue, heute führende mathematische Disziplin begründete. Ich meine sein Buch *hisab al-gabr wa'l-muqabala, die*

Kunst des Ergänzens und Ausgleichens. Mit dem Buch beginnt eine neue Disziplin, deren Name den zweiten Teil des Titels phonetisch nachahmt, nämlich die Algebra. Diesmal beruht der Name aber nicht auf einem Missverständnis. Schon hundert Jahre nach al-Hwarizmis Tod verwendeten die Araber das Wort *al-gabr, die Ergänzung,* um das neue Gebiet zu bezeichnen, das als Verbindung zwischen dem symbolischen Rechnen und dem Lösen von Gleichungen anzusehen ist. Sie, meine Leser, wissen selbst, dass auch heute am Anfang eines Algebrakurses die Regeln stehen, nach denen man gleichartige Terme zusammenfasst und Terme von einer Seite einer Gleichung auf die andere bringt. Al-Hwarizmis Lehrbuch enthält vollständige, kommentierte Lösungen linearer und quadratischer Gleichungen aller Typen. Genauer gesagt gab es, da negative Zahlen nicht bekannt oder wenigstens verpönt waren, drei Typen quadratischer Gleichungen:

$$x^2 + ax = b, \quad x^2 + b = ax, \quad x^2 = ax + b$$

(Der vierte mögliche Typ wurde wegen Unlösbarkeit ausgeschlossen; a, b und x mussten positiv sein.) Ich werde die Lösungen al-Hwarizmis im nächsten Vortrag vorstellen, wenn ich auf die Lösung kubischer Gleichungen zu sprechen komme.

Al-Hwarizmi zitiert die Werke seiner Vorgänger sehr sparsam und erwähnt insbesondere keine griechischen Mathematiker. Vielleicht muss der Begründer einer neuen Disziplin in diesem Sinne ein Selfmademan sein.

Das Gewicht, das die Araber auf die Astronomie legten, erklärt ihr hohes Interesse an der Trigonometrie. Al-Battani, der am Ende des 9. Jahrhunderts lebte und in Europa unter dem Namen Albategnius bekannt war, errechnete eine Tafel der Kotangenswerte in Schritten von 1 Grad. Ein halbes Jahrhundert danach verfeinerte Abu-l-Wafa' (940; 998) die Tafel auf Schritte von 15 Minuten und gab achtstellige Werte an. Er kannte auch den Kosinussatz für das sphärische Dreieck. (Diese recht komplizierte Formel besagt: *Hat ein Dreieck auf der Einheitssphäre die Seitenlängen b und c und den Zwischenwinkel* α, *so ist der Kosinus der dritten Seite gegeben durch* $\cos b \cos c + \sin b \sin c \cos \alpha$. Mit Schulkenntnissen in Trigonometrie allein lässt sich diese Formel kaum herleiten!)

Achtstellige trigonometrische Tafeln brauchte man in der Astronomie damals nicht, man braucht sie heute nicht und wird sie in Zukunft nicht brauchen. Ihre Verwendung für die Arithmetik werde ich auch in Vortrag XI besprechen.

Die Araber legten großen Wert auf die Rechenfertigkeit und den geschickten Umgang mit Zahlen. So kannte al-Karchi (11. Jahrhundert, Persien) die Beziehungen

$$\sqrt{8} + \sqrt{18} = \sqrt{50} \text{ und } \sqrt[3]{54} - \sqrt[3]{2} = \sqrt[3]{16},$$

die freilich heute kein Mensch für schwierig hält – oder gibt es Ausnahmen? Zur Berechnung von Polynomwerten benutzte al-Karchi ein Verfahren, das heute als Methode von Horner bekannt ist, und er berechnete Potenzen von Binomen mithilfe einer Formel, die heute nach Newton benannt wird.

Die genannten Beispiele weisen schon darauf hin, dass das *Haus der Weisheit* zu Bagdad nicht das einzige Zentrum der islamischen Wissenschaft war. Es gab in der Tat viele Einrichtungen dieser Art und in allen wurde sowohl gelehrt als auch geforscht. Ibn al-Haitam (965; 1039), in Europa unter dem Namen Alhazen bekannt, arbeitete in Ägypten. Er kam zu bemerkenswerten Ergebnissen auf dem Gebiet der geometrischen Optik. Die auch heute noch als Problem des Alhazen bekannte, durch geometrische Konstruktion zu lösende Aufgabe wurde einem Herausforderer gestellt: *Gegeben sind zwei Punkte A und B im Innern einer Kugel; bestimme die Richtung des Lichtstrahls, der von A ausgeht und nach Reflexion an der Kugel durch B geht* (Fig. IX. 2).

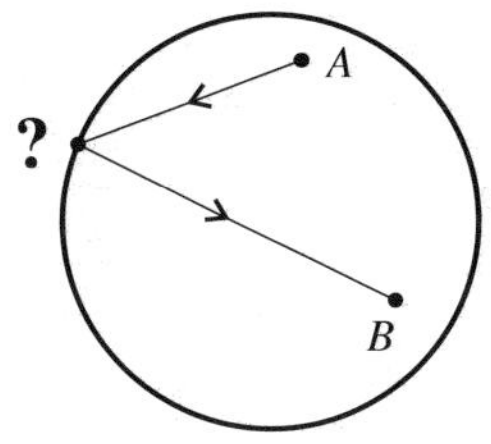

Fig. IX. 2

Besonders fortschrittlich waren die wissenschaftlichen Einrichtungen im Gebiet des heutigen Spaniens. Hier erwarben über Jahrhunderte hinweg alle gebildeten Europäer ihr Wissen. Die dominierende Sparte der Wissenschaft war auch hier die Astronomie. Beispielsweise gab al-Zarqali (1029; 1087), ein in Toledo und Cordoba lebender Gelehrter, die umfassenden toledanischen Planetentafeln heraus. Erst 500 Jahre später erstellte Tycho Brahe noch größere Tafeln.

Andere muslimische Völker waren den Arabern in der Förderung und der Wissenschaft und im wissenschaftlichen Fortschritt ebenbürtig. Die Türken, die gegen Ende des ersten Jahrtausends einen mächtigen Staat gegründet hatten, konnten sich des hervorragenden Mathematikers Omar Hayyam (1048?; 1131?) rühmen. Er ist der Autor des besten jemals entwickelten Kalenders. Dieser weist einen Fehler von 1 Tag auf 5000 Jahre auf, während der von uns benutzte denselben Fehler in 3300 Jahren produziert. Hayyams Kalender wurde sogar im Jahr 1079 in der Türkei offiziell in Kraft gesetzt, später aber aus religiösen Gründen wieder abgeschafft. In seiner *Algebra* betrachtete Omar Hayyam kubische Gleichungen und versuchte sie zu lösen, indem er Kegelschnitte miteinander zum Schnitt brachte. Damit warf er auch die Frage nach der Existenz eines Lösungsalgorithmus für solche Gleichungen und so das Hauptproblem der Algebra für die nächsten 500 Jahre auf. Ich werde im nächsten Vortrag darauf zurückkommen. Als Erster untersuchte Hayyam auch die Existenz negativer und irrationaler Lösungen von Gleichungen; er nannte sie geometrisch im Gegensatz zu den arithmetischen Lösungen, mit denen er positiv-rationale meinte. Darüber hinaus versuchte er, das Problem des fünften euklidischen Axioms zu lösen (siehe die Vorträge XIII und XIX).

Im Jahr 1256 wurde Bagdad von einem anderen muslimischen Volk, den Mongolen, erobert. Um es den Abbasiden gleich zu tun, gründeten die Mongolen in Maragha ein eigenes wissenschaftliches Institut und erfüllten damit die Wünsche des damals führenden Wissenschaftlers Nasir al-Din al Tusi (1201; 1274). Seine Forschungen auf geometrischem Gebiet trugen zu Euklids fünftem Axiom neue Ideen bei, die bis ins 19. Jahrhundert hinein fruchtbar blieben. Al-Tusi unterzog sich der Aufgabe, alle Werke griechischer und muslimischer Gelehrsamkeit zu sammeln, zu vergleichen und sie in ein Ganzes zusammenzufassen, das den Namen *Muslimische Wissenschaft* tragen sollte. Wenn er auch diese entmutigend große Aufgabe nicht vollenden konnte, so waren seine Anstrengungen doch von größtem Wert, denn er fand doch zahlreiche verloren geglaubte Werke wieder auf.

Ungeachtet ihrer hohen Qualität lief die Wissenschaft des Islam doch in gewisser Weise in die Leere. So bleibt sie nach vielhundertjähriger Entwicklung ein Denkmal ihrer selbst. Ich glaube, dass dies unvermeidlich so kommen musste, wenn ich bedenke, dass die Triebfeder der islamischen Wissenschaft die Entwicklung herausragender intellektueller Fähigkeiten war. Wir kommen nicht umhin, von l'art pour l'art zu sprechen.

Hier scheint nun der geeignete Punkt zu sein, nochmals auf die drei wesentlichen Motive zu sprechen zu kommen, aus denen heraus Mathematik oder Wissenschaft überhaupt betrieben wird. Es gibt das pythagoreische Konzept, das Ziel der Mathematik sei die Erforschung der letzten Wahrheit (oder Harmonie, wie immer wir sie nennen wollen) der Welt. Zum Zweiten gibt es die Sichtweise des Aristoteles von der Mathematik als einem Werkzeug, durch das sich

neues Wissen gewinnen und die Beherrschung der menschlichen und natürlichen Welt verbessern lässt. Zum Dritten schließlich gibt es die Auffassung des Orients, die Mathematik schule den Verstand und fördere die geistige Beweglichkeit. Jedes dieser drei Konzepte regt die Forschung an und jedes hat große Wissenschaftler und bedeutende Werke hervorgebracht. Bevor wir uns aber in der Mathematik engagieren oder sie unterrichten, sollten wir uns persönlich für eines dieser Konzepte entscheiden. Auch wenn es sich wohl nur um unterschiedliche Aspekte des einen philosophischen Reichtums unserer Disziplin handelt, so dürfte doch ein Hinundherschwanken schädlich sein, weil damit bedeutsame oder auch nur nützliche Fortschritte ausbleiben müssen. Bei unserem weiteren Gang durch die Mathematikgeschichte wird es der Mühe wert sein darüber nachzudenken, für welche Sichtweise der Mathematik sich ihre Schöpfer jeweils entschieden haben.

Vortrag X

Die Araber: Europas Komplex

Durch die Teilung des römischen Reiches in eine östliche und eine westliche Hälfte und die Eroberungen der Araber im Mittelmeerraum wurden – kulturell und wirtschaftlich gesehen – das fränkische Gallien und Germanien isoliert. Damit begann die Periode, die wir das Mittelalter nennen. Der oft gebrauchte Ausdruck „Dunkles Zeitalter" spielt auf zwei wesentliche Charakteristika dieser Zeit an. Das erste war der Zusammenbruch der Kultur, der sich durch den fast völligen Analphabetismus belegen lässt. Beispielsweise konnte Karl der Große nicht einmal seinen Namen schreiben; er unterzeichnete mit einem plumpen K. Die Zahl der Menschen in seinem Reich, die brieflich miteinander verkehren konnten, wird auf 50 geschätzt. Das zweite Charakteristikum war der völlige Zusammenbruch des Handels und der Niedergang des Handwerks; der Grund dafür war das Fehlen eines Währungssystems und die Unterbrechung der Verbindungen selbst zwischen benachbarten Städten. Der Personenverkehr beschränkte sich auf Truppenbewegungen und einige wenige Kaufmannszüge. Der einzige Unterschied zwischen einem Trupp von Soldaten und einer Gruppe von Kaufleuten bestand darin, dass die Kaufleute Waren mitführten; bewaffnet waren beide gleich gut. Georges Duby und Robert Mandrou schreiben in ihrer *Histoire de la civilisation française*, dass ein Fremder im Dorf als Unglücksbringer galt, und man kannte nur ein einziges Mittel, ihn daran zu hindern, weiteren Fremden den Weg zu bahnen, nämlich ihn totzuschlagen. Der Mangel an Gütern aller Art war so groß, dass Karl der Große durch Edikt verordnete, die sich zu einem Kriegszug versammelnden Ritter dürften nur Flachs, Leder und Eisen am Körper tragen; es war nämlich nicht ungewöhnlich, dass der Besitzer eines seidenen Umhangs von seinen Kameraden ermordet wurde, die das Kleidungsstück dann unter sich aufteilten! Der Zusammenbruch des römischen Reiches, das im 4. und 5. Jahrhundert auf breiter Front mit dem ausdrücklichen Ziel angegriffen worden war, Beute jeder Art zu machen, setzte allen solchen Unternehmungen ein Ende.

Der Gedanke, siegreiche Kriegszüge als Mittel anzusehen, um die Lücken in der heimischen Warenproduktion aufzufüllen, wurde vom heiligen Augustin (354; 430) mit der Idee der Ecclesia militans, der streitenden Kirche, verbunden. Damit ist Missionierung der heidnischen Völker in den umliegenden Ländern gemeint, eingeschlossen einen „gerechten Krieg", falls sie sich nicht bereitwillig genug unterwarfen. Diese Idee war brillant, wie man schon an ihrer Langlebigkeit erkennen kann. Zu ihrer Entstehungszeit allerdings war es aber recht mühsam, gegen welchen Gegner auch immer, einen Krieg zu gewinnen. Das christliche Europa wurde von Süden aus von den Arabern und von Norden her von den Wikingern mit Erfolg angegriffen. Etwas später folgten die Angriffe der Mongolen und Türken aus dem Osten. Noch schlimmer war, dass die Kreuzzüge, mit denen zumindest die Eliten Europas ihre Macht festigen wollten, ins Gegenteil umschlugen. Je enger die Berührung mit der arabischen Kultur und Zivilisation wurde, desto deutlicher erwies sich die haushohe Überlegenheit der Araber über ihre europäischen Kontrahenten. Die Kreuzzüge wurden zu Quellen schnellen Reichtums für Pragmatiker, denn mit arabischen Waren auch nur mittlerer Qualität war in Europa ein Vermögen zu machen. Der Höhepunkt dieser Art, das Christentum zu verbreiten, war der Kreuzzug, der mit der Plünderung des christlichen Konstantinopel endete. Zu dieser Zeit war die Stadt so reich, dass es einfach dumm gewesen wäre, nach Arabern Ausschau zu halten.

Aufgeklärten Europäern wurde dann doch klar, dass es so nicht weitergehen konnte, und das Streben nach einer Art europäischer Identität wurde stärker. Das wirtschaftliche und politische System, das sich in dieser Zeit herausbildete, ist der Feudalismus. Feudum ist ein Terminus aus dem römischen Recht und bezeichnet das Recht am Besitz einer anderen Person. Die Gemeinwesen waren auf diese Weise geordnet. Der Feudalherr hatte Rechte am Besitz seiner Vasallen und diese wieder hatten Rechte am Besitz der Bauern. (Das System, in dem die Bauern ihres Landes beraubt wurden und an das Land gebunden waren, entstand erst später im 15. und 16. Jahrhundert.) Die Städte waren unabhängige oder zumindest eigenständige politische Einheiten, in denen die politische Macht durch Handwerk und Handel, also durch Zünfte und Magistrate ausgeübt wurde.

Die Kultur lag allein in den Händen der Kirche. Überraschen sollte dies nicht, denn lesen und schreiben konnten fast nur Kleriker und Mönche. Schulen waren kirchliche Schulen. In ihrem Lehrplan lebten die alten pythagoreischen Ideen weiter. Es gab zwei Stufen, nämlich das niedrigere Trivium mit drei und das höhere Quadrivium mit vier Teilgebieten. Zum Trivium gehörten Grammatik, Rhetorik und Dialektik oder Logik, zum Quadrivium Arithmetik, Geometrie, Astronomie und Musik, also der pythagoreische Kanon. Wie man an den Büchern erkennen kann, die den Schülern empfohlen wurden, war das Niveau dieser Schulen sehr niedrig. Das bekannteste Rechenbuch war *De institutione arithmetica* von Manlius Severinus Boetius (480; 524), eine platte, aus griechischen Büchern herauszogene Anhäufung von Rezepten. Die so genannte höhere Bildung wurde aus Schriften gelehrt, die speziell für Verwalter bei Hofe verfasst waren. Ein Beispiel für einen solchen Text sind die *Propositiones ad acuendos juvenes (Aufgaben zur Schärfung des Geistes der Jünglinge)* des englischen Mönchs Alkuin (735; 804), eines Höflings Karls des Großen. Die wohl bekannte Denkaufgabe vom Wolf, der Ziege und dem Kohlkopf kennzeichnet die Aufgaben, die in diesem Buch behandelt werden.

Für alle, die sich nicht an Alkuins Aufgabe erinnern: Ein Wolf, eine Ziege und ein Kohlkopf sollen in einem Boot über einen Fluss gesetzt werden, das außer dem Fährmann nur eines der Tiere oder den Kohlkopf tragen kann. Aus ersichtlichen Gründen kann der Wolf nicht mit der Ziege und die Ziege nicht dem Kohlkopf am Ufer allein gelassen werden.

Die Kirche selbst machte die wohl tiefste Krise ihrer Geschichte durch. Das Fehlen einer klaren Trennung zwischen der kirchlichen und der weltlichen Macht zog zahlreiche Konflikte nach sich. An der Spitze rangen Kaiser und Papst um das Recht, Bischöfe einzusetzen. Auf den niedrigeren Stufen der Hierarchie hatten diese Streitigkeiten jedoch andere Intensität und anderen Stellenwert. Der Feudalherr arrangierte sich mit dem örtlichen Bischof, um auf seinem Grund und Boden die Ernennung (genauer die Weihe) von Personen seiner Wahl zu sichern. Die neuen Priester waren manchmal Dorftrottel, die durch Prügel gezwungen wurden, die gewünschten Handlungen wie Eheschließungen und Exkommunikationen zu vollziehen. In der Folge entstand eine abweichlerische religiöse Bewegung. Es handelte sich nicht um ein Schisma, aber doch um eine Reihe verquerer religiöser Praktiken wie schwarze Messen (mit rückwärts gelesenen Bibeltexten und schwarzen Hostien) und andere magische Rituale. Wie weit man sich vom Christentum entfernen konnte, ohne die Gemeinschaft der Kirche zu verlassen, zeigt sich an der *Legende von König Artus und den Rittern der Tafelrunde*. Die kirchlichen Machthaber hatten die Lage nicht im Griff. Ich erwähne alle diese Dinge, weil die Kirche damals der einzige Träger von Kultur und Bildung in Europa war.

Der erste wichtige Durchbruch war die Einsicht, dass sich Europa der zivilisatorischen und kulturellen Überlegenheit der Araber nicht schämen musste. Sie waren einfach besser, und wenn man noch besser werden wollte, musste man von ihnen lernen. Die aus dieser Einsicht folgende Entscheidung war gewagt, denn sie konnte leicht als eine Art Kapitulation und als Hinnahme einer fremden Ideologie verstanden werden. Anscheinend gab es aber keine andere Wahl. Selbst Geistlichen wurde das Studium an einer arabischen wissenschaftlichen Einrichtung erlaubt. Der erste Papst, der bei den Arabern in Toledo studierte (und sogar Mathematik), war der französiche Mönch Gerbert. Er wurde im Jahr 999 zum Papst gewählt und nahm den Namen Sylvester II. an. Sein kurzes Pontifikat markiert den Beginn bewusster Anstrengungen, mit den Arabern auf kulturellem und zivilisatorischem Gebiet gleichzuziehen. (Der Wettbewerb zwischen diesen Kulturen war noch Jahrhunderte entfernt.) Wie weggeblasen war das Widerstreben, aus der Wissenschaft und den gesammelten Kenntnissen der Araber Nutzen zu ziehen. Als Toledo im Jahr 1085 erobert wurde (ungeachtet der Kontakte in Wissenschaft und Handel war nämlich ein Krieg im Gang, der besonders auf der iberischen Halbinsel wütete), strömten unzählige europäische Gelehrte in die Universität dieser Stadt.

Der erste greifbare Erfolg, den die Europäer im Lauf ihrer Bemühungen um wissenschaftliche Identität erreichten, war die Gründung von Universitäten. Sie entstanden in Bologna (1119), in Ravenna (erstmals im Jahr 1110, einige Jahre später geschlossen, wiederbelebt im Jahr 1150), Paris (die Sorbonne, gegründet 1200, vor wenigen Jahren vom damaligen Innenminister Mitterrand aufgehoben), Cambridge (1209) und Oxford (1214). In Osteuropa trat diese Entwicklung etwas später ein. Die früheste Gründung war Prag (1348), die zweite Krakau (1364; Gründer war Karol Wielki, zu deutsch Kasimir der Große). Universitäten waren Einrichtungen der Kirche, aber sie folgten in ihrer inneren Ordnung den wissenschaftlichen Zentren der Araber. Die Vorbildwirkung der Araber zeigte sich ganz besonders darin, dass Aristoteles als oberste wissenschaftliche Autorität anerkannt wurde. Zum großen Teil und ohne Rücksicht auf das Studienziel bestand das Studium aus der intensiven Lektüre seiner Werke. Es ist erstaunlich, wie widerstandslos die Werke dieses Gelehrten von zwei Glaubensrichtungen anerkannt wurden, die doch beide das Heidentum mit großer Energie bekämpften. In der Qualität waren die neuen Universitäten mit den arabischen Einrichtungen durchaus vergleichbar. Der Grund lag nicht nur in der Qualität der Lehrenden, sondern auch im allmählichen Absinken des wissenschaftlichen Standards bei den Muslimen.

Knapp ein Jahrhundert später trat eine starke kirchliche Reformbewegung ins Leben. Ihre führenden, später heiliggesprochenen Vertreter waren Giovanni Bernardone (1181; 1226), Domingo Guzman (1170; 1231), ein Portugiese namens Fernando (1195; 1231) und schließlich Thomas von Aquin (1225; 1274).

Der erste dieser Männer, der heilige Franz von Assisi, Abkömmling einer italienischen Kaufmannsfamilie, öffnete die Kirche für die kleinen Leute. Seine Überzeugung, Glück und innere Freude ließen sich im Glauben allein finden, gab den Menschen fast alles, was man in der heutigen katholischen Kirche finden kann (ausgenommen wohl die Messe). Die Franziskaner malten ihre Kirchen aus, führten den Gemeindegesang und die stille Beichte ein, gestalteten Feiertagsbräuche wie den Weihnachtsbaum, die Krippe und die Segnung der Speisen am Karsamstag. Auf ganz natürliche Weise wurden ihre Vorstellungen zur Quelle des erhabensten aller Baustile, der Gotik. Zugleich aber wurde ihnen mehrfach Kirchenspaltung vorgeworfen und deswegen waren sie langanhaltender Verfolgung ausgesetzt. Aus ihrer Vorstellungswelt entwickelte sich als neue Form der pythagoreischen Lehre der Pantheismus, der in den folgenden Jahrhunderten die wesentliche Triebkraft der Wissenschaft werden sollte (siehe den nächsten Vortrag).

Der zweite dieser Männer ist der Heilige Dominikus, ein spanischer Adliger. Auf ihn geht der moderne Missionsgedanke zurück. Er hielt die Überzeugung für das geeignete Mittel, sein eigenes Bekenntnis an andere weiterzugeben. Um diese Idee zu verwirklichen, ließ er sich auf den Marktplätzen arabischer Städte nieder und gab den Vorbeieilenden den Rat, doch nachzudenken und ihr Leben nach dem Sinn zu befragen, ihre Sünden zu bedenken und sich selbst eine Buße aufzuerlegen. Seine Gedanken wurden später bis zur Unkenntlichkeit entstellt und eine solche verzerrte Version seiner Lebensregeln gab die Grundlage für das Wirken der Inquisition her, wohl der verwerflichsten Einrichtung der Kirche in ihrer ganzen Geschichte, und die Missionsarbeit im Stil der Domini canes, der Hetzhunde Gottes, hat wahrscheinlich die meisten Beispiele für menschliche Bestialität hervorgebracht. Dennoch war seine Grundidee viel mehr wert als der gerechte Krieg, den der hl. Augustin predigte.

Mit Padua verband ihn nur sein Wirken, nicht seine Geburt.

Der dritte Heilige ist St. Antonius von Padua. Er war Sohn eines Bauern, woraus sich das Fehlen eines Familiennamens erklärt. Er ist das Musterbeispiel eines Wanderpredigers. Die Kirche nahm nun die Aufgabe an, für die allgemeine, nicht auf den eigenen Bereich beschränkte Bildung zu sorgen. Dies war neu und belebte das intellektuelle Leben ungemein.

Schließlich war da noch Thomas von Aquin, ein Verwandter von Kaiser Friedrich II. Er unterzog sich der schwierigen Aufgabe, eine Beziehung zwischen Glauben und Wissenschaft herzustellen. Sein bedeutendstes Werk, die *Summa theologiae*, enthält die kühne These, wissenschaftliche Forschung stehe in keiner Weise mit Glaubensoffenbarungen in Verbindung; sie könne aber dienlich sein, die Offenbarung richtig zu deuten. Wie kühn diese Gedanken des hl. Thomas waren, lässt sich daran ermessen, dass sie erst 1879 von Papst Leo XIII. als offizielle Lehrmeinung der katholischen Kirche anerkannt wurden. Andererseits beweist Thomas von Aquins Heiligsprechung schon kurz nach seinem Tod eine Offenheit des intellektuellen Lebens, die viel größer war als in späteren Jahrhunderten.

In dieser Zeit trat als neues soziales Subjekt der schriftkundige Laie auf. Menschen, die das Schreiben hatten erlernen können, nahmen mit Vergnügen die Möglichkeit wahr, ihre Abenteuer, ihre Gedanken und ihr Wissen schriftlich niederzulegen. Ein solcher Mensch war Marco Polo. Hierher gehört auch Leonardo di Pisa, genannt Fibonacci, also Sohn des Bonaccio. Wie sein Vater war er Kaufmann und Reisender. Alle seine Schriften haben etwas mit Mathematik zu tun. Er schrieb unter anderem das *Liber Abbaci* (1202), das *Rechenbuch*, und die *Pratica Geometriae*, die *Praxis der*

Geometrie. In beiden sind die mathematischen Errungenschaften der Griechen und der Araber gesammelt. Sie werfen ein Schlaglicht auf die Bildung eines wohl hervorragenden, aber nicht professionellen (d. h. nicht an einer Universität arbeitenden) Mathematikers, und liefern zugleich auch einen Beweis für den Wert der Universitäten, die vor weniger als einem Jahrhundert gegründet worden waren. Im *Liber Abbaci*, dem *Rechenbuch*, finden sich zahlreiche Vermutungen über irrationale Ausdrücke und Lösungen von Gleichungen. Beispielsweise bewies Fibonacci, dass die Gleichung

$$x^3 + 2x^2 + 10x = 20$$

keine Lösung der Form $\sqrt{m + \sqrt{n}}$ mit natürlichen Zahlen m und n hat. Kurz gesagt handelt es sich um ein Werk ganz im arabischen Stil. Dies kann nicht überraschen. Angesichts der anerkannten kulturellen Überlegenheit der Araber ließ sich nur auf dem Feld Erfolg erzielen, auf dem sie überlegen waren. In der Mathematik lief dies auf die Algebra hinaus, also auf das Lösen von Gleichungen.

Im *Liber Abbaci* finden wir auch die Fibonacci-Folge, wie sie heute heißt. Wie üblich wurde sie auf orientalische Art eingeführt, also im Stil eines Rätsels:

> *Wie viele Kaninchenpaare gibt es nach einem Jahr, wenn es am Anfang des Jahres ein Paar gibt, jedes Paar monatlich ein neues Paar hervorbringt und sich dieses vom zweiten Monat an fortpflanzt?*

Dies dürfte die erste Rekursion der Mathematikgeschichte sein, also eine Abhängigkeit, bei der ein aktueller Wert von den vorigen Werten abhängt. Die zugehörige Formel lautet $a_{n+2} = a_{n+1} + a_n$.

Mit Fibonacci, so können wir mit Recht sagen, beginnt die Erneuerung der europäischen Mathematik. Die Mathematik wurde zwar wieder gepflegt, aber die ganz wenigen Könner merkten doch, dass ihr Wirken im Schatten der arabischen Mathematik verharrte. Algebra und Trigonometrie waren die am besten entwickelten Zweige der arabischen Mathematik und wurden daher als die wichtigsten Gebiete für die weitere Forschung angesehen. Die europäischen Gelehrten taten ihr Bestes, um die Araber gerade hier zu übertreffen. Nachweisbare Erfolge sahen sie darin, Probleme zu lösen, die ihren arabischen Kollegen getrotzt hatten. Im weiteren Verlauf dieses Vortrags werde ich eine solche „Jagd" beschreiben. Bei all dem möchte ich aber den Hinweis nicht versäumen, dass die Mathematik dieser Zeit keineswegs einseitig war.

Um das Jahr 1440 herum hatte Johannes Gensfleisch (1397; 1468), bekannter unter dem Namen Gutenberg, die beweglichen metallenen Lettern, eine für den Guss taugliche Legierung und die Druckpresse erfunden. Diese Erfindung ist gemeinhin als „Erfindung des Buchdrucks" bekannt. Zuvor waren Bücher von hölzernen oder steinernen Matrizen gedruckt worden, aber erst Gutenbergs Erfindung ermöglichte es, Bücher in hoher Auflage herzustellen und damit ganz ungemein zu verbilligen. Die Bedeutung dieser Erfindung für Kultur und Wissenschaft ist kaum zu überschätzen. Das erste so gedruckte Buch war die Bibel (1455). Den Druck der *Elemente* Euklids habe ich schon in Vortrag VII erwähnt. Das erste gedruckte Buch eines zeitgenössischen Mathematikers war vermutlich die *Summa de Arithmetica* (1494). Der Autor, Luca de Pacioli (1445; 1514), gab darin auch einen Bericht über den Forschungsstand auf dem Gebiet der Gleichungen. Die wichtigste Feststellung des ganzen Buchs steht in der Zusammenfassung. Er sagt dort: *Ganz genauso wie es in der Geometrie keine Methode zur Quadratur des*

Kreises gibt, gibt es in der Arithmetik keine Methode zur Lösung kubischer Gleichungen. Wie weit Paciolis Meinung mit der seiner arabischen Zeitgenossen übereinstimmte, ist unbekannt. Bekannt ist aber, dass durch die Verbreitung dieser Behauptung von nun an das Problem der Lösung kubischer Gleichungen die Mathematiker geradezu verfolgte.

Anscheinend war Scipio del Ferro (1465; 1526), Professor an der Universität Bologna, der Erste, der die Gleichung 3. Grades löste. Ich sage „anscheinend", weil er seine Lösung nicht veröffentlichte. Dazu ist eine Erklärung nötig. Zu dieser Zeit bemaß sich der Ruf eines Mathematikers an der Zahl der Aufgaben, die er lösen konnte. Eine gute Illustration dieses Kriteriums findet sich in Campanellas Fragment gebliebener Utopie *Sonnenstaat*. Reisende, die sich der Hauptstadt näherten, sahen an den Mauern *mehr geometrische Figuren, als alle unsere Gelehrten kennen*. Ein Mathematiker kannte also einige Figuren; dies bedeutete, dass er die wichtigsten Fragen über deren Flächeninhalt, Umfang usw. beantworten konnte. Entsprechend wusste er auch über eine Anzahl von Gleichungen Bescheid. Verlangte man also von ihm, sein Wissen anderen mitzuteilen, dann wussten diese mindestens so viel wie er. Die Erfindung des Buchdrucks veränderte innerhalb eines Jahrhunderts diese Situation von Grund auf und ließ den Begriff des Autors eines Lehrsatzes oder einer Konstruktion entstehen. Der Autor war nämlich jetzt derjenige, der das betreffende Ergebnis erstmals in gedruckter Form veröffentlichte. Zu del Ferros Zeiten war das noch anders und deshalb gab er sein Wissen über die Lösung kubischer Gleichungen erst auf dem Sterbebett an seine Schüler Hannibal del Nave und Antonio Mario Fior weiter.

Hier als authentisches Beispiel eine Aufgabe, die Tartaglia seinem Kontrahenten Ferrari auf einem Wettbewerb im Jahr 1548 stellte: *Die zwei Strecken AB und BC mit AB < BC schließen einen Winkel ABC ein. Man trage von B aus die Strecke AB auf BC ab, wobei nur ein Lineal ohne Markierung und ein Zirkel mit festem, vom Opponenten zu wählendem Öffnungswinkel benutzt werden dürfen.* Ferrari löste die Aufgabe auf folgende Weise: Ich zeichne die Winkelhalbierende des Winkels ABC und einen Kreis (mit dem fixierten Radius) um A. Einer der Schnittpunkte des Kreises mit der Winkelhalbierenden sei D. Um diesen Punkt zeichne ich einen zweiten Kreis. Einer seiner Schnittpunkte mit der Strecke BC ist dann der gesuchte Endpunkt. Wenn aber der erste Kreis die Winkelhalbierende nicht schneidet ... jetzt kann aber jeder den Gedankengang selbst zu Ende führen. Ich komme in Kürze auf Tartaglia, Ferrari und diesen Wettbewerb zurück.

Der zweite, ehrgeiziger wie er war, beschloss, aus diesem neu erworbenen Wissen ein Vermögen herauszuschlagen. In jenen Zeiten konnte man durch Teilnahme an wissenschaftlichen Wettkämpfen den Ruf eines großen Gelehrten erwerben. Zu einem solchen Wettkampf musste man sich zweimal treffen. Beim ersten Mal tauschten die Konkurrenten Aufgaben aus, und zwar jeweils etwa dreißig, und vereinbarten den Termin für das nächste Treffen etwa vier Wochen später. Bei diesem präsentierten die beiden die Lösungen, soweit sie solche gefunden hatten. Sieger war natürlich derjenige, der die meisten Aufgaben gelöst hatte. Es gehörte zu diesem Brauch, dass der Verlierer ein Gastmahl bezahlen musste, zu dem er so viele Freunde des Siegers einzuladen hatte, wie die Differenz zwischen den Anzahlen der gelösten Aufgaben betrug. Der Hauptzweck solcher Wettkämpfe war aber, dass der Sieger Gönner gewinnen konnte, meist Adlige aus der Gegend, in deren Macht es stand, Professoren an eine örtliche oder sogar an eine hauptstädtische Universität zu berufen.

Fior gewann mehrere Wettkämpfe, indem er seinen Gegnern kubische Gleichungen aufgab. Seine Glückssträhne endete aber, als er sich entschloss, Tartaglia herauszufordern. Nicolo Fontana (?1500; 1557) hatte wegen eines Sprachfehlers den Spitznamen Tartaglia (Stotterer) abbekommen. Seine Behinderung rührte von einer Wunde her, die er als Kind bei der Plünderung Brescias durch die Franzosen erlitten hatte. Er wurde in eine bettelarme Familie hineingeboren – sein Vater war reitender Bote – und erhielt daher so gut wie keine Schulbildung; in der Schule kam er, wie er später mitteilte, nur bis zum Buchstaben k. Trotzdem bildete er sich selbstständig fort und erreichte die Stellung eines Mathematiklehrers an einer Schule für Kaufleute. Sein Glück war gemacht, als ihn einige Offiziere in einer Schenke in einen Wettbewerb hineinzogen, in dem es um den Winkel ging, bei dem eine Kanone die größte Schussweite erreicht. Tartaglia gewann; er stellte das Rohr auf 45° ein. Die Offiziere waren so verblüfft, dass ihr Kommandeur Tartaglia die Position eines Instrukteurs der Artillerie verschaffte, mit der ein beträchtliches Einkommen verbunden war. Dies also war der Mann, den Fior als sein nächstes Opfer auserwählt hatte. Der Wettkampf fand ganz kurz nach dem Sieg Tartaglias im Artilleriewettbewerb statt.

Das Tunier begann am Weihnachtstag 1534 und war auf 50 Tage verabredet, also bis zum 12. Februar. Alle Aufgaben, die Fior stellte, waren kubische Gleichungen der Form $x^3 + ax = b$. (Siehe dazu den vorigen Vortrag.) Vermutlich am 4. Februar fand Tartaglia ein Lösungsverfahren. Hier ist es:

Beginnen will ich mit der Methode, nach der die Araber quadratische Gleichungen der Form $x^2 + ax = b$ lösten. In der Ecke eines Quadrats mit der Seite A schneide man ein Quadrat mit der Seite x ab, danach in der gegenüberliegenden Ecke ein Quadrat mit der größtmöglichen Seite B (Fig. X. 1). Vom großen Quadrat bleiben zwei Rechtecke mit den Seiten x und B übrig. Es gilt $A^2 = x^2 + B^2 + 2Bx$, also $x^2 + 2Bx = A^2 - B^2$. Lassen Sie uns nun annehmen, dies sei die ursprünglich zu lösende Gleichung. Die Koeffizienten sind dann $a = 2B$ und $b = A^2 - B^2$. Wir kennen nun a und b und müssen daraus A und B bestimmen. Dies ist aber jetzt leicht.

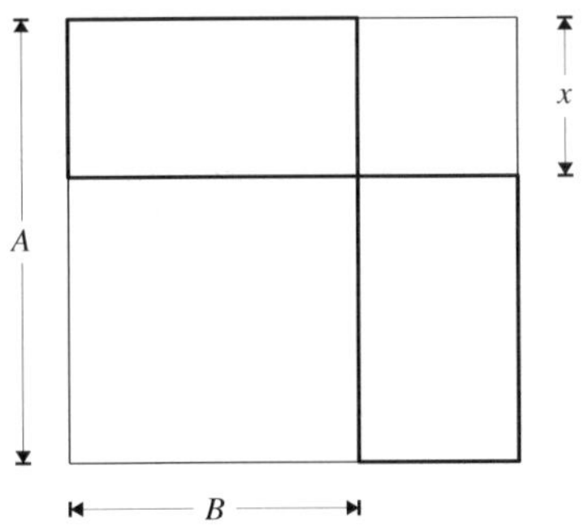

Fig. X. 1

$$B = \frac{a}{2},\ B^2 = \frac{a^2}{4},\ A^2 = b + B^2 = b + \frac{a^2}{4}.$$

Daraus ergibt sich endlich

$$x = A - B = \sqrt{A^2} - B = \sqrt{b + \frac{a^2}{4}} - \frac{a}{2}.$$

Versuchen wir dasselbe mit der kubischen Gleichung! In einer Ecke eines Würfels mit der Seite A schneide man einen Würfel mit der Seite x aus, danach in der Gegenecke einen zweiten Würfel mit der größtmöglichen Seite B (siehe Fig. X. 2). Ein sorgfältiger Blick auf die Figur zeigt, dass sich der Rest des großen Würfels aus drei kongruenten Quadern mit den Seiten A, B und x zusammensetzt.

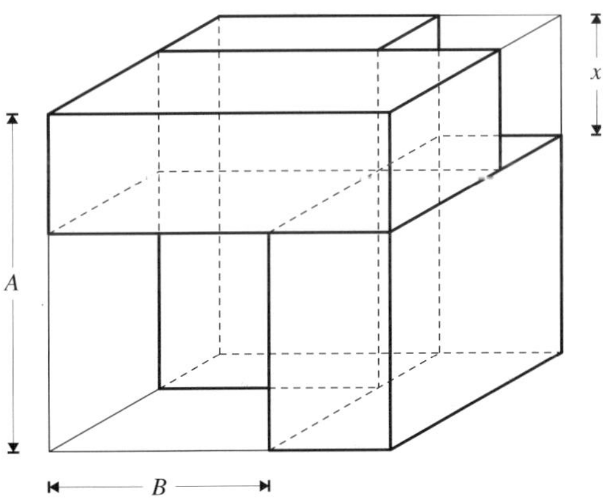

Fig. X. 2

Das Weitere ist einfach. Es gilt $A^3 = x^3 + B^3 + 3ABx$, also $x^3 + 3ABx = A^3 - B^3$. Hätten wir diese Gleichung zu lösen, wäre $a = 3AB$ und $b = A^3 - B^3$. Der Bequemlichkeit halber führen wir die neuen Variablen $p = A^3$ und $q = B^3$ ein. Damit erhalten wir

$$pq = \frac{a^3}{27} \text{ und } p - q = b.$$

Also gilt $p = b + q$. Setzen wir dies in den Ausdruck für p in der ersten der zwei obigen Gleichungen ein, ergibt sich

$$q^2 + bq = \frac{a^3}{27}.$$

Wie oben dargestellt, konnten die Araber aber eine solche Gleichung lösen. Das Ergebnis ist

$$q = \sqrt{\frac{b^2}{4} + \frac{a^3}{27}} - \frac{b}{2}, \quad p = \sqrt{\frac{b^2}{4} + \frac{a^3}{27}} + \frac{b}{2}$$

und damit erhalten wir endlich

$$x = A - B = \sqrt[3]{p} - \sqrt[3]{q} = \sqrt[3]{\sqrt{\frac{b^2}{4} + \frac{a^3}{27}} + \frac{b}{2}} - \sqrt[3]{\sqrt{\frac{b^2}{4} + \frac{a^3}{27}} - \frac{b}{2}}\,.$$

Natürlich gewann Tartaglia den Wettkampf und stieg damit in der Rangliste nicht nur der Mathematiker am Ort, sondern auch ganz Italiens weit auf. Was Fior betrifft, so legt sein völliges Verschwinden von der Bildfläche den Verdacht nahe, dass an den Regeln, die ihm von del Ferro mitgeteilt worden waren, irgendetwas falsch war.

Bevor wir uns anderen Ereignissen zuwenden, möchte ich die Frage behandeln, inwieweit Tartaglias Lösung allgemein war. Für seine Zeitgenossen bedeutete das Fehlen des quadratischen Terms wenig. Sie wussten nämlich, dass sich eine Gleichung der Form

$$y^3 + sy^2 + ty + u = 0$$

mithilfe der Substitution $y = x - \frac{1}{3}s$ in eine Gleichung umwandeln lässt, in der die Unbekannte nicht quadratisch vorkommt. Damit waren nur noch kubische Gleichungen der Formen $x^3 + b = ax$ und $x^3 = ax + b$ zu lösen. (Erinnern Sie sich daran, dass die Koeffizienten und auch die Lösungen positiv sein mussten!) Alles geht in diesen Fällen gut (also so wie oben vorgeführt), so lange das Ergebnis, das durch Hinüberbringen des Ausdrucks in x auf die linke Seite entsteht, nicht kleiner als $\sqrt[3]{-\frac{27}{4}b^2}$ ist. Andernfalls ergäben sich in den Lösungsformeln für die Quadratwurzeln negative Radikanden. Im Falle einer unlösbaren Gleichung wäre dies noch harmlos. Es ist aber nicht schwer, ein Beispiel für Gleichungen anzugeben, die die obige Bedingung nicht erfüllen und dennoch lösbar sind, nämlich etwa $x^3 = 7x + 6$ mit der positiven Lösung $x = 3$. Daher drängt sich die Frage auf, ob Tartaglias Methode die bestmögliche ist.

Tartaglia lehnte es ab, auch nur einem Menschen etwas über seine Lösung zu verraten; auch eine Veröffentlichung verweigerte er. Seine Bücher *La Nova Scientia* (1537; *Neue Wissenschaft*) und *Quesiti et inventione diverse* (1546; *Vielfältige Probleme und Ergebnisse*) enthielten zwar viele interessante Ergebnisse aus der Mathematik und der Mechanik, aber eben nicht die Lösung der kubischen Gleichung.

Schließlich berühmt geworden, hatte Tartaglia neue Freunde gewonnen, auch solche aus hoch gestellten Kreisen. Einer von ihnen war Girolamo Cardano (1501; 1576), dessen Vater ein gut situierter Rechtsanwalt aus Pavia und sogar ein Freund Leonardo da Vincis war. Girolamo genoss im Elternhaus eine sorgfältige Erziehung und promovierte dann an der Universität Padua. In allererster Linie, so nahm er für sich in Anspruch, sei er Arzt gewesen. In seiner Autobiographie schrieb er, dass er 200 000 Patienten mit 5000 verschiedenen Krankheiten behandelt habe, aber nicht unfehlbar gewesen sei: drei seiner Patienten seien gestorben. Auf allen Interessengebieten spielte er eine ganz außerordentliche Selbstsicherheit aus. Insbesondere stellte er unter anderem für Petrarca, Dürer, Luther und sich selbst Horoskope auf. Er kündigte seinen Selbstmord an und führte ihn auch aus. Begabt war er wirklich. Beispielsweise erfand er für eine Kutsche, die für Karl V. von Spanien gebaut wurde, die heute wohl bekannte Kardanwelle.

Ein solcher Mann konnte den Gedanken nicht ertragen, die Lösung eines algebraischen Problems nicht zu kennen, eine Lösung, in deren Glanz sogar die größten Erfolge der Araber verblassen würden. Er machte also alle Anstrengungen, diese zu erfahren. Schließlich bedrängte er Tartaglia so sehr, dass dieser ihm sein Geheimnis verriet. Der Tag des Unheils kam heran. Im Jahr 1545 veröffentlichte Cardano ein Buch mit dem bescheidenen Titel *Ars Magna (Die Hohe Kunst)*, eine algebraische Abhandlung, die unter anderem Tartaglias oben mitgeteilte Lösungsmethode enthielt. Das gab einen heftigen Skandal; die soziale Schranke zwischen Tartaglia und Cardano war aber so hoch, dass Tartaglia nicht mehr ausrichten konnte als Cardano zu einem Wettbewerb herauszufordern. Aber auch hierbei wurde Tartaglia in herablassender Weise behandelt. Cardano erklärte, dass einer seiner Schüler, Lodovico Ferrari, für einen so kümmerlichen Wissenschaftler wie Tartaglia Gegner genug sei. Das Duell fand 1548 statt und Ferrari siegte. Dieses betrübliche Ende also nahm Tartaglias Auftritt auf der Bühne der Mathematikgeschichte.

Das Lösungsverfahren Tartaglias für kubische Gleichungen ist heutzutage unter dem Namen von Cardano bekannt. Hatte dieser wirklich einen Beitrag geleistet? Ja! Er nämlich bewies zunächst, dass die Lösungsformel auf alle Typen kubischer Gleichungen anwendbar ist, und er gab eine Umformung an, mit deren Hilfe sich die lästigen Quadratwurzeln negativer Zahlen vermeiden lassen. De facto verwendete er also schon komplexe Zahlen. Insbesondere entdeckte er, dass beim Auftreten eines negativen Radikanden die zwei dritten Wurzeln, modern gesprochen, konjugiert komplexe Zahlen sind, sodass die Formel auch in diesem Fall eine reelle Lösung liefert.

Es könnte überraschen, dass Cardano zu einem Zeitpunkt komplexe Zahlen verwendete, zu dem sogar negative Zahlen noch so bedenklich waren, dass mit ihnen nicht freiweg gerechnet wurde. Cardanos Erklärung geht ins Metaphysische. Der menschliche Geist brauche sich eben von der Wirklichkeit keine Fesseln anlegen zu lassen. Er könne einen Sprung vollführen, ein schwieriges Problem irgendwo im Jenseits lösen und dabei welche Methode auch immer anwenden, um dann mit der fertigen Lösung wieder ins Diesseits zurückzukehren. Damit stellt sich für die Verwendung komplexer Zahlen nicht mehr die Existenzfrage. Eine kubische Gleichung hat immer eine reelle Wurzel; wir haben sie nur zu berechnen. Die Methode ist dann völlig irrelevant.

Cardanos *Ars Magna*, die *Hohe Kunst*, enthält auch Formeln für die Lösung von Gleichungen vierten Grades. Auch diese Formeln tragen Cardanos Namen, obwohl er in diesem Fall den wahren Autor, namlich Ferrari, nannte. Die Methode erstreckt sich wieder auf eine Gleichung ohne den zweithöchsten, also ohne kubischen Term. Der Weg ist der folgende:

Man betrachte die Gleichung $x^4 + ax^2 + bx + c = 0$. Weder von den Koeffizienten noch von den Wurzeln wird verlangt, dass sie positiv sein müssen. Wir führen eine neue Variable y ein:

$$\left(x^2 + \frac{a}{2} + y\right)^2 = 2yx^2 - bx + \left(y^2 + ay - c + \frac{a^2}{4}\right).$$

Offenbar hat sich nichts Wesentliches geändert. Wir versuchen nun y so zu bestimmen, dass der Ausdruck auf der rechten Seite ein vollständiges Quadrat wird, d.h. wir machen die Diskriminante des Trinoms in x zu null:

$$b^2 - 4 \cdot 2y\left(y^2 + ay - c + \frac{a^2}{4}\right) = 0.$$

Dies ist eine kubische Gleichung. Setzen wir ihre Wurzel y_0 in die vorige Gleichung ein, erhalten wir

$$\left(x^2 + \frac{a}{2} + y_0\right)^2 = 2y_0\left(x - \frac{b}{4y_0}\right)^2,$$

woraus sich unter der Voraussetzung $y_0 > 0$ vier Lösungen ergeben.

Man könnte sich fragen, warum Cardano Tartaglias Verfahren für sich reklamierte, Ferrari gegenüber aber die Fairness wahrte. Die wahrscheinlichste Antwort ist wohl die, dass er Zweifel hegte, ob Ferraris Ergebnis einem kritischen Nachdenken standhalten konnte. Schließlich ging es bei linearen Gleichungen ja um Längen, bei quadratischen um Flächeninhalte, bei kubischen um Rauminhalte. Worum geht es aber bei Gleichungen vierten Grades? Wenn sie nichts bedeuten, fragt sich, warum man sie lösen sollte.

Solche und andere Wirrungen menschlicher Schicksale und mathematischer Begriffe waren die Begleitumstände des ersten Triumphs der europäischen über die arabische Mathematik. Der Erfolg war durchschlagend. Zum Ersten: Ein Problem war (von Tartaglia) gelöst worden, an dem die Araber trotz alle Mühe gescheitert waren. Zum Zweiten: Ein algebraisches Problem war (von Ferrari) erstmals mit ausschließlich algebraischen Methoden gelöst worden. Die arabische Vorherrschaft in der Mathematik war damit überwunden. Wenig später beendete die Schlacht von Lepanto auch die militärische Vorherrschaft.

Einige Jahre später erhielt Europa ein gutes Lehrbuch der Algebra. Es war noch bis zum Ende des 17. Jahrhunderts in Gebrauch; Leibniz und Euler hielten große Stücke auf dieses Werk. Es handelte sich um die *Algebra* von Rafael Bombelli, von dem wir kaum mehr wissen, als dass er sein Buch im Jahr 1572 veröffentlichte. Bombelli behandelte die Verwendung komplexer Zahlen in der Algebra, äußerte sich aber nicht darüber, was komplexe Zahlen sind oder sein könnten. Damit markiert Bombellis Werk den Beginn der Loslösung mathematischer Begriffe von ihrem Bedeutungshintergrund.

Bombelli schrieb für die Zahl, die wir heute mit $5 - 3i$ bezeichnen, einfach

$$5m.R[0m.9].$$

Dabei steht R für *radix*, Wurzel, und m für *meno*, minus. Er sah keine Notwendigkeit, darüber nachzugrübeln, welche Wesenheiten er damit geschaffen hatte. Er erklärte nur, wie man mit ihnen umzugehen hatte.

Vortrag XI

Rechenkunst, Himmel, Glaube, …

Der offene Titel dieses Vortrags nennt drei der sechs wesentlichen Gebiete, auf denen das 17. Jahrhundert Umwälzungen brachte, wie sie seit der dorischen Revolution nicht mehr vorgekommen waren. Über die weiteren drei Gebiete werde ich im folgenden Vortrag sprechen.

Die gegenwärtige Form so gut wie aller wissenschaftlichen Diziplinen wurde im 17. Jahrhundert geschaffen. Ich vertrete die Ansicht, dass dieses erstaunliche Zusammentreffen die Folge anderer zeitlicher Konvergenzen ist, die ich in diesem und im nächsten Vortrag umreißen möchte.

Die Steigerung der Rechenfertigkeit ist unauflöslich mit der Einführung des Dezimalsystems verbunden. Dessen früheste Verwendung findet sich offenbar im *Codex Vigilianus* (976). Man darf allerdings hieraus keine falschen Schlüsse ziehen, denn der Text stammt aus dem zu dieser Zeit unter arabischer Herrschaft stehenden Spanien und bei den Arabern war das Dezimalsystem schon damals gang und gäbe. Das erste in Europa verbreitete Lehrbuch zu diesem Thema war das Werk von al-Hwarizmi, das ich in Vortrag VIII besprochen habe.

Die französische Forschung hat herausgefunden, dass in Frankreich die Dezimalschreibweise bis ins Jahr 1275 zurückgeht. Von Anfang an stieß diese Schreibweise auf Widerstand. Als Erfindung des Islam wurde sie von einigen gesetzgebenden Institutionen als unvereinbar mit den christlichen Werten betrachtet. Gesagt, getan: Im Jahr 1299 verbot Florenz die arabische Zahlenschreibweise für alle Urkunden, in denen es um Geld oder Waren ging. Dies bedeutete unter anderem, dass ein Vertrag, in dem arabische Zahlzeichen vorkamen, rechtlich nicht bindend war. Für geraume Zeit wurden nur römische Zahlzeichen benutzt; arabische erscheinen in Texten aus dem Jahr 1406 („12 Pferde"), während in den Rechenkolonnen noch die römischen vorherrschen („VI fl", florentiner Gulden). Nach 1439 erscheinen auch dort die arabischen Zahlzeichen. Fünfzig Jahre später kommen römische Zahlzeichen nur noch in einem ganz speziellen Buch vor, dem Steuerregister, wie wir heute sagen würden. Dieser seltsame Zustand dauerte aber nur fünf Jahre: Ab 1494 gab es nur noch Bücher mit arabischen Zahlzeichen.

Die offenkundige Überlegenheit des Dezimalsystems über alle anderen Systeme gipfelte in der präzisen Formulierung von Regeln für das Setzen des Kommas. Damit begann in gewissem Sinn das Rechnen mit Fließkomma. (Beispielsweise wurde die Multiplikation zunächst so ausgeführt, als sei kein Komma vorhanden, und erst dann wurden im Ergebnis durch ein Komma so viele Dezimalen abgetrennt wie die Faktoren zusammen aufwiesen.)

Simon Stevin (1548; 1620) war Niederländer und stand als Offizier im Dienst von Prinz Moritz von Oranien.

Die endgültige Formulierung der Rechenregeln für das Dezimalsystem wird Simon Stevin mit seinem Werk *De Thiende* (*Dezimalbruchrechnung*) aus dem Jahr 1585 zugeschrieben.

Ein Blick auf schriftliche Rechnungen im Dezimalsystem lehrt, dass der Additionsalgorithmus in dem Sinn effizienter ist als die Algorithmen für die übrigen Rechenarten, als er auf beliebig viele Summanden gleichzeitig anwendbar ist. Diese Beobachtung wurde schon im Mittelalter gemacht und war der Anstoß für Versuche, die anderen Algorithmen zu verbessern. So entstanden zahlreiche Multiplikationsalgorithmen wie die Gelosia, das Rechnen auf den Linien und andere. (Eine Fundstelle ist beispielsweise Luca de Paciolis *Summa de Arithmetica;* siehe den vorigen Vortrag.) Trotz ihrer Vielfalt boten diese Algorithmen in Wahrheit kaum Vorteile. Sie unterschieden sich nur in der Art, wo die beim Multiplizieren mehrstelliger Zahlen resultierenden einzelnen Ziffern im Rechenschema notiert wurden, sowie in der Art, wie die Teilprodukte addiert wurden.

Der erste echte Fortschritt wurde bei der Subtraktion gemacht. Von wem die Idee stammt, ist nicht sicher festzustellen. Es handelt sich um ein Verfahren zur Addition und Subtraktion, bei dem die Summanden und Subtrahenden senkrecht untereinaner notiert wurden. Zunächst wird jede Zahl durch Ganzteil und Mantisse dargestellt. Diese scheinbar triviale Variante gegenüber der üblichen Darstellung bietet einen wichtigen Vorteil: Da der Ganzteil einer jeden Zahl die größte ganze Zahl ist, die höchstens so groß ist wie die betrachtete Zahl selbst, ist die Mantisse immer positiv (oder null). Ich bringe ein Beispiel für diese Umformung für den Fall negativer oder, wie man damals oft sagte, subtrahierter Zahlen. (Auf das Problem der negativen Zahlen komme ich später nochmals zu sprechen.)

$$-11{,}4765 = -12 + 0{,}5235 = \overline{12}{,}5235$$

Die letzte Zahl zeigt auch, wie negative Ganzteile zu schreiben sind. Die Umformung vor der in einem einzigen Schritt ausgeführten Addition und Subtraktion verläuft nun folgendermaßen: Zuerst werden die Dezimalkommata aller Zahlen gleichsinnig um dieselbe Stellenzahl so verschoben, dass alle Ganzteile einstellig werden. Die umgeformten Zahlen werden dann addiert; dazu beachte man, dass nur die linke Spalte Ziffern mit unterschiedlichem Vorzeichen enthalten kann. Hier ein einfaches Beispiel, das aber alles zeigt: Zur Berechnung von

$$273{,}5 - 58{,}94 + 121{,}003 - 142{,}13$$

verschieben wir in jedem Summanden das Komma um zwei Stellen nach links und erhalten

$$2{,}735 - 0{,}5894 + 1{,}21003 - 1{,}4213 = 2{,}735 + \overline{1}{,}4106 + 1{,}21003 + \overline{2}{,}5787$$

Dann schreiben wir die Zahlen untereinander und addieren:

$$\begin{array}{l} 2{,}735 \\ \overline{1}{,}4106 \\ 1{,}21003 \\ \overline{2}{,}5787 \\ \hline 1{,}93433 \end{array}$$

Durch Rückverschiebung des Kommas zwei Stellen nach rechts entsteht als Endergebnis die Zahl 193,433. Beachten Sie, dass nur eine Spalte Zahlen mit

Vorzeichen enthält und dass es keine Rolle spielt, wie viele Summanden und Subtrahenden zu verarbeiten sind. Dieses Verfahren war für die Buchhaltung von großer Bedeutung. Vielleicht finden Sie es unterhaltsam, werte Leser, noch ein paar solche Beispiele durchzurechnen.

Der wesentliche Punkt aber war die Multiplikation. Schon im 12. Jahrhundert hatten die Araber Multiplikationstafeln eingeführt. (Es ist einleuchtend, dass dies keine riesigen Tabellenwerke sein konnten, die beispielsweise alle Produkte fünfstelliger Zahlen enthielten; solche Tafeln wären ja sehr unhandlich gewesen.) Die ersten Tafeln enthielten nur Quadratzahlen, die aber bei der Multiplikation natürlicher Zahlen schon sehr brauchbar sind. (Da die Technik der Kommaverschiebung bekannt war, war die Beschränkung auf natürliche Zahlen belanglos.) Die Multiplikation geschah mithilfe der Formel

$$a \cdot b = \frac{1}{4}\left((a+b)^2 - (a-b)^2\right).$$

Ein Beispiel:

$$284 \cdot 391 = (675^2 - 107^2):4 = (455\,625 - 11\,449):4 = 444\,176:4 = 111\,044.$$

Die für die Rechnung benötigten Quadratzahlen wurden der Tafel entnommen. Heutzutage könnte es scheinen, diese Methode sei mühsamer als unsere „gewöhnliche" Methode mit Papier und Bleistift, aber ein versierter Benutzer der Tafeln dürfte schwierigere Rechnungen auf diese Art schneller und zuverlässiger erledigen. Diese Tafeln wurden als wichtige Rechenhilfe geschätzt und alle wissenschaftlichen Einrichtungen hielten sie bereit. Die im Jahr 1592 (also in gedruckter Form!) veröffentlichten Tafeln der Quadrate der Zahlen von 1 bis 100 000 verkauften sich gut. Das ist kein Wunder, ermöglichten sie doch die Multiplikation fünfstelliger Zahlen.

Viel raffinierter ist die Verwendung trigonometrischer Tafeln zur Multiplikation. Die Zahlen müssen hier gerade andersherum als beim vorigen Verfahren angepasst werden, indem sie nämlich durch Kommaverschiebung nach links zu Zahlen kleiner als Eins gemacht werden. Dann wird die Formel

$$\cos\alpha \cdot \cos\beta = \frac{1}{2}\left(\cos(\alpha+\beta) + \cos(\alpha-\beta)\right)$$

angewendet. Anhand einer vierstelligen trigonometrischen Tafel (einem Andenken an meine Schulzeit) erhalten wir für die Zahlen des vorigen Beispiels:

$$\begin{aligned} 0{,}284 \cdot 0{,}391 &= \cos 73^\circ 30' \cdot \cos 66^\circ 59' \\ &= \frac{1}{2}(\cos 140^\circ 29' \cdot \cos 6^\circ 31') \\ &= \frac{1}{2}(-0{,}7714 + 0{,}9936) \\ &= \frac{1}{2} \cdot 0{,}2222 \\ &= 0{,}1111; \end{aligned}$$

das Endergebnis ist näherungsweise 111 100. Die Abweichung vom wahren Wert rührt von der Verwendung lediglich vierstelliger Tafeln her. Wir sehen daraus, warum Tafeln mit höherer Stellenzahl erforderlich waren (siehe Vortrag IX). Der Grund war also kein geometrischer; in der Ausdrucksweise der numerischen Mathematik gesprochen wurden die trigonometrischen Funktionen als spezielle Funktionen behandelt. Im 16. Jahrhundert stellte Rheticus mit seinen Tafeln (nach seinem Tod von Otho fertig gestellt und im Jahr 1596 veröffentlicht) einen beachtlichen Rekord auf. Die Tafeln enthalten zehnstellige Werte aller sechs trigonometrischen Funktionen in Schritten von 10″.

Bedenken Sie, dass selbst heute für keine geometrische Aufgabe mehr als acht Stellen nötig sind. Angesichts dessen werden meine Leser selbst darauf kommen, dass die im Jahr 1613 von Pitiscus herausgegebenen fünfzehnstelligen Tafeln nur für genaueste Rechnungen gedacht waren. Ist es nicht seltsam, dass in unserem Jahrhundert die Schüler, wenn sie überhaupt mit Tafeln umzugehen lernten, nichts über ihren Ursprung und eigentlichen Zweck erfuhren?

Die sechs trigonometrischen Funktionen sind Sinus, Kosinus, Tangens, Kotangens, Sekans (reziprok zum Kosinus) und Kosekans (reziprok zum Sinus). Die letzten zwei sind in vielen Ländern heute völlig in Vergessenheit geraten.

Das Problem, zeitsparende Rechenverfahren zu finden, wurde damals sehr ernst genommen und Fortschritte auf diesem Gebiet fanden hohe Anerkennung. Gegen Ende des 16. Jahrhunderts wurde der Begriff *Rechenhaftigkeit* geprägt. Er bezeichnete den Nachweis durch Rechnung; war ein Sachverhalt durch Rechnung nachgewiesen, musste er wahr sein. Die für das Zahlenrechnen wichtigste Entdeckung stand aber noch bevor.

Jost Bürgi, ein Schweizer Mathematiker am Ende des 16. Jahrhunderts, konstruierte als Erster ein Paar aus zwei aufeinander bezogenen Progressionen, einer arithmetischen und einer geometrischen. Die Idee ist die folgende: Um das k-te mit dem m-ten Glied einer geometrischen Progression zu multiplizieren, addiert man die entsprechenden Glieder der zugehörigen arithmetischen Progression und bestimmt die Position der Summe (oder auch Differenz). Das an der ermittelten Stelle stehende Glied der geometrischen Progression ist das gesuchte Produkt. Ein Paar solcher Progressionen hieß damals ein Logarithmus. Die Konstruktion solcher Paare lief auf die Berechnung einer Logarithmentafel hinaus. Um die Multiplikation ausreichend vieler Zahlen zu ermöglichen, musste die Tafel dicht genug sein. Bürgi wählte als Grundlage seiner Tafel die Zahl $a = 1{,}0001$. Dies erwies sich vom rechentechnischen Gesichtspunkt her als recht bequem, da $a^{n+1} = a^n + 10^{-4}a^n$ gilt. Das bedeutet, dass die Berechnung aufeinander folgender Potenzen die Addition zweier Zahlen erfordert, die sich nur in der Position des Kommas unterscheiden. (Verschiebt man das Komma der größeren Zahl um vier Stellen nach links, erhält man die kleinere.)

Die Erfindung der Logarithmen wird gewöhnlich dem schottischen Landedelmann John Neper (oder Napier) (1550; 1617) zugeschrieben, der die Idee Bürgis, mit dem er bekannt war, veröffentlichte. Napiers Tafeln unterschieden sich von denen Bürgis insofern, als sie viel dichter waren. Napier benutzte die Zahl $b = 0{,}9999999$, also $1 - 0{,}0000001$. In diesem Fall erhält man aufeinander folgende Potenzen durch Subtraktion von Zahlen, die sich nur in der Position des Kommas unterscheiden. (Verschiebt man das Komma in der größeren Zahl um sieben Stellen nach links, erhält man die kleinere.) Die Progressionen in der Napier'schen Tafel waren so gewählt, dass

$$\mathrm{Neplog}\,x = 10^7(\ln 10^7 - \ln x) = 161\,180\,957 - 10^7 \ln x$$

gilt. Hierbei bedeutet Neplog den Napier'schen und ln den Logarithmus zur Basis e. Die Tafeln erlaubten die Multiplikation vieler Faktoren auf einmal, waren aber ansonsten nicht so bequem zu benutzen wie unsere heutigen. Zugleich erschien unter dem Titel *Mirifici Logarithmorum Canonis Descriptio*, zu deutsch *Beschreibung der erstaunlichen Prinzipien der Logarithmen*, ein Buch, in dem sie enthusiastisch gefeiert wurden. Schließlich erweckten sie das Interesse eines Berufsmathematikers, nämlich von Napiers Freund Henry Briggs, Professor am Gresham College in London (1561; 1631). Briggs bemerkte sofort, dass die Aufgabe gestellt war, Funktionen mit der für möglichst viele x und y gültigen Eigenschaft

$$f(x \cdot y) = f(x) + f(y)$$

zu konstruieren, also genau die Logarithmusfunktionen im heutigen Wortsinn. Briggs selbst entschied sich für den Logarithmus, der die Gleichung $f(10) = 1$ erfüllt, also den Logarithmus zur Basis 10. Im Jahr 1624 erschien seine Abhandlung *Arithmetica logarithmica*, in der er die Eigenschaften und Anwendungsmöglichkeiten der Logarithmen in allen Einzelheiten beschreibt. Sie enthält tabelliert die Logarithmen der Zahlen von 1 bis 20000 und von 90000 bis 100000. Schon 1627 publiziert dann Vlacq in Gouda vollständige Tafeln einschließlich der Werte für 20000 bis 90000, die der holländische Geodät Ezekiel de Decker berechnet hatte.

In der Tat sind die einzigen stetigen Funktionen, die dieser Bedingung genügen, die Logarithmusfunktionen. Diese Einsicht wurde erst im 20. Jahrhundert gewonnen; Briggs konnte sie noch nicht haben.

Die Erfindung der Logarithmen verschaffte der Menschheit den größten Schub an Rechenkapazität vor der Erfindung des Computers. Die Logarithmen kamen gerade zur rechten Zeit, um den rasant wachsenden Bedarf an Rechenleistung zu decken. Ihre Nützlichkeit wird am besten durch die folgende Bemerkung von Laplace illustriert, der wohlgemerkt mehr als 150 Jahre später lebte: *Die Erfindung der Logarithmen verringert den Arbeitsaufwand von Monaten auf Tage und verdoppelt buchstäblich die Lebenszeit der Astronomen.* Sogar in Gedichten und Liedern wurden sie gefeiert!

Damit ist die Geschichte noch nicht am Ende. Im Jahre 1620 zeichnete Edmund Gunter logarithmische Skalen auf zwei Latten und konnte damit die Multiplikation durch Schieben der Latten ausführen: Fällt die Zahl a auf der ersten Latte mit der 1 auf der zweiten Latte zusammen, so fällt die Zahl b auf der zweiten mit dem Produkt ab auf der ersten zusammen. Damit war eine Vorrichtung erfunden, der die Naturwissenschaften, die Technik und die Wirtschaft mehr schulden als dem Computer. Der Rechenschieber hat die Eisenbahn, die Elektrizität, das Auto, das Flugzeug, das Fernsehen, Atombomben und Kraftwerke, den Laser und den Transistor buchstäblich erst möglich gemacht. Dieses Werkzeug hat die Welt verändert. Nun aber zu einem anderen Thema!

Die Fortschritte im numerischen Rechnen wurden von beträchtlichen Fortschritten im symbolischen Rechnen begleitet. An erster Stelle ist hier François Viète (1540; 1603) zu nennen. Er war Jurist und auch Ratgeber König Heinrichs IV. Dieser Teil seiner Laufbahn ging auf die Zeit zurück, als Heinrich nur König von Navarra war; Viète war nämlich nicht nur ein Mann scharfen Verstandes, sondern auch im Waffendienst bewandert. In seinem Werk *In artem analyticen isagoge* (1591) führt er für bekannte und unbekannte Größen Buchstaben ein, verwendet die Zeichen + und − und schreibt für Potenzen einer unbekannten Größe *A quadratus*, *A cubus* usw. Ein auffallender Zug seines mathematischen Wirkens war die Selbstsicherheit, mit der er Probleme angriff. War er vor eine kubische Gleichung mit drei reellen Wurzeln gestellt, deren Lösung zunächst die Verwendung komplexer Zahlen erforderte, so führte er eine trigonometrische Substitution durch und überführte das Problem damit in ein nicht algebraisches, das ohne komplexe Zahlen zu lösen war. Seine Lösung einer von Adriaen van Roomen 1593 gestellten Aufgabe lässt diese Kühnheit besonders gut hervortreten: Man löse die Gleichung

$$x^{45} - 45x^{43} + 945x^{41} - 12300x^{39} + \ldots - 3795x^3 + 45x = A.$$

(Ich lasse einige Summanden weg, genauso wie damals Viète.) Viète argumentierte im Wesentlichen so: Roomen kann doch über Gleichungen derart hohen Grades nicht viel wissen, also muss es sich in Wirklichkeit um eine trigonometrische, nicht um eine algebraische Gleichung handeln. Wenn das so ist,

genügt es, die Formeln für Funktionen von 45α durchzusehen. Und in der Tat: die Lösung ist

$$x = \sin\frac{\arcsin A}{45}$$

Jedermann kennt aus der Schule die Vieta'schen Formeln, in denen die Koeffizienten und die Wurzeln einer algebraischen Gleichung in Verbindung gesetzt werden. In seinen Schriften finden sich auch die ersten unendlichen Produkte. Viète berechnete, um ein Beispiel zu zeigen, $\frac{2}{\pi}$ anhand der Gleichung

$$\cos\frac{\pi}{4}\cdot\cos\frac{\pi}{8}\cdot\cos\frac{\pi}{16}\cdot\ldots = \sqrt{\frac{1}{2}}\cdot\sqrt{\frac{1}{2}+\frac{1}{2}\sqrt{\frac{1}{2}}}\cdot\sqrt{\frac{1}{2}+\frac{1}{2}\sqrt{\frac{1}{2}+\frac{1}{2}\sqrt{\frac{1}{2}}}}\cdot\ldots$$

Zu den obigen Bemerkungen über Rechenverfahren passt der Hinweis auf ein Ergebnis, das Ludolph van Coolen (1540; 1610) gewann. Er war Fechtlehrer; erinnern Sie sich daran, dass damals Athos, d'Artagnan und Kapitän Fracasse die Fechtkunst zum Gegenstand tief liegender Studien machten. Van Coolen berechnete nämlich die Zahl π auf 35 Dezimalziffern. Deshalb heißt sie noch heute vielfach Ludolph'sche Zahl.

Auch am Himmel tat sich Großes. Die Ursache lag in ernsthaften Schwierigkeiten des christlichen Glaubens. So gut wie alle Auswirkungen eines freieren Nachdenkens über Gott, das die vier großen Heiligen des 12. und 13. Jahrhunderts vorangetrieben hatten (siehe den vorigen Vortrag), stießen auf den Widerstand der Kirche. Insbesondere die franziskanische Lehre, die anfangs die Kirche gerettet hatte, wurde nun zum Nährboden spalterischer Tendenzen. Das Schisma hatte eine ehrenwerte Ursache: Die franziskanische Lehre erhob die Forderung, den Geist der Bibel ernst zu nehmen. Dies konnte die Kirche nicht hinnehmen, erhob sie doch ab dem Ende des 10. Jahrhunderts den Anspruch, auch die höchste weltliche Macht zu sein. So wurden Franziskaner und Anhänger der Lehre des heiligen Franziskus zu Zehntausenden ermordet. (Diese Epoche hat Umberto Eco in seinem Buch *Der Name der Rose* vor wenigen Jahren höchst kundig beschrieben.) Schließlich kann aber nicht einmal die Kirche die Wahrheit über Gott und die Welt unterdrücken. Die Wahrheit, die in der Renaissance ans Licht trat, war die Wahrheit des heiligen Franziskus: Die Welt ist schön und vollkommen und diese Schönheit und Vollkommenheit sind die verlässlichsten und überzeugendsten Beweise für die Größe Gottes.

Man erkennt leicht, dass dies im Kern die Prinzipien der pythagoreischen Lehre sind, wenn man Gott als Synonym für Harmonie nimmt. Diese mit der Renaissance aus franziskanischem Glaubensgut entstandene Richtung der pythagoreischen Lehre ist heute als Pantheismus bekannt. Es war nicht so, dass die Kirche gerne auf diese Vorstellungen eingegangen wäre, aber sie nahm sie wenigstens hin. In der Tat erwiesen sich einige Geistliche, auch solche, die in der Hierarchie weit oben standen, als recht tolerant. (Ich ziehe den Vergleich zur Toleranz gegenüber AIDS-Opfern im heutigen Polen.) Der Pantheismus entwickelte die Überzeugung, die Welt sei nach einem vollkommenen Plan aufgebaut, und es sei das Wissen, das zum höchsten Entzücken über diese Vollkommenheit führe. Die Idee eines mathematischen Bauplans war ein Erbe aus der Zeit der Griechen, als die Mathematik die am besten organisierte Form des Wissens war. Was also die Wissenschaft angeht, rechtfertigt die Entwicklung ohne Zweifel die Bezeichnung „Renaissance", die man dieser Periode aufgeprägt hat; es war eine Renaissance, eine Wiedergeburt der pythagoreischen Gedankenwelt. Es mag wohl sein, dass Humanisten diese Bezeichnung mit dem berühmten Wort *Nichts Menschliches ist mir fremd* des Terenz zu erklären versuchen, wobei sie *nichts* auf Erfahrungen

beziehen, die wenig mit dem Verstand zu tun haben. Wir sollten aber daran denken, dass eine breit gefächerte Bildung beispielsweise auch bei Künstlern gang und gäbe war.

So viel zur Rolle des Pantheismus in der kulturellen Entwicklung im gegenwärtigen Europa; lassen Sie nun ein Gedicht von Jan Kochanowski auf sich wirken:

Was verlangst Du, Gott, für Deinen Segen,
Deine reichen Gaben ohne Zahl?
Meer, Festland, Luft und Himmelszelt –
wohin wir blicken, waltest Du.

Anfangs konzentrierte sich die Suche nach Gott auf den Himmel. Die Gründe waren schlicht, aber durchaus vernünftig. Zum Ersten ist der Himmel unermesslich groß, zum Zweiten ist er recht übersichtlich, da er im Wesentlichen aus leuchtenden Punkten vor einem gleichförmigen Hintergrund besteht, und zum Dritten – in der Renaissance spielte dies wirklich eine Rolle – war er das Reich der Unbeflecktheit und Ursprünglichkeit, Eigenschaften, die keinem irdischen Phänomen zukamen.

Abgesehen von Sonne und Mond ist die Venus der einzige Himmelskörper, der mit bloßem Auge betrachtet scheiben-, nicht punktförmig erscheint. Nur wenige Menschen können allerdings auch die Phasen der Venus ohne optische Hilfe sehen.

An dieser Stelle müssen wir nun den großen Fortschritt würdigen, den Mikolaj Kopernik (Nikolaus Kopernikus, 1473; 1543) aus Torun (Thorn) erzielte. Kopernikus ging im Alter von 24 Jahren nach Bologna, um dort sein Studium abzuschließen. Große Vielseitigkeit war damals für alle Gebildeten nicht lediglich Mode, sondern eine bare Notwendigkeit. Jeder Gebildete musste, besonders wenn er in einer wenig gebildeten Umgebung lebte, Arzt und Ökonom sein. Auf diesem Gebiet entdeckte Kopernikus das Gesetz, das wir alle immer wieder in Theorie und Praxis bestätigt sehen: *Schlechtes Geld vertreibt gutes Geld*. Sein hauptsächliches wissenschaftliches Interesse galt jedoch der Astronomie. Erinnern wir uns an Vortrag VIII: Das kosmologische Standardmodell war damals das ptolemäische System. Es war zwar sehr genau, aber äußerst unhandlich, da 77 mehrfach miteinander in Beziehung stehende Kreise zu berücksichtigen waren. Kopernikus kam der Gedanke, den Hinweis in Buch XIII des *Almagest* ernst zu nehmen, es sei die Aufgabe des Astronomen, immer einfachere Beschreibungen des Himmelsgeschehens zu finden. Nach Kopernikus konnte dies nur bedeuten, mit weniger Kreisen auszukommen und dennoch ein mit den Beobachtungen im Einklang stehendes System zu entwerfen.

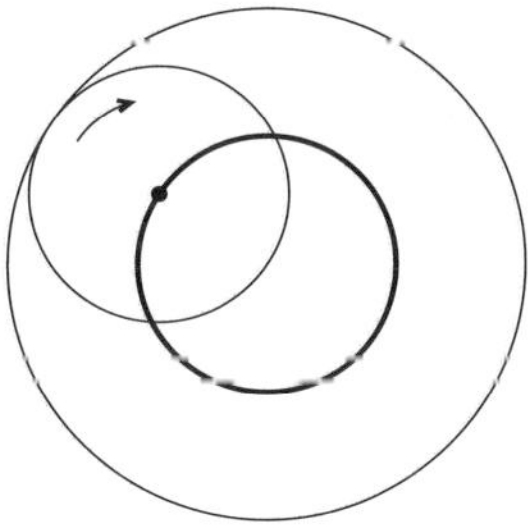

Fig. XI. 1

Kopernikus war ein recht guter Mathematiker. Die interessantesten Sätze, die er fand, handeln von der Bewegung eines Kreises, der im Innern eines Kreises von doppeltem Radius schlupffrei abrollt. Sie besagen: Die Bahn des Mittelpunkts ist ein Kreis (Fig. XI. 1); die Bahn eines Punktes auf der Peripherie ist eine Strecke (Fig. XI. 2); die Bahn eines Punktes des Kreisinneren ist eine Ellipse (Fig. XI. 3). Fühlen Sie sich heute, mehr als 500 Jahre später, ruhig herausgefordert, diese Aussagen zu beweisen!

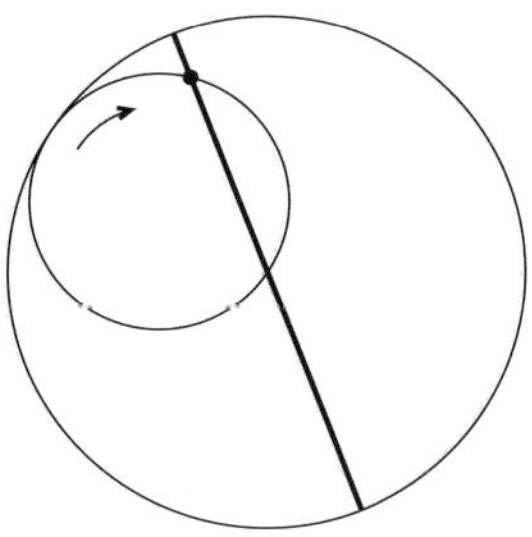

Fig. XI. 2

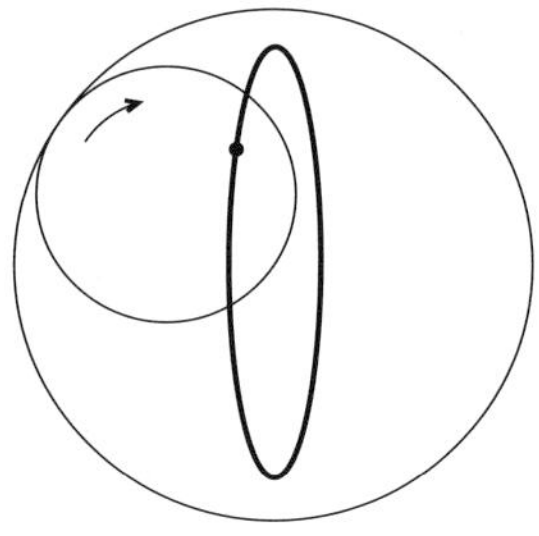

Fig. XI. 3

Der Gedanke, den Kopernikus zur Verbesserung des ptolemäischen Systems entwickelte, war eigentlich ganz einfach: Man betrachte den Himmel von einem anderen Standort aus! Kopernikus konnte seine Vermutung bestätigen, dass der „Blick von der Sonne aus" ein einfacheres Bild ergibt als der „Blick von der Erde aus". Die Anzahl der Epizyklen und Deferenten, also der Kreise, auf denen sie abrollten, verringerte sich dadurch von 77 auf 34. Der geniale Gedanke von Kopernikus bestand also darin, die geozentrische durch die heliozentrische Sicht zu ersetzen. Zu jener Zeit gab es keine Kriterien für eine Entscheidung, welches der zwei Systeme das richtige war. Das einzige Argument zugunsten des kopernikanischen Systems war das pythagoreische: 34 ist kleiner als 77. Eine kräftigere Unterstützung fand die heliozentrische Auffassung erst 140 Jahre nach Kopernikus' Tod (siehe Newton; Vortrag XIII) durch das vom Konzept her ganz andere Kepler'sche System, nicht etwa durch bessere Übereinstimmung mit den astronomischen Beobachtungen. Endgültig aufgeklärt wurde diese Frage erst im Jahr 1798 durch Cavendish.

Diese Fakten sind zu beachten, wenn man sich in Erinnerung ruft, dass die Anhänger des kopernikanischen Systems harter Unterdrückung ausgesetzt waren. Es ist unglaublich aber wahr, dass all dies seine Ursache in der Wahl zwischen zwei Beschreibungen der Himmelsbewegungen hatte, die gleich gut mit den Beobachtungen übereinstimmten. Dieser Stand der Dinge wurde dem Papst zugetragen; nur wenige Monate zuvor, im Jahr 1543, war Kopernikus' Schrift *De Revolutionibus Orbium Coelestium*, die dem Papst gewidmet war, im Vatikan eingegangen. Die Unterdrückung hatte selbstverständlich nichts mit diesem oder jenem mathematischen Himmelsmodell zu tun. Es ging vielmehr um die Bedrohung der Unumstößlichkeit des bestehenden Zustands, die sich in der Andeutung manifestierte, Dinge ließen sich auch ändern.

Die Bedrohung war sehr ernst zu nehmen. Trotz – oder wegen – der Unterdrückung hatten die „linksradikalen" Franziskaner, die von der Kirche Ehrlichkeit und Armut forderten, ihren Einfluss so weit verstärkt, dass sie nicht mehr ausgerottet werden konnten. Am 31. Oktober 1517 veröffentlichte Martin Luther (1483; 1546) seine Thesen und drei Jahre danach verbrannte er in aller Öffentlichkeit die päpstliche Bulle, mit der er exkommuniziert wurde. Er überlebte diesen Akt und gewann immer mehr Anhänger. In der Schweiz wirkte Huldreich Zwingli (1484; 1531); sein Werk wurde von Jean Calvin (1509; 1564), einem Franzosen, fortgesetzt. Es gab auch von Staats wegen einen Akt der Loslösung vom Papsttum. Im Jahr 1534 gründete der englische König Heinrich VIII. eine Staatskirche, die heutige Church of England. Diese neuen christlichen Konfessionen scheuten weder vor der Wissenschaft noch vor offenen Diskussionen zurück. Ganz im Gegenteil; Calvin formulierte den folgenden Leitsatz, mit dem er alle katholischen Priester verdammte: *Die größte Sünde eines Christen ist der Stolz. Um seines Stolzes willen wurde Satan in die Hölle hinabgestoßen. Was sollen wir dann über einen katholischen Priester sagen, der für sich in Anspruch nimmt, Gott in der Messe mehrmals am Tage zu erschaffen, während doch Gott den Menschen nur einmal erschuf?* Es war für die Kirche nicht leicht, in eine Diskussion über ihre Position in der Welt einzutreten. Die Frage nach dem Mittelpunkt des Universums war in dieser Situation ausgesprochen störend. Mit dieser Formulierung beschönige ich zwar, möchte aber nochmals betonen, dass die unter Beschuss

geratene Kirche an vielen Fronten zu kämpfen hatte und ihres Überlebens nicht sicher sein konnte. Daher die Erbarmungslosigkeit der Kämpfe – und ihre Sinnlosigkeit.

Die bescheidene Bitte des Kanonikus aus Frombork (Frauenburg) an den Papst, doch gnädigerweise die Möglichkeit in Erwägung zu ziehen, die heliozentrische Beschreibung des Planetensystems könnte Gottes Herrlichkeit besser als die geozentrische verkünden, kam diesem höchst ungelegen. Begeistert von diesem Ansinnen waren nur die Gegner des Papstes. (Genauer gesagt zielten sie damit auf die Kirche insgesamt, die sich im Überfluss wälzte und in Freveltaten überbot.) Es ist recht wahrscheinlich, dass Giordano Bruno, der für die Richtigkeit des kopernikanischen Weltmodells eintrat und dafür den Feuertod auf dem Scheiterhaufen erleiden musste, dieses Weltmodell gar nicht genau kannte. Er wusste nur, Kopernikus habe *die Sonne angehalten und die Erde in Bewegung versetzt*. (Mehr wissen die meisten Menschen übrigens auch heute nicht darüber.) Giordano verbreitete diesen Kernsatz mit der Ergänzung, dass auch in anderer Beziehung der Mittelpunkt der Welt nicht unbedingt dort sein müsse, wohin er gemeinhin gesetzt werde.

Von Beginn an profitierte die Reformation von der Angst der Kirche vor intellektueller Konfrontation. Die auffälligste (und wohltätigste) Wirkung dieser Erkenntnis war das Netzwerk von Schulen, die überall dort, wo die Reformation hinreichte, errichtet wurden. Es waren zahlreiche und gute Schulen! Zamoyskis Diktum, *der Staat spiegle die Erziehung seiner Jugend wider*, ist nicht nur als Aufruf zugunsten eines guten Schulwesens zu verstehen. Es hebt auch auf den Vorsprung ab, den eine politische oder ideologische Richtung gewinnen kann, wenn sie das Erziehungssystem kontrolliert. (Im gegenwärtigen Zeitpunkt sind wir in Polen Zeugen eines Kampfs um die Erziehung. In zehn Jahren werden wir die Folgen für unser Land sehen.) Beispielsweise war in der Mitte des 16. Jahrhunderts in Polen das von den Arianern (den Polnischen Brüdern, einer radikalen Fraktion des polnischen Kalvinismus) dominierte Schulwesen so übermächtig, dass trotz ihres Anteils von nur 20% in der Adelsschicht die Protestanten am gebildeten Teil des Adels (beispielsweise den Abgeordneten des Sejm, des polnischen Parlaments) einen Anteil von 60% hatten. Insbesondere galt dies für Kleinpolen, einer Region, die zu dieser Zeit im polnischen Parlametarismus sehr aktiv war. Die traditionellen kirchlichen Schulen, wie sie im Wesentlichen die Benediktiner betrieben, konnten in keiner Beziehung mit den protestantischen Schulen mithalten.

Die Kirche reagierte im Jahr 1540 auf die immer offenkundiger werdenden Erfolge der Protestanten mit der Gründung des Jesuitenordens durch den Spanier Ignacio de Loyola und durch die Einberufung des Konzils von Trient (1543–1563). Dieses beschloss, die Kirche müsse sich (beispielsweise durch die Einführung des Ehesakraments) intensiver auf die Lebensbedürfnisse der Gläubigen und die Bildung einlassen. Eine der wichtigsten Aufgaben, die dem Jesuitenorden übertragen wurden, war der Aufbau und die Führung von Schulen, die in Bezug auf Abschlüsse und ungehinderten Zugang mit den protestantischen Schulen konkurrieren konnten. Aus der sicheren Entfernung einiger Jahrhunderte können wir feststellen, dass dieser Wettbewerb um eine bessere Bildung der Jugend einen äußerst segensreichen Einfluss auf den intellektuellen Stand der damaligen Gesellschaft ausübte. Gegen Ende des 16. Jahrhunderts war die Anzahl der Gebildeten ein Vielfaches im Vergleich mit der Anzahl hundert Jahre früher und das Erziehungswesen stand auf viel höherem Niveau. Besonders dort, wo der Kampf zwischen Katholizismus und Protestantismus besonders erbittert gewesen war, hatten sich die europäischen Gesellschaften des 17. Jahrhunderts neuen geistigen Strömungen geöffnet und waren fähig, deren Gehalt zu würdigen.

Nun zurück zur Astronomie! Das Werk des Kopernikus erschöpfte sich nicht in theoretischen Spekulationen, sondern enthielt auch viele Beobachtungsergebnisse. Zu dieser Zeit entstanden durch die Bedürfnisse der Seefahrt neue Impulse für die Beobachtung des schon recht gut erforschten Himmels. Es war leicht, die geographische Breite zu bestimmen (beispielsweise mithilfe des Erhebungswinkels des Polarsterns), aber die Bestimmung der Länge war viel schwieriger, weil sie die Kenntnis möglichst vieler Ephemeriden erforderte, also solcher Himmelserscheinungen, die mit anderer Periode als täglich oder jährlich wiederkehren. (Beobachtet man an einem bestimmten Ort eine Mondfinsternis und kennt für einen anderen Ort den Zeitpunkt ihres Eintretens, lässt sich die Differenz der geographischen Längen berechnen.) Der Bedarf nach Kenntnissen in der Navigation wuchs rapid; gegen Ende des 15. Jahrhunderts war die Angst vor dem offenen Meer überwunden. Im Jahr 1492 erreichte Columbus Amerika, 1498 umrundete Vasco da Gama die Südspitze Afrikas und erreichte Indien, 1521 vollendete Magellan (oder genauer sein Schiff) eine Weltumsegelung. Diese Ereignisse läuteten die Eroberung der Kontinente ein. Die Ephemeridentafeln des Regiomontanus (Johannes Müller aus Königsberg in Bayern (1436; 1476)) gewannen gerade als wichtiges Hilfsmittel für die Seefahrt große Verbreitung. Der Meister und Rekordhalter in der Kunst der Beobachtung aber war der Däne Tycho Brahe (1546; 1601). Die Zahl seiner Beobachtungsdaten übertraf alles Bisherige bei weitem und dies besagt viel angesichts der Neigung der Araber zur Astronomie. Im letzen Abschnitt seines Lebens zog Tycho Brahe nach Prag und wurde Hofastronom des deutschen Kaisers Rudolph II. Nur ein Jahr vor seinem Tod begegnete er hier Johannes Kepler (1571; 1630), dem Manne, der die Beobachtungsdaten in eine korrekte Theorie der Planetenbewegung umsetzen sollte.

Kepler war ein fanatischer Rechner – hier gewinnt unser augenblickliches Thema Anschluss an die Diskussion zu Beginn dieses Vortrags. Am Modell des Kopernikus gefiel ihm die Grundidee am besten, nämlich die möglichst weit gehende Vereinfachung in der Beschreibung der Himmelsphänomene. Als Rechner übertraf er seine Vorgänger bei weitem und war auch nicht durch die Last des platonischen Kanons behindert, der zur Himmelsbeschreibung nur Kreise und Sphären mit konstanter Drehgeschwindigkeit zuließ. Kepler suchte also nach Einfachheit, ohne sich auf ein bestimmtes Modell festzulegen. Seine Begeisterung für sein Thema war grenzenlos. Als glühender Pantheist trat er für die These ein, *Gott sei Mathematiker*. Vom Glaubensüberschwang und der hohen Rechenfertigkeit Keplers beeindruckt, vermachte ihm Tycho Brahe in seinem Testament nicht nur alle seine Beobachtungsdaten, sondern auch seine Stellung als Hofastronom der Habsburger.

Keplers Forschungsergebnisse lassen sich in vier Gesetzen der Planetenbewegung zusammenfassen. Das erste formulierte Kepler schon, bevor er Brahe kennen lernte. Gewöhnlich wird es bei der Aufzählung aus Gründen weggelassen, auf die ich noch eingehen werde. Lassen Sie mich nun die drei übrigen Gesetze aussprechen, die ein halbes Jahrhundert später Newton die Grundlage für seine Herleitung des Gravitationsgesetzes gaben.

Das erste und das zweite Gesetz (in heutiger Zählung) stehen in seinem Werk *Astronomia Nova* aus dem Jahr 1609, dessen wahrhaft barocker Titel eine ganze Buchseite füllt. Auf deutsch heißt er auszugsweise: *„Neue Astronomie // ursächlich begründet // Physik des Himmels // dargestellt in Untersuchungen // über die Bewegung des Sternes // Mars“.*

Das erste Gesetz lautet:

> *Die Planeten bewegen sich auf elliptischen Bahnen, in deren einem Brennpunkt die Sonne steht.*

Das zweite lautet (Fig. XI. 4):

Der Fahrstrahl von der Sonne zum Planeten überstreicht in gleichen Zeiten gleiche Flächen.

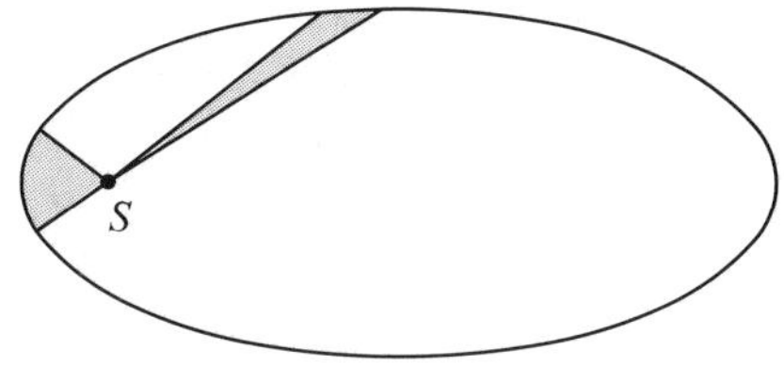

Fig. XI. 4

Dies war nun wirklich eine Revolution. Anstelle der verwickelten kombinierten gleichförmigen Bewegungen auf Kreisen wie bei Ptolemaios und Kopernikus wird die Bewegung nun nicht gleichförmig, ihre Bahn aber sehr einfach. Um diesen Fortschritt voll würdigen zu können, sollten wir uns vor Augen führen, wie nahe die elliptischen Planetenbahnen an Kreisen liegen. (Wir haben darüber in Vortrag VIII gesprochen.) Wir sollten auch festhalten, dass das Kepler'sche System auf einer Vermutung beruhte, also nicht das Ergebnis einer Herleitung aus zuvor getroffenen Annahmen war – es sei denn, wir werten die Vollkommenheit Gottes als derartige Annahme.

Keplers drittes Gesetz wurde im Jahr 1619 in einem Werk mit dem pythagoreischen Titel *Harmonice mundi* (dt. Übers. *Weltharmonik*) veröffentlicht. Während die ersten zwei Gesetze die Bewegung des einzelnen Planeten beschreiben, postuliert das dritte die Existenz einer universellen Konstanten für alle Planetenbewegungen:

$$T^2 = k \cdot D^3$$

Hierbei bezeichnet T die Umlaufszeit um die Sonne, D das arithmetische Mittel zwischen der kleinsten und der größten Entfernung zwischen Planet und Sonne und k ist eine für alle Planeten gleiche Konstante. In Vortrag XIII werden wir die Bedeutung dieser Gesetze genauer beleuchten. Lassen Sie mich zuerst aber zu dem Gesetz zurückkehren, das chronologisch Keplers erstes war und sich in seinem Status von den anderen stark unterscheidet.

Im Jahr 1596 veröffentlichte Kepler sein *Mysterium Cosmographicum* (dt. Übers. *Das Weltgeheimnis*). In diesem Werk betrachtet er die Sphären, die näherungsweise die Planetenbahnen umschließen. Ich möchte auch hier betonen, dass die Näherungen recht genau sind. Kepler stellt fest: Ein der Sphäre des Merkur umbeschriebenes Oktaeder ist zugleich der Sphäre der Venus einbeschrieben, ein der Sphäre der Venus umbeschriebenes Ikosaeder ist zugleich der Sphäre der Erde einbeschrieben, ein der Sphäre der Erde umbeschriebenes Dodekaeder ist zugleich der Sphäre des Mars einbeschrieben, ein der Sphäre des Mars umbeschriebenes Tetraeder ist zugleich der Sphäre des Jupiter einbeschrieben und schließlich ist ein der Sphäre des Jupiter umbeschriebenes Hexaeder zugleich der Sphäre des Saturn einbeschrieben (Fig. XI. 5). Damit sind alle Planeten und alle regulären Polyeder berücksichtigt.

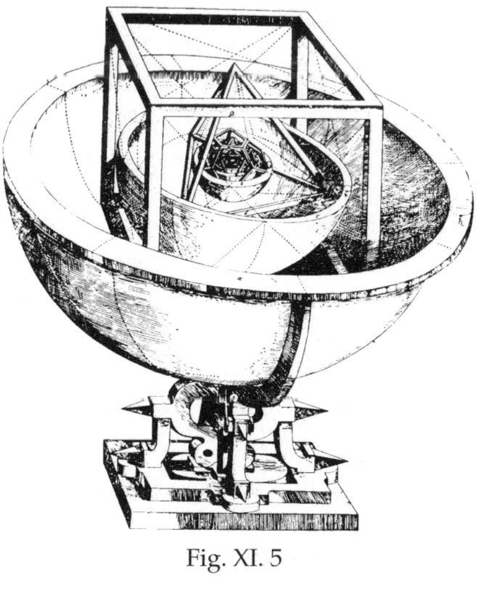

Fig. XI. 5

Warum zögern wir, diese Beobachtungen als Naturgesetz anzuerkennen? Rechenfehler können nicht der Grund sein. An dieser Stelle müssen wir auf die recht strengen Regeln zurückgehen, die wir uns selbst auferlegen, um Naturgesetze von reinen Eindrücken zu unterscheiden. Glaube und Gefühl wenden sich an einen anderen Teil des Bewusstseins als das unbestechliche Auge des Wissenschaftlers. Dies wird jeder zugeben. Es wird aber nicht immer bedacht, dass Naturwissenschaftler (und auch andere Menschen) ihre Hypothesen auf der Grundlage von Gefühl und Intuition entwickeln und solche intuitiven Vermutungen häufig durch Erfahrung und Rechnung bestätigt werden können. Dennoch besteht Übereinstimmung darin, dass eine solche Art der Bestätigung nicht ausreicht, um eine Hypothese in den Rang eines Gesetzes zu heben. Was sich in dieser Richtung die modernen Physiker so leisten ..., wir werden bald auf diese Frage zurückkommen. Der Hauptgrund, der uns daran hindert, Keplers Regel als Naturgesetz anzuerkennen, ist keineswegs die Unmöglichkeit, diese Regel für alle Planeten zu verifizieren, weil es mehr Planeten als reguläre Polyeder gibt. Ein Beleg für meine Ansicht ist das Schicksal der später entdeckten Titius-Bode'schen Regel für Planeten, kurz auch Bode'sches Gesetz genannt. Auch diese wurde durch Beobachtung und Rechnung ermittelt. Formuliert wurde sie im Jahr 1766 von J. D. Titius, also zu einer Zeit, in der es „nur 6 Planeten gab". Zum zweiten Mal entdeckt und verbreitet wurde sie von J. E. Bode im 19. Jahrhundert; sie erwies sich dann auch als gültig für eine inzwischen gestiegene Anzahl von Planeten. Die Regel besagt: *Die mittleren Entfernungen der Planeten von der Sonne, gemessen in astronomischen Einheiten (also der mittleren Entfernung zwischen Erde und Sonne) folgen der Formel*

$$r_n = 0{,}4 + 0{,}3 \cdot 2^{n-1},$$

wobei die Werte von n für die Planeten, mit dem sonnennächsten beginnend, $-\infty$, *1, 2, 3, 5, 6 sind.* Dieses Ergebnis war schon interessant, als es erstmals mitgeteilt wurde, und es wurde noch viel interessanter, als sich nach der Entdeckung des Uranus (1781) herausstellte, dass seine mittlere Entfernung von der Sonne dem Wert $n = 7$ entspricht. Im Jahr 1801 wurden zwischen der Marsbahn ($n = 3$) und der Jupiterbahn ($n = 5$) Planetoiden entdeckt, deren mittlere Entfernung zur Sonne dem Wert $n = 4$ entspricht. Der Wert $n = 8$ erwies sich als charakteristisch für den 1846 entdeckten Neptun und endlich $n = 9$ als passend für den 1930 entdeckten Pluto. Gewiss ist die Tatsache, dass diese Regel, von ihrer frühesten Formulierung an gerechnet, über anderthalb Jahrhunderte hinweg in vollem Einklang mit den Beobachtungen blieb, ein starkes Argument zu ihren Gunsten. Dennoch sehen wir die Titius-Bode'sche Regel nicht als Naturgesetz an, *weil wir keinen Grund für ihre Gültigkeit kennen.*

Ich habe schon angedeutet, dass die modernen Physiker an diese Sache anders herangehen. Zum Ersten ist es ihnen bei verschiedenen Gelegenheiten geglückt, Regeln zu verifizieren, die sie aus dem Zylinder gezaubert haben. Ein Beispiel dafür ist die Balmer'sche Formel

$$\lambda = 3645{,}6 \cdot \frac{n^2}{n^2 - 4}\,\text{Å},$$

die die Frequenzen gewisser Linien in der Hauptserie des Wasserstoffspektrums angibt. Die Quantentheorie hat diese Regel zu einer trivialen Folge gewisser allgemeiner Gesetzmäßigkeiten degradiert. Zum Zweiten besteht seit Einstein (siehe Vortrag XXII) die vorherrschende Methode der physikalischen Theoriebildung in der Konstruktion völlig abstrakter Hypothesen, die als wahr akzeptiert werden, solange sie nicht durch Messergebnisse widerlegt sind. Die mathematische Version dieses Zugangs wäre, alle mathematischen Behauptungen als wahr hinzunehmen, solange kein einschlägiges Gegenbeispiel gefunden wird. Die Zulässigkeit eines solchen Zugangs, also die Tatsache, dass die wissenschaftliche Gemeinde diese Art Wissenschaft zu betreiben akzeptiert, legt den Gedanken nahe, dass wir Zeugen einer methodologischen Revolution von der Art der dorischen sind, allerdings einer Revolution in die entgegengesetzte Richtung.

Vortrag XII

... dazu Physik, Politik und Philosophie

Beginnen wir mit dem damaligen Umfang des Begriffs „Physik"! Im Griechischen bedeutet er wörtlich „Natur". Es war also üblich, alle Naturphänomene unter diesem Begriff zusammenzufassen. Dann aber gehört so gut wie alles zur Physik, und wenn dem so ist, hat der Begriff keinen rechten Sinn. Im 16. Jahrhundert entwickelte sich die Vorstellung, Physik umfasse den prä-deduktiven Teil der Kenntnisse über die Natur, und der andere Teil, der sich nach den Regeln der Deduktion darstellen und entwickeln lässt, sei der Mathematik zuzuschlagen. Folglich gehörte gemäß der Herleitung von Archimedes (siehe Vortrag VII) die Lehre vom Schwerpunkt (und allgemein die Statik) zur Mathematik, während die Lehre von den Bewegungen (oder auch beispielsweise die Physiologie) unter den Begriff Physik fiel. So blieb es bis in die Mitte des 19. Jahrhunderts. (Beispielsweise wanderte die Elektrizitätslehre um 1800 von der Physik ab zur Mathematik.) Der Gegenstand, den ich hier zuerst behandeln möchte, könnte, modern gesprochen, als Überwechseln der Dynamik von der Physik zur Mathematik gekennzeichnet werden. Die Ursache für diese Entwicklung lag in den Forschungsergebnissen Galileis.

Galileo Galilei (1564; 1642) war ein Sohn eines berühmten Florentiner Musikers und wuchs in einer wohl situierten Familie auf. Im Jahr 1581 nahm er an der Universität Pisa das Medizinstudium auf. Zu jener Zeit hatte die Berufsentscheidung nur geringen Einfluss auf die Studienfächer; ganz gewiss traf dies für die ersten Studienjahre zu. Am Anfang stand das Studium der Werke des Aristoteles, also der offenbaren und unwiderleglichen Wahrheit. Die Texte waren auswendig zu lernen, aber Galilei war unvorsichtig genug, beim Auswendiglernen über die Texte auch nachzudenken. So lieferten ihm die Werke des Aristoteles den stärksten Anstoß für die eigenen Untersuchungen. Man kann sogar ohne Bedenken sagen, dass Galilei aus dem Bestreben, manche Teile von Archimedes' Werk als wissenschaftlich wertlos zu entlarven, das entscheidende Motiv zog, eigenständig zu forschen. Galilei interessierte sich ganz besonders für die Bewegung; er sagte dazu: *Die ursprünglichste aller Naturerscheinungen ist die Bewegung und dennoch gibt es dafür kaum aussagekräftige Erklärungen.* Galilei vernachlässigte sein Medizinstudium und schrieb noch in Pisa einige Arbeiten über den freien Fall und, besonders wichtig, über das Pendel. Damit erwarb er sich in Mathematikerkreisen einen guten Ruf, der ihm zuerst in Pisa (1589), dann in Padua (1592) zu einer Mathematikprofessur verhalf.

Galilei begann seine Untersuchungen über den freien Fall mit dem Nachweis, dass alles, was Aristoteles dazu geschrieben hatte, grundfalsch war. Nehmen wir Aristoteles' Behauptung, die Geschwindigkeit eines fallenden Körpers sei proportional zum zurückgelegten Weg, es gelte also $v(t) = c \cdot s(t)$, wobei v die Geschwindigkeit, s der Weg, t die Zeit und c eine Konstante ist. Um dies zu widerlegen, argumentiert Galilei so: Man betrachte den freien Fall eines Körpers von einem Anfangspunkt O zu einem Endpunkt P; die Einheiten seien so gewählt, dass $OP = 1$, $c = 1$ und im Punkt P außerdem $v = 1$ gilt. Dann ist die Durchschnittsgeschwindigkeit kleiner als 1. Folglich legt der Körper die Strecke vom Mittelpunkt P_1 der Strecke OP zum Endpunkt P, also eine Strecke der Länge $\frac{1}{2}$, in einer Zeit zurück, die größer ist als $\frac{1}{2}$. Nach Aristoteles hat der Körper in P_1 die Geschwindigkeit $\frac{1}{2}$. Daher ist die Durchschnittsgeschwindigkeit auf der Strecke OP_1 kleiner als $\frac{1}{2}$. Ist P_2 der Mittelpunkt der Strecke OP_1, durchläuft der Körper die Strecke P_2P_1 mit Länge $\frac{1}{4}$ in einer Zeit, die größer ist als $\frac{1}{2}$ und so fort (Fig. XII. 1). Auf diese Weise wird OP in unendlich viele Teilstrecken zerlegt, die alle jeweils in einer Zeit größer als $\frac{1}{2}$ zurückgelegt werden. Dann aber kann der Körper nicht in endlicher Zeit von O nach P gelangen. Aristoteles' Behauptung ist also falsch.

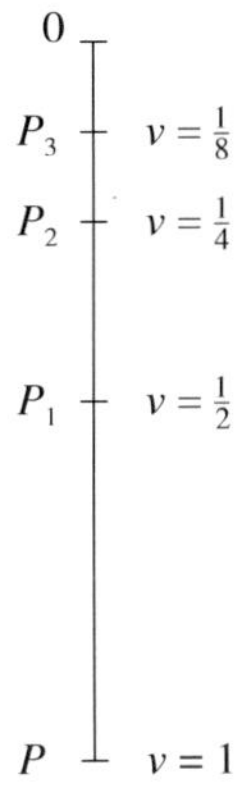

Fig. XII. 1

Aristoteles behauptete auch, schwerere Körper fielen schneller als leichtere. Dies lässt sich ebenfalls widerlegen, indem man den freien Fall zweier miteinander in Kontakt bleibender Körper betrachtet. Was trifft dann stattdessen zu? Nachdem Galilei auf diese Weise die Behauptung von Aristoteles widerlegt hat, stellt er selbst eine Behauptung auf: Beim freien Fall ist die Geschwindigkeit proportional zur verstrichenen Zeit, nicht zum Fallweg. Es soll also $v(t) = \alpha \cdot t$ gelten, wobei α eine Konstante ist. Die Durchschnittsgeschwindigkeit ist (wieder eine Behauptung!) das arithmetische Mittel aus der kleinsten und der größten Geschwindigkeit, beträgt also, wenn die Anfangsgeschwindigkeit 0 ist, $\frac{1}{2}\alpha t$. Der zurückgelegte Weg ist folglich $\frac{1}{2}\alpha t^2$. Hieraus wiederum folgt, dass *die in aufeinander folgenden gleichen Zeitintervallen zurückgelegten Teilstrecken*, so schrieb Galilei, *sich wie die aufeinander folgenden ungeraden Zahlen verhalten*, also wie 1:3:5:7:9 usw. Und: Eine Beziehung zwischen der Fallgeschwindigkeit und der Größe oder dem Gewicht eines Körpers gibt es nicht. Jedermann kann dies bestätigen, indem er ein Kilogewicht und eine Feder fallen lässt. Da haben Sie's! Wie steht es mit der Rechtfertigung dieser, wie wir heute wissen, richtigen Behauptungen?

Die Summe aufeinander folgender ungerader Zahlen, mit 1 beginnend, ist stets eine Quadratzahl.

Galilei gab keine deduktiven Begründungen, sondern entwickelte eine eigene Methode zur Rechtfertigung naturwissenschaftlicher Behauptungen. In der Tat: Er schuf die Methodologie der Physik und die Physiker sehen in ihm den Gründer ihrer Disziplin. Sein Verfahren besteht darin, Experimente so anzulegen, dass die Wirkung aller das Experiment bestimmenden Größen im Endergebnis sichtbar wird. Das Experiment soll also bestätigen, dass die formelmäßige Beschreibung für den Ablauf einer Naturerscheinung diesen korrekt wiedergibt. Damit wird die Formel zum Naturgesetz. Es war keineswegs von vornherein klar, durch welche Experimente sich das Fallgesetz würde untermauern lassen. Um die Geschwindigkeit des frei fallenden

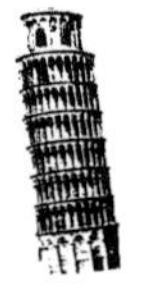

Körpers besser beobachten zu können und den Zusammenhang mit den aufeinander folgenden ungeraden Zahlen herzustellen, musste der ganze Vorgang verlangsamt werden; Galilei benutzte dazu die schiefe Ebene. In diesem Zusammenhang führte er auch einen neuen äußerst nützlichen Begriff in die Mathematik ein, nämlich den des Vektors. Er zeigte, dass Geschwindigkeiten vorteilhaft durch Vektoren statt durch Zahlen darzustellen sind. Ebenso führte er den Begriff der Kraft (wieder ein Vektor) als Ursache der Bewegung ein und verknüpfte diesen mit dem Begriff der Beschleunigung, einem zum Kraftvektor gleich gerichteten Vektor, dessen Länge von einer Eigenschaft des Körpers abhängig ist. Diese Eigenschaft, eine Zahlengröße, bezeichnete er als Masse. Mit anderen Worten gesagt: Er hatte die Formel $\vec{F} = m \cdot \vec{a}$ entwickelt. Nun konnte er auch die schiefe Ebene modellieren. Bemerkenswerterweise gelang ihm dies höchst elegant ohne trigonometrische Funktionen. Er zeigte auch, dass die Zeit, in der ein frei fallender Körper eine Sehne durchläuft, die vom höchsten Punkt eines senkrecht aufgestellten Kreises ausgeht, für alle Sehnen dieselbe ist. Sein Beweis stützt sich einzig auf die Formel für den freien Fall. In heutiger Notation verläuft er im Einzelnen folgendermaßen:

Galilei zerlegt den die Fallbewegung verursachenden Beschleunigungsvektor in zwei Komponenten, eine zur Sehne senkrechte, die dann nicht mehr berücksichtigt werden muss, und eine zur Sehne parallele (Fig. XII. 2).

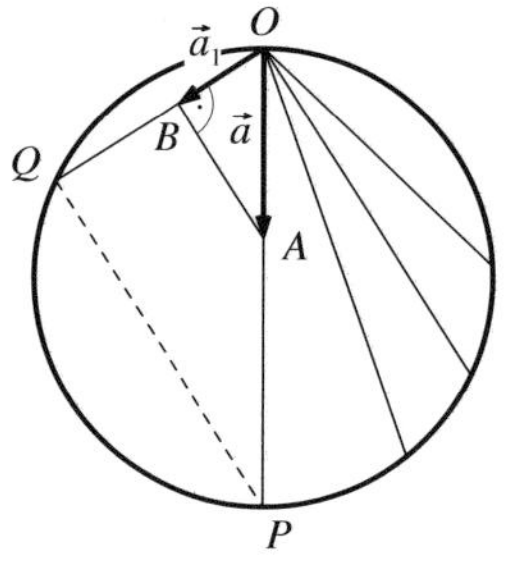

Fig. XII. 2

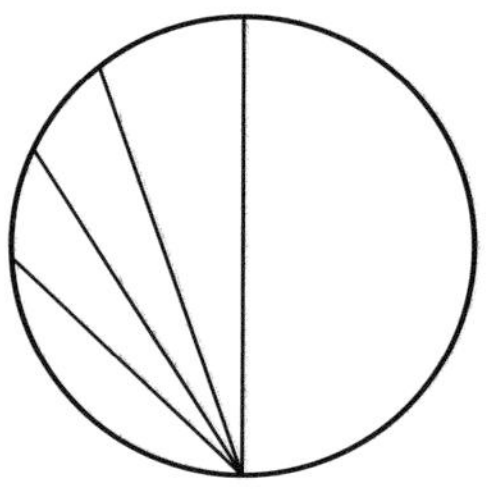

Fig. XII. 3

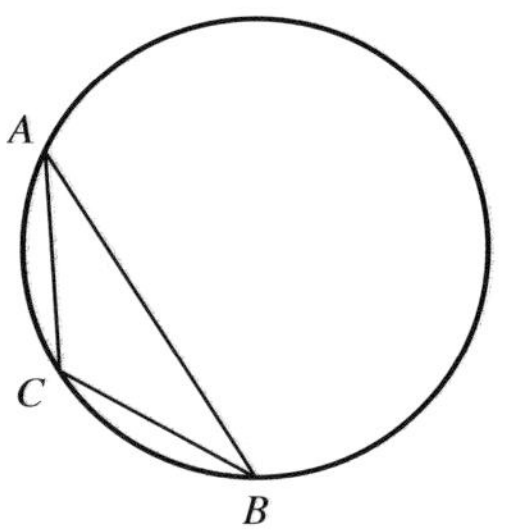

Fig. XII. 4

Er nutzt nun aus, dass der Umfangswinkel über einem Durchmesser ein rechter ist und beweist damit die Ähnlichkeit der Dreiecke ABO und PQO. Damit erhält er die Beziehung

$$\frac{a_1}{a} = \frac{OQ}{OP} = \frac{\frac{a_1 \cdot t_1^2}{2}}{\frac{a \cdot t^2}{2}} = \frac{a_1}{a} \cdot \frac{t_1^2}{t^2},$$

wobei t_1 und t die Fallzeiten längs des Durchmessers bzw. längs der Sehne sind und der Betrag eines Vektors mit demselben Buchstaben wie der Vektor bezeichnet wird, nur ohne Pfeil. Da t_1 und t positiv sind, folgt aus der Gleichheit des ersten und des letzten Bruchs, dass $t_1 = t$ gilt. Mit einer ähnlichen Begründung leitete Galilei auch her, dass die Fallzeit für alle im tiefsten Punkt endenden Sehnen dieselbe ist (Fig. XII. 3). Weiterhin zeigte er, dass die Fallzeit längs des aus zwei Sehnen AC und CB zusammengesetzten Wegs kürzer ist als längs der Sehne AB (Fig. XII. 4). Daraus allerdings zog er den falschen Schluss, dass ein Kreisbogen eine Brachistochrone ist.

Die Brachistochrone zwischen zwei (nicht vertikal übereinander liegenden) Punkten A und B ist die Kurve, auf der ein Körper im Schwerefeld (reibungsfrei) herabgleitet, wenn als Nebenbedingung die Fallzeit minimal sein soll. Ein Zykloidenbogen ist eine Brachistochrone, ein Kreisbogen aber nicht. Galilei machte den Fehler, dass er als Bahnen nur Kreisbögen und Strecken (und Zusammensetzungen dieser Elemente) zuließ.

Nachdem Galilei eine Möglichkeit gefunden hatte, eine Bewegung beliebig zu verlangsamen (er musste ja nur die schiefe Ebene nahezu horizontal legen), verifizierte er seine Formel für beliebige Körper – groß, klein, schwer oder leicht. Offen blieb nur die Frage, ob die Beschleunigung $\vec{a}$ für alle frei fallenden Körper dieselbe ist. Hier kam Galilei auf den keineswegs nahe liegenden Gedanken, die Pendelbewegung zu untersuchen. Er argumentierte, dass für kleine Schwingungsamplituden die Bewegung des Pendelkörpers in guter Näherung mit der Bewegung auf einer schiefen Ebene übereinstimmen muss. Da demnach zwei Pendel von gleicher Länge, aber mit unterschiedlich schweren Pendelkörpern nach gleicher (kleiner) Auslenkung im gleichen Takt schwingen, muss der Vektor $\vec{a}$ konstant sein.

Ich habe Galileis Schlussweisen so ausführlich geschildert, um den Unterschied zur klassischen Art der Herleitung zu zeigen und ihn als genialen Experimentator ins rechte Licht zu rücken. Einige seiner Ergebnisse sind geradezu Leckerbissen. Er zeigte beispielsweise, dass die Periode des Pendels proportional zur Quadratwurzel seiner Länge ist. Ich beeile mich hinzuzufügen, dass ich nicht beabsichtige, die Anfänge der Physik als Wissenschaft zu beschreiben (oder, was dasselbe wäre, den Übergang der Dynamik von der Physik zur Mathematik). Ich wollte nur die Aufmerksamkeit darauf lenken, wie Galilei diesen Forschungsgegenstand verstand.

Bei der Untersuchung von Naturerscheinungen kann man sich auf das *Warum* oder auf das *Wie* der Phänomene konzentrieren. Galilei war offenbar der Erste, der die Sinnhaftigkeit der ersten Frage kategorisch verneinte. Seiner Meinung nach konnte eine sinnvolle Frage nur dem *Wie* gelten. Hier ein Zitat aus den *Discorsi e demonstratione matematiche* (dt. Übers. *Unterredungen und mathematische Demonstrationen über zwei neue Wissenszweige, die Mechanik und die Fallgesetze betreffend*):

> *Es ist hier nicht angezeigt, über die Ursachen der Beschleunigung nachzudenken. So viele Philosophen es gibt, so viele Ansichten darüber gibt es. Einige haben als Ursache das Streben zum Mittelpunkt genannt, andere das langsame Nachlassen des Widerstands der Umgebung, wieder andere die Umgebung, die sich hinter dem sich bewegenden Gegenstand schließt und ihn dadurch beständig vorantreibt. All diese und viele andere Meinungen könnte ich analysieren, aber der Nutzen wäre gering. Für jetzt genügt es, sich zu überlegen, wie man die Eigenschaften der beschleunigten Bewegung (unabhängig vom Grund) unter der Annahme herausfinden kann, dass …*

Wir sollten dies vor dem Hintergrund würdigen, dass gegen Ende des 16. Jahrhunderts so gut wie alle Gelehrten sich in weitgehend nutzlosen Gedankenspielen verloren hatten. Galileis Äußerungen über das Wirken seiner Kollegen waren auch alles andere als zurückhaltend.

Im Herbst 1992 wurde Galilei durch Papst Johannes Paul II. rehabilitiert, nachdem im Jahr 1633 sein *Dialogo sopre i due sistemi* (dt. Übers. *Dialog über die beiden hauptsächlichen Weltsysteme, das ptolemäische und das kopernikanische*) auf den Index gesetzt und er selbst von der Inquisition zu dauerndem Hausarrest unter Bewachung verurteilt worden war. Mit diesem Urteil – jedenfalls kann man es so sehen – rächte sich schließlich die Professorenschaft der Universitäten an Galilei, der nicht nur ihre Forschungsergebnisse, sondern schon ihre Forschungsgegenstände heruntergemacht hatte. Bis dahin, über viele Jahre hinweg, war Galilei gegen alle Anschuldigungen bei der Inquisition gefeit gewesen, da er den Schutz der Familie Medici genoss, die noch mächtiger war als die Inquisitoren.

Mit seiner Entscheidung erkannte Johannes Paul II. nicht so sehr die Richtigkeit der Galilei'schen Lehre an, sondern setzte lediglich eine schlichtweg dumme Entscheidung der auf Galilei angesetzten Kleingeister außer Kraft. Ich wähle das Wort „dumm", weil es Galilei, dem Grundprinzip seiner Forschungsarbeit treu, sorgfältig vermied, aus seinen Erkenntnissen „ideologische" Schlüsse zu ziehen. Deshalb prägte er auch den Begriff der *sublunaren Welt* für den Bereich, der von den Gesetzen der Physik beherrscht wird. Die übrige Welt ist ganz anderer Natur; in ihr gelten unerforschliche Gesetze. Nur das Sichtbare ist beschreibbar. Nebenbei bemerkt wirft die Entscheidung des Papstes die interessante Frage auf, ob es ein schwerer Fehler wäre, alle Opfer der Inquisition zu rehabilitieren.

Galilei beschränkte seine Untersuchungen nicht auf die Dynamik. Er konstruierte beispielsweise auch ein Thermometer und – im Jahr 1609 – ein Fernrohr, mit dem er nachweisen konnte, dass es auf dem Mond Berge gibt, die Milchstraße eine Ansammlung von Sternen ist, die Venus ganz so wie der Mond Phasen durchläuft und dass es Sonnenflecken gibt. Außerdem entdeckte er vier Jupitermonde, die „Medicei'schen Gestirne". Diese Entdeckung beeindruckte ihn selbst und seine Zeitgenossen besonders. Dass es außer der Sonne und der Erde noch andere Himmelskörper mit Begleitern gab, war ein starker Hinweis auf die Existenz weiterer Sonnensysteme.

Die Vektoren, die Galilei als junger Mann erdacht hatte, beschäftigten ihn während seines ganzen Lebens. Insbesondere konnte er 1636 mithilfe des Vektorbegriffs das klassische Prinzip der Relativität der Bewegung formulieren. Die Bedeutung des Vektorbegriffs war jedoch für die Mathematik wesentlich höher als für die Physik. Er ist in der analytischen Geometrie unentbehrlich, die wiederum für die gesamte Mathematik des 17. Jahrhunderts von grundlegender Bedeutung ist (siehe den folgenden Vortrag). Der Vektorbegriff trieb aber noch eine weitere interessante Entwicklung voran. Es war leicht zu sehen, dass sich zwei Vektoren zur Summe null ergänzen konnten. (Denken Sie an einen Wettkampf im Tauziehen!) Damit lag der Gedanke nahe, dass Ähnliches auch für zwei Zahlen gelten könnte, und der Weg war bereitet, negative Zahlen als eigenständig anzuerkennen. Es dauerte bis zur Mitte des 19. Jahrhunderts, bis die Vektoren den komplexen Zahlen einen ähnlichen „Gefallen" erwiesen.

Wir erinnern uns, dass die Pythagoreer die Mathematik als wahren Urgrund der Welt ansahen, während die Aristoteliker sie nur als nützliche Beschreibungsmethode betrachteten. In diesem Disput vertrat Galilei, ob uns dies nun gefällt oder nicht, die aristotelische Position. Er schrieb wohlgesetzt über die Mathematik, aber nur als Mittel zum Zweck. In seinem Werk *Il Assagiatore* (1623) (*Der Prüfer mit der Goldwaage*) heißt es:

> *Das große Buch der Natur liegt offen vor unseren Augen und in ihm steht die wahre Philosophie geschrieben – ich meine das Weltall. Wir können das Buch aber erst lesen, wenn wir seine Sprache und die Zeichen kennen gelernt haben. ... Seine Sprache ist mathematisch und seine Buchstaben sind Dreiecke, Kreise und andere geometrische Figuren, ohne die seine Worte von keinem Menschen ausgesprochen werden können; ohne sie bleibt nichts als ein hoffnungsloses Kreisen in einem finsteren Labyrinth.*

In Anbetracht der politischen Wirren der damaligen Zeit ist es erstaunlich, dass sich überhaupt noch Menschen mit der Wissenschaft befassten. Im Folgenden möchte ich einen Abriss der verwickelten Einzelheiten geben.

Gegen Ende des 15. Jahrhunderts war Europa ein deutlich bipolares politisches System. Der ganze Kontinent wurde von zwei Staaten beherrscht, nämlich

Spanien und Polen. Die Macht Spaniens gründete sich auf das Gold, das nach der Entdeckung (1492) und Christianisierung – um den päpstlich verordneten Euphemismus zu gebrauchen – Amerikas in riesigen Mengen zur Verfügung stand. Die Bedeutung des Goldes war eine doppelte: Zum einen zahlten die Spanier damit, zum anderen wurde Gold zum Zahlungsmittel im allgemeinen Warenverkehr. Der zuvor herrschende Mangel an einer harten Währung hatte die europäische Wirtschaft erstickt; nun ließ das Gold die Wirtschaft aufblühen. Die Macht Polens gründete sich auf Getreide. Der Getreideexport (sie ist dahin, die gute alte Zeit!) förderte die Entwicklung Westeuropas ganz entschieden. Beide Staaten herrschten mit eiserner Hand über ihre Satelliten. Bei Polen (in Personalunion mit Litauen) waren dies Russland, Böhmen und Ungarn; eine Prinzessin Katharina aus dem Haus der Jagiellonen saß auf dem schwedischen Thron. Die Spanier herrschten über Frankreich, England und die Niederlande; in Österreich herrschte dieselbe Dynastie; Italien stand unter spanischer Oberhoheit. Solange die Rivalität zwischen den Habsburgern und den Jagiellonen die einzige Quelle politischer Verwicklungen darstellte, war noch alles „unter Kontrolle". In den Befreiungskriegen des 16. Jahrhunderts erhob sich dann aber fast der ganze Kontinent gegen seine Unterdrücker. Da die beiden Supermächte streng katholisch waren, nahmen viele dieser Kriege den Charakter von Religionskriegen an.

Die Kriege wüteten in Westeuropa etwa hundert Jahre lang, in Osteuropa noch länger. Sie endeten mit der Entstehung neuer oder umgebildeter Staaten und prägten die politische Landkarte unseres Erdteils für viele Jahre. Nach dem Tod Heinrichs VIII. von England setzte seine Tochter Maria I. (genannt die Blutige) in ihrem Land mithilfe der Armee ihres Gemahls Philipp II. von Spanien energisch die Gegenreformation durch. Dies rief eine heftige Reaktion hervor: Keinen Tag später als an Marias Todestag im Jahr 1558 metzelten die Engländer die Spanier nieder und warfen sie auf den Scheiterhaufen. Während der vorhergegangenen Jahre hatten Katholiken Protestanten verbrannt; jetzt waren die Protestanten an der Reihe, Katholiken zu verbrennen. Nachdem Elisabeth I. den englischen Thron bestiegen hatte, verfolgten die englischen Armeen nur ein Ziel, nämlich die Vernichtung der Spanier an jedem Ort auf der Erde, an dem sie angetroffen wurden. Ein halbes Jahrhundert lang gab es wirklich kaum einen Unterschied zwischen Seeräubern und der englischen Flotte bei ihren Raubzügen gegen spanische Kolonien. Ein schlagendes Beispiel ist der Piratenkapitän Francis Drake, der in den Adelsstand erhoben und mit dem Kommando über die Flotte beauftragt wurde. Das Schlusskapitel dieses Dauerkonflikts war die Vernichtung der Armada, der spanischen Kriegsflotte, die 1588 gegen England ausgelaufen war. Wie tief greifend der durch die Kriege verursachte soziale Wandel war, lässt sich daran ermessen, dass weniger als fünfzig Jahre nach Elisabeths Tod die Engländer ihren König aufs Schafott schickten und ein parlamentarisches System einführten. Der Hass gegen das Papsttum war in England so groß, dass Cromwell, der Kopf der antiroyalistischen Bewegung, sogar die Feier des Weihnachtsfestes verbot. Ich habe England als besonders eindrucksvolles Beispiel angeführt; es ist offenkundig, dass sich der Befreiungskampf anderer Länder hier nicht, und sei es noch so kurz, beschreiben lässt. Vermutlich wissen viele meiner Leser über die Bartholomäusnacht, über Katharina von Medici und auch über Henri IV. und die Befreiung Frankreichs im Jahr 1589 Bescheid. (Viele haben vermutlich Heinrich Manns Roman über diese Zeit oder auch Dumas' *Marguerite de Valois* (dt. Übers. *Die Bartholomäusnacht*) oder *Die drei Musketiere* gelesen.) In den Niederlanden dauerte der Kampf besonders lange und er ist in einer Vielzahl von literarischen Werken dokumentiert.

Im Osten Polens, das im 15. Jahrhundert bis ans Schwarze Meer reichte, wüteten heftige Kämpfe mit dem ottomanischen Reich. Polnische Könige regierten in Ungarn und Böhmen. In Kriegen gegen Russland eroberten und besetzten polnische Truppen zweimal Moskau. Polen war auch Hegemonialmacht des entstehenden Preußen und dessen erster Herrscher, Herzog Albrecht von Preußen, wurde von seinem Onkel (dem Bruder seiner Mutter Sophie), König Sigismund dem Alten, zum Lehnseid gezwungen. In den folgenden Jahren gewannen aber die jungen Staaten in Kriegen gegen die selbstherrlichen Großmächte die Oberhand.

Man kann sich nur schwer vorstellen, dass die Wissenschaft in einer derart durcheinander geschüttelten Welt florieren konnte. Der Gewinn wahrer Freiheit und Unabhängigkeit erwies sich aber doch als starker Aktivitätsschub auf allen Gebieten, die Wissenschaften eingeschlossen. Überraschend ist, dass die großen Umwälzungen auch neue soziale Schichten zur Wissenschaft führten. In den befreiten, unabhängig gewordenen oder neu geschaffenen Staaten ergriffen andere Menschen als bisher die wissenschaftliche Laufbahn. Viele waren Offiziere der Befreiungsarmeen. Zu jener Zeit galt ein Offizier als Intellektueller. Ein Soldat der Pioniertruppe hieß *sapper* oder *sapeur*; dieses Wort kommt vom lateinischen *sapere, wissen*. Im Französischen steht *génie* für Begabung, aber auch für einen Offizier der *sapeurs*. Welch glänzende Geister diese Leute waren, zeigt sich an einer Erfindung, die man gerne in die Frühgeschichte verlegen würde und die doch erst eine strategische Geheimwaffe der französischen Armee von Ludwig XIV. war, nämlich am Schubkarren. Erfunden wurde er von Blaise Pascal und diente als nützliche Hilfe beim Aufschütten von Wällen. Derselbe Pascal erfand noch als Kind für seinen Vater, einen Steuereinnehmer, eine Rechenmaschine. (Dazu sollte man wissen, dass das französische Währungssystem nicht dezimal war.)

Diesen neuen Menschen erschien die Welt viel größer als ihren Vätern. Die astronomischen Entdeckungen Galileis hatten das Weltall erweitert und den Blick in den fernen Weltraum gelenkt. Cyrano de Bergerac (der nicht nur eine von Edmond Rostand erfundene Romanfigur war) schrieb ein Buch über eine Reise zum Mond. Olaf Römer erklärte die Schwankungen in den Umlaufzeiten der Jupitermonde durch die unterschiedlichen Entfernungen des Jupiter von der Erde zu verschiedenen Zeitpunkten und konnte sie damit auf die Endlichkeit der Lichtgeschwindigkeit zurückführen. Nach umfänglichen Rechnungen erhielt er den noch heute akzeptablen Wert von $300\,000\,\frac{\text{km}}{\text{s}}$. Cassini entdeckte die Saturnringe und stellte sogar fest, dass es zwei Ringe gibt. Halley fand heraus, dass ein bestimmter Komet, der heute nach ihm benannt ist, in regelmäßigen Zeitabständen der Erde nahe kommt. Kurz gesagt: Es kam Leben in den Himmel.

Eine Erweiterung der Welt in entgegengesetzter Richtung wurde durch die Erfindung des Mikroskops bewirkt. Die Erfinder waren der Holländer Leeuwenhook, die flämischen Brüder Jensen und der Engländer Robert Hooke. Es stellte sich heraus, dass gewöhnliches Wasser von Lebewesen bevölkert ist, die dort ein abenteuerliches Leben führen. Besonders viele bekam man zu sehen, wenn man Heu mit Wasser aufgoß; daher rührt der Name Infusorien, Aufgusstierchen. (In der Schule lernte ich diesen Namen als wissenschaftliche Bezeichnung.) Allgemein herrschte der Glaube, Tierchen aus einem Pfefferaufguss hätten Hörner, Tierchen aus einem Stärkeaufguss seien kugelrund. Die Beobachtungen unter dem Mikroskop brachten scharfe Denker auf die Frage nach der Struktur der Materie. Dazu kam Hooke auf eine glänzende Idee. Er bemerkte, dass sich verschiedene, in ein Gefäß voll Sand hineingelegte Gegenstände beim

Schütteln so verhielten, als sei Sand eine Flüssigkeit: Diejenigen mit höherem spezifischen Gewicht sanken ab, die mit niedrigerem schwammen auf. Die ganz einfache Lehre daraus war: Alle Flüssigkeiten sind Ansammlungen schwingender Teilchen. Dies war der Anfang der kinetischen Theorie und der Molekültheorie zur Struktur der Materie; diese Grundidee wurde binnen kurzem auf alle Aggregatzustände ausgedehnt. Christian Huygens, ein Holländer, führte die Wellentheorie des Lichts ein, Newton die Teilchentheorie, in der das Licht aus scheibenförmigen Partikeln besteht. In beiden Theorien ließen sich Interferenz und Brechung erklären.

Weiter wurde beobachtet, dass Pflanzen eine Substanz aus der Luft aufnehmen; die Bestätigung gelang durch sorgfältige Wägung. Das Verdauungs-, das Gefäß- und das Nervensystem wurden als gesonderte Bestandteile der menschlichen und der tierischen Anatomie identifiziert, ihre Funktion wurde erforscht. Die Biologie nahm ihre heutige Gestalt an. Im Wesentlichen dank Boyle gelang dasselbe für die Chemie. Kurz gesagt: Die Naturwissenschaften näherten sich ihrer heutigen Form.

Es sollte uns nicht überraschen, dass alle diese Fortschritte in einer Weise erzielt wurden, die, gemessen am methodisch engen Standard der Wissenschaften an den Universitäten, bei weitem nicht befriedigend war. Die bestallten Vertreter der Wissenschaft hatten häufig Vorbehalte gegen den neuen Stil der Forschung, in dem Vermutungen auf recht lockere Weise geäußert wurden. Die jungen Feuerköpfe scherten sich aber nicht um Zustimmung. Einige von ihnen erklärten, Beweise bräuchten nur Schwächlinge wie die Griechen; sie selbst könnten gut ohne Beweise auskommen. Selbst ein so herausragender Wissenschaftler wie Kepler stellte fest, die Beweise eines Archimedes seien *absolutae et omnis numeris perfectae*, also *unangreifbar und in höchstem Grade perfekt*, überstiegen aber seinen, Keplers, Verstand. Das wissenschaftliche Leben begann sich außerhalb der Universitäten zu entwickeln, die außer in England erzkatholisch waren. So entstand der Bedarf nach neuen Forschungseinrichtungen, an denen sich die jungen Schöpfer der Wissenschaft entfalten konnten.

Solche Zentren entstanden nun also. Es waren anfangs meist informelle Gruppen, die erst später offiziellen Status erhielten. Besonders typisch in diesem Sinn war der Kreis, der sich in Paris um den Franziskanerpater Marin Mersenne (1588; 1648) sammelte. Jedermann konnte Mersenne aufsuchen und mit den jungen Leuten um ihn herum wissenschaftliche Themen diskutieren, er konnte an Mersenne schreiben und ihm die neuesten Ergebnisse mitteilen oder einfach Fragen stellen. Mersenne pflegte alle nicht am Ort befindlichen Freunde brieflich über die neuen, ihm mitgeteilten Entdeckungen zu informieren und die an ihn gerichteten Fragen weiterzugeben. (Mersennes ausgedehnte, heute noch erhaltene Korrespondenz ist ein faszinierendes historisches Dokument.) Solche Gruppen entwickelten sich allmählich zu festen Einrichtungen, die sich dann meist als Akademien bezeichneten. Die erste solche Akademie entstand schon 1560 in Neapel, die nächste war im Jahr 1603 die Academia dei Lincei (die Akademie der Luchse) in Rom. Mersennes Kreis wurde 1666, also einige Jahre nach dem Tod des Initiators, zur Akademie von Paris.

Die am stärksten aus dem Rahmen fallende informelle Gruppe war das Invisible College in England. Eine Vielzahl ihrer Mitglieder waren Universitätsprofessoren, womit bewiesen ist, wie intellektuell erfrischend Regierungswechsel aller Art samt ihren blutigen Begleitumständen sein können. In einem Land, in dem im Lauf von gerade einmal 130 Jahren die herrschende Religion der Katholizismus, darauf der Anglikanismus, wieder der Katholizismus und dann wieder der Anglikanismus war, in einem Land, in dem drei königliche Gemahlinnen, drei Erzbischöfe, eine Königin und ein König zu Tode gebracht wurden, in einem Land, in dem die Monarchie erst abgeschafft und einen Augenblick später wieder eingeführt wurde: In einem solchen Land konnten die Universitäten einfach keine versteinerten Institutionen sein. Dennoch nahmen auch in England Universitätsprofessoren wie Barrow, Wallis und Newton den Unterschied zwischen universitärer Wissenschaft und der neuen Wissenschaft, die sie selbst betrieben, sehr wohl wahr. Ihre informelle Vereinigung, eine Gruppe kooperierender Wissenschaftler ohne feste Niederlassung, hieß The Invisible College, das Unsichtbare Kolleg. Normalerweise besaß jede solche Einrichtung ein eigenes Gebäude, ein College. Ein besonderer Zug des Unsichtbaren Kollegs war auch, dass keine Akademie als Nachfolgeorganisation entstand, sondern die Royal Society of London for the Advancement of Science, kurz die Royal Society, gegründet 1665.

Ein interessantes Dokument über die Royal Society hat sich bis heute erhalten. Es handelt sich um das in lebendigem Stil geschriebene Tagebuch eines ihrer Sekretäre, genauer gesagt desjenigen, dessen *Imprimatur* auf dem Deckblatt von Newtons berühmten *Principia* erscheint, Samuel Pepys. Das Tagebuch enthält die Beschreibung eines Experiments, das die jungen Freunde der Wissenschaft ausführten. Nachdem sie die Erkenntnis gewonnen hatten, dass der Blutkreislauf aus Kanälen und einer Förderpumpe besteht, entschlossen sie sich zu untersuchen, ob dieses System bei einem Menschen gestört würde, wenn man das menschliche Blut teilweise durch tierisches ersetzt. Der Londoner Polizeichef genehmigte den Antrag, einen zum Tode Verurteilten diesem Experiment zu unterziehen. Bei gutem Ausgang des Experiments sollte der Gefangene die Freiheit gewinnen und ein Goldstück erhalten. Der Versuch bestand in der Transfusion eines Liters Schafsblut. Offenbar wurde sofort ein Freiwilliger gefunden und das Experiment gelang. Nach der Transfusion erkundigte sich der Gefangene, ob dies alles gewesen sein sollte, erhielt seine Belohnung, bedankte sich und ging seiner Wege.

Die Opposition gegen die Autoritäten der Universität konnte zwar junge Wissenschaftler hinreichend motivieren, aber Opposition allein war natürlich noch kein ausgearbeitetes Forschungsprogramm. Mehr Gewicht hatte das Bestreben, die Forschungsergebnisse unmittelbar anzuwenden; beispielsweise wurde die Untersuchung des Pendels und später auch der Tautochrone durch die Konstruktion von Uhren begleitet. (Näheres in Vortrag XIV) Die Motivation durch Anwendbarkeit reichte aber auch noch nicht aus, um ein neues und vollständiges Gebäude der Wissenschaft zu errichten, ein Gebäude, das sich dann bis ins 20. Jahrhundert hinein als haltbar erwies. Notwendig war eine Weltanschauung, ein System allgemein anerkannter philosophischer Annahmen. Und solch eine philosophische Lehre wurde gefunden!

Der Vordenker dieser Lehre, die für drei Jahrhunderte die Wissenschaft leiten sollte, war René Descartes (1596; 1650), bekannt auch unter seinem latinisierten Namen Cartesius. Er wurde als Sohn eines Gutsherrn in der Touraine geboren. Selbstverständlich war er Offizier. Da er nur wenig älter als d'Artagnan war, musste er sich seinen Befreiungskrieg außerhalb Frankreichs suchen. So kam es, dass er unter Moritz von Nassau, Prinz von Oranien, in den Niederlanden diente. Er starb in Stockholm an einer Lungenentzündung; dorthin gelangt war er auf Einladung von Königin Christina, die herausragende Geister an den Hof rief, wenn sie auch mit der Einladung von Franzosen Absichten verfolgte, die an die Rolle von Greta Garbo in *Königin Christine* erinnern.

Sein Werk *Discours de la Methode* (1637; dt. Übers. *Abhandlung über die Methode des richtigen Vernunftgebrauchs*) wurde zur Bibel einer neu begründeten Wissenschaft. Der Autor charakterisiert in den *Regulae ad Directionem Ingenii (Regeln zur Leitung des Geistes)* sein Programm mit dem folgenden Satz:

> *Bei den von uns vorgenommenen Gegenständen dürfen wir nicht das, was andere darüber gemeint haben, noch was wir selbst mutmaßen, untersuchen, sondern allein das, was wir durch klare und evidente Intuition oder durch sichere Deduktion darüber feststellen können; auf keinem anderen Wege kann die Wissenschaft erworben werden.*[1]

Ich möchte betonen, dass es sich hier nicht um die Deklaration eines reinen Empirismus handelt, denn für Descartes bedeutete das Wort *feststellen* nicht nur das Ergebnis der sinnlichen, sondern auch der geistigen Wahrnehmung, also der Intuition oder Deduktion: *Ich denke, also bin ich.* Gott existiert, denn es ist undenkbar, dass es anders sein könnte.

Wie soll nun nach Descartes ein Forscher in der Praxis vorgehen? Zuerst sind alle überkommenen Ansichten zu verwerfen, bis nichts mehr Verwerfbares vorhanden ist, und danach sollen im auf diese Weise freigeräumten Feld alle Ansichten neu aufgebaut werden. Maßgeblich für diese Konstruktion sind drei Voraussetzungen:

In den *Meditationes de Prima Philosophia* (dt. Übers. *Meditationen über die Erste Philosophie*) definiert Descartes Gott mit den folgenden Worten: Als *Gott bezeichne ich eine unendliche, ewige, unveränderliche, unabhängige, allweise, allmächtige Substanz, von der ich selbst und alles, was etwa noch außer mir existiert, geschaffen worden ist*[2]. Man kann sich des Eindrucks nicht erwehren, durch Substitution des Wortes Gott durch *Materie* ginge diese Definition in eine Definition aus Lenins *Materialismus und Empiriokritizismus* über.

- der Akt der Beobachtung muss vom Akt der deduktiven Verarbeitung des Beobachtungsergebnisses streng getrennt bleiben,
- die Anzahl der Annahmen ist zu minimieren,
- in jedem Stadium der Untersuchung, also während der Beobachtung und der anschließenden Deduktion, soll der Verstand die letzte Instanz sein.

Eine solche Konstruktion des Erkenntnisprozesses und eines vernunftgeleiteten Systems heißt Rationalismus. Bis in die neueste Zeit konnte man die Behauptung aufstellen, jede wissenschaftliche Methodologie sei eine spezielle Ausprägung des Descartes'schen Rationalismus.

Der *Discours de la Methode* hätte wohl nicht die Rolle eines für alle Zweige der Naturwissenschaften gültigen Leittexts spielen können, wäre nicht ein in philosophischen Schriften sehr seltener wichtiger Punkt hinzugekommen. Der Autor war zu der Überzeugung gelangt, eine neue Erkenntnislehre könne man nicht vertreten, ohne zu zeigen, wie sie zu verwirklichen sei und welche Konsequenzen daraus entstünden. Er versah zu diesem Zweck sein Werk mit einem zwölfteiligen Anhang. Darin demonstriert er die Anwendung der vorgeschlagenen Methode in verschiedenen Zweigen der Naturwissenschaften wie Optik, Geographie, Meteorologie, Botanik, Anatomie, Zoologie, Psychologie und Geometrie. Die Abhandlung über Geometrie markiert den Beginn der analytischen Geometrie, über die ich im folgenden Vortrag sprechen werde.

---

1 A. d. Ü.: Zitiert nach René Descartes: Ausgewählte Schriften. Frankfurt am Main 1986

2 A. d. Ü.: Zitiert nach René Descartes: Meditationes de Prima Philosophia. Meditationen über die Erste Philosophie. Stuttgart 1986

Vortrag XIII

Das Gravitationsgesetz

Schon lange vor dem 17. Jahrhundert stand das Problem der Veränderlichkeit in der Liste der großen philosophischen (für viele bedeutete „philosophisch" damals so viel wie „mathematisch") Probleme ganz vorn. Die zentrale Forderung lautete, wirksame Methoden zu entwickeln, mit deren Hilfe der unbekannte Zustand einer physikalischen Größe aus der Kenntnis ihrer Änderungen rekonstruiert und umgekehrt die Änderung aus der Kenntnis der Zustände ermittelt werden konnte. Dieser noch recht vage Problemumriss wird sofort viel klarer, wenn wir statt einer beliebigen Größe beispielsweise eine Bewegung ins Auge fassen. Die Zustände sind dann die zurückgelegten Wege und die Änderung ist die Geschwindigkeit. Die Aufgabe lautet nun: Bestimme die Geschwindigkeit eines sich bewegenden Körpers aus dem bekannten zurückgelegten Weg und umgekehrt den zurückgelegten Weg aus der bekannten Geschwindigkeit. Diese Formulierung sollte hinreichende Klarheit schaffen. Indem Galilei zur Beschreibung von Bewegungen geeignete Begriffe einführte, sicherte er der physikalischen Deutung die maßgebliche Rolle, sobald es um die Untersuchung von Änderungen ging. Angesichts des bewundernswerten Umfangs geistiger, wenn auch weitgehend vergeblicher Anstrengungen, die sich im Mittelalter auf diesen Problemkreis richteten, war es aber doch kaum möglich, alle Fragen auf die Physik zurückzuführen, geschweige denn auf Kinematik und Dynamik.

Die meisten Untersuchungen waren dem Schwerpunkt gewidmet, einem von der Mathematik her komplizierten Begriff. Je nachdem, ob eine gewisse Gesamtmasse gleichmäßig auf die Ecken, die Seiten oder die Fläche eines Polygons verteilt ist, ergeben sich im Allgemeinen unterschiedliche Schwerpunkte. Für Polyeder gibt es offenkundig zahlreiche weitere Möglichkeiten. Zur mathematischen Behandlung von Schwerpunkten braucht man die Begriffe des statischen Moments und des gewichteten Mittelwerts. Wichtige Werke über den Schwerpunkt schrieben Simon Stevin, den ich in Vortrag XI erwähnt habe, und Luca Valerio (1552; 1618). Das reifste Werk zu diesem Thema war Paul Guldins (1577; 1643) *Centrobaryca*, erschienen 1641. Das wesentliche Ergebnis ist in zwei Formeln enthalten, die heute als *Guldin'sche Regeln* bekannt sind:

Die drei Schwerpunkte fallen nur für diejenigen Polygone zusammen, die durch eine Drehung in sich selbst überführbar sind. Außerdem stimmen der Ecken- und der Flächenschwerpunkt des Dreiecks miteinander überein.

Das Volumen eines Körpers, der durch Rotation einer ebenen Figur um eine in der Ebene der Figur, aber diese nicht schneidende Achse erzeugt wird, ist gleich dem Produkt aus deren Flächeninhalt und der Länge des von ihrem Schwerpunkt zurückgelegten Weg;
die Oberfläche des Körpers ist gleich dem Produkt des Umfangs der ebenen Figur mit der Länge des vom Schwerpunkt ihrer Randkurve zurückgelegten Weg. (Fig. XIII. 1)

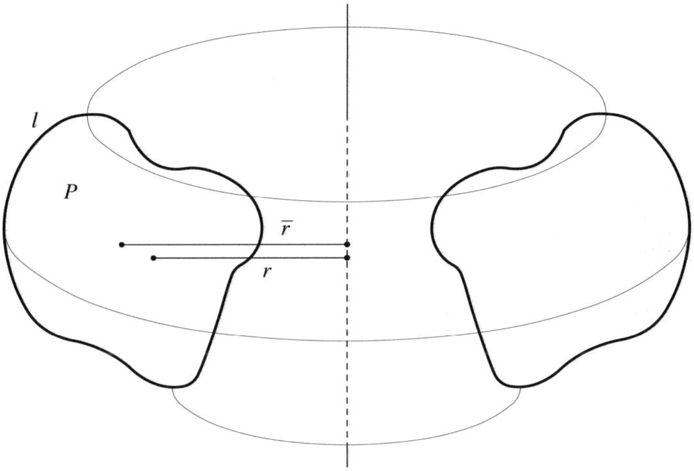

Fig. XIII. 1. $V = 2\pi \cdot r \cdot P$; $S = 2\pi \cdot \bar{r} \cdot l$. Hierbei bedeuten V das Volumen und S die Oberfläche des Rotationskörpers, P die Fläche und l der Umfang der rotierenden Figur, r bzw. $\bar{r}$ die Abstände des Flächen- bzw. des Randkurvenschwerpunkts der Figur von der Drehachse.

Diese Formeln findet man heute in den etwas anspruchsvolleren Kapiteln vieler Bücher über Integralrechnung. Dies ist kein Zufall. Integration als eine spezielle Methode der Maßbestimmung, deren Anwendung gewisser Voraussetzungen bedarf, ist für die Berechnung statischer und dynamischer Momente unentbehrlich. In Werken wie dem von Guldin können wir heute also den Anfang der modernen Integralrechung sehen, die in gewissem Sinn eine Verbindung zwischen Eudoxos und Riemann herstellt.

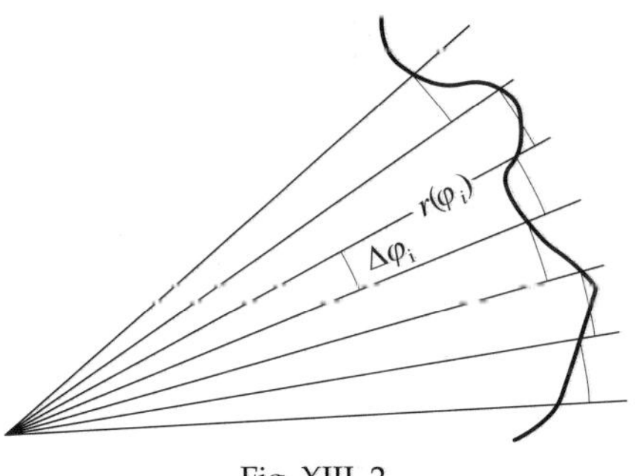

Fig. XIII. 2

Bei Keplers Schrift *Stereometria doliorum vinariorum* (*Inhaltsmessung von Weinfässern*) aus dem Jahr 1615 ist die Nähe zur modernen Integralrechnung noch viel deutlicher. In dieser Arbeit wird die Fläche einer beliebigen Figur durch Zerlegung in Kreissektoren angenähert (Fig. XIII. 2). Je schmaler die Sektoren sind, desto besser ist die Näherung, und die entsprechenden Summen

$$\sum_{i=0}^{n} \frac{1}{2} r^2(\varphi_i)\Delta\varphi_i$$

kommen dem zu berechnenden Flächeninhalt immer näher. Zunächst bleibt die Frage, ob dies für jede Figur gilt, oder, besser gesagt, welche Voraussetzungen erfüllt sein müssen. Für die Naturwissenschaftler des 17. Jahrhunderts allerdings war diese Frage von geringer Bedeutung (siehe den vorigen Vortrag). Abgesehen davon können wir konstatieren, dass Kepler Polarkoordinaten sachgemäß verwende-

te und den Inhalt von Figuren in diesem Koordinatensystem nach der richtigen Formel berechnete. Ein halbes Jahrhundert später sollte dann auch Newton diese Formel benutzen. Ich komme auf diesen Gegenstand noch zurück. Es versteht sich, dass Kepler dieselbe Argumentation auch bei der Volumenberechnung von beliebigen Körpern verwendete.

Zwei von Galileis Schülern, nämlich Evangelista Torricelli (1608; 1647) und Bonaventura Cavalieri (1598; 1647) gingen das Problem der Flächen- und Volumenberechnung auf andere Weise an und lieferten außerdem eine die Grundlagen offen legende Rechtfertigung ihres Verfahrens, die in Cavalieris Werk *Geometria indivisibilibus continuorum quadam ratione promota* (1635) ausgeführt ist. Diese *Indivisiblen* (unzerlegbaren Objekte) erzeugen durch Bewegung wieder Kontinua: Die Bewegung eines Punktes lässt eine Linie entstehen, die Bewegung einer Linie eine Oberfläche und deren Bewegung einen Körper. Im Verlauf der Bewegung wächst der Inhalt der ebenen Figur oder des Körpers; dies war ein Versuch, die von Archimedes angestellten Spekulationen über das Eingießen von Wasser in Gefäße mit vom Maß, aber nicht notwendig von der Form her gleichen Querschnitten in mathematische Gestalt zu bringen (vgl. Vortrag VII). Anfangs wurde diese Mathematisierung ziemlich unbekümmert ausgeführt. In der ersten Skizze seines Werkes schrieb Cavalieri noch, ebene Figuren bzw. Körper mit gleichen Querschnitten hätten gleiche Flächen- bzw. Rauminhalte. Es war ein Glück für Cavalieri, dass sein Mitarbeiter und Freund ihn öffentlich verspottete, indem er nachwies, dass nach dieser Argumentation zwei beliebige rechtwinklige Dreiecke immer gleichen Flächeninhalt hätten. Tatsächlich entspricht (Fig. XIII. 3) jedem Vertikalschnitt des Dreiecks ABC genau ein gleich langer Vertikalschnitt des Dreiecks BCD. Dieses Gegenbeispiel zeigte, dass für die Gleichheit der Geschwindigkeiten, mit denen zwei Bewegungen neue Kontinua erzeugten, ein mathematisches Äquivalent gefunden werden musste. Ergebnis dieser Überlegungen war lediglich ein Satz, der zwar auf Archimedes zurückgeht, dennoch aber heute *Cavalieri'sches Prinzip* heißt:

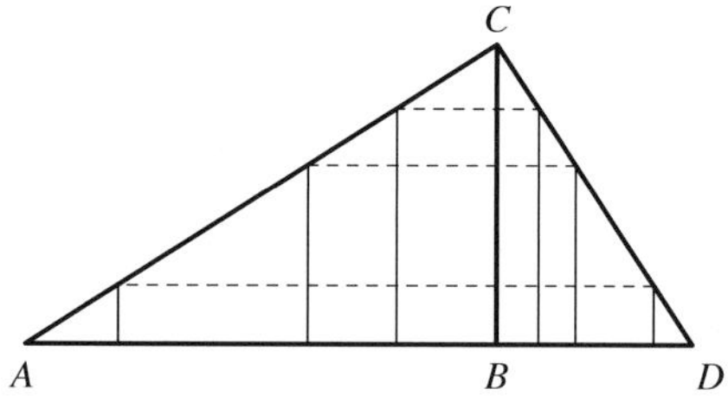

Fig. XIII. 3

Haben die Schnitte zweier Figuren mit jeder Geraden (Ebene) einer festen Richtung gleiche Länge (gleichen Flächeninhalt), so haben die zwei Figuren gleichen Flächeninhalt (gleiches Volumen) (Fig. XIII. 4).

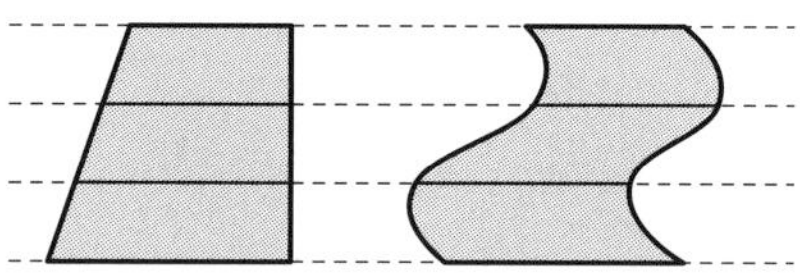
Fig. XIII. 4

Cavalieri wird immer in Erinnerung bleiben als Erfinder der durch unzerlegbare Kontinua erzeugten Kontinua, deren jedes aus etwas Kleinerem hervorgeht, genauer aus unendlich kleinen Größen, die, in unendlicher Anzahl zusammengesetzt, zu Objekten mit ganz profanen Eigenschaften werden. Die Indivisiblen verschafften der Mathematik zwar ein schlechtes Gewissen, aber ohne sie ging es einfach nicht. Sie begleiteten die Mathematik bis in die Mitte des 19. Jahrhunderts. Wenn sie auch Aristoteliker schaudern ließen – sie verletzten ja das Verbot, sich des aktual Unendlichen zu bedienen – sind sie doch ein Schritt auf dem Weg zu einer neuen Mathematik.

Es ist kaum verwunderlich, dass die Reihe, der einfachste Fall, in dem eine endliche Größe aus unendlich vielen Teilen zusammengesetzt wird, eine hohe Po-

pularität gewann. Außerdem sorgten zumindest einige geometrische Reihen für Beispiele, die die Anwendbarkeit des Verfahrens bestätigten. Über die grundlegenden Schwierigkeiten, die damals bei unendlichen Reihen auftraten, können wir uns heute nur wundern. Sehen wir uns dazu eine von Euler (aus der Mitte des 18. Jahrhunderts) stammende Herleitung an:
Die Summe einer geometrischen Reihe ist durch die Formel

$$a_1 + a_1 q + a_1 q^2 + \ldots = \frac{a_1}{1-q}$$

gegeben. Daher gilt

$$n + n^2 + n^3 + \ldots = \frac{n}{1-n} \quad \text{und} \quad 1 + \frac{1}{n} + \frac{1}{n^2} + \frac{1}{n^3} + \ldots = \frac{1}{1-\frac{1}{n}} = \frac{n}{n-1},$$

also

$$\ldots + \frac{1}{n^3} + \frac{1}{n^2} + \frac{1}{n} + 1 + n + n^2 + n^3 + \ldots = \frac{n}{1-n} + \frac{n}{n-1} = 0.$$

Dies wurde nicht für einen Fehler, sondern für ein korrektes mathematisches Resultat gehalten. Guido Grandi (1671; 1742) hielt folgendes Ergebnis nicht für paradox:

Einerseits $\quad 0 = (1-1) + (1-1) + (1-1) + \ldots = 1 - 1 + 1 - 1 + 1 - 1 + \ldots = S,$

andererseits $\quad S = 1 - 1 + 1 - 1 + 1 - 1 + \ldots = 1 - (1 - 1 + 1 - 1 + 1 \ldots) = 1 - S,$

also $\quad S = \frac{1}{2}.$

Er schrieb zwar, hier werde etwas *aus nichts geschaffen*, aber er sah darin keine Sünde – dabei war er doch Mönch! Er argumentierte, dies sei die Situation *zweier Brüder, die einen Ring geerbt hätten und ihn abwechselnd je ein halbes Jahr behielten. Deswegen hätte ihn keiner dauernd (0) und jeder während der Hälfte der Zeit* $\left(\frac{1}{2}\right)$. Diese Beispiele belegen, dass sich mit Reihen keine Grundlage für das Rechnen mit unendlich kleinen Größen legen ließ.

An dieser Stelle greife ich meiner Geschichte ein wenig vor. Meiner Meinung nach sind Zahl, Raum und Grenzwert die drei fundamentalen Begriffe der Mathematik. Alle anderen sind nur geschickte Verbindungen dieser drei mit dem Ziel, die Untersuchung der zentralen Begriffe wirkungsvoller und interessanter zu machen. Newton, Leibniz, Euler und Lagrange versuchten, die mit dem Grenzwertbegriff verbundenen Schwierigkeiten in den Griff zu bekommen, aber ihre Bemühungen waren in teils seltsamer Weise mit Fehlern behaftet. Erst Cauchys tiefer begründeter Zugang führte zur endgültigen Formulierung des Grenzwertbegriffs durch Weierstraß. Das Studium dieses Hin und Her, das wir in einigen der folgenden Vorträge diskutieren werden, ist besonders lehrreich für alle, die an eine Schritt für Schritt in gerader Richtung fortschreitende Entwicklung der Wissenschaft glauben.

Höchstwahrscheinlich spielte die analytische Geometrie die wichtigste Rolle für den Aufstieg der mathematischen Analysis, wie bis zum Ende des 19. Jahrhunderts die Lehre von den Grenzwerten genannt wurde. Die analytische Geometrie ist diejenige Geometrie, oder genauer diejenige Art Geometrie zu treiben, die Descartes in einem der Aufsätze im Anhang des *Discours de la Méthode* (1637) entwarf. Etwas später erschien dieser Aufsatz in erweiterter Form unter dem Titel *Géométrie*.

Mit dem Begriff analytische Geometrie verbinden wir gewöhnlich den Gedanken an Koordinaten. Eine kartesische Ebene ist eine Ebene mit einem rechtwinkligen oder schiefwinkligen Koordinatensystem, auch kartesisches Koordinatensystem genannt. Gerade deswegen ist es gewiss überraschend, dass in der ganzen *Géométrie* statt eines Koordinatensystems immer nur eine einzige Achse zu finden ist! Diese ermöglicht nur, die erste Koordinate eines Punktes festzulegen. Die zweite wird durch den Abstand des Punktes von der Achse oder im dreidimensionalen Fall von einer

Ebene festgelegt. Dies bedeutet, dass nur die erste Koordinate negativ sein kann. Möchtegern-Kritiker sollten daran denken, dass wir Descartes nicht deswegen so hoch schätzen, weil er die Algebra auf besonders geschickte Art in die Geometrie geführt hat, sondern weil er dies überhaupt tat. Die Algebra ist eine sehr bequeme mathematische Sprache. (Ungeachtet ihrer arabischen Herkunft war die Algebra zu jener Zeit hoch in Mode.)

Der größte Gewinn, der aus der analytischen Geometrie zu ziehen ist, besteht nämlich in der Möglichkeit, Funktionskurven zu zeichnen; dies hat mit Algebra nichts zu tun. Die grafische Darstellung der Abhängigkeit zwischen zwei Größen, also die Veranschaulichung, führt jeden, der diese Abhängigkeit untersucht, zu vertiefter Einsicht. Schon früh wurde erkannt, dass die Fläche unterhalb der die Änderung darstellenden Kurve den durch die Änderung bewirkten Zustand darstellt und dass die Tangente an die Zustandskurve die Änderungsrate anzeigt. Die größte Errungenschaft ist hierbei der von Barrow formulierte Satz, dass

> *die Änderung eines Zustands, der durch eine Änderung entsteht, gerade wieder diese Änderung ist.*

Über viele Jahre hinweg versuchte Barrow, dieses Ergebnis auszudrücken, ohne die Sprache der analytischen Geometrie zu benutzen. Er publizierte es schließlich im Jahr 1670, als der Satz schon längst im Gebrauch war, und zwar in der Form, dass die Berechnung der Fläche unter einer Kurve und die Bestimmung der Tangente an eine Kurve zueinander inverse Operationen sind. Unsere heutige Formulierung lautet

$$\left(\int_0^t f(x)\,dx\right)' = f(t) \quad \text{oder} \quad \int_a^b f(x)\,dx = F(b) - F(a),$$

wobei in der zweiten Formel F eine Stammfunktion von f bezeichnet. In jeder der beiden Formeln drückt sich der Hauptsatz der Differenzial- und Integralrechnung aus.

Der Schöpfer der analytischen Geometrie in der bekannten und vertrauten Form ist Pierre Fermat (1601; 1665), ein Jurist aus Toulouse. Seine Schriften sind Teil der Korrespondenz des Kreises um Mersenne und wurden postum von seinem Sohn publiziert. Eine Beschreibung des kartesischen Koordinatensystems und die entsprechenden Gleichungen der gängigen Kurven stehen in einer der veröffentlichten Schriften, der *Isagoge* von 1679. Wichtige, sich auf die analytische Geometrie stützende Werke waren zuvor von John Wallis (1616; 1703), Professor an der Universität Oxford (*Tractatus de sectionibus conicis*, 1655), und dem holländischen Ratsschreiber Johann de Witt (1625; 1672) (*Elementa curvarum linearum*, 1659) veröffentlicht worden.

Das wichtigste mathematische Ergebnis dieser Periode kam jedoch aus der Physik. Ich meine damit das Gravitationsgesetz und die mathematische Technik, mit der es hergeleitet wird. Der Autor war – in beiden Fällen – Isaac Newton (1642; 1727).

Den Namen Newton finden wir in Lehrbüchern der Mathematik, der Physik, der Astronomie ... und der Medizin. Dort wird Newton nicht als Erfinder neuer Heilverfahren, sondern als Frühgeburt genannt. Er gibt das Paradebeispiel dafür ab, dass Frühgeburten in der körperlichen und geistigen Entwicklung nicht geschädigt sein müssen. Das Verhältnis zwischen Newton und Isaac Barrow (1630; 1677) wird immer genannt, wenn ein Beispiel einer echten (also seltenen) Beziehung zwischen Lehrer und begabtem Student zu nennen ist: Im Jahr 1669 verzichtete Barrow zugunsten Newtons auf seine Professur mit der Begründung, sie solle von einem Fähigeren eingenommen werden. Im Laufe seines Lebens bekleidete Newton zahlreiche Positionen. So war er ab 1696 Aufseher

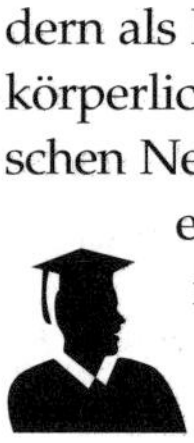

der Münze. Er schrieb eine eigene Version des berüchtigten Buchs *Malleus Maleficarum* (*Hexenhammer*), das unfehlbare Regeln nennt, nach denen die Buhlen des Teufels zu erkennen und der Obrigkeit anzuzeigen sind. In der Mehrzahl hatten seine Schriften die Theologie zum Thema. Für die Nachwelt jedoch ist er in erster Linie Mathematiker und Physiker. In beiden Disziplinen erzielte er eine Fülle von Ergebnissen; die herausragenden lassen sich aber leicht benennen. Newtons Wirken überzeugte die Welt davon, dass die Wissenschaft der neuen Männer des 17. Jahrhunderts großartiger und kraftvoller als die Wissenschaft vergangener Jahrhunderte war. Bester Beweis dieser Kraft war die Entdeckung eines neuen Naturgesetzes mithilfe der deduktiven Methode. Und noch mehr: Dieses Gesetz erklärte irdische und kosmische Naturerscheinungen zugleich. Die Rede ist vom Gravitationsgesetz. Zwei neue wissenschaftliche Disziplinen stellten das Handwerkszeug bereit, das diese Entdeckung ermöglichte: Die Dynamik und die Differenzialrechnung. Schon deshalb werden Newtons Ergebnisse in diesen zwei Gebieten von der Nachwelt als bahnbrechend angesehen.

Wenn Mathematikhistoriker die Abfolge und die Zusammenhänge der Entdeckungen Newtons dokumentieren wollen, geraten sie leicht in Verlegenheit. Newton machte ihnen die Arbeit sehr schwer. Unser Wissen über seinen Differenzialkalkül beruht nämlich nur auf Anwendungsbeispielen, die er selbst gab, und auf Schriften seiner Schüler. Das einzige unter Newtons Namen erschienene Werk zur Einführung der Differenzialrechung wurde 1736 veröffentlicht, also offenbar nicht von Newton, sondern von seinen Schülern, unter denen MacLaurin eine herausragende Rolle spielte. (Ich komme später darauf zurück.) Newton hatte sich geweigert, seine *Theorie der Fluxionen* zu veröffentlichen, da er der Ansicht gewesen war, dieser Gegenstand ließe sich nicht präzise genug darstellen. Er verwendete diesen Kalkül immer, wenn es notwendig war, glaubte aber, ihn nicht so mitteilen zu können, wie es seinen eigenen Maßstäben entsprach.

In der Mechanik ist die Lage noch komplizierter. Es gibt immerhin eine vollständige Darlegung, die *Philosopiae naturalis principia mathematica* (dt. Übers. *Mathematische Prinzipien der Naturlehre*) aus dem Jahr 1687. Das Werk enthält die drei berühmten Prinzipien der Mechanik und auch eine Herleitung des Gravitationsgesetzes. Genauer gesagt: So ist die allgemeine Meinung. In Wirklichkeit ist der Stil dieser Abhandlung so verwickelt, Newtons Latein so eigenwillig, dass moderne Übertragungen des Werkes einander manchmal widersprechen. Der Sachverhalt wird dadurch noch verwickelter gemacht, dass die grundlegenden Ergebnisse der *Principia* schon zwanzig Jahre vor der Veröffentlichung des Werkes vorlagen und auf Sitzungen der Royal Society vorgetragen worden waren. Damit wurde den Diskussionen und Streitereien Tür und Tor geöffnet, die in den folgenden Jahren die Urheberschaft infrage stellen und verdunkeln sollten. Ich erwähne dies, weil meine eigene Interpretation durchaus willkürlich ist – ich habe diejenigen Teile von Newtons Werk ausgewählt, die von seinen wissenschaftlichen Großenkeln und Urgroßenkeln weiter verfolgt wurden.

Newton wendete die Differenziation nicht auf Funktionen an, sondern auf Gleichungen. Manchmal war es dann möglich, das aus der Originalgleichung und den durch Differenziation gewonnenen Gleichungen bestehende System zu lösen. Die Differenziationstechnik für Gleichungen vollzog sich in folgenden Schritten:

– Jede Variable (dieser Begriff stammt von Newton; in seinen Schriften spricht er von *Fluenten*) wird durch die Summe aus der Variablen und ihrer Ableitung (bei Newton *Fluxion*), mit o multipliziert, ersetzt. Beispielsweise wird dann x durch $x + xo$ und y durch $y + yo$ ersetzt.

- Terme werden zusammengefasst (insbesondere unter Verwendung der Ausgangsgleichung).
- Enthalten alle Terme einer Gleichung nach Zusammenfassung ein o, so wird so oft wie möglich durch o dividiert.
- Enthalten nicht alle Terme ein o, so werden die Terme gestrichen, die ein o enthalten.

Das Ergebnis ist dann die Fluxion, also die Ableitung der Gleichung.

Wir wollen das Verfahren an einem Beispiel verdeutlichen. Gegeben sei die Gleichung

$$x^5 + 2xy^3 + 5x - y + 7 = 0.$$

Nach dem ersten Schritt ergibt sich

$$(x + \dot{x}\,o)^5 + 2(x + \dot{x}\,o)(y + \dot{y}\,o)^3 + 5(x + \dot{x}\,o) - (y + \dot{y}\,o) + 7 = 0,$$

also

$$\begin{aligned} &x^5 + 5x^4\dot{x}o + 10x^3\dot{x}^2o^2 + 10x^2\dot{x}^3o^3 + 5x\dot{x}^4o^4 + \dot{x}^5o^5 \\ &\quad + 2xy^3 + 6xy^2\dot{y}o + 6xy\dot{y}^2o^2 + 2x\dot{y}^3o^3 \\ &\quad + 2y^3\dot{x}o + 6y^2\dot{x}o\dot{y}o + 6y\dot{x}o\dot{y}^2o^2 + 2\dot{x}o\dot{y}^3o^3 \\ &\quad + 5x + 5\dot{x}o - y - \dot{y}o + 7 = 0. \end{aligned}$$

Nach dem zweiten Schritt, der Zusammenfassung, ergibt sich

$$\begin{aligned} &5x^4\dot{x}o + 10x^3\dot{x}^2o^2 + 10x^2\dot{x}^3o^3 + 5x\dot{x}^4o^4 + \dot{x}^5o^5 \\ &\quad + 6xy^2\dot{y}o + 6xy\dot{y}^2o^2 + 2x\dot{y}^3o^3 \\ &\quad + 2y^3\dot{x}o + 6y^2\dot{x}\dot{y}o^2 + 6y\dot{x}\dot{y}^2o^3 + 2\dot{x}\dot{y}^3o^4 \\ &\quad + 5\dot{x}o - \dot{y}o = 0. \end{aligned}$$

Der dritte Schritt liefert uns die Gleichung

$$\begin{aligned} &5x^4\dot{x} + 10x^3\dot{x}^2o + 10x^2\dot{x}^3o^2 + 5x\dot{x}^4o^3 + \dot{x}^5o^4 \\ &\quad + 6xy^2\dot{y} + 6xy\dot{y}^2o + 2x\dot{y}^3o^2 \\ &\quad + 2y^3\dot{x} + 6y^2\dot{x}\dot{y}o + 6y\dot{x}\dot{y}^2o^2 + 2\dot{x}\dot{y}^3o^3 \\ &\quad + 5\dot{x} - \dot{y} = 0. \end{aligned}$$

Nach dem vierten Schritt bekommen wir als Endergebnis die Gleichung

$$5x^4\dot{x} + 6xy^2\dot{y} + 2y^3\dot{x} + 5\dot{x} - \dot{y} = 0.$$

Wer die Differenzialrechnung beherrscht, sieht, dass die letzte Gleichung aus der ursprünglichen auch entstanden wäre, wenn man die Variablen als Funktionen eines Parameters aufgefasst und nach diesem differenziert hätte. Auf diese Weise scheint Newton das Verfahren auch begründet zu haben. Er nahm an, alle Größen seien veränderlich mit der Zeit (daher das Wort *Variable*) und deshalb als Funktionen der Zeit zu betrachten (daher die Vorliebe für den Parameternamen t). Die Fluxion, also die Ableitung, ist die Änderung der Variablen. (Der Fachausdruck *Fluxion* ist die Quelle des umgangssprachlichen Worts *Fluktuation*.)

Was Newton an der beschriebenen Methode störte, war ihre Beschränktheit auf Polynomgleichungen. Dieser Mangel tritt schnell zu Tage, wenn man Gleichungen, die beispielsweise trigonometrische Funktionen enthalten, auf dieselbe Weise zu behandeln versucht. Dennoch wendete Newton eine nicht klar formulierte Variante seines Verfahrens auch auf Gleichungen beliebigen Typs an. Er war sich natürlich bewusst, dass er damit seine Methode im Interesse praktischer Anwendungen überstrapazierte, aber er wollte einerseits die so gewonnenen Ergebnisse nicht verschenken, andererseits gelang es ihm nicht, die Methode zu verallgemeinern und dabei ihre Mängel zu beheben. Wir stoßen hier auf das Exaktheitsproblem der Analysis, auf das ich in den folgenden Vorträgen oft zurückkommen werde. Zunächst kehren wir zu Newtons Ergebnissen zurück.

Die Newton'schen Bewegungsprinzipien gehören gewöhnlich zum Schulstoff. Vermutlich aus didaktischen Gründen werden sie dort anders formuliert als bei Newton selbst. Dort lauten sie:

PRINZIP I
Jeder Körper beharrt im Zustand der Ruhe oder der gleichförmigen geradlinigen Bewegung, wenn er nicht durch Kräfte gezwungen wird, diesen Zustand zu ändern. [1]
(Modern gesprochen: Es gibt Inertialsysteme.)

PRINZIP II
Die auf die Zeiteinheit bezogene Änderung der Bewegungsgröße ist der Einwirkung der bewegenden Kraft proportional und geschieht in der Richtung, in der jene Kraft angreift.
(Die Vektorform dieses Prinzips ist die Galilei'sche Formel $\vec{F} = m \cdot \vec{a}$.)

In der Schulversion der Newton'schen Prinzipien kommt gewöhnlich kein Inertialsystem vor, das zweite Prinzip wird auf Galileis Formel reduziert und das erste erscheint als Spezialfall des zweiten für $\vec{F} = \vec{0}$.

PRINZIP III
Die Kräfte, die zwei Körper aufeinander ausüben, sind gleich, aber entgegengesetzt gerichtet.
(Oder: Zu jeder Kraft gibt es eine gleich große Gegenkraft.)

Aus diesen drei Prinzipien und den drei Kepler'schen Gesetzen (zitiert in Vortrag XI) leitete Newton sein Gravitationsgesetz her. Er verwendete dabei die Differenzialrechnung in der von ihm erfundenen Form, den Satz von Barrow, Keplers Methoden zur Integral- oder Flächeninhaltsberechnung, die analytische Geometrie nach Descartes und Fermat und eine Reihe von Sätzen verschiedener Autoren über Kegelschnitte.

Die äußeren Umstände, die diese Entwicklung begleiteten, waren höchst dramatisch. Im Sommer 1665 wütete in London die Pest. In solchen Fällen war es üblich, dass die Armee die Stadt einschloss und jeden tötete, der auf der Flucht ertappt wurde. Newton brachte es fertig, die Blockade zu durchbrechen. Er verweilte in ländlicher Abgeschiedenheit, und hier, im Jahre 1666 machte er jene Entdeckung, die seine Zeitgenossen zur größten des 17. Jahrhunderts erklärten. Übrigens gab jener Landaufenthalt den Anlass zu der berühmten Anekdote vom Apfel, dem wir angeblich Newtons Entdeckung verdanken. Diese veranlasste Gauß zu einem Scherz (dem einzigen, der meines Wissens diesem humorlosen Mann zugeschrieben wird):

Ein törichter Mensch fragte Newton, wie er auf sein Gravitationsgesetz gekommen sei. Newton merkte, dass er mit einem Dummkopf sprach, und versuchte, den aufdringlichen Menschen loszuwerden. Er antwortete, ein Apfel sei ihm auf die Nase gefallen. Der Dummkopf machte sich davon und war glücklich, dass er nun Bescheid wusste.

---

1 A. d. Ü.: *Die Prinzipien* sind zitiert nach Gerthsen, Christian: Physik. Berlin usw. 1964[8]

Eine Sitzungsniederschrift der Royal Society enthält den folgenden Wortwechsel:

> *HALLEY (berümt durch seinen Kometen): Welche Kraft bringt die Planeten dazu, sich auf Ellipsen zu bewegen?*
> *NEWTON: Das Inverse des Quadrats.*
> *HALLEY: Woher wissen Sie das?*
> *NEWTON: Durch Rechnung.*

Folgen wir Newtons Spuren!

Ich habe bisher ein für die Herleitung wichtiges Detail noch nicht erwähnt, nämlich bestimmte Kenntnisse über die Ellipse. Kepler gab die folgende (in heutiger Sprechweise) Polardarstellung der Ellipse an:

$$r = \frac{A}{1 - \varepsilon \cos\varphi}.$$

Hierbei ist r die Entfernung des allgemeinen Ellipsenpunktes P von einem Brennpunkt S und φ der Winkel zwischen der Strecke SP und der Verbindungsstrecke der Brennpunkte (Fig. XIII. 5), A und ε sind zwei positive Konstanten mit $0 < \varepsilon < 1$. (Für $\varepsilon = 1$ stellt die Gleichung eine Parabel, für $\varepsilon > 1$ eine Hyperbel dar.) Bezeichnen wir die große Halbachse (also die größte Entfernung zwischen dem Zentrum und einem Ellipsenpunkt) mit a, die kleine Halbachse (also die kleinste Entfernung zwischen dem Zentrum und einem Ellipsenpunkt) mit b und die Entfernung zwischen dem Zentrum und einem Brennpunkt mit c, so gelten die folgenden Beziehungen (Fig. XIII. 6):

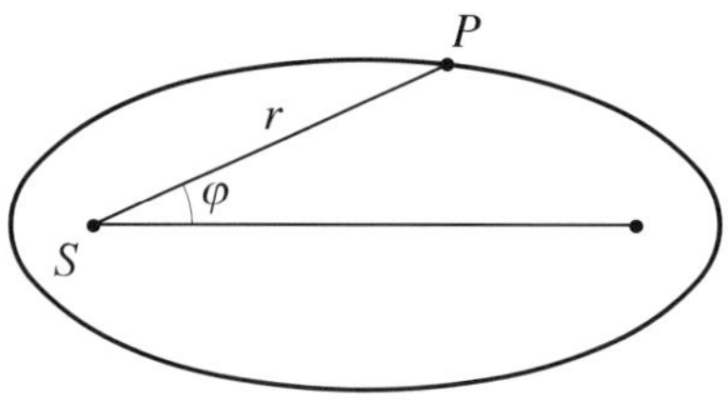

Fig. XIII. 5

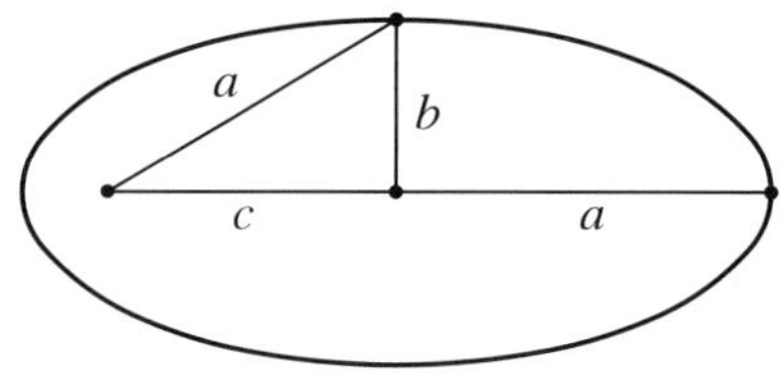

Fig. XIII. 6

- der minimale Wert von SP ist $\frac{A}{1+\varepsilon} = a - c$
- der maximale Wert von SP ist $\frac{A}{1-\varepsilon} = a + c$
- der arithmetische Mittelwert zwischen Minimal- und Maximalwert von SP ist $a = \frac{A}{1-\varepsilon^2}$, woraus $A = a(1-\varepsilon^2)$ folgt
- es gilt $c = a - (a - c) = a - \frac{A}{1+\varepsilon} = A\left(\frac{1}{1-\varepsilon^2} - \frac{1}{1+\varepsilon}\right) = \frac{A\varepsilon}{1-\varepsilon^2} = \varepsilon a$
- da die Entfernung zwischen einem Endpunkt der kleinen Achse und einem Brennpunkt a beträgt (die Summe der Entfernungen eines Ellipsenpunktes von den Brennpunkten beträgt nämlich 2a), gilt

  $b = \sqrt{a^2 - c^2} = a\sqrt{1-\varepsilon^2}$
- der Flächeninhalt der Ellipse beträgt $\pi a b = \pi a^2 \sqrt{1-\varepsilon^2}$.

Bis hierher war unser Ziel, „alles über die Ellipse" durch a und ε allein auszudrücken. Nun folgt die eigentliche Rechnung.

Für den Anfang nehmen wir an, das Sonnensystem sei ein Inertialsystem, sodass wir das zweite Prinzip der Mechanik anwenden dürfen. Aus dem 1. Kepler'schen Gesetz folgt, dass der Ort eines Planeten P in Bezug auf die Sonne durch die Gleichung

(1) $r(t)(1 - \varepsilon \cos\varphi(t)) = A$

beschrieben wird. Das 2. Kepler'sche Gesetz macht eine Aussage über die vom Fahrstrahl eines Planeten überstrichenen Flächen: Sie sind proportional zur Zeit. Ein solcher Flächeninhalt lässt sich (siehe oben) nach der Kepler'schen Formel berechnen; er ist gegeben durch

$$\frac{1}{2}\int_{\varphi(t_0)}^{\varphi(t)} r^2(\varphi)\,d\varphi .$$

Wir führen im Integral die Zeit t als Variable ein und benutzen das 2. Kepler'sche Gesetz:

$$\frac{1}{2}\int_{t_0}^{t} r^2(\theta)\,\varphi'(\theta)\,d\theta = B(t - t_0).$$

Anstelle der Summe, die in der oben angesprochenen Fassaufgabe vorkam, schreibe ich jetzt ein Integral als Grenzwert dieser Summe. Der wesentliche Grund dafür ist, dass sowohl Kepler als auch Newton das Problem in dieser Weise behandelten. Es versteht sich, dass die Symbolik selbst jüngerer Herkunft ist (siehe den nächsten Vortrag).

Hier ist B eine Konstante. Durch Differenziation erhalten wir nach Barrows Hauptsatz der Differenzial- und Integralrechnung:

$$\frac{1}{2} r^2(t)\,\varphi'(t) = B.$$

Im Folgenden werde ich die Abhängigkeit der Variablen r, φ, (später auch P, x, y, $\vec{v}$, $\vec{a}$, $\vec{F}$) von t nicht mehr mitführen (auch Newton tat das nie); differenziert wird immer nach t. Mithilfe des 2. Kepler'schen Gesetzes erhielten wir

(2) $r^2\varphi' = 2B.$

Differenziation und Division durch r liefert

(3) $2r'\varphi' + r\varphi'' = 0.$

Nun gehen wir zu einem kartesischen Koordinatensystem mit Ursprung S und erster Achse durch den zweiten Brennpunkt der Ellipse über. Dazu substituieren wir

$$x = r\cos\varphi, \quad y = r\sin\varphi .$$

Wir berechnen nun die Geschwindigkeit (also die Ableitung der Ortsfunktion) und die Beschleunigung (die Ableitung der Geschwindigkeit) des Planeten P.

$$\vec{v} = (r'\cos\varphi - r\varphi'\sin\varphi,\ r'\sin\varphi + r\varphi'\cos\varphi)$$

$$\vec{a} = (r''\cos\varphi - 2r'\varphi'\sin\varphi - r\varphi'^2\cos\varphi - r\varphi''\sin\varphi,$$
$$r''\sin\varphi + 2r'\varphi'\cos\varphi - r\varphi'^2\sin\varphi - r\varphi''\cos\varphi).$$

Mithilfe von (3) lässt sich die zweite Beziehung umformen zu

(4) $\vec{a} = (r'' - r\varphi'^2)\cdot(\cos\varphi, \sin\varphi)$

und weiter zu

$$\vec{a} = \left(\frac{r''}{r} - \varphi'^2\right)\cdot(x, y) = \left(\frac{r''}{r} - \varphi'^2\right)\cdot\overrightarrow{SP} .$$

Der Beschleunigungsvektor zeigt auf den Ellipsenmittelpunkt. Nach dem 2. Newton'schen Prinzip gilt dies auch für die bewegende Kraft. Dies bedeutet, dass die Kraft die Richtung der Verbindungsstrecke zwischen der Sonne und dem Planeten hat; dies ist ein erstes wichtiges Ergebnis. Zur Bestimmung des Betrags der Kraft verwenden wir die Formel von Galilei und die für die Beschleunigung geltende Gleichung (4):

$$|\vec{F}| = |m\cdot\vec{a}| = m\cdot|r'' - r\varphi'^2|.$$

Um Genaueres über die Kraft zu erfahren, müssen wir den Ausdruck $r'' - r\varphi'^2$ analysieren. Zunächst differenzieren wir (1) und erweitern mit r.

$$r\,r'(1 - \varepsilon\cos\varphi) + \varepsilon r^2\varphi'\sin\varphi = 0.$$

Angesichts von (1) und (2) lässt sich diese Beziehung umformen zu

$$A\,r' + 2B\varepsilon\sin\varphi = 0.$$

Eine weitere Differenziation ergibt

$$A\,r'' + 2B\varepsilon\,\varphi'\cos\varphi = 0.$$

Wir benutzen (2), um φ zu eliminieren:

$$r'' = -\frac{2B\varepsilon\varphi'\cos\varphi}{A} = -\frac{4B^2}{r^2}\cdot\frac{\varepsilon\cos\varphi}{A}.$$

Wegen (1) und (2) gilt

$$\varepsilon\cos\varphi = -\left(\frac{A}{r} - 1\right) \text{ und } \varphi' = \frac{2B}{r^2}$$

und damit

$$r'' - r\varphi'^2 = -\frac{4B^2}{r^2}\left(-\left(\frac{1}{r} - \frac{1}{A}\right)\right) - r\frac{4B^2}{r^4} = \frac{4B^2}{A}\cdot\frac{1}{r^2}.$$

Wir wissen jetzt nicht nur, dass die Kraft eine Zentralkraft ist, sondern noch viel mehr: Die Kraft ist vom Planeten zur Sonne hin gerichtet (dies zeigt das Minuszeichen; die Kraft ist also entgegengesetzt zum Vektor $\overrightarrow{SP}$ gerichtet), ist direkt proportional zur Masse und umgekehrt proportional zum Quadrat der Entfernung (danach hatte Halley gefragt). Ihr Betrag hat also die Form

$$D\cdot\frac{1}{r^2}\cdot m.$$

Für den Augenblick ist der Koeffizient $D = \frac{4B^2}{A}$ für jeden Planeten einzeln zu berechnen; er hängt ab von einer Konstanten, die die Bahn kennzeichnet (A) und von der Bahngeschwindigkeit (B). Um zu zeigen, dass die Abhängigkeit vom einzelnen Planeten nur scheinbar ist, müssen wir das 3. Kepler'sche Gesetz verwenden (Vortrag XI). In unserer Bezeichung hat es die Form

$$\frac{a^3}{T^2} = C,$$

wobei a die große Halbachse der Bahn, T die Periode des Umlaufs um die Sonne und C eine universelle, also für alle Planeten gleiche Konstante ist. Die Verbindung der Konstanten a und A haben wir schon eingangs hergestellt. Um die Konstante B mit T und den Bahnparametern zu verbinden, nutzen wir den Sachverhalt, dass sich das 2. Kepler'sche Gesetz auch auf einen vollen Umlauf anwenden lässt. Es ergibt sich

$$B = \frac{\text{Flächeninhalt der Bahnellipse}}{T} = \frac{\pi a^2\sqrt{1-\varepsilon^2}}{T}.$$

Folglich gilt

$$\frac{4B^2}{A} = \frac{4\pi^2 a^4(1-\varepsilon^2)}{T^2}\cdot\frac{1}{a(1-\varepsilon^2)} = \frac{4\pi^2 a^3}{T^2} = 4\pi^2 C.$$

Wir zeigen die Abhängigkeit von der Zeit wieder an und schreiben

$$\vec{F}(t) = 4\pi^2 C\cdot\frac{1}{r^2}\cdot m\cdot(\cos\varphi(t),\ \sin\varphi(t)).$$

Dies ist aber immer noch nicht das Gravitationsgesetz in seiner universellen Form. Um dorthin zu kommen, müssen wir noch das 3. Newton'sche Prinzip auswerten: Wirkt die Sonne auf den Planeten mit der oben angegebenen Kraft, wirkt der Planet auf die Sonne mit derselben Kraft. Da die Kraft zur Masse des Planeten proportional ist, muss sie auch zur Masse der Sonne proportional sein. Diese steckt implizit im Koeffizienten $4\pi^2 C$. Das Endergebnis ist damit

$$|\vec{F}(t)| = G\cdot\frac{m_s\cdot m_p}{r^2(t)}.$$

Das Gravitationsgesetz ist nun universell und besagt:

G ist eine universelle Konstante; sie ist dieselbe für je zwei beliebige Körper.

Diesen Sachverhalt konnte Newton jedoch nicht experimentell bestätigen; das war im 17. Jahrhundert noch nicht möglich. Weder Newton noch irgendwer sonst hielt jedoch eine solche Bestätigung für notwendig. Die Durchsichtigkeit des Beweisgedankens und die erstaunliche Kürze der Herleitung (alles vereinfacht sich ja so glatt, dass dies kein Zufall sein kann) überzeugte jedermann, dass damit das Gravitationsgesetz bewiesen sei.

Erstaunlicherweise war das Vertrauen in die Fehlerlosigkeit von Newtons Beweis so groß, dass auch die kirchlichen Hierarchien (und zwar die katholische und die anglikanische), die ja verständlicherweise nur widerwillig die Folgerung akzeptierten, die Gesetze der Physik träfen auch – unglaublich, aber wahr – auf den Himmel zu, die Gültigkeit des Beweises an sich niemals infrage stellten, sondern nur den im Beweis verwendeten Differenziationskalkül (siehe Vortrag XV). Die experimentelle Bestätigung, dass die Gravitationskonstante G wirklich konstant ist, erbrachte Cavendish im Jahr 1798 mithilfe der Torsionswaage. Sein Ergebnis überraschte niemanden. Jeder „wusste", dass es wahr sein musste.

Es mag hier noch interessieren, die völlig unterschiedlichen sozialen und kulturellen Wirkungen zu beleuchten, die durch das Werk von Kopernikus und dieses Ergebnis von Newton hervorgerufen wurden. Kopernikus hatte sein Weltsystem in den Wirren der heraufziehenden Befreiungskriege und der Reformation ans Licht gebracht. Daher gewann es eine geradezu bedrohliche geistesgeschichtliche Dimension, die über seine wissenschaftliche Bedeutung weit hinausging. So erklärt sich, dass ihm die „ehrenvolle" Aufmerksamkeit der Repressionsmaschinerie der Zeit, insbesondere der Kirche, zuteil wurde. Noch heute wird ja die Entdeckung des Kopernikus als außergewöhnlicher wissenschaftlicher Durchbruch gefeiert, was so nicht ganz stimmt. Es handelt sich um einen Durchbruch auf kulturellem und vielleicht auch auf philosophischem Gebiet, aber bedeutende praktische Folgen für die Naturwissenschaften hatte das Werk von Kopernikus nicht. Im Gegensatz dazu brachte Newton seine Ergebnisse in die Öffentlichkeit, als die befreiten Staaten Europas Schritt für Schritt an Stabilität gewannen, als der Kapitalismus, der für die Intellektuellen Europas im 18. Jahrhundert (etwas anders als heute) zum bewunderten Modell aufstieg, in England geboren wurde, als Reformation und Gegenreformation ihre hitzige Konfrontation hinter sich gelassen hatten. Nur eine kleine Minderheit nahm den geistesgeschichtlichen Gehalt von Newtons Erkenntnis wahr. Die Mehrheit derjenigen, die Newtons Ergebnisse überhaupt beachteten, sah darin einen Nachweis für die Kraft des menschlichen Verstandes und eine Bestätigung der Richtung, in der die Wissenschaft sich weiterentwickelte. Wenn man den wissenschaftlichen Fortschritt als Maßstab nimmt, war das 18. Jahrhundert eine Periode, in der die Akademien rauschende Erfolge feierten. Die Universitäten lagen weiterhin darnieder, konnten aber gegen Ende des Jahrhunderts neues Selbstbewusstsein entwickeln. Der Kanon der Naturwissenschaften aus dem 17. Jahrhundert blieb bis etwa in die Mitte des 20. Jahrhunderts bestimmend.

Vortrag XIV

Alternativen

Im vorigen Vortrag habe ich das Gravitationsgesetz vorgestellt, die größte Errungenschaft des 17. Jahrhunderts. Die Wirkung auf den weiteren Fortschritt der Wissenschaft kann gar nicht stark genug betont werden. Sowohl der Inhalt als auch die Art der Herleitung sind beispielhaft für die Richtung, in der sich die Mathematik nicht nur in diesem, sondern auch in den folgenden Jahrhunderten weiterentwickeln sollte. Es war eine Mathematik, die sich von der Intuition der Physiker inspirieren ließ und durch die zentrale Rolle des Grenzwertbegriffs gekennzeichnet war. Sie stützte die Physik und die Technik. Man könnte durchaus sagen, dass wir die Dampfmaschine und die Elektrizität, die dem 19. Jahrhundert ihren Stempel aufgeprägt haben, der Mathematik verdanken.

Die mathematischen Techniken, die Newton verwendete, ließen unübersehbar ihren Ursprung aus der Physik erkennen. Diese Leitidee zeigt sich darin, dass jede Größe – wenn auch unter dem Begriff Variable laufend – eine Funktion der Zeit war. Newtons Zugang zur neuen Mathematik und damit auch zur mathematischen Beschreibung der Natur war allerdings nicht der einzige. Viele andere Konzepte wurden vorgeschlagen; eigenständig und herausragend waren die von Leibniz und Huygens.

Gottfried Wilhelm Leibniz (1646; 1716) wurde in Leipzig geboren und verbrachte die längste Zeit seines Lebens in Hannover am Hof des hier regierenden Herzogshauses, aus dem später das englische Königshaus hervorging. Er betätigte sich auf so gut wie allen Gebieten: Philosophie, Dampfmaschinen, Rechenmaschinen, Versuche zur Einigung Deutschlands. Sein Hauptziel war aber die Entwicklung einer *scientia generalis*, einer Art Theorie, die alles umfassen sollte. Dieses allumfassende Wissen sollte in einer besonderen Sprache, der *lingua universalis*, ausgedrückt werden und aus sehr allgemeinen Aussagen (*characteristica generales*) bestehen, deren Kenntnis es ermöglichen sollte, jede konkrete Frage als leicht lösbaren Spezialfall zu behandeln. Dies mag wie ein Witz klingen, aber es ist unbestreitbar, dass dieser Zugang für die Mathematik am Ende sehr förderlich war.

Jeder ernsthafte Versuch, eine universelle Sprache zu konstruieren, erfordert ein genaues Konzept, eine zweckmäßige Wahl von Begriffen und eine geeignete Notation. Wie gut dies gelingen kann, lässt sich an der Art und Weise sehen, wie Leibniz die Differenzial- und Integralrechung einführte. Dazu sei gleich bemerkt, dass die gängigen Bezeichnungen für diese Zweige der Mathematik von Leibniz stammen. Er sprach vom *calculus differentialis* (aufteilen!) und *calculus integralis* (vereinigen!). Diese „gegenläufigen" Bezeichnungen stehen im Einklang mit dem Hauptsatz, der ja besagt, dass Differenziation und Integration zueinander inverse Operationen sind. Leibniz wendete beide Operationen nicht auf Gleichungen, sondern auf Funktionen an und war daher genötigt, die Größe, nach der die jeweilige Operation ausgeführt werden sollte, klar zu kennzeichnen. Die von Leibniz vorgeschlagene Symbolik ist noch bestens bekannt: es ist die heute übliche. Die Differenziation stand in direktem Zusammenhang mit dem Graphen der differenzierten Funktion (Fig. XIV. 1): Die Ableitung ist die Steigung des Funktionsgraphen und sie wird berechnet, indem das Verhalten immer kürzerer Sehnen untersucht wird. Die Ableitung wurde mit $\frac{df}{dx}$ oder $\frac{\partial f}{\partial x}$ bezeichnet, je nachdem, ob es sich um eine Funktion von einer oder von mehreren Variablen handelte. Man durfte auch einen Apostroph schreiben, wenn klar war, in Bezug auf welche Variable die Funktion differenziert werden sollte. Das Zeichen für die Integration war $\int$, eine Abkürzung für *summa*, in fantasievoller Weise *ſumma* geschrieben. Leibniz war sich nämlich darüber klar, dass die Integration eine Verallgemeinerung der Summation war.

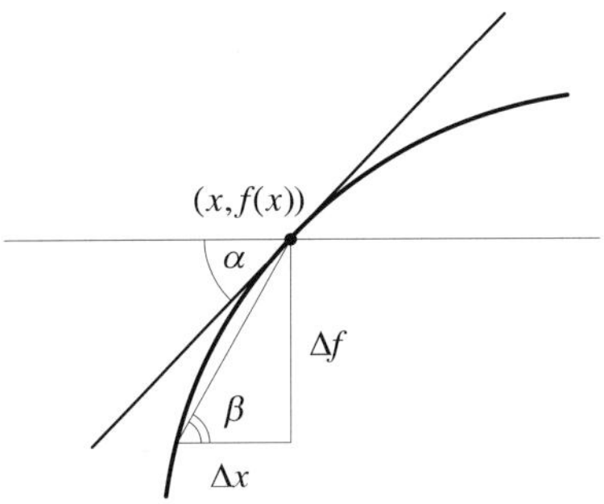

Fig. XIV. 1: Nimmt Δx zu dx ab, so nimmt Δf zu df ab, und das Verhältnis dieser zwei Größen (der Tangens des Winkels β) wird zum Tangens des Winkels α, also zur Ableitung der Funktion f an der Stelle x.

Im Werk *Nova methodus pro maximis et minimis, itemque tangentibus, quae non fractae nec irrationales quantitates moratur, et singulare pro illi calculi genus (Eine neue Methode für Maxima und Minima sowie für Tangenten, die durch gebrochene und irrationale Werte nicht beeinträchtigt wird, und eine merkwürdige Art Kalkül dafür)* aus dem Jahr 1684 stellte er seine Konzeption und Methode vor. Bis zum heutigen Tag bezeichnet das Wort calculus in englischsprachigen Ländern die Differenzial- und Integralrechung.

Leibniz teilte seine Methoden zur Bestimmung von Ableitungen und Integralen nie ohne Begrundung mit. Newtons Stil „Tu was dir gesagt wird und frage nicht, warum" war für ihn völlig undenkbar. Die Begründung war Teil einer allgemeinen (wie immer bei Leibniz) Monadenlehre. Bezogen auf die reellen Zahlen lautet sie so: Wir ordnen jeder reellen Zahl x ihre Monade auf der Zahlengeraden zu. Die Monade ist dabei ein „Abschnitt" der Zahlengeraden, der genau eine Zahl enthält, eben x. Er wird mit $(x - dx,\ x + dx)$ bezeichnet. Das Rechnen mit den Abschnitten folgt den rechnerischen Eigenschaften der Monaden. Beispielsweise ist das dx einer Monade positiv, aber kleiner als jede positive reelle Zahl (andernfalls läge eine reelle Zahl zwischen x und $x + dx$). Daher ist dx unendlich klein, woraus folgt, dass sein Reziprokes unendlich groß ist. Ohne mich hier auf Begründungen einzulassen, teile ich einige Rechenregeln des Monadenkalküls mit, wobei die Variablen für reelle Zahlen stehen:

$$a + b\,dx = a, \quad c\,dx + d\,(dx)^{n+1} = c\,dx,$$
$$e\,dx + f\sqrt{dx} = f\sqrt{dx}.$$

In vielen Fällen ermöglichen solche Formeln die schnelle und rein mechanische Berechnung von Ableitungen und den Beweis von Ableitungsregeln. Genau dies tun Schüler und Studenten überall in der Welt, wenn sie Differenzial- und Integralrechung praktizieren. Diese Einstellung mag ihre Lehrer kränken, ist aber der beste Tauglichkeitsbeweis für den griffigen Formalismus von Leibniz.

Warum aber wurde dieser Formalismus, statt zur Grundlage der Analysis zu werden, praktisch von Beginn an als vorwissenschaftliche Intuition oder sogar als pseudowissenschaftliche Fantasie abgetan? Der Grund ist einfach. Die reellen Zahlen, angereichert durch das unendlichlich Kleine, eben diese dx-e, haben viele paradoxe algebraische Eigenschaften. Beispielsweise erfüllen sie nicht das archimedische Axiom, das erste explizit formulierte Axiom der Arithmetik (siehe Vortrag VI). Ihre Struktur ist hierarchisch in dem Sinn, dass jedes Element einer Monade eine eigene Monade besitzt, deren Struktur wieder dieselbe ist wie die Struktur aller Zahlen. Dasselbe gilt auch in umgekehrter Richtung: Die reellen Zahlen (mit ihren Monaden, Monaden von Monaden usw.) sind ihrerseits die Monade für Zahlen höheren Ranges und so geht es unendlich weiter. Kurzum: Gefühlsmäßig hielt man all dies für zu fremdartig und für zu schwer verständlich, als dass es hätte wahr sein können. Die Leute hatten schon Recht, weil Mathematik eine Naturwissenschaft ist, wenn auch nur im pythagoreischen Sinn. Andernfalls wäre die erstaunliche Kraft ihrer Methoden in den Anwendungen unerklärlich. Und im 17. Jahrhundert gab es reichlich Anwendungen der Mathematik; ihre Zahl wuchs in Riesensätzen.

Die formale Seite der Leibniz'schen Analysis wurde also akzeptiert, wogegen ihre Begründung und die unterlegte Philosophie abgelehnt wurden. Es ist merkwürdig, dass gegen Ende des 19. Jahrhunderts, als die Analysis die einer wissenschaftlichen Disziplin anstehende verlässliche Grundlegung erhielt, die von Leibniz vertretene Konzeption wieder belebt wurde, die Zahlengerade durch unendlich kleine Elemente zu erweitern und jede reelle Zahl durch Einschluss in eine Monade von den anderen Zahlen zu trennen. Dies ließ sich jetzt gefahrlos durchführen, denn diese Konstruktion lag in sicherer Entfernung von den technischen Anwendungen der Analysis. In den späten fünziger Jahren dieses Jahrhunderts erweiterte Abraham Robinson den von Felix Klein entwickelten Begriff der nicht archimedischen Ordnung zu einem vollständigen Begriffssystem der Analysis, das heute als Non-Standard-Analysis bekannt ist. Dies steht aber auf einem anderen Blatt, wenn ich auch noch hinzufügen möchte, dass wir hier ein interessantes Beispiel für einen abweichenden Zugang zu einer bereits eingeführten Theorie unter neuen mathematischen und philosophischen Bedingungen vor uns haben.

Die Haltung, die Leibniz der analytischen Geometrie gegenüber einnahm, wirft ein Licht auf seine Radikalität in Fragen des Formalismus. Er benutzte die analytische Geometrie in vollem Umfang (ohne sie hätte er nicht einmal seine Definition der Ableitung aufschreiben können), betrachtete sie aber als eine Missgeburt. Er sei, so trumpfte er auf, kein Gegner einer rechnenden Geometrie, sondern Gegner des Zahlenrechnens in der Geometrie, weil dadurch die formale Einheit dieses Gebiets zerstört werde. Er äußerte die Absicht, die analytische Geometrie durch ein Rechnen mit geometrischen Objekten zu ersetzen, konnte aber diese Idee nicht in die Tat umsetzen. Erst am Ende des 19. Jahrhunderts (einer Zeit wieder belebten Interesses an Leibniz' Ideen) konnten Hjelmslev und andere seinen Vorschlag verwirklichen. Später wurde dieser Ansatz zu einem Begriffsgebäude vervollständigt, das den Vergleich mit der klassischen und der analytischen Geometrie in ihren unterschiedlichen Formen gut bestehen kann. In der Mitte des 20. Jahrhunderts erreichte dank des Wirkens von Friedhelm Bachmann diese Theorie ihre volle Reife. Es scheint aber, dass dieser Zweig der Geometrie ebenso wie die Non-Standard-Analysis noch für einige Zeit als Alternative von geringerer Bedeutung angesehen werden wird.

Der Niederländer Christiaan Huygens (1629; 1695) ist vielleicht der beste Repräsentant derjenigen Gruppe von Mathematikern, die den neuen Methoden zurückhaltend gegenüberstanden (da es unwahrscheinlich war, hier Erfolge zu erringen), sich aber begeistert auf neue Probleme stürzte. Seine Arbeiten bewegen sich auf der Grenzlinie zwischen Physik und Mathematik in der modernen Bedeutung dieser Worte. Als Beispiel ist seine Wellentheorie des Lichts zu nennen. Als guter Experimentator baute Huygens auch ein hervorragendes Fernrohr und konstruierte Uhren. Über die theoretische Seite seiner Arbeit an der Uhr möchte ich nun berichten.

Der Hintergrund dieser Unternehmung ist in zwei Versionen überliefert. In der ersten wird berichtet, Pascal habe einen Wettbewerb für Arbeiten über die Zykloide ausgeschrieben – angeblich soll er versucht haben, seine Zahnschmerzen zu übertäuben, indem er eine Anzahl Sätze über die Zykloide herleitete. Pascal soll die zahlreichen eingereichten Arbeiten gelesen und sich selbst den ersten Preis verliehen haben. Huygens Arbeit, die ich im Folgenden vorstellen möchte, war dessen Wettbewerbsbeitrag. In der anderen Version geht es um einen von der niederländischen Admiralität ausgeschriebenen Wettbewerb. Wie schon in Vortrag XI erwähnt, war die Bestimmung der geographischen Länge ein grundlegend wichtiges und schwieriges Problem der Navigation, das man – wie ebenfalls schon dargestellt – mithilfe von Ephemeridentafeln lösen kann. Daneben lässt sich die geographische Länge eines Ortes aber auch bestimmen, wenn man die genaue Uhrzeit von einem Ort bekannter Länge her überträgt. Daraus entwickelte sich der Konstruktionswettbewerb für eine Uhr, die selbst auf einem schlingernden Schiff noch genau ging. Die Ausschreibung verlangte eine Uhr, die nach einer Reise von Europa nach Amerika und zurück die Ortszeit des Heimathafens mit einem Fehler von weniger als einer Minute reproduzierte. (Heutzutage wäre diese Genauigkeitsanforderung natürlich lächerlich.) Vergessen wir den Wettbewerb und gehen wir an die mathematischen Überlegungen, zu denen Huygens sich von der Uhr inspirieren ließ!

Der Erste, der eine die Wettbewerbsbedingungen erfüllende Uhr baute, war Harrison. Die Streitereien über die Auszahlung des Preises schleppten sich noch 30 Jahre hin. Wie dem auch sei – dies hat weder mit der Mathematik noch mit der Arbeit von Huygens viel zu tun.

Stellen wir uns vor, wir wollten eine sehr genau gehende Pendeluhr konstruieren, die Stöße und Kippbewegungen aushalten muss. Angesichts der Erkenntnis von Galilei, dass die Schwingungsdauer eines Pendels von der Auslenkung nahezu unabhängig ist, *wenn die Auslenkung klein ist*, liegt es nahe, dass eine Uhr ein besonderes Pendel braucht, wenn man diese Einschränkung aufhebt. Galilei hatte die Bewegung des eingeschränkt schwingenden Pendels durch die Bewegung auf einer schiefen Ebene approximiert. Dies führt zu folgender Formulierung des Problems: Bestimme die Bahnkurve, auf der ein hinabgleitender Körper den tiefsten Punkt unabhängig vom Startpunkt immer in derselben Zeit erreicht. So lautet das Tautochronen- oder Isochronenproblem. (Wir werden am Ende dieses Vortrags noch weitere ähnliche Probleme besprechen.) Heute wissen wir, dass die Tautochrone eine Zykloide ist, aber der Lösungsweg von Huygens ist auch heute noch überraschend und lehrreich.

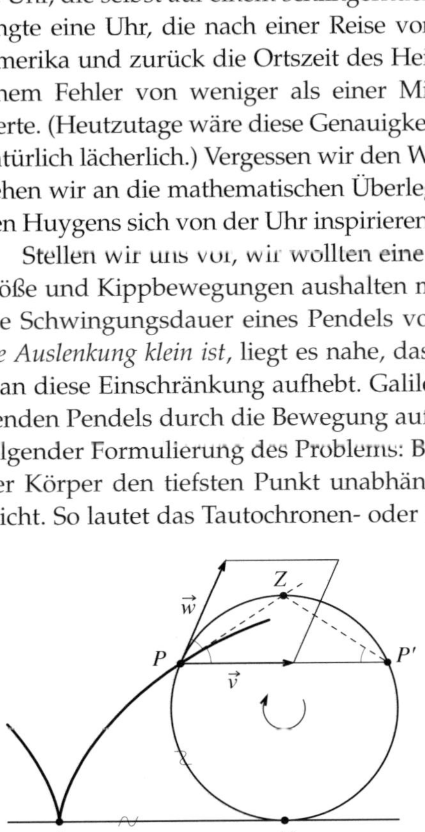

Fig. XIV. 2

Haben Sie vergessen, was eine Zykloide ist? Dann zur Erinnerung: Eine Zykloide ist die Bahn, die ein Punkt auf dem Rand eines Kreises beschreibt, wenn dieser ohne Schlupf auf einer Geraden abrollt. Hier nur eine

ihrer interessanten Eigenschaften: Ihre Tangenten gehen durch den Scheitelpunkt des Rollkreises in der zugehörigen Lage (Fig. XIV. 2). Da der Kreis ohne Gleiten rollt, stimmt die Länge des Vektors der Horizontalgeschwindigkeit $\vec{v}$ mit der Länge des Vektors der Drehgeschwindigkeit $\vec{w}$ überein. Daher bilden diese zwei Vektoren eine Raute, deren Diagonale ihre Resultante ist. Ihre Richtung ist die Bewegungsrichtung des Punktes. Es bleibt noch zu zeigen, dass die Resultante durch den Scheitelpunkt des Kreises (Z in der Figur) gehen muss. Wie schon Archimedes wusste (siehe dazu den Beweis in Vortrag VII und Fig. VII. 12), genügt nun die Feststellung, dass PZ als Diagonale einer Raute den Winkel zwischen den Vektoren $\vec{v}$ und $\vec{w}$ halbiert.

Die Zykloide wird zur Tautochronen, wenn man sie „umdreht". Tun wir das! Nun legen wir im Punkt P mit der Höhe H über dem tiefsten Punkt eine Kugel auf die Zykloidenbahn und lassen sie hinunterrollen.

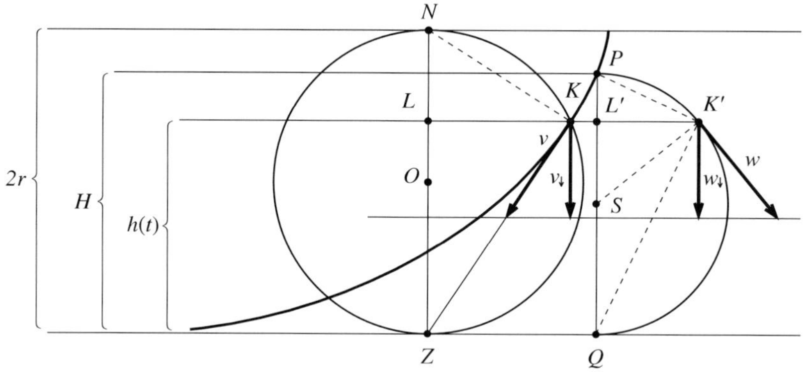

Fig. XIV. 3

Nach der Zeit t befindet sich die Kugel im Punkt K mit der Höhe h(t). Diese Höhe wollen wir zuerst betrachten und konzentrieren uns deshalb auf die Vertikalkomponente $\vec{v}_\downarrow$ des Vektors $\vec{v}$. Nach Fig. XIV. 3 gilt:

$$\frac{|\vec{v}_\downarrow|}{|\vec{v}|} = \frac{LZ}{KZ} = \frac{LZ}{\sqrt{LZ \cdot NZ}} = \sqrt{\frac{LZ}{NZ}} = \sqrt{\frac{h(t)}{2r}}\,.$$

Die erste dieser Gleichheiten folgt aus der eben festgestellten Tangenteneigenschaft, denn da $\vec{v}$ nach Z zeigt, ist das von den Vektoren $\vec{v}$ und $\vec{v}_\downarrow$ aufgespannte Dreieck dem Dreieck ZKL ähnlich. Die zweite Gleichheit gilt, weil ZKN als Dreieck über einem Durchmesser rechtwinklig ist. Bis hierher sind wir noch kaum über Schulniveau. Huygens' Genialität zeigt sich in der Fortsetzung der Gedankenführung.

Seine Idee war die folgende: Die „komplizierte" Bewegung längs der Zykloiden wird durch eine hypothetische „einfache" Bewegung mit derselben Sinkgeschwindigkeit nachgebildet. Nicht ganz fern liegend ist die Bewegung auf einem Kreis (oder genauer auf einem Halbkreis). Betrachten wir also einen Halbkreis mit Durchmesser H, auf dem eine Kugel läuft (siehe den rechten Teil von Fig. XIV. 3). Wieder interessiert uns nur die Vertikalkomponente der Bewegung. Es gilt nun

$$\frac{|\vec{w}_\downarrow|}{|\vec{w}|} = \frac{K'L'}{K'S} = \frac{\sqrt{PL' \cdot L'Q}}{PS} = \frac{\sqrt{(H - h(t)) \cdot h(t)}}{\frac{H}{2}}\,.$$

Wie oben nutzen wir zuerst die Ähnlichkeit zweier Dreiecke mit paarweise zueinander senkrechten Seiten und dann die Eigenschaften des rechtwinkligen

Dreiecks PK'Q aus. Dies ist noch elementar. Die vorausgesetzte Gleichheit der Vertikalkomponenten der wahren und der hypothetischen Bewegung ergibt

$$|\vec{v}| \cdot \sqrt{\frac{h(t)}{2r}} = |\vec{v}_\downarrow| = |\vec{w}_\downarrow| = |\vec{w}| \cdot \frac{2\sqrt{(H-h(t)) \cdot h(t)}}{H}.$$

Hieraus folgt

$$(*) \qquad |\vec{w}| = |\vec{v}| \cdot \frac{H}{2} \cdot \sqrt{\frac{1}{2r(H-h(t))}}.$$

Wenn uns diese Beziehung nichts sagt, dann war Huygens klüger als wir. Der Zusammenhang zwischen der Geschwindigkeit der Kugel und ihrer Höhe über dem Nullniveau besagt doch, dass die kinetische Energie dem Verlust an Lageenergie gleich ist, also

$$\frac{m\vec{v}^2}{2} = mg(H-h(t))$$

gilt, wobei g die Gravitationskonstante ist.

Hieraus folgt

$$|\vec{v}| = \sqrt{\vec{v}^2} = \sqrt{2g(H-h(t))}.$$

Setzen wir dies in (*) ein, erhalten wir die Formel

$$|\vec{w}| = \frac{H}{2}\sqrt{\frac{g}{r}},$$

in der t nicht mehr vorkommt. Dies bedeutet, dass die hypothetische Bewegung mit konstanter Geschwindigkeit abläuft und die Dauer

$$T = \frac{\pi H}{|\vec{w}|} = 2\pi\sqrt{\frac{r}{g}}$$

hat. Dies wiederum besagt, dass die Fallzeit T eine von H unabhängige Konstante ist. (Der Radius r bestimmt lediglich die Zykloide.) Da die hypothetische Bewegung ebenso lange dauert wie die wahre Bewegung, ist die Zykloide nun in der Tat eine Tautochrone.

Leser, die an der Universität (am ehesten in einer Vorlesung über Variationsrechnung) gelernt haben, dass die Zykloide eine Tautochrone ist, werden die Geschicklichkeit würdigen können, mit der Huygens zwischen den Klippen der Analysis und der analytischen Geometrie durchlaviert. Meine anderen Leser müssen sich mit der Feststellung zufrieden geben, dass der hier dargestellte Beweis nicht einmal einen Anflug von Analysis enthält.

Damit ließ es Huygens nicht bewenden. Das geforderte Ergebnis war ja schließlich ein streng isochrones Pendel. Zur Konstruktion ist es vorteilhaft, den Begriff der Evolvente zu benutzen, den Huygens selbst einführte – heute liegt er unter einem Berg von differenzialgeometrischen Begriffen begraben. Man stelle sich einen auf eine gegebene Kurve gewickelten Faden vor; ein auf dem Faden fest gewählter Punkt beschreibt eine Evolvente der Kurve, wenn der Faden straff gehalten und abgewickelt wird. Da dieser Punkt beliebig gewählt werden kann, gibt es offenbar unendlich viele Evolventen.

Ich empfehle allen, die noch nichts über Evolventen wissen, eine dieser Kurven für einen Kreis zu konstruieren. Die entstehende Kurve ähnelt einer archimedischen Spirale, ist aber keine.

Der Schlüssel zur Konstruktion eines isochronen Pendels ist die Beobachtung, dass sich unter den Evolventen einer Zykloide wieder eine Zykloide findet, die außerdem zur gegebenen kongruent ist. Insbesondere gibt es eine Zykloidenevolvente, deren Spitzen mit den Maxima der gegebenen Evolvente zusammenfallen. Lassen Sie uns diese Behauptung prüfen!

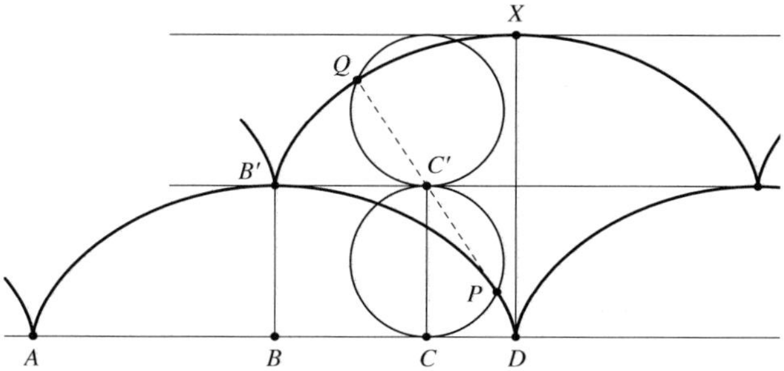

Fig. XIV. 4

Wir zeichnen zwei Zykloiden. Die zweite wird durch einen Kreis erzeugt, der auf der Tangente der Scheitelpunkte der ersten Zykloiden abrollt. Ihre Spitzen werden in diese Scheitelpunkte gelegt. Wir beweisen nun, dass die zweite Zykloide eine der Evolventen der ersten ist. Betrachten wir zunächst den Fall, dass sich die zwei Kreise berühren (Fig. XIV. 4). Da die Kreise ohne Schlupf rollen, sind einander entsprechende Sehnen und Bögen jeweils gleich lang. Insbesondere gilt

$$\widehat{QC'} = B'C' = BC = AC - AB = \widehat{CC'P} - \widehat{CC'} = \widehat{C'P}.$$

Die Bögen QC′ und C′P sind damit als gleich lange Bögen zweier Kreise von gleichem Radius kongruent und liegen daher punktsymmetrisch in Bezug auf C′. Daraus folgt insbesondere, dass Q, C′ und P auf einer Geraden liegen. Diese Gerade ist außerdem Tangente in P, da sie durch den Scheitelpunkt des unten liegenden Kreises geht. Daher ist Q der Endpunkt des gespannten, von der unteren Zykloide abgewickelten Fadens. Da P ein beliebiger Punkt der Zykloide ist, haben wir gezeigt, dass die obere Zykloide eine Evolvente der unteren ist.

An welchem Punkt haben wir den Faden abzuwickeln begonnen? Offenbar bei B′. Und wie lang ist er? Wir erhalten die Antwort, wenn wir sein Ende in den Punkt X bringen – die Länge ist also 4r. Damit haben wir (unabsichtlich?) die Länge der Zykloide berechnet – sie beträgt 8r. Dieses Ergebnis war im 17. Jahrhundert eine Sensation: Die Länge einer Kurve, die durch einen Rotationsvorgang entsteht, soll nicht die Zahl π enthalten? Ich habe oben bemerkt, dass diese Herleitung sowohl die Analysis als auch die analytische Geometrie vermeidet; ich wiederhole diese Bemerkung hier.

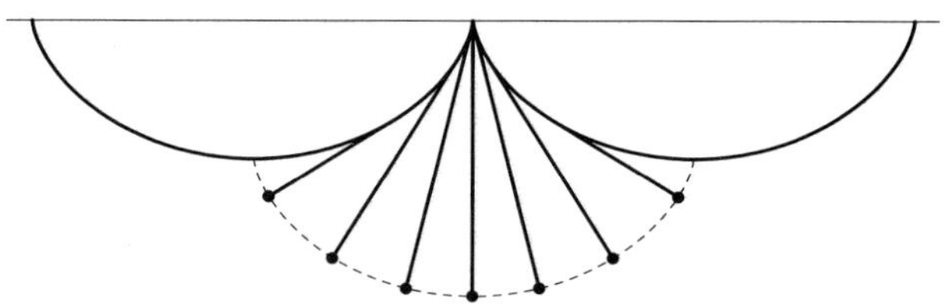
Fig. XIV. 5

Damit sind wir in der Lage, ein isochrones Pendel zu konstruieren. Dazu bringen wir ein gewöhnliches Fadenpendel mit der Länge 4r zwischen zwei zykloidenförmigen, durch einen Kreis mit Radius r bestimmten Führungsbacken an (Fig. XIV. 5). Da sich der Pendelkörper auf einer Zykloiden, also einer Tautochronen bewegt, ist seine Schwingungsdauer unabhängig von der Amplitude.

Huygens baute eine solche Uhr mit diesem (leider nur in der Theorie) isochronen Pendel, aber eine praktische Bedeutung gewann sie nicht. Seine wirkliche Errungenschaft war die glänzende mathematische Argumentation, die der Konstruktion zugrunde lag.

Die neuen Methoden gingen über die diversen Ansätze hinaus, mit denen einzelne Probleme, die wir heute der Analysis zuordnen, je einzeln gelöst wurden. Das 17. Jahrhundert markiert auch den Beginn einer von Grund auf neuen Konzeption der Geometrie. Vorläufer waren Girard Desargues (1591; 1661), ein französischer Gartenarchitekt aus Lyon, und Blaise Pascal (1623; 1662), dessen Name hier schon mehrfach genannt wurde und der wichtige Beiträge zu zahlreichen Teilgebieten der Mathematik lieferte. Ihre geometrischen Schriften werde ich in Vortrag XVIII besprechen; hier möchte ich nur erwähnen, wie Pascal den heute nach ihm benannten Satz über Kegelschnitte publik machte: Er ließ 40 Plakate drucken, auf denen der Satz und einige Beweistipps standen, und schlug sie in den Straßen von Paris an. Diese Begebenheit wirft ein Licht zum einen auf das ganz besondere Flair, das damals die Wissenschaft umgab, zum anderen auf die selbstsichere Einstellung der Wissenschaftler zu ihrer Arbeit und zum Interesse, das die Öffentlichkeit daran nahm.

Welch hohe Publikumswirksamkeit die Welt der Wissenschaft damals hatte, wird in recht überraschender Weise durch Jan Potockis um 1810 in französischer Sprache geschriebenen Roman *Manuscrit trouvé à Saragosse* (dt. Übers.: Jan Graf Potocki: *Die Abenteuer in der Sierra Morena oder Die Handschriften von Saragossa*) belegt. Eines seiner Themen ist die Wissenschaft. Unter anderem kommt darin das Thema Naturwissenschaft vor. Genauer gesagt entsteht durch die Lebensgeschichten von Velazquez und dessen Vater ein abwechslungsreiches Bild der Wissenschaft um die Wende zum 17. Jahrhundert. Ein weiterer Pluspunkt des Buchs ist die sehr hohe Bildung seines Autors.

Der Umstand, dass das Buch ein wenig ins Schlüpfrige abgleitet, sollte nicht einmal im heutigen Polen ein Hinderungsgrund sein, es zu lesen. Der Autor bestand darauf, dass diese Beigabe nötig sei, um den Damen das Buch zart ans Herz zu legen.

Die Brüder Bernoulli (samt ihren Disputen – um nicht zu sagen ihrem Gegeifer) legen in allen Darstellungen der Wissenschaftsgeschichte des 17. Jahrhunderts eine breite Spur. Die Familie Bernoulli stammte aus den Niederlanden. Nicholas Bernoulli, ein Kaufmann, ließ sich in der Schweiz nieder, um der dauernden Verfolgung zu entgehen, der er seines Glaubens wegen in seiner Heimat ausgesetzt war. Seine Söhne Jakob (1654; 1705) und Johann (1667; 1748) wurden berühmte Wissenschaftler. Seit dieser Zeit ist in jeder Generation mindestens ein Mitglied der wohlhabenden Familie Bernoulli Universitätsprofessor geworden. Wie immer in einem solchen Fall fragt man sich, ob diese dauerhafte Vorliebe für die Wissenschaft auf Vererbung oder Erziehung zurückzuführen ist.

Die Fächer, mit denen Jakob und Johann ihre Studien begannen, hatten nichts mit Mathematik zu tun, waren es doch Theologie bzw. Medizin. Zur Mathematik kamen sie durch die Werke von Leibniz. Beide entschlossen sich, Mathematiker zu werden, und damit begann zwischen ihnen der Wettstreit. Ihre Rivalität war allgemein bekannt und machte geradezu Wirbel, denn sie wurde höchst unfreundlich, in Beleidigungen und Schmähschriften ausgetragen. Sie demonstrierten den klassischen Fall der Krankheit, an der auch Tartaglia und Cardano gelitten hatten, und die – in akuter Form – das ganze 19. Jahrhundert hindurch grassierte: der rücksichtlose Kampf um die Priorität. Beide hatten Mathematikprofessuren inne, Jakob in Basel (1678 – 1705), Johann zunächst in Groningen (1697) und nach dem Tod seines Bruders in Basel, wo er bis zum Ende seines Lebens blieb.

Jakobs Arbeiten kreisten um die Entwicklung der Differenzial- und Integralrechung. Besonderes Interesse hatte er an – wie wir heute sagen – Variationsaufgaben. Gesucht sind dabei diejenigen Mitglieder einer Familie mathematischer Objekte, die gewisse Extremaleigenschaften besitzen. Ein gutes Beispiel für ein solches Problem ist die Suche nach einer Tautochronen in einer Kurvenfamilie, ein anderes die Bestimmung einer Brachistochronen, also einer Kurve, längs derer ein Körper im Schwerefeld in minimaler Zeit von einem gegebenen Punkt zu einem anderen tiefer (aber nicht vertikal darunter) liegenden Punkt hinabgleitet. In diesem Zusammen-

hang zitiere ich Carl Boyer: „Johann hatte einen fehlerhaften Beweis dafür gefunden, dass diese Kurve eine Zykloide ist, und forderte seinen Bruder heraus, die Brachistochrone selbst zu finden. Nachdem Jakob einen fehlerfreien Beweis geliefert hatte, versuchte Johann, diesen als seinen eigenen auszugeben.“ Eine zweite Variationsaufgabe ist das isoperimetrische Problem: In einer Familie von Kurven gleicher Länge ist diejenige gesucht, die ein Flächenstück größten Inhalts umschließt. Jakob entdeckte auch die Kettenlinie, also die Form, die eine feingliedrige Kette annimmt, wenn sie an zwei Nägeln aufgehängt wird. Diese und andere Überlegungen führten ihn zu Differenzialgleichungen, einem Zweig der Mathematik, der damals noch nicht eigenständig war; im 19. Jahrhundert sollte er überragendes Interesse gewinnen. Jakob untersuchte die später nach ihm benannte Lemniskate, die Ortskurve aller Punkte mit der Eigenschaft, dass das Produkt ihrer Entfernungen von zwei gegebenen Punkten dem halben Quadrat der Entfernung zwischen diesen Punkten gleich ist. Einen schönen Erfolg feierte er mit der logarithmischen Spirale, einer Kurve mit der Polarkoordinatengleichung $r = a^{\varphi}$, wobei a eine Konstante ist. Er selbst schätzte seine Arbeit über diese Kurve so hoch, dass er verfügte, diese auf seinem Grabstein zusammen mit der Inschrift *Eadem mutata resurgo (Änderst du mich, so erstehe ich doch unverändert wieder)* einmeißeln zu lassen. Die Nachwelt gehorchte, nur setzte sie die archimedische Spirale an die Stelle der logarithmischen, die ihr wohl nicht „fotogen“ genug war. Anscheinend liebt die Nachwelt solche Späße.

Jakob Bernoullis wichtigstes Werk war die *Ars coniectandi*, postum veröffentlicht im Jahr 1713. Zu deutsch lautet der Titel „Die Kunst des Ratens“ (oder Vermutens); er spielt auch auf das Werfen von Münzen oder Würfeln an. Es ist das erste große mathematische Werk über Zufallsphänomene und markiert den Beginn der Wahrscheinlichkeitstheorie.

An dieser Stelle mag es passend sein, einige Worte über diese jüngste der großen Disziplinen der Mathematik zu sagen. Vorgänge, deren Ablauf nicht genau genug verstanden wird, um deterministische Vorhersagen zu ermöglichen, können als zufällig bezeichnet werden. Man kann die Unmöglichkeit einer Vorhersage auch dem Walten eines Schicksals zuschreiben. (Einige Menschen überhöhen „Schicksal“ zu „SCHICKSAL“, andere sagen, es sei blind, andere wieder versuchen, es durch Gebete gnädig zu stimmen.) Die dritte Möglichkeit, dass solche Vorgänge in nicht deterministischer Weise vorhergesagt werden können, hat das allgemeine gesellschaftliche Bewusstsein noch nicht durchdrungen. In der Tat etablierte sich diese Sichtweise selbst in den Köpfen der Wissenschaftler ganz zaghaft erst im 20. Jahrhundert. Dies zeigt sich schon daran, dass noch um das Jahr 1900 herum die Stochastik nicht zur Mathematik, sondern zur Physik gerechnet wurde. Daher ist es umso beachtlicher, dass Bernoulli der erste Mathematiker war, der ihr Beachtung schenkte.

Anfangs beschäftigten sich nur Glücksspieler ernsthaft mit der Wahrscheinlichkeit. Da ausgiebige Erfahrungen gewisse Verhaltensweisen hervorgebracht und bestimmte Arten von Regelmäßigkeit aufgedeckt hatten, gab es viel praktisches Wissen über diesen Gegenstand. Ein klassisches Beispiel sind Würfeltische. In Fig. XIV. 6 ist ein solcher abgebildet. Aufgezeichnet sind alle möglichen Ergebnisse des Wurfs mit drei Würfeln und dazu jeweils die Anzahl der Spielmarken, die der Spieler bekommt oder abgeben muss. Außerdem ist jedes Ergebnis mit einem Namen und – für Analphabeten – mit einem Bild belegt. Einige Ergebnisse (dreimal dieselbe Augenzahl, aber nicht dreimal die Sechs) werfen den Spieler heraus, und eines, nämlich dreimal die Sechs, verschafft ihm den gesamten Einsatz. Ich habe dieses Spiel bei vielen Gelegenheiten gespielt und kann aus Erfahrung (zur Berechnung des Erwartungswerts

hatte ich nie die Geduld) sagen, dass es den Bankhalter begünstigt, wenn auch nur ganz wenig. Alles andere wäre auch überraschend. Ein solcher Tisch war für den Besitzer eine Einnahmequelle; er ging von Kneipe zu Kneipe und forderte die Gäste zum Spielen auf. Das Spiel war in dem Sinne fair, als die Bedingungen für alle Spieler gleich und von Anfang an bekannt waren. Daher fanden solche Spiele viel Zuspruch. Der Betreiber eines Würfelspiels, das den Spielern das Geld zu offensichtlich aus der Tasche zog, riskierte sein Leben. Andererseits musste er verhungern, wenn ihm sein Spiel nicht einen knappen Vorteil verschaffte. So entwickelte sich ein Gewinnplan wie eine biologische Spezies – durch Evolution. Die kritisch denkenden Menschen des 17. Jahrhunderts fühlten sich aber ein wenig veralbert bei dem Gedanken, recht wenig über das Wesen der Wahrscheinlichkeit sagen zu können.

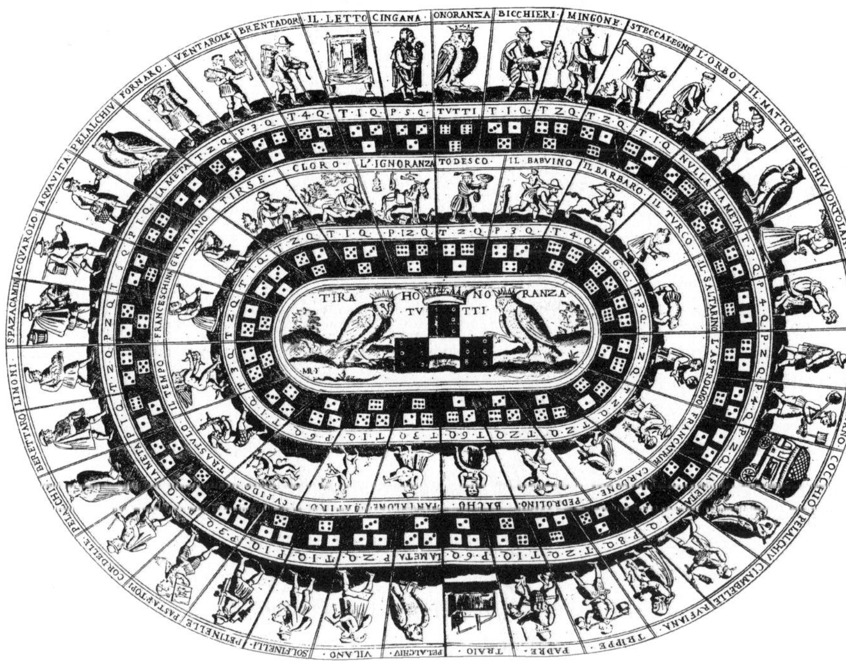

Fig. XIV. 6

Bernoullis Arbeiten über Wahrscheinlichkeit waren nicht die frühesten. Pascal und Fermat äußerten sich in Briefen über die Aufteilung des Einsatzes bei Spielunterbrechung und auch über das Problem des Chevalier de Méré, ob es leichter sei, mit drei Würfeln 11 oder 12 Augen zu werfen. (Jedes dieser Ereignisse wird durch 6 Würfe realisiert.) Vergleicht man jedoch diese Probleme mit den Informationen auf dem oben besprochenen Spieltisch, die rein dem Spielzweck dienen, erkennt man die gewaltige Kluft zwischen theoretischem Wissen und Spielpraxis. Das Werk *Ars coniectandi* sollte nun einen wissenschaftlichen Rahmen für die Forschung auf dem Gebiet der Wahrscheinlichkeitsrechnung setzen. Insbesondere enthielt es den Beweis, dass die Ergebnisfolgen mehrfach wiederholter Versuche gewisse Regelmäßigkeiten haben; dazu kamen das Bernoulli'sche Gesetz der großen Zahlen und die Bernoulli-Zahlen. Die primäre Wirkung von Bernoullis Werk bestand aber darin, dass es die Mög-

lichkeit aufzeigte, Zufallsereignisse mithilfe der Mathematik wissenschaftlich zu untersuchen. Die praktischen Auswirkungen der *Ars coniectandi* sind die heutigen weit verbreiteten Lotterien und vor allem auch Versicherungsverträge. Diese spielten schon im Handel und in wirtschaftlichen Unternehmungen des 18. Jahrhunderts eine wichtige Rolle.

Johann Bernoulli untersuchte dieselben Fragen wie sein älterer Bruder. Sein Mitwirken am Brachistochronen-Problem habe ich schon erwähnt. Er (und dazu auch Newton, Leibniz, de l'Hopital und eben auch Johann) lösten 1697 dieses Problem und fanden die Zykloide; der Beweis verlief sehr ähnlich wie beim Tautochronen-Problem. Johann Bernoulli kommt das Verdienst zu, den Begriff der Geodätischen definiert zu haben. (Lokal kürzeste Kurven auf einer Fläche heißt geodätische Linien. Der Name rührt daher, dass solche „Geraden" auf der Erdoberfläche von Geodäten gezeichnet werden.) Diese Untersuchung ist ein früher Beitrag zur späteren Differenzialgeometrie.

Die Bernoullis begrenzten ihre Streitereien nicht auf die eigene Familie. Die Veröffentlichung des Buchs *Analyse des infiniments petits (Untersuchung der unendlich kleinen Größen)* des Marquis de l'Hopital löste einen gewaltigen Wirbel aus. Das Werk beruhte auf den Mitschriften, die der Marquis von Bernoullis Vorlesungen angefertigt hatte. So wurde das erste Lehrbuch der Analysis (dieser Titel zeigt schon, dass es dem Vorgehen Leibniz' folgte) von einem fleißigen Studenten verfasst. Die Brüder Bernoulli – diesmal in voller Eintracht – protestierten heftig gegen dieses Plagiat; immerhin wird die Regel zur Berechnung des Verhältnisses $\frac{f(x)}{g(x)}$ an Stellen, wo sowohl f als auch g null werden, dem französischen Marquis zugeschrieben.

Keiner der Söhne Jakob Bernoullis, aber drei der Söhne Johanns wurden Wissenschaftler, nämlich Nicholas (1695; 1726), Daniel (1700; 1784) und Johann (1710; 1790). Nicholas fand Interesse an der Stochastik und setzte das Werk seines Onkels väterlicherseits fort. Er war einer der ersten Wissenschaftler, die sich von Peter dem Großen an die im neu gegründeten St. Petersburg eingerichtete Akademie holen ließen. (Das dortige Klima hielt er allerdings nicht aus.) Daniel, der zweite Sohn, war in erster Linie Astronom und Physiker. Sein Meisterstück war die *Hydrodynamik* (1738) mit dem später nach ihm benannten Gesetz. (Es besagt, dass der Druck in einem strömenden Gas oder einer strömenden Flüssigkeit an Engstellen des Rohrs niedriger als an weiten Stellen ist.) Ebenso wie Euler und d'Alembert untersuchte er auch die Gleichung der schwingenden Saite.

Es ist nun längst an der Zeit, die Errungenschaften des 17. Jahrhunderts zu rekapitulieren, des Jahrhunderts, in dem, zumindest seit dem goldenen Zeitalter Athens, die Wissenschaft allgemein und die Mathematik im Besonderen die größten Fortschritte gemacht hatte. Genau genommen gibt es seit dieser Zeit nichts wirklich Neues in der Mathematik. Diese zugespitzte Meinung sollte natürlich cum grano salis verstanden werden.

Das 17. Jahrhundert führte den grundlegenden, wenn auch noch ungenau formulierten Grenzwertbegriff in die Mathematik ein, der sie zusammen mit dem Begriff der geometrischen Figur und dem Zahlbegriff auf ihren heutigen Umfang brachte. Allgemeiner gesagt: Im 17. Jahrhundert wurden alle Gebiete der Mathematik begründet, ohne dass überall ein Abschluss erreicht wurde. Seit dieser Zeit kann die Mathematik „Koupons schneiden", sich also an die Lösung dessen machen, was „übrig geblieben ist".

Und nun zum wichtigsten Charakteristikum! Das 17. Jahrhundert ging über das, was wir heute Wissen nennen würden, weit hinaus. Es war damals noch nicht möglich, das Bekannte exakt auszuarbeiten, und so entstand die Notwendigkeit, das Wissen auf ein festes Fundament zu stellen. Die Mathematik lehnte sich an die Physik an, um neue Begriffe und Aufgabenstellungen zu entwickeln. Später kehrte sich die Richtung dieses Austauschs weitgehend um.

Dies alles lässt viele heutige Kritiker sagen, die Mathematik sei nach dem 17. bis zum Ende des 19. Jahrhunderts auf dem Nährboden gewuchert, den das 17. Jahrhundert bereitet habe. Heute aber trete sie in eine echte Grundlagenkrise ein und sei wegen der Zufälligkeit ihres Problemgehalts von Erstarrung bedroht. Mir ist sogar die Ansicht begegnet, die Phasen, in der sich die Mathematik weiterentwickle, dauerten jeweils zwei- bis dreihundert Jahre, und es folgten ihnen je tausendjährige Stagnationsphasen. Anscheinend lässt sich diese Behauptung in der Tat geschichtlich belegen. Aber würde ein vernünftiger Mensch zwei Beispiele in den Rang einer statistisch abgesicherten Regel erheben?

Vortrag XV

Im Dienste aufgeklärter Herrscher

Die neue Situation, in der sich die Wissenschaft wieder fand, nachdem sie aus der wissenschaftlichen Revolution des 17. Jahrhunderts aufgetaucht war, lässt sich am besten am Leben und an den Leistungen Leonhard Eulers (1707; 1783) aufzeigen. Euler wurde in der Schweiz geboren. Er hatte engste Verbindungen mit der Familie Bernoulli; sein Vater hatte bei Jakob, er selbst bei Johann studiert. Als junger Mann von 18 Jahren begleitete er außerdem Nicholas auf dessen Reise nach Russland. (Der Anlass dieser Reise war Zar Peters Suche nach Wissenschaftlern für seine Akademie; er hatte den jungen Bernoulli angeworben.) Einmal in Russland, wurde Euler sofort Mitglied der Akademie zu St. Petersburg; er blieb dort bis zum Jahr 1741. Danach holte ihn Friedrich II. von Preußen an die Akademie nach Berlin, an der er bis 1766 blieb. Schließlich warb ihn die russische Kaiserin Katharina II. wieder für Petersburg, wo er für den Rest seines Lebens lebte und arbeitete. Diese Ortswechsel sind Ursache für die anhaltenden Streitigkeiten über die Frage, welche Nation sich das „Besitzrecht" an Eulers Werken zugute halten könne.

Beachten Sie, dass alle Herrscher, die Euler an ihren Akademien arbeiten ließen, heute den Beinamen *der Große* oder *die Große* tragen. Dies ist kein Zufall. Sie stehen nämlich am Beginn einer ganzen „Welle" so genannter aufgeklärter Herrscher. Wir werden dieses Thema noch vertiefen.

Zweifellos ist der Streitwert hoch. Euler fand als Autor mit den meisten wissenschaftlichen Publikationen Aufnahme in das Guiness-Buch der Rekorde. Wichtig ist dabei, dass es sich nicht um leichtgewichtige, sondern um sehr ernst zu nehmende Publikationen handelt, zum größten Teil um Bücher, darunter viele umfangreiche Monographien. Zu Lebzeiten veröffentlichte Euler 530 Arbeiten und nach seinem Tod publizierte die Akademie zu St. Petersburg noch 47 Jahre lang die verbliebenen Manuskripte, 241 an der Zahl. Danach wurden noch 115 weitere Titel gefunden, sodass sich die Gesamtzahl auf 886 summiert. Diese Leistung ist umso erstaunlicher, wenn man bedenkt, dass Euler im Jahr 1735 auf einem Auge, im Jahr 1766 auch auf dem anderen erblindete. Während seines zweiten Lebensabschnitts in Russland diktierte er seine Arbeiten aus dem Kopf.

Offenbar muss jeder kurze Abriss von Eulers Errungenschaften oberflächlich bleiben. Der erstaunlichste Wesenszug seiner Kreativität ist die Vielseitigkeit. Danach ist der moderne Stil seiner Arbeiten zu nennen. Er dürfte der erste Mathematiker sein, dessen Schriften wir ohne vorangehende „Verjüngungskur" so lesen können, als stammten sie von heute. Viele Mathematikhistoriker (so etwa Struik in seinem *Abriß der Geschichte der Mathematik*) sind von Eulers Stil so begeistert, dass sie auch jetzt noch für die Veröffentlichung von Eulers Arbeiten werben.

Die Analysis wird in Eulers Schaffen in erster Linie von drei Werken repräsentiert: *Introductio in analysin infinitorum* (1748), *Institutiones calculi differentialis* (1755) und *Institutiones calculi integralis* (zwei Bände, 1768 und 1774). Wie aus den Titeln schon hervorgeht, werden Folgen, Reihen und Differenzial- und Integralrechnung behandelt. Zum ersten Mal in der Geschichte der Mathematik werden Differenzialgleichungen als selbstständiges Gebiet abgehandelt. Weiter findet sich die Deutung der komplexen Zahlen als Punkte einer Ebene, dazu die Reihen für e^z, $\sin z$ und $\cos z$, die Gleichung $e^{iz} = \cos z + i \sin z$ und daraus hergeleitet die berühmte Identität

$$e^{i\pi} + 1 = 0,$$

die „alle" mathematischen Konstanten verknüpft. Mit ganz wenigen Ausnahmen stimmt die Notation mit der unsrigen überein. Insbesondere ist die Symbolik der Trigonometrie völlig modern.

Im Zusammenhang mit den Differenzialgleichungen sind Eulers grundlegende Werke zur Mechanik zu nennen: *Mechanica, sive motus scientia analytica exposita* (1736) und *Theoria motus corporum solidorum seu rigidorum* (1765), die von der Bewegung von Massenpunkten und von starren Körpern sowie von statischen, dynamischen und Drehmomenten handeln.

Diese Themen stehen einem Problemkreis nahe, den Euler in seinem der Variationsrechnung gewidmeten Werk *Methodus inveniendi lineas curvas maximi minimive proprietate gaudentes* (1744) aufgreift. Hier zeigt er unter anderem, dass die Wendelfläche und das Katenoid Minimalflächen sind. Zur Erläuterung: Eine Minimalfläche ist eine Fläche minimalen Inhalts mit vorgebener Randkurve; eine Wendelfläche ist eine „verschraubte schiefe Ebene" (sie wird von einer Geraden erzeugt, die sich mit konstanter Geschwindigkeit orthogonal zu einer festen Achse bewegt und sich mit konstanter Geschwindigkeit um diese dreht); das Katenoid entsteht, wenn man eine Seifenhaut zwischen zwei in parallelen Ebenen liegende Kreise einspannt, deren Mittelpunktsverbindung orthogonal zu den Ebenen verläuft.

Ich könnte natürlich so fortfahren und Eulers Werke über Algebra erwähnen, insbesondere seine *Vollständige Anleitung zur Algebra* (1770) mit der eleganten Theorie zur Auflösung von Gleichungen, seine Arbeiten zur Zahlentheorie und zu Anwendungen der Mathematik. Deren Themen sind Astronomie, Hydraulik, Schiffsbau, Artillerie, Optik und Musik. Hier findet man auch die berühmte Formel für die Seilreibung. Sie drückt aus, um welchen Betrag sich die Haltekraft für eine Last verringert, wenn das Seil einige Male um einen Pflock geschlungen wird.

Einige Werke Eulers befassen sich mit Themen, die zu jener Zeit in kein wissenschaftliches Gebiet passten, schon gar nicht in die Mathematik; einige erscheinen uns auch heute an der Grenze der Wissenschaft zu liegen. (Das Vorhandensein dieser Werke lehrt uns, dass Euler die Welt durch die Mathematik wahrnahm. Eine solche Begabung ist selten und erst im 20. Jahrhundert erhob sie Hugo Steinhaus zu einem Charakteristikum unseres Berufs, unserer Berufung.) Ich möchte jetzt einige markante Beispiele folgen lassen.

Das erste ist die Formel

$$F - K + E = 2,$$

in der die Flächen-, Kanten- und Eckenzahl eines konvexen Polyeders verknüpft sind. (Genauer gesagt genügt die Forderung, dass das Polyeder keine

Löcher hat.) Diese Formel diente Poincaré als Grundlage für einen wichtigen topologischen Begriff. Unser zweites Beispiel sind die Figuren konstanter Breite, Figuren also, bei denen die minimale Breite eines die Figur enthaltenden Parallelstreifens nicht von der Richtung des Streifens abhängt (siehe das Beispiel in Fig. XV. 1). Heute interessiert dieses Thema nur noch am Rande. Dasselbe gilt für das Aufgabenfeld unseres dritten Beispiels, die von Euler gelösten Schachbrett-Probleme. (Eines davon lautet: Kann der Springer in einer geschlossenen Zugfolge jedes Feld des Schachbretts genau einmal erreichen?) Unser viertes Beispiel ist das berühmte Königsberger Brückenproblem. Gestellt war die Frage, ob man auf einem Spaziergang jede der sieben Brücken genau einmal überqueren könne. Der Stadtplan ist in Fig. XV. 2 schematisch abgebildet. Die Antwort lautet „nein", aber Euler entwickelte zur Lösung der Aufgabe eine Minitheorie der unikursalen Graphen, also der Figuren, die ohne Absetzen des Bleistifts und ohne Nachziehen einer schon gezogenen Linie gezeichnet werden können. Euler charakterisierte die unikursalen Figuren allgemein und lieferte einen Algorithmus (ein Rezept), um sie zu zeichnen. Dieses Problem gehört zur Graphentheorie und zur Topologie zugleich. In diesem Sinn ist es gewiss nicht randständig.

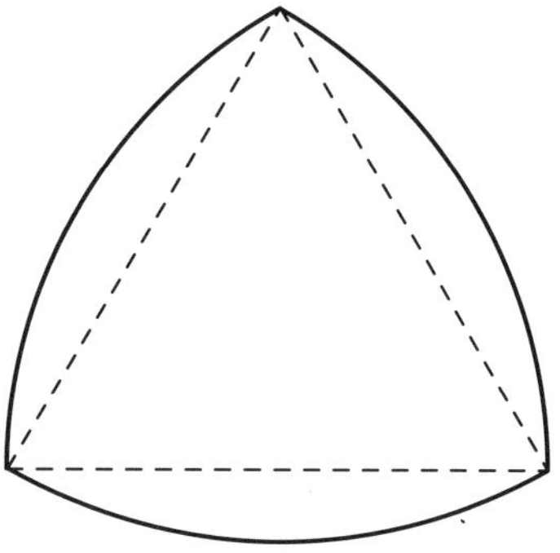

Fig. XV 1: Das Reuleaux-Dreieck entsteht, wenn man die Seiten eines gleichseitigen Dreiecks durch Kreisbögen ersetzt, deren Radius der Seitenlänge gleich ist. Die Breite eines jeden Parallelstreifens, der diese Figur enthält, ist mindestens so groß ist wie die Seitenlänge und zu jeder Richtung gibt es auch einen Parallelstreifen, der genau diese Breite hat.

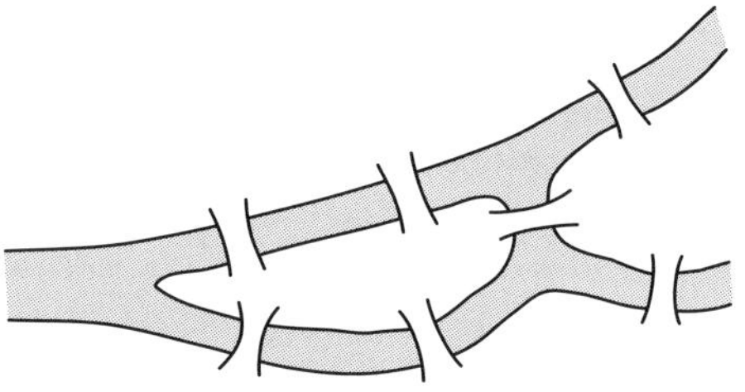

Fig. XV. 2

Eulers *Briefe an eine deutsche Prinzessin* (1760-1761) sind eine echte Offenbarung. Es war das erste populärwissenschaftliche Buch und richtete sich, mutig genug, an Kinder.

Der Hinweis auf dieses Buch gibt mir die willkommene Gelegenheit, etwas über die stolze Bezeichnung „Zeitalter der Aufklärung" zu sagen, mit der die Zeitgenossen das 18. Jahrhundert feierten. Es herrschte die allgemeine Überzeugung, dass die Wissenschaft, also der forschende menschliche Verstand, alle Probleme anpacken und schließlich lösen könne; Unwissen sei die einzige Schranke für das Menschheitsglück. Auf diese Überzeugung gründete sich die hohe Wertschätzung der Wissenschaftler für Herrscher, die die absolute Macht ergriffen und sie dann natürlich nur dazu einsetzten, ihr Volk in einen siegreichen Kampf gegen das Unwissen zu führen. Dies ist ein interessantes soziales Phänomen, denn ein schärferer Blick auf die Taten dieser Herrscher zeigt, dass sie zahlreiche Kriege führten und sich der Unterdrückung und Gewalt schuldig machten. Man muss wirklich von einem abgehärteten guten Willen beseelt sein, um hinter diesen Greueln den Geist der Aufklärung wahrzunehmen. Diesen Geist gab es aber und er erschöpfte sich natürlich auch nicht in der Gründung neuer, ehrgeiziger wissenschaftlicher Akademien. Was die Entwicklung von Wissenschaft, Zivilisation und Kultur betrifft, war der Anstoß Friedrichs II., die Schulpflicht für Kinder

einzuführen, die größte Errungenschaft. Wohl hatte es solche Ideen und sogar gewisse Versuche der Verwirklichung schon früher gegeben (man denke an die Rivalität zwischen Katholiken und Protestanten in der Schulorganisation), aber in die Tat umgesetzt wurden sie erst durch die unumschränkten Herrscher. Der, um den es hier geht, war sicher nicht einfach ein Despot; er war auch aufgeklärt. Es war ihm klar, dass sein Plan gewaltige Kosten verursachen würde, und er stellte die Mittel zur Verfügung. In jeder Gemeinde wurde ein Lehrer angestellt. Er bekam den Auftrag, ein geeignetes Gebäude errichten zu lassen oder zu kaufen und den Unterricht für alle Kinder der Gemeinde zu organisieren. Der Lehrer verfügte über sämtliche der Schule zugewiesenen Mittel. In der Praxis unterrichtete er nie selbst, sondern konnte es sich wegen der reichlichen Bewilligungen leisten, zum Unterrichten andere Personen einzustellen. Er war aber den staatlichen Behörden für den Lehrplan und die Qualität des Unterrichts verantwortlich; für die Anwesenheit der Kinder in der Schule war die Polizei zuständig. Friedrich II. war nicht nur despotisch und aufgeklärt – er war auch zynisch. Er pflegte zu sagen, er habe dieses Netz öffentlicher Schulen deswegen eingerichtet, weil er davon überzeugt sei, dass ein des Lesens, Schreibens und Rechnens kundiger Soldat ein besserer Soldat sei. An der Wende des 18. Jahrhunderts sollte Europa erfahren, wie Recht Friedrich hatte. Auf der anderen Seite verdanken wir gerade diesem System der öffentlichen Schulen einen Gauß als Mathematiker.

Zurück zu Euler! In Vortrag XIII habe ich an einem Beispiel gezeigt, mit welch leichter Hand er mit unendlichen Reihen umging. Wie ging er dann mit der Analysis um, seinem wichtigsten mathematischen Werkzeug?

Zur Vorbereitung meiner Antwort möchte ich an den Stand der Differenzialrechnung zu Eulers Zeit erinnern. Seit dem 17. Jahrhundert gab es zwei grundlegende Konzepte. Newton verließ sich auf ein Etwas namens o, mit dem nach bestimmten Vorschriften zu verfahren war, fragte aber nicht nach dessen Wesen. Leibniz bestand darauf, jedermann zu erklären, was eine Monade und wie sie mittels Infinitesimalien bestimmbar sei. Leibnizens Erklärungen verursachten oft stärkere Widerstände als Newtons Ausflüchte. Ich verwende dieses Wort in voller Absicht, weil Newton von einigen Kollegen ausdrücklich der Unehrlichkeit geziehen wurde. Sein herausragendster Gegner war der Bischof George Berkeley, der im Jahr 1734 das Buch *The Analyst* herausbrachte, einen vernichtenden Verriss der Werke Newtons. Die o's, von Berkeley als *Geister dahingeschiedener Größen* bezeichnet, waren das Hauptziel des Angriffs. Der Verfasser war ein Mann von beachtlichem intellektuellen Niveau und so deckte sein Buch die Mängel und Ungereimtheiten, deren sich – daran sei erinnert – Newton völlig bewusst war, erbarmungslos auf. An Berkeleys Intellekt möchte ich zwar keinen Zweifel äußern, jedoch an seiner Besonnenheit, die gerade er als Philosoph hätte walten lassen sollen. Ich meine damit, dass der eigentliche Grund für seine Kritik fragwürdig ist, und dies gilt folglich auch für die Gegenargumente. Berkeley erhob insbesondere den Einwand, das unter Verwendung der Fluxionen hergeleitete Gravitationsgesetz maße sich fundamentale Aussagen über den Himmel an und dies sei mit dem christlichen Glauben unvereinbar. Dies klingt heute so töricht (auch im Vergleich zu den Äußerungen unserer Ganzheitsapostel), dass es lehrreich sein könnte, die Ansicht des Bischofs über die hoffnungslose Schwammigkeit des Fluxionsbegriffs zu zitieren:

Berkeley erscheint in der Geschichte der Philosophie als extremer Agnostiker. Der Agnostizismus impliziert die Behauptung, ein unstreitiges Wissen über die Welt gebe es nicht. Berkeleys extremer Agnostizismus nahm die Form des Solipsismus an, also der Lehre, nur das eigene Ich sei wirklich und erkennbar. Das Zitat aus *The Analyst* erweckt allerdings Zweifel an der Seriosität von Berkeleys Solipsismus.

Aber wahrlich braucht jemand, der eine zweite oder dritte Fluxion, eine zweite oder dritte Differenz verträgt, so dünkt mich, in gar keinem Punkt der Theologie etwas am Zeuge zu flicken[1].

Nun wieder zur Sache: Wie packte Euler die Differenzialrechnung an? Seine Konzeption war in dem Sinn der de l'Hopital'schen verwandt (vgl. den vorigen Vortrag), dass er seine Aufmerksamkeit auf das Verhältnis von Ausdrücken richtete, die gleichzeitig null werden. Sehen wir uns die für alle a gültige Gleichung

$$0 \cdot a = 0,$$

an, müssen wir zugeben, dass 0 keine normale Zahl ist. Anders gewendet: 0 ist nicht eine einzige Zahl, weil die 0 auf der rechten Seite das a-fache der Null auf der linken Seite ist. Sicherlich gibt es aber gleiche Nullen. Ist ein Verhältnis von ungleichen Nullen gegeben, so müssen wir gleiche Nullen herausziehen, bis ein Verhältnis aus Nicht-Nullen entsteht. Ein praktisches Beispiel: Wir möchten das (in der Leibniz'schen Symbolik geschriebene) Verhältnis

$$\frac{\Delta x^2}{\Delta x} = \frac{x^2 - x_0^2}{x - x_0}$$

an der Stelle x_0 berechnen. Es handelt sich also um ein Verhältnis von Nullen. Wir können aber aus der Null im Zähler eine Null herausziehen, die der Null im Nenner gleich ist, und dann wegen dieser Gleichheit den Bruch kürzen:

$$\frac{x^2 - x_0^2}{x - x_0} = \frac{(x - x_0) \cdot (x + x_0)}{x - x_0} = x + x_0 = 2x_0.$$

Heraus kommt also nichts anderes als die Ableitung an der Stelle x_0. Ob uns diese Vorstellung von Nullen verschiedener Ordnung nun passt oder nicht, müssen wir doch zugeben, dass diese Art, mit Differenzialquotienten umzugehen, in der Schule und manchmal sogar an der Universität gelehrt wird. Diese Bemerkung ändert aber nichts daran, dass die Begriffsbildung der Nullen verschiedener Ordnung für die Mathematiker des 18. Jahrhunderts keine akzeptable Rechtfertigung des Differenzialkalküls war. Außerdem war sie, ebenso wie die Methoden von Leibniz und Newton, problemlos nur auf Polynomfunktionen und rationale Funktionen anwendbar.

Wir sollten uns jedoch vergegenwärtigen, dass die unterschiedlichen Begriffsbildungen, die der Praxis des Differenzialkalküls und allgemeiner der gesamten Analysis zugrunde lagen, letztlich nur unterschiedliche Zugänge zum Grenzwertbegriff waren. Explizit in die Analysis eingeführt wurde der Begriff *Grenzwert* von Jean le Rond d'Alembert (1717; 1783). Wie es einem Repräsentanten des 18. Jahrhunderts anstand, war er der illegitime Sohn zweier Personen von Adel. Zu vereinbarter Stunde wurde er auf der Treppe von der Kirche St. Jean le Rond (daher sein Vorname) abgelegt. Er wurde dann in einer jansenistischen Schule im klassischen Geiste erzogen; das Schulgeld bezahlte ein unbekannter Gönner. D'Alembert war antiklerikal gesinnt und nahm aktiven Anteil an der politischen Opposition gegen die Monarchie, deren Aufgeklärtheit sich immer weiter verflüchtigte. Als eine Gruppe von Intellektuellen ein der Aufklärung würdiges Vorhaben wagte, nämlich die Sammlung des gesamten Wissens und die Veröffentlichung in einer vielbändigen Enzyklopädie (von 1751 bis 1772 erschienen 28 Bände), wurde d'Alembert der für Naturwissenschaften zuständige Mitherausgeber dieses Riesenwerks. Nach 1754 war er ständiger Sekretär der französichen Akademie in Paris. Sein bekanntestes Werk ist der *Traité de mécanique* (1743), in dem das heute so genannte, Dynamik und

[1] A.d.Ü.: Zitiert nach Struik, Dirk: Abriß der Geschichte der Mathematik

Statik verbindende d'Alembert'sche Prinzip niedergelegt ist. In seinem für die Enzyklopädie geschriebenen Artikel *Dérivatives* stellte er fest: *Die Differenziation von Gleichungen besteht einfach darin, die Grenzwerte des Verhältnisses von endlichen Differenzen zweier in der Gleichung enthaltener Veränderlicher zu finden*[2]. Damit erweist sich d'Alembert als Oppositoneller. Er spricht nämlich vom Differenzieren einer Gleichung, folgt also dem englischen Weg; zur damaligen Zeit erblickte Frankreich in England ein in jeder Beziehung unerreichbares Ideal. (So wie Polen in den Achtzigerjahren dieses Jahrhunderts in den USA!) Weder in der zitierten Textstelle noch im weiteren Verlauf gibt der Artikel Auskunft darüber, wie sich d'Alembert den Umgang mit Grenzwerten vorstellte. Wie dem auch sei, so vererbte er uns doch das Zeichen *lim* (für lat. *limes*, Grenze), nur die Definition fehlte noch.

In einem nächsten Schritt wurde die Frage von einer ganz anderen Richtung her angegangen. Um diesen Teil der Geschichte zu erzählen, ist es zweckmäßig, zunächst zum Beginn des 18. Jahrhunderts zurückzukehren. Im Jahr 1715 hatte Brook Taylor (1685; 1731) sein Werk *Methodus incrementorum* veröffentlicht, in dem die später nach ihm benannte Reihe

$$f(x+h) = f(x) + h \cdot f'(x) + \frac{h^2}{2!} \cdot f''(x) + \ldots + \frac{h^n}{n!} f^{(n)}(x) + \ldots$$

stand. Er versucht nicht, die Reihe auf Konvergenz zu prüfen; sie wurde hingeschrieben und stand da. Den Gepflogenheiten der Zeit folgend bewies Taylor auch keine weiteren Eigenschaften der Reihe, sondern wendete sie einfach an. Diese und ähnliche Formeln erweckten das Interesse von Colin MacLaurin (1698; 1746), einem Schüler Newtons. Seine mathematischen Interessen lagen eigentlich auf geometrischem Gebiet. Im Jahr 1720 erschien sein Buch *Geometria organica*, 1733 löste er das so genannte Cramer'sche Paradoxon auf, über das ich in Vortrag XVIII sprechen werde. Als Berkeleys *The Analyst* herauskam, warf er sich für seinen Meister in die Bresche und arbeitete eine exakte Darstellung der Fluxionsmethode aus. Dieses zweibändige Werk *Treatise of Fluxions* erschien 1742. Es enthielt, wie sich denken lässt, noch keine exakte Begründung der Analysis, aber immerhin die Reihe

$$f(x) = f(0) + \sum_{i=1}^{\infty} \frac{x^i}{i!} \cdot f^{(i)}(0),$$

die heute als MacLaurin'sche Reihe bekannt ist, samt einem gewissen Versuch, ihre Konvergenz zu untersuchen. Wie leicht zu sehen ist, erhält man die MacLaurin'sche Reihe aus der Taylor'schen, indem man x und h vertauscht und $h = 0$ setzt. Wir dürfen aber durch diese einfache Transformation nicht den Blick auf den Kern der Sache verlieren: Wir haben die Entwicklung einer Funktion in eine Potenzreihe und, was noch mehr bedeutet, eine Potenzreihe vor uns, die mit der Funktion identisch ist. Angesichts der offenkundigen Vorteile, die eine Potenzreihenentwicklung für die numerische und algebraische Behandlung bietet, wurde dieses Verfahren zur allgemein geübten Praxis. Dies gilt besonders auch für Funktionen einer komplexen Variablen – ich erwähnte dies schon im Zusammenhang mit Eulers Arbeiten. Es war jedoch erst Lagrange, der diese Idee vollständig nutzte. Insbesondere versuchte er, durch Einschränkung des Funktionsbegriffs auf Potenzreihen begriffliche Strenge in die Analysis zu bringen.

Joseph Louis Lagrange (1736; 1813) wurde in Turin als Sohn einer französisch-italienischen Familie geboren. Im Alter von 19 Jahren wurde er Mathematikprofessor an der Artillerieschule von Turin. Seine Werke waren so gut bekannt, dass

[2] A.d.Ü.: Zitiert nach Struik, Dirk: Abriß der Geschichte der Mathematik

ihn Friedrich der Große im Jahr 1766 an die Preußische Akademie der Wissenschaften nach Berlin holte, um Euler zu ersetzen, der von Katharina II. wieder nach St. Petersburg berufen worden war. Die Einladung, die Friedrich aussprach, war ausnehmend höflich: Es ist notwendig, dass *der größte aller Geometer in der Umgebung des größten aller Könige leben sollte – Friedrich*[3]. Lagrange war der erste in der in diesem Buch genannten langen Reihe von Mathematikern, die die absolute Monarchie bewunderten, ihre unaufgeklärte Ausprägung verachteten, die Revolution miterlebten und von ihren Folgen zutiefst enttäuscht waren. Nach Friedrichs Tod (1786) ging Lagrange nach Paris und schloss sich den Autoritäten der Revolution an. Unter anderem war er für die Reform der Maße und Gewichte zuständig und wurde Mitbegründer und Professor der École Normale und der École Polytechnique.

Im Folgenden wird deutlich werden, dass Lagrange kein Geometer im heutigen Wortsinn war. Ich habe schon früher erwähnt (und werde es vermutlich wieder tun), dass bis in die Mitte des 19. Jahrhunderts hinein das Wort *Geometer* zur Bezeichnung des Mathematikers schlechthin verwendet wurde.

Lagranges Äußerungen über die Art und Weise, wie seine berühmten Vorgänger mit der Analysis umgingen, warfen Gräben auf. Er betrachtete die Theorie der Infinitesimalien, also Newtons o und Leibnizens dx und ebenso Eulers Theorie der verschiedenen Nullen als vorwissenschaftliche Intuition. Auch der Vorschlag, einen Grenzwertbegriff einzuführen, fand keine Billigung: *Jene Methode hat die große Unannehmlichkeit, Größen gerade in dem Zustand zu betrachten, in dem sie sozusagen aufhören, Größen zu sein; obgleich wir das Verhältnis zweier Größen immer sehr gut verstehen können, solange sie endlich bleiben, liefert dieses Verhältnis dem Verstand keinen klaren und genauen Begriff, sobald beide Bestandteile zugleich verschwinden*[4]. Über die früheren Methoden fällte Lagrange in seiner *Théorie des fonctions analytiques* von 1797 das folgende Urteil *„Obwohl in Anwendungen korrekt, sind sie nicht klar genug, um als Gegenstand einer Wissenschaft gelten zu können, die Exaktheit anstrebt."* Was schlug er nun selbst vor?

Lagranges Vorschlag ging dahin, Funktionen durch numerische Berechung der Koeffizienten in Potenzreihen zu entwickeln. Wenn sich eine Entwicklung der Form

$$f(x+h) = a_0 + \sum_{k=1}^{\infty} a_k \cdot x^k$$

finden lässt, erhält man durch Vergleich mit der Taylorreihe (nach Vertauschen von x und h)

$$f(h) = a_0 \text{ und } f^{(k)}(h) = k! \cdot a_k .$$

Damit sind die Werte aller Ableitungen an der Stelle h bestimmt. Die Analysis wird damit zur Untersuchung von Potenzreihen, die *per definitionem* Taylorreihen sind, und ihre Koeffizienten sind, wieder *per definitionem*, bis auf mühelos zu berechnende multiplikative Konstanten die Ableitungen.

Dies dürfte der richtige Zeitpunkt sein, um zu erzählen, wie sich die Geschichte an denen rächt, die sich der üblen Nachrede über ihre Vorgänger schuldig machen. Hier ein auf Lagrange bezogenes Zitat: *Wohlgemerkt, ein Mathematiker vom Rang Lagranges musste bei dieser Gelegenheit notwendig zu wichtigen und nützlichen Resultaten gelangen, z. B. (und unabhängig von dem eben erwähnten Ausgangspunkt) zu dem allgemeinen Beweis der Taylorformel mit Integraldarstellung des Restglieds und zu ihrer Auswertung im Mittelwertsatz. Im Übrigen liegt Lagranges Werk der Weierstraß'schen Methode in der Funktionentheorie einer kom-*

[3] A.d.Ü.: Zitiert nach Struik, Dirk: Abriß der Geschichte der Mathematik
[4] Carnot, Lazare: Réflexions sur la métaphysique. Paris 1881

plexen Variablen und der modernen algebraischen Theorie der formalen Reihen zugrunde. Doch im Hinblick auf seinen unmittelbaren Gegenstand stellt es eher einen Rückschlag als einen Fortschritt dar. Beim Lesen dieses Textes sollten wir daran denken, dass die Methode von Lagrange etwa fünfzig Jahre lang in der Analysis vorherrschte.

Das Zitat stammt aus Nicolas Bourbakis *Éléments d'histoire des mathématiques* (dt. Übers. *Elemente der Mathematikgeschichte*). Das Werk enthält die etwas erweiterten historischen Hinweise aus verschiedenen Bänden der *Éléments des mathématiques* desselben Autors.

Lagrange lieferte grundlegende Beiträge zur Variationsrechnung und zur Mechanik. Seine systematische Einführung analytischer Methoden in die Mechanik stellt einen Durchbruch von solcher Bedeutung dar, dass seine Monographie *Mécanique analytique* (1788) als Beginn der theoretischen Mechanik anzusehen ist. (Im Jahr 1988 wurde der zweihundertste Jahrestag des Erscheinens weltweit gefeiert.) Lagrange stellte in diesem Werk die zentralen Ergebnisse von Newton bis hin zu Euler und d'Alembert systematisch zusammen und fügte seine eigenen Forschungsresultate hinzu. Dazu gehören spezielle stationäre Lösungen des Dreikörperproblems, bei dem die Bahnen dreier voneinander getrennter Massenpunkte unter dem Einfluss der gegenseitigen Gravitationskräfte bei gegebenen Massen, Anfangspunkten und Anfangsgeschwindigkeiten gesucht sind. Bekanntlich ist eine vollständige analytische Behandlung dieses Problems nicht möglich. Lagranges spezielle Lösungen gelten für den Fall, dass zwei der Massen wesentlich größer sind als die dritte. Es stellt sich dann heraus, dass es fünf in Bezug auf die Orte der schwereren Körper bestimmbare Punkte gibt, in denen sich der dritte Körper stationär aufhält, wenn er sich im Anfangszustand dort befindet. Zwei dieser Punkte liegen besonders charakteristisch; sie sind nämlich die Eckpunkte eines gleichseitigen Dreiecks, dessen Basis die Verbindungsstrecke der zwei größeren Massen ist. In der Natur ist Lagranges Lösung auch realisiert: Sonne und Jupiter, die zwei schwersten Himmelskörper unseres Sonnensystems, halten mehrere Planetoiden (die so genannten Griechen bzw. Trojaner) in diesen zwei Punkten fest. Es ist schade, dass Lagrange die Verwirklichung seines bemerkenswerten Ergebnisses durch die Natur nicht selbst bewundern konnte, denn diese Kleinplaneten wurden erst etwa hundert Jahre später entdeckt.

Genauer gesagt muss ein System schwerer Körper rotieren, da die Körper sonst zusammenstießen. Damit ist auch die Ebene bestimmt, in der die oben erwähnten gleichseitigen Dreiecke liegen. Aus der Lagrange'schen Lösung ergibt sich noch, dass das System der Griechen und Trojaner (jeder Planetoid trägt den Namen eines Helden des trojanischen Kriegs) mischbar ist, da ein Planetoid, der sich von einem dieser speziellen Punkte wegbewegt, zwangsläufig nach einiger Zeit vom anderen eingefangen wird.

Lagranges Ziel, die Analysis als Algebra der (endlichen und unendlichen) Polynome zu behandeln, wird durch die folgende programmatische Erklärung im Vorwort seiner *Mécanique analytique* untermauert: *In diesem Werk wird man keine Figuren finden, sondern nur algebraische Operationen.* Eine Folge seines unabänderlichen Bestrebens, alles und jedes in Potenzreihen zu entwickeln, ist die nach ihm benannte Interpolationsformel. Es handelt sich um einen Algorithmus zur Berechnung eines Polynoms von höchstens (n – 1)-tem Grad, das an n beliebig vorgegebenen Stellen beliebig vorgegebene Werte annimmt.

Lagrange beschränkte seine mathematische Forschung nicht auf die Analysis und die Mechanik. Er schrieb auch wichtige Werke über die Auflösung von Gleichungen (*Sur la résolution des équations numériques*, 1767, und *Réflexions sur la résolution algébraiques des équations*, 1770). Zum einen erzielte er abschließende Ergebnisse über die Approximation algebraischer Zahlen (also die Lösungen von Gleichungen mit rationalen Koeffizienten) durch Kettenbrüche, zum anderen be-

trachtete er rationale Funktionen der Wurzeln algebraischer Gleichungen und untersuchte, wie sich deren Werte unter Permutationen der Wurzeln ändern. Er richtete dabei sein Augenmerk auch auf die Schwierigkeiten beim Lösen von Gleichungen höheren als vierten Grades. Es stellte sich heraus, dass die Lösung dieses Problems auf dem Weg lag, den Lagrange vorgezeichnet hatte. Zu nennen sind auch seine Arbeiten zur Zahlentheorie, besonders der schöne Satz, dass sich jede natürliche Zahl als Summe von höchstens vier Quadraten natürlicher Zahlen darstellen lässt. (Dies ist ein Spezialfall des Waring'schen Problems, das ich in Vortrag II erwähnt habe.)

Trotz seiner vollmundigen Äußerungen betrachtete Lagrange das Problem einer Grundlegung der Analysis nicht als erledigt. Wir sollten dazu bedenken, dass die Theorie der unendlichen Reihen, das Hauptwerkzeug der Analysis nach Lagrange'schem Stil, zu jener Zeit in einem beklagenswerten Zustand war. So kam es, dass Lagrange (oder genauer die Preußische Akademie der Wissenschaften) im Jahr 1784 einen Preis für die beste Klärung dieser Grundlagenproblematik ausschrieb. Der Wettbewerb war offen für jedermann, die Mitglieder der ausschreibenden Akademie ausgenommen. Die Lösungen sollten innerhalb zweier Jahre eingereicht werden. Unglücklicherweise nahm keiner der führenden Mathematiker am Wettbewerb teil. Lagrange wählte die beste der eingegangenen Arbeiten aus und sprach den Preis ihrem Autor, dem Schweizer Mathematiker Simon l'Huillier zu. Seine Wahl zeigt, dass er nicht voreingenommen war – die prämierte Arbeit war im Geiste d'Alemberts geschrieben und der Autor versuchte, den Grenzwertbegriff zu präzisieren. Für uns Polen mag es von Interesse sein, dass der Sieger eine enge Beziehung zu Polen hatte. Er war der Bibliothekar König Stanislaw August Poniatowskis und verfasste, was noch wichtiger ist, Lehrbücher, die das nationale Unterrichtskomitee bei ihm in Auftrag gab. Hier scheint ein günstiger Augenblick für die Bemerkung zu sein, dass Polen erst im 20. Jahrhundert in der schöpferischen Mathematik eine Rolle zu spielen begann. Mehr dazu im letzten Vortrag!

Es sind noch so viele dieser Lehrbücher im Umlauf, dass sie in ganz gewöhnlichen Antiquariaten in Polen zu finden sind. Und billig sind sie noch dazu!

Vortrag XVI

Determinismus, Zufälligkeit und – das Militär

Blickt man auf die fruchtlosen Versuche zurück, präzise Methoden in die Analysis einzuführen, oder sammelt man Beipiele für fragwürdige Einführungen des Grenzwertbegriffs, der Konvergenz usw., könnte man sich fragen, was eigentlich die intensive Forschung vorantrieb und wie es überhaupt gelingen konnte, solide Ergebnisse zu gewinnen.

Die Antwort auf die zweite Frage ist einfach. Die Zeit hat viele der falschen Spuren gelöscht und deshalb erscheinen uns unsere Kollegen von damals als höchst verlässliche Autoritäten. Denken wir auch daran, dass nicht jeder Fehler aus der Vergangenheit auch heute noch als Fehler gilt; man kann darin manchmal auch den Keim einer neuen Idee erkennen. Wir betrachten beispielsweise – um bei Euler als Stichwortgeber für falsche Begründungen zu bleiben – die aus der Newton'schen Binomialentwicklung für den Exponenten –2 entstehende Formel

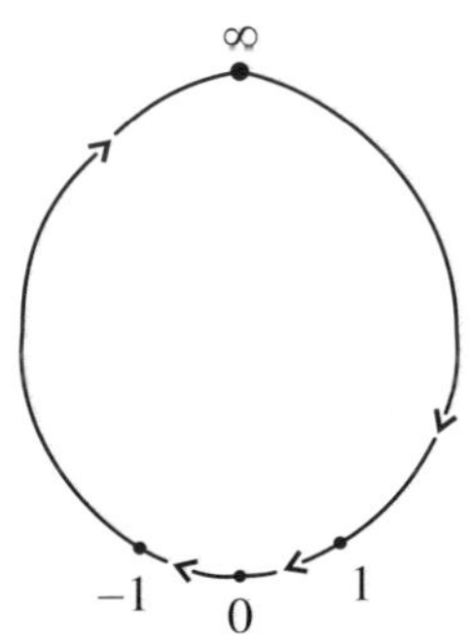

Fig. XVI. 1

$$\frac{1}{(1+x)^2} = (1+x)^{-2} = 1 - 2x + 3x^2 - 4x^3 + \ldots$$

Für $x = -1$ liefert sie

$$\infty = 1 + 2 + 3 + 4 + \ldots$$

Die geometrische Reihe

$$\frac{1}{1-x} = 1 + x + x^2 + x^3 + \ldots$$

ergibt für $x = -2$

$$-1 = 1 + 2 + 4 + 8 + \ldots$$

Schauen wir uns diese zwei numerischen Reihen an! Es ist klar, dass die zweite viel stärker anwächst als die erste. Also gilt

$$-1 > \infty.$$

Dieses Ergebnis wird bei Euler von einer Skizze begleitet (Fig. XVI. 1), die viele Mathematikhistoriker zu der Aussage verleitete, Euler habe die Ein-Punkt-Kompaktifizierung der Geraden (nach anderer Ansicht auch der Ebene) vorweggenommen, die doch bekanntlich erst …

Es ist heute sehr schwer zu sagen (und früher war es vermutlich auch nicht leichter), ob solche Vermutungen Hand und Fuß haben. In gewissem Maß folgten die Wissenschaftler der damaligen Zeit dem Grundsatz, dass ein Satz als wahr zu gelten habe, solange er nicht durch ein Gegenbeispiel widerlegt war. So konnte Mercator (1620; 1687) – nicht der mit den Karten – seine Formel

$$\ln(1+x) = -\sum_{n=1}^{\infty} \frac{(-x)^n}{n}$$

nicht beweisen; dies bedeutete aber nicht viel angesichts der Tatsache, dass sie damals (und noch heute) eine effizientere Berechnung von Logarithmen ermöglichte als früher verwendete Formeln.

Der naturwissenschaftliche Charakter der mathematischen Ergebnisse mit der Erfahrung als letztem Gütetest zeigt sich sehr deutlich in der Diskussion über die Gestalt der Erde. Einhellige Meinung war, dass sie wegen der Rotation von der Kugelgestalt abweichen müsse. Es gab zwei Schulen. Die orthodoxe französische Schule (unter ihren Schirmherren Descartes und dem damaligen König) behauptete, die Erde sei spindelförmig. Ein Modell zugunsten dieser Behauptung hat jedermann vor Augen, nämlich den Kuchenteig in der Rührschüssel, der am Rührstab hochsteigt. Ganz entsprechend sollte also die Erde in Achsenrichtung auseinander gezogen sein. Die englische Schule (unter ihrem Schirmherrn Newton und unterstützt von der französischen Oppositionsfraktion, zu der die Enzyklopädisten zählten) erklärte, die Erde habe wegen der Zentrifugalkräfte Scheibenform. Beide Meinungen wurden durch Berechnungen untermauert, die von den Schirmherren der Kriegsparteien angestellt und von den Parteigängern fortwährend verfeinert wurden. Es fand sich keine schlüssige Argumentation, um zu entscheiden, wer Recht hatte. Jeder Mathematiker wird zustimmen, dass es für unseren Berufsstand keine schlimmeren Höllenqualen geben kann. Eine verlässliche Grundlage für die mathematische Berechnung musste einfach gefunden werden! Der Streitfall wurde durch Meridianmessungen in Peru (1735) und Lappland (1736 – 37) erledigt. Beide Expeditionen wurden von Maupertuis geleitet. Natürlich behielt die englische Partei samt ihren festländischen Alliierten Recht.

Zu jener Zeit war England in intellektueller, gesellschaftlicher und wirtschaftlicher Beziehung das Vorbild für ganz Europa. Aufgeklärten absoluten Herrschern folgten unaufgeklärte, und das kapitalistische System Englands wurde zur letzten Hoffnung. Wie stark dieser Glaube an die Überlegenheit dieses Systems war, äußert sich in Voltaires *Lettres sur les Anglais*. Nicht einmal ein Aufenthalt in England konnte Voltaires Enthusiasmus dämpfen.

Die Stärke der französischen Opposition lag in der überwältigenden intellektuellen Überlegenheit im Vergleich zu den Unterstützern der Monarchie. Wie schick Wissenschaft für die Oppositionellen war, zeigt sich schon daran, dass Madame de Châtelet, Voltaires temperamentvolle Maitresse, Newtons *Principia* ins Französische übersetzte. An ihrem heißen Blut zu zweifeln gibt es keinen Grund, aber es ist bewundernswert, dass sie durch diesen Charakterzug auch die Wissenschaft voranbrachte.

Die Übersetzung mag nicht ganz texttreu gewesen sein, aber sie beruhte zweifellos auf gründlicher Kenntnis des Gegenstands.

Die Energie der meisten Forscher konzentrierte sich auf das Problem, allgemeine Gesetze zu finden, denen die Naturerscheinungen folgten. Etwas moderner gesagt ging es um die Formulierung von Prinzipien, nach denen sich mathematische Modelle für Naturphänomene konstruieren lassen. Das erste solche Prinzip war das Fermat'sche: Ein Lichtstrahl von einem gegebenen Punkt zu einem zweiten läuft auf dem Weg, auf dem die Laufzeit am kürzesten ist. Dieses Prinzip ermöglicht die Lösung so gut wie aller Aufgaben der geometrischen Optik (also Aufgaben über

Linsen, Prismen, Spiegel usw.). Man glaubte allgemein, die Natur „wähle“ den Ablauf eines Vorgangs so, dass eine bestimmte Größe minimiert wird. Welche Größe kann das sein? Ist es beispielsweise für alle mechanischen Vorgänge dieselbe? Minimieren unterschiedliche Vorgänge unterschiedliche Größen?

Diese Fragen zeigen, dass nach so genannten Erhaltungssätzen gesucht wurde. Sie weisen auch auf die feste Überzeugung hin, es gebe sehr einfache Gesetze, aus denen sich die ganze Vielfalt der Naturerscheinungen herleiten lasse. In gewissem Sinn war dies die Abkehr von der sich auf Thales berufenden Ansicht, die Naturwissenschaft könne bestenfalls isolierte Erscheinungen erklären.

Das erste allgemeine „Ökonomieprinzip“ für alle mechanischen Vorgänge wurde von Pierre Louis de Maupertuis (1698; 1759) ausgesprochen. Es konstatiert die Ökonomie der Bewegung: Jede Bewegung verläuft so, dass der Wert von mvs, der Aktion, minimiert wird. (Hierbei ist m die Masse, v die Geschwindgkeit und s der Weg.) Von einigen technischen Details abgesehen war dies tatsächlich die richtige Begriffsbildung. Euler konnte klären, dass korrekterweise die Größe $\int_a^b mvds$ zu minimieren ist. Dieser Ansatz wurde später von Lagrange und Hamilton in ihren Grundlegungen der Mechanik weitergeführt. Das weitere Schicksal von Maupertuis wirft ein Licht auf die Stimmung, die damals in Frankreich herrschte. Aus seiner Begeisterung für das eine und einzige Gesetz, die eine und einzige Kraft, die die Welt regiert, wurde der Vorwurf konstruiert, er missbrauche sein Prinzip der minimalen Aktion zu einem Existenzbeweis Gottes. Darauf lag in Intellektuellenkreisen, ganz zu schweigen von wissenschaftlichen Kreisen, ein Tabu. Voltaires Schmähschrift *Diatribe du docteur Akakia, Médicin du Pape* wurde von der ganzen wissenschaftlichen Gemeinde als Todesanzeige ihres Mitglieds Maupertuis gelesen. Die Hetzkampagne war so wirkungsvoll, dass ihr Opfer Frankreich verlassen musste. Maupertuis verbrachte seine letzten Jahre in der Schweiz im Hause der Bernoullis.

Das Aktionsprinzip und die von Lagrange eingeführten neuen Methoden der theoretischen Mechanik führten zu Beginn des 19. Jahrhunderts zu einer Art „All-Theorie“, zu einer Beschreibung des Aufbaus der Welt. Der herausragende Verfechter einer solchen Theorie, die mindestens bis zum Ende des 19. Jahrhunderts als richtig betrachtet wurde, war Laplace.

Was seine Position im Leben betrifft, so erfreute sich Pierre Simon (de) Laplace (1749; 1827) unter seinen Zeitgenossen keines hohen Rufs und das gilt auch heute noch. Anders als fast alle hervorragender Wissenschaftler seiner Zeit hängte Laplace sein Mäntelchen nach dem Wind. Als Sohn eines kleinen Grundherrn aus der Normandie hieß er zunächst einfach Laplace. Nach Abschluss seines Studiums gelang es ihm, die Gunst d'Alemberts – und damit der Oppositionskreise – zu erwerben, und er nahm eine Professur an einer Militärschule in Paris an. (Ich werde über diese Schulen noch berichten.) Diese Position wurde für ihn, den Sohn eines zwar kleinen, aber eben doch Grundherrn und damit auf einmal „de Laplace“, der Ausgangspunkt für eine Karriere in der königlichen Verwaltung Ludwigs XVI. Während der Revolution baute er zusammen mit Lagrange, aber ohne sein „de“, die École Normale und die École Polytechnique auf. Dann wurde er zu einem der am höchsten in Napoléons Gunst stehenden Gelehrten und sein „de“ wuchs wieder kräftig. Schließlich rutschte er in die Entourage von Ludwig XVIII. und Karl X. In seinem *Abriß der Geschichte der Mathematik* schreibt Struik ironisch, *der Charakter eines Strebers habe es Laplace ermöglicht, seine rein mathematische Tätig-*

keit trotz aller politischen Umwälzungen in Frankreich fortzusetzen[1]. Dies trifft sicher zu. Ich überlasse dem Leser die Entscheidung, ob es einem Mann ansteht, sein Talent in diesem Maß zu seinem persönlichen Vorteil auszunutzen.

Laplace schrieb das fundamentale Werk *Mécanique céleste.* Die fünf gewichtigen Bände erschienen in den Jahren 1799 bis 1825. Die Himmelsmechanik bot eine gute Gelegenheit, neue mathematische Ideen zu entwickeln. Insbesondere zeigt die im Buch enthaltene Gleichung

$$\sum \frac{\partial^2 V}{\partial x_i^2} = 0,$$

dass Laplace bereits Methoden der Potenzialtheorie beherrschte. Das Werk gab den Anstoß zur mehrdimensionalen Analysis und damit zu den Sätzen von Green, Stokes und anderen. Es fehlte zwar an einer sorgfältigen Redaktion, aber Fehler verbargen sich in den zahlreichen Beweislücken nicht. Das Buch enthält auch die Nebelhypothese über die Entstehung des Sonnensystems, die schon unabhängig davon Kant vertreten hatte.

Die größte Bedeutung der *Mécanique céleste* liegt aber in der Überzeugung, die Welt sei dem forschenden Geist vollkommen erschließbar, eine Überzeugung, die sich auf Naturwissenschaftler im Allgemeinen und Mathematiker im Besonderen übertrug. Um Laplace zu zitieren:

> *Eine Intelligenz, die in einem bestimmten Augenblick alle Kräfte überschauen könnte, die in der Natur wirksam sind, und außerdem die gegenseitige Lage aller Teilchen, aus denen sie besteht, und die zudem umfassend genug wäre, diese Angaben der mathematischen Analysis zu unterwerfen, würde in derselben Formel die Bewegungen der größten Körper und des leichtesten Atoms erfassen; nichts wäre für sie ungewiss und sowohl die Zukunft als auch die Vergangenheit würde klar vor ihren Augen liegen. Der menschliche Geist bietet eine schwache Vorstellung von dieser Intelligenz dar, angesichts der Vollendung, die er der Astronomie zu geben in der Lage war*[2].

Es lohnt sich, diesen Text sorgfältig zu lesen und zu kommentieren. In Computer-Terminologie übertragen bedeuten die Worte von Laplace, dass unter der Voraussetzung, es gebe eine Datenbank ausreichender Größe und die entsprechende gewaltige Rechenkapazität, eine vollständige mathematische Modellierung des Universums möglich wäre. Die theoretische Vorstellung, ein solcher Supercomputer könne existieren, ist kein Widerspruch in sich. Schwierigkeiten gebe es allerdings bei der Konstruktionsplanung: Ein solcher Supercomputer würde (unter anderem) heute schon die Ergebnisse seiner zukünftigen Rechnungen liefern. Dies ist in der Tat befremdlich. Laplace wusste natürlich nichts von Computern und war überzeugt, das perfekte mathematische Werkzeug zur Beschreibung des Universums seien Differenzialgleichungen. Er behauptete also, es gebe ein System von Differenzialgleichungen mit Anfangsbedingungen, dessen Lösung genau das Universum ist. Diese Überzeugung beeindruckte die zeitgenössischen Wissenschaftler zutiefst und wurde zum Glaubenssatz des 19. Jahrhunderts. Sie definierte auch das zentrale Forschungsthema: Den Nachweis der Existenz und eindeutigen Bestimmtheit der Lösung von Differenzialgleichungssystemen. Es sollte nicht lange dauern, bis Augustin

1 A.d.Ü.: Zitiert in Anlehnung an Struik, Abriß der Geschichte der Mathematik
2 A.d.Ü.: Zitiert aus Struik, Abriß der Geschichte der Mathematik

Cauchy einen solchen Beweis für gewisse gewöhnliche und Sophie Kowalewska für gewisse partielle Differerenzialgleichungen erbrachten. Mehr darüber später!

Viele Philosophen interpretierten den letzten Satz der oben zitierten Äußerung von Laplace in dem Sinne, dass das menschliche Wissen über das Universum zwar potenziell vollständig, aber aktual unvollständig sei. Damit entstand die noch heute populäre Vorstellung, der naturwissenschaftlich beherrschte Bereich wachse ständig und werde früher oder später jede denkbare Frage umfassen. Andere deuteten diese Äußerung dahingehend, dass sie der Begrenztheit des Menschen die Allmacht Gottes entgegensetze, und versuchten in ihr wenn nicht gleich einen Beweis für die Existenz Gottes so doch wenigstens das Anerkenntnis Seiner Existenz zu finden. Laplace selbst hatte in dieser Frage eine eigene, andere Meinung. Auf die Frage Napoléons, ob es um die Existenz Gottes ginge, soll er geantwortet haben: *Nein, Sire, ich kam ohne diese Annahme aus.* Gewiss war diese Zeit eine Zeit der Freidenkerei und Laplace war ein Opportunist. Aber es gibt doch gute Gründe, in Laplaces Aussagen nicht nach Gott zu suchen. Wenn wir dies tun, verfallen wir demselben Widerspruch, der sich auftut, wenn wir Laplaces Sätze in Richtung auf computergestützte Berechnungen interpretieren. Es geht nämlich um den Determinismus. Wenn jeder Zustand, sei er vergangen oder zukünftig, aus der Gegenwart herleitbar ist, so bedarf es für Zustandsänderungen keiner Ursache mehr. Insbesondere kann man dann nicht mehr von der Allmacht Gottes oder von einer menschlichen Seele sprechen, die von einem freien Willen geleitet wird. Wie ich oben schon sagte, könnte man, falls die Rechenkapazität des Computers und die Datenbasis ausreichten, die Handlungen Gottes und der Menschen einen Tag vorher ausrechnen. Dann wäre alles vorherbestimmt und liefe mechanisch ab.

Ohne Einschränkung und buchstäblich ernst genommen ist dies doch eine erschreckende Weltanschauung. Man muss sich fragen, wie eine so erbarmungslose Einstellung dem menschlichen Schicksal gegenüber mehr als ein Jahrhundert lang unter den führenden Naturwissenschaftlern herrschen konnte. Zwei Antworten liegen nahe.

Die erste läuft darauf hinaus, dass eine dominante Rolle von Ideologien aller Art im gesellschaftlichen Leben, die besonders seit der französischen Revolution zu beobachten ist, in den Naturwissenschaften besonders verwerflich ist. Sicherlich muss man Verständnis für das Aufkommen sozialer Strömungen und das Wiederaufleben eines religiösen Fundamentalismus in einem Millionenheer verzweifelter Menschen aufbringen – eine Erscheinung, die sich in den letzten zweihundert Jahren unverändert fortsetzt. Die aus dorischen Zeiten überkommene Idealvorstellung eines gesicherten Wissens hätte diesem Druck eigentlich widerstehen und die Abhängigkeit verhindern müssen. Die ungeteilte Bereitschaft, mit der die Mehrheit der Naturwissenschaftler und Techniker den Determinismus übernahm, zeigt daher, wie stark dieser Druck wirkte. Es muss für hochintelligente Menschen schon schwer gewesen sein, ihren freien Willen selbst infrage zu stellen.

Im Gegensatz zur ersten ist die zweite Antwort sehr optimistisch. Wenn wir aus dem Determinismus nicht die letzten Schlüsse ziehen, können wir ihn auch als Deklaration ansehen: Der Mensch ist fähig, jedes einzelne Problem zu lösen, und er ist willens, den Ablauf aller Vorgänge in der Welt zu bestimmen. Der Naturwissenschaftler ist ein unumschränkter Souverän und es ist *dulce et decorum*, dieser Berufung zu folgen. Der größte Verherrlicher dieses wissenschaftlichen Ethos des 19. Jahrhunderts war Jules Verne, und beispielhaft personifiziert ist es in Cyrus Smith, dem Helden seines Buchs *L'île mystérieuse (Die geheimnisvolle Insel)*. Jede Seite dieses Romans ist nichts als eine Entfaltung der Weltanschauung von Laplace.

Die Bedeutung der Mathematik innerhalb der Naturwissenschaften wuchs ins Unermessliche. Die Mathematik wurde offiziell zur Königin der Wissenschaften ausgerufen. Dies geschah teilweise durch Zufall. Ich hatte oben schon auf die französischen Militärschulen hingewiesen. Solche Schulen, oder genauer gesagt Hochschulen, waren im 18. Jahrhundert in vielen Ländern eingerichtet worden. Dem lag die Vorstellung zugrunde, der Krieg sei ein Lehrgegenstand wie jeder andere auch, eine Vorstellung, die für ein sich aufgeklärt nennendes Zeitalter natürlich war. Die hohe erzieherische Wirksamkeit solcher Einrichtungen lässt sich durch den Hinweis auf die polnische Ritterschule (vergleichbar mit einer Kadettenanstalt) belegen, die im Jahr 1765 gegründet und von Adam Czartoryski befehligt wurde. Alle berühmten Heerführer wie Kosciusko, Pulaski und Kniaziewicz genossen hier ihre Ausbildung. Die französischen Militärakademien ragten unter diesen Einrichtungen hervor, weil in ihren Lehrplänen die Mathematik einen besonders hohen Rang einnahm. Dies lag vermutlich an den Interessen des Lehrkörpers – so weit der Zufall. Alles Weitere war dann kein Zufall mehr.

Als die Französische Revolution nach der anfänglichen Euphorie zu Atem gekommen war, stellte sich heraus, dass sie – und ganz Frankreich dazu – sich für Jahre im Kriegszustand wieder finden sollte. Der jakobinische Konvent der Jahre 1793 und 1794 legte der Erziehung für alle Altersstufen großes Gewicht bei. Er beschloss, gebührenfreie öffentliche Pflichtschulen, gebührenfreie Sekundarschulen und ein Netzwerk weiterführender Bildungseinrichtungen einzurichten, so die École Polytechnique, die École Normale (ich meine die École Normale in der rue d'Ulm), die Schule für Wege- und Brückenbau und noch viele andere. Wenn die Jakobiner die beschlossene Einrichtung der Primar- und Sekundarschulen auch nicht verwirklichen konnten – die Regierenden des Thermidor legten keinen Wert darauf - so wurde doch das höhere Bildungswesen für strategisch wichtig erklärt, da die Ausbildung der Armee und die Versorgung mit Rüstungsgütern davon abhingen. Der Konvent appellierte unmittelbar an die französischen Naturwissenschaftler, um sie zugunsten der Schlagkraft der französischen Armee in die Pflicht zu nehmen. Besondere Verantwortung wurde dem Mathematiker Gaspard Monge (1746; 1818), über den ich im Rahmen der Diskussion über projektive Geometrie und Differenzialgeometrie noch mehr sagen werde, und dem Chemiker Claude Louis Berthollet (1748; 1822) übertragen. Ich sage „besondere", weil es selten vorkommt, dass ein und dieselben Personen Wissenschaft und Industrie kontrollieren und zugleich die Ausbildung der Armeeoffiziere und der Ingenieure (der „Offiziere der Industrie") überwachen. Fast alle französischen Naturwissenschaftler schlossen sich Monge und Berthollet bei diesem Unternehmen an. Der Lehrplan für die Ausbildung von Armee- und Wirtschaftsführern wurde zum großen Teil von zwei Mathematikern, nämlich Lagrange und Laplace, festgelegt. So waren Ausbildung und Erziehung, das Rückgrat der Revolution, mathematisch dominiert.

Die Geschichte der Kriege um die Wende des Jahrhunderts belegt, wie erfolgreich das Konzept Frankreichs für den Aufbau der Armee und deren industrieller Basis war. Zunächst trotzte das revolutionäre Frankreich mit Erfolg allen Invasionen, dann zerschmetterte es unter Napoléons Führung die Armeen der Nachbarstaaten. Am Ende freilich verlor es den Krieg. Auf die Frage, warum es eine solche Mühe gekostet hatte, Frankreich zu besiegen, gab es aber nur eine Antwort: Frankreich hatte die besseren Offiziere und Kriegsingenieure. Alle Offiziere des napoléonischen Heers und auch die in der Armee tätigen Ingenieure hatten ihre Ausbildung in den Schulen genossen, die Monge, Lagrange und Laplace organisiert hatten.

Es wird oft vergessen, dass der Wiener Kongress unter anderem entschied, der einzige Schutz gegen „Unfälle“ wie die Eroberungszüge Napoléons sei ein umfassendes Bildungssystem nach französischem Beispiel, also mit Mathematik als beherrschendem Fach. Dies ist der Grund, weswegen in ganz Europa vom Atlantik bis zum Ural wie nach einem Naturgesetz die uns allen bekannte Situation entstand: Das wichtigste Schulfach ist die Mathematik, und der wichtigste (und gefürchtetste) Lehrer ist der Mathematiklehrer. Wir sollten wirklich im Gedächtnis behalten, dass dieser Triumph der Mathematik indirekt von Napoléons Armeen errungen wurde. Angesichts des Niedergangs, der die Wertschätzung der Mathematik und noch mehr der Mathematiker unterliegt, lohnt es sich darüber nachzudenken, wie sich der Respekt vor uns Mathematikern erhöhen oder wenigstens die Gesellschaft angesichts dieser erschreckenden Entwicklung aufrütteln ließe. Ich werde auf die Frage nach der gegenwärtige Stellung der Mathematik in Vortrag XXII zurückkommen.

Auch in der Zeit nach Napoléon blieb die Kontrolle des höheren Bildungswesens und der Industrie in der Hand eines Mathematikers, eines Schülers von Monge, nämlich in der von Charles Dupin (1784; 1873), des Entdeckers der Indikatrix.

So begann das Zeitalter der Dampfmaschine und der Elektrizität in einem Klima des unerschütterlichen Glaubens an die grenzenlose Leistungsfähigkeit der Naturwissenschaften und der allgemeinen Anerkennung der Vorherrschaft der Mathematik in Naturwissenschaft und Technik. Wegen dieser Stimmung der Selbstsicherheit konnte auch die Stochastik eine eigenständige (oder wenigstens wohl bestimmte) Position in dem ansonsten deterministischen Weltbild besetzen. Es ist frappierend, dass auch hier ein Werk von Laplace die bahnbrechende Rolle spielte. Ich spreche von der 1812 erschienenen *Théorie analytique des Probabilitées*. Nach Laplace sollte die Wahrscheinlichkeitslehre für die Mathematik eine Art Krücke werden: Immer dann, wenn sich ein Vorgang, sei es mangels genauer Kenntnisse, mangels zureichender Daten oder wegen seiner Komplexität, nicht exakt beschreiben lässt, ist die Wahrscheinlichkeitsrechnung anzuwenden, die uns wenigstens lehrt, wie sich exaktes Wissen durch eine möglichst genaue Vermutung ersetzen lässt. Lassen wir an dieser Stelle im Stil eines Daumenkinos die wichtigsten Stationen von der *Ars coniectandi* bis hin zu Laplace Revue passieren! Wie schon erwähnt waren Lotterieunternehmer und Versicherungsgesellschaften die Hauptabnehmer für die Erkenntnisse der Wahrscheinlichkeitsrechnung. Die Versicherungsgesellschaften beeinflussten die Entwicklung der Mathematik stark, da sie sich auf den Sachverstand der großen Mathematiker verließen. (Diese besserten damit ihren Lebensstandard auf, an vorderster Stelle Euler.) Das erste herausragende Werk zur Wahrscheinlichkeit – nach der *Ars coniectandi* – war *The Doctrine of Chances* von Abraham de Moivre (1667; 1754), einem in England wirkenden französischen Hugenotten. (Nachdem im Jahr 1685 König Ludwig XVI. das Edikt von Nantes aufgehoben hatte, wurde das Leben für die französischen Protestanten schwer.) Das Buch war ein Versuch, die Analysis in die Wahrscheinlichkeitsrechnung einzuführen; erstmals kamen stetige Wahrscheinlichkeitsverteilungen vor. Im Jahr 1733 führte de Moivre die Normalverteilung als asymptotische Approximation der Binomialverteilung ein. (Die hierbei sehr nützliche Stirling'sche Formel war seit 1730 bekannt.)

Einen wichtigen Fortschritt erzielte der berühmte Naturforscher und Bonvivant Georges Louis Leclerc de Buffon (1707; 1788), ein französischer Graf, ein extremer Freigeist, aber auch Intellektueller. (Einige Leser könnten ihn durch Watteaus (oder welcher Maler war es noch?) Gemälde *Graf Buffon demonstriert Hofdamen die Spermatozoen* kennen.) Trotz seiner legendären Vorliebe für die höfischen

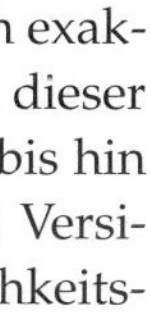

Vergnügungen des Rokoko, war er der Initiator, Herausgeber und Hauptautor des monumentalen 44-bändigen Werks mit dem Titel *Histoire naturelle* (dt. Übers. *Historie der Natur*). Er war auch der Vorläufer für die so genannte geometrische Wahrscheinlichkeit, aus der sich die moderne Wahrscheinlichkeitstheorie entwickelte. Er zeigte nämlich im Jahr 1777, dass sich die Zahl π durch Werfen einer Nadel auf ein liniertes Blatt Papier bestimmen lässt. Dieses Resultat machte Furore, denn damit leistete die Wahrscheinlichkeitsrechnung erstmals etwas „für die Mathematik".

Das Experiment und die Deutung des Ergebnisses sind ganz einfach. Wirft man eine Nadel der Länge l auf ein Blatt Papier, auf dem im Abstand L mit $l < L$ parallele Geraden gezogen sind, so erfüllen der Abstand x des Mittelpunkts der Nadel von der nächstgelegenen Geraden und der Winkel φ zwischen der Nadel und der gemeinsamen Orthogonalen aller Geraden die folgende Bedingung (Fig. XVI. 2):

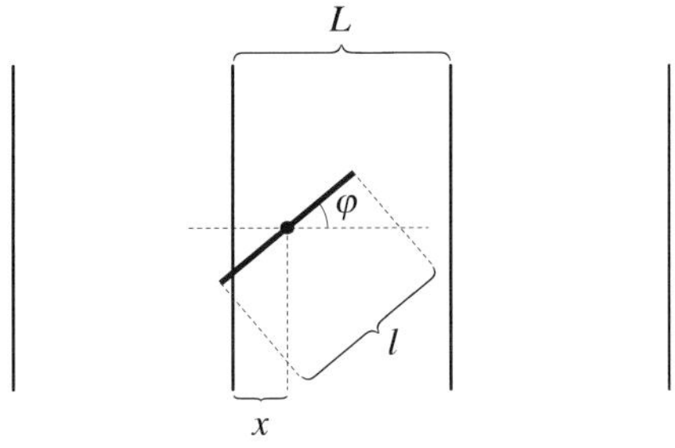

Fig. XVI. 2

Die Nadel trifft genau dann eine Gerade, wenn $x < \frac{l}{2}\cos\varphi$ *gilt.*

Die Wahrscheinlichkeit p, mit der die Nadel eine Gerade trifft, ist dem Verhältnis zweier Flächeninhalte gleich, nämlich zwischen dem Inhalt des Flächenstücks unterhalb der Kurve $y = \frac{l}{2}\cos\varphi$ innerhalb des Rechtecks $\left(0, \frac{L}{2}\right) \times \left(0, \frac{\pi}{2}\right)$ und dem Inhalt dieses Rechtecks selbst (Fig. XVI. 3). Zu Buffons Zeiten war dies eine kühne Feststellung, die aber die Idee stetiger Verteilungen gut illustriert: Das Verhältnis der Fläche der günstigen Ausfälle zur Fläche der möglichen Ausfälle. Bis zur Präzisierung dieses Ansatzes, also bis zum Beginn einer wissenschaftlichen Wahrscheinlichkeitstheorie durch Kolmogorov (1933) sollten noch 150 Jahre vergehen. Für den Augenblick nehmen wir aber Buffon beim Wort und erhalten

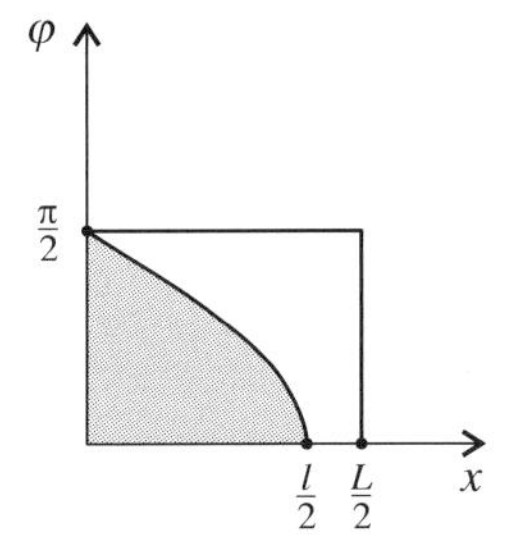

Fig. XVI. 2

$$p = \frac{\frac{l}{2}}{\frac{\pi L}{4}} = \frac{2l}{\pi L}.$$

Der Zähler des Bruchs ist der Wert des Integrals $\int_0^{\frac{\pi}{2}} \frac{l}{2}\cos\varphi \, d\varphi$, das Buffon natürlich berechnen konnte. Daraus ergibt sich

$$\pi = \frac{2l}{pL} \approx \frac{2ln}{kL},$$

wobei k die Anzahl derjenigen Nadelwürfe ist, bei denen die Nadel eine Gerade trifft, und n die Gesamtzahl der Würfe des Versuchs ist. Die Schlüssigkeit der Näherungsbeziehung $p \approx \frac{k}{n}$ war nicht mehr als ein Glaubensbekenntnis, das von der Intuition geleitet wurde, einer Intuition, die ihrer selbst so sicher war, dass niemand es für nötig hielt, auf Mises zu warten, der zu Beginn des 20. Jahrhunderts diese Sache auf feste Füße stellte. Außerdem lag der auf diese Weise mit nur wenigen Würfen bestimmte Wert für π sehr nahe am mit herkömmlichen Methoden berechneten Wert. Für Buffon sprachen also einfach die Tatsachen.

Ich möchte betonen, dass der Glaube an den Wert von Wahrscheinlichkeitsaussagen sehr stark war. Die Wahrscheinlichkeitsrechnung wurde immer dann auf den Plan gerufen, wenn keine mathematisch exakten Verfahren in Sicht waren. Es gab sogar – als von Laplace und Poisson kultivierte Merkwürdigkeit – eine *probabilité de jugements*, eine Wahrscheinlichkeit der Urteilsfindung, bei der die Wahrscheinlichkeit eines gerechten Richterspruchs bei gegebener Wahrscheinlichkeit der Wahrheitsliebe der Zeugen untersucht wurde.

Laplace versuchte in seinem oben erwähnten Buch, die Vielfalt der in der Wahrscheinlichkeitsrechnung verwendeten Methoden zu vermitteln; dadurch fehlte dem Buch etwas der rote Faden. Es beginnt mit einer sorgfältigen Entwicklung der Wahrscheinlichkeitsrechnung auf kombinatorischer Grundlage. In den weiteren Teilen enthält das Buch einen Abriss der Theorie einer stetigen Zufallsvariablen. Hier fehlten zwar die exakten Grundlagen, aber es werden starke Werkzeuge der Analysis eingesetzt. Insbesondere kommt die (heute so bezeichnete) Laplacetransformation vor, der Prototyp des Operatorkalküls. Im ersten Teil der *Théorie analytique des Probabilitées* wird vorausgesetzt, dass die Ergebnismenge endlich ist und gleich wahrscheinliche „Atome" enthält, die Elementarereignisse. (Das Wort Atom weist hier darauf hin, dass jedes Ereignis eine Menge von Elementarereignissen ist.) Die auf dieser sehr stark einschränkenden Voraussetzung aufbauende Theorie ist so elegant, dass sie in der Geschichte der Wahrscheinlichkeitsrechnung als *klassische Laplacewahrscheinlichkeit* bezeichnet wird. Damit tut man Laplace aber grob unrecht, denn man unterstellt so, er habe die Wahrscheinlichkeitsrechnung nur auf elementarem Niveau betrieben. Ich möchte festhalten, dass Laplace auch den Satz von Bayes ins allgemeine Bewusstsein hob, dessen Autor, der Pfarrer Thomas Bayes, nur aus seinen nachgelassenen Aufzeichnungen bekannt ist.

Die Werke von Laplace spielten im 19. Jahrhundert also eine wesentliche Rolle für die Entwicklung des Selbstverständnisses der Mathematik – ich könnte auch Ideologie sagen. Dies als ironische Zutat zur Kritik an seiner Lebensgeschichte!

* * *

Es ist unmöglich, die Mathematik der letzten zwei Jahrhunderte auf dieselbe Art zu bewerten wie die Mathematik früherer Epochen. Der Grund liegt nicht nur in ihrer unvergleichlichen Fülle (selbst im Vergleich mit dem athenischen goldenen Zeitalter) und auch nicht in unserem Mangel an persönlicher Distanz zu einem noch derart heißen Thema. Der entscheidende zusätzliche Punkt ist vielmehr, dass wir die zukünftigen Auswirkungen dieser Mathematik noch nicht kennen, dass wir noch nicht wissen, welche Trends sich als fruchtbar erweisen und welche der Vergessenheit anheim fallen werden. All dies ist noch im Fluss. Es gibt auch noch ein anderes Problem: Wie ich in den folgenden Vorträgen versuchen möchte darzulegen, gibt es gute Gründe zu glauben, dass sich die jetzige Periode in der Entwicklung der Mathematik ihrem Ende nähert. In einer solchen Situation fällt ein objektives Urteil besonders schwer.

Vortrag XVII

Das Reich der Algebra wird gegründet

In den vorigen Vorträgen hatte ich mein Augenmerk auf den unterschiedlichen Ursprung der einzelnen mathematischen Disziplinen gelegt. Kurz wiederholt: Geometrie und Arithmetik haben ihre Wurzeln im europäischen Altertum, während die Analysis und alle Teilgebiete, in denen der Grenzwertbegriff eine Rolle spielt, definitiv aus dem modernen Europa stammen (obwohl natürlich schon Eudoxos … Sie wissen schon!). Als einzige Disziplin nicht europäischen Ursprungs bleibt dann nur die Algebra übrig. Sie galt anfangs in Europa als wichtigste aller mathematischen Disziplinen. Dies beruht auf Minderwertigkeitskomplexen in wissenschaftlicher und allgemein kultureller Beziehung den Arabern gegenüber. Auch als die Komplexe abgeklungen waren, blieb die Algebra in Mode. Sie entwickelte sich zu solcher Vollkommenheit, dass sie zur universellen Sprache und zum Patentwerkzeug der ganzen Mathematik wurde.

Anfangs war Algebra die Kunst des Gleichungslösens. Dieser Problemkreis zerfällt auf natürliche Weise in zwei weitgehend voneinander unabhängige Teile. Der erste enthält das Lösen von Gleichungen über der vertrauten und zu Recht hoch geschätzten Menge der natürlichen Zahlen. Zwei klassische Beispiele dieses Typs sind die Gleichungen von Pell – ich habe im Zusammenhang mit Archimedes über sie gesprochen – und Fermat, auf die ich im Lauf dieses Vortrags noch zurückkommen werde. Der zweite Teil ist das Gleichungslösen „allgemein". Hier steckt im Lösen ebenso viel Mühe wie in dem, was sich hinter dem Wort „allgemein" verbirgt. Die allgemeinen Lösungsmethoden (wie das „Ergänzen und Ausgleichen" nach al-Hwarizmi) führten oft zu Zahlenausdrücken, die außerhalb des anerkannten Bereichs lagen, nämlich, modern gesagt, außerhalb des Bereichs der positiven rationalen Zahlen. Die ersten „ehrlosen" Zahlen, die „ehrbar" wurden, waren die positiven irrationalen Zahlen. Da sie im Zusammenhang mit Größenberechnungen auftauchten, gab es keinen guten Grund sie auszuschließen. Es gab auch allgemein gebräuchliche Zahlen wie π und später e, von denen damals nicht bekannt war, ob sie rational sind oder nicht. Sie waren aber unentbehrlich und ihre Anerkennung kam wie nebenbei und unmerklich zustande.

Die negativen Zahlen brachten größere Probleme mit sich. Vorschläge, sie als Schulden oder Defizit zu behandeln, wurden nicht allgemein akzeptiert. Wie ich in Vortrag XII berichtet habe, wurden die negativen Zahlen ehrbar, nachdem Galilei den Vektorbegriff eingeführt hatte: Zahlen, die sich nur durch das Vorzeichen unterschieden (addiert also null ergaben), wurden als parallele und gleich lange, aber entgegengesetzt gerichtete Vektoren behandelt. Trotz dieser Deutung wurde die Idee selbst bei weitem nicht für nahe liegend gehalten. Dies zeigt der von Descartes angegebene „Beweis", dass bei Polynomgleichungen negative Wurzeln auftreten können:

In Wirklichkeit schrieb Descartes aber: *Jedes Polynom mit falschen Wurzeln kann zu einem Polynom mit richtigen Wurzeln gemacht werden.*

> *Zu jedem Polynom W gibt es eine Zahl a von der Art, dass das durch die Beziehung* $W^*(x) = W(x-a)$ *bestimmte Polynom* W^* *nur positive (reelle) Wurzeln hat. Und diese Polynome sind gleich.*

Noch deutlicher sichtbar wird der Widerstand gegen neuartige Zahlen am Fall der komplexen Zahlen. Diese fanden ihren Weg in die Mathematik nicht als zusätzliche Lösungen von Gleichungen; sie waren rein formale Ausdrücke, die bei der Berechnung der ehrbaren reellen Lösungen vorübergehend entstanden. Sie wurden also als Lösungshilfsmittel benutzt, zählten aber nicht als Ergebnisse. Das folgende Zitat aus Eulers *Vollständigen Anleitungen zur Algebra* – einem Buch, das neben anderem ein Lehrbuch der Arithmetik mit komplexen Zahlen war (über die Rolle der komplexen Zahlen in Eulers *Analysis* sage ich hier nichts) – wirft ein Schlaglicht auf die damalige Einstellung den komplexen Zahlen gegenüber: *Die Quadratwurzel einer Negativzahl (kann) weder eine Positiv- noch eine Negativzahl sein (...). (D)ie Quadratwurzeln von Negativzahlen (können) nicht einmal zu den möglichen Zahlen gerechnet werden. Folglich müssen wir sagen, daß dies unmögliche Zahlen sind. Und dieser Umstand leitet uns auf den Begriff von solchen Zahlen, welche (...) gewöhnlich imaginäre oder eingebildete Zahlen genannt werden, weil sie blos in der Einbildung vorhanden sind.* Bei dieser Auffassung war es dann unerheblich, dass Euler selbst die komplexen Zahlen als Punkte in der Ebene (der heutigen Gauß'schen Zahlenebene) darstellte und trigonometrische Regeln (den heutigen Satz von Moivre) für die Multiplikation angab.

Es gibt hier auch widersprechende Stimmen: Folgt man den Lehrbüchern, so wurde die Gauß'sche Ebene im Jahr 1797 von Caspar Wessel gefunden. Wie soll man dann aber Eulers Strahlen und Winkel einordnen, also die Beträge und Argumente der komplexen Zahlen?

Die Mathematiker des 18. Jahrhunderts hielten diesen Zustand für untragbar. Viele Anläufe wurden unternommen, um Argumente zu finden, mit denen man die komplexen Zahlen als verlässlich anerkennen konnte. In seinem Werk *Réflexions sur la cause générale des vents* (1747; *Überlegungen über die allgemeine Ursache des Windes*) bewies d'Alembert, dass jede in eine komplexe Potenz erhobene komplexe Zahl wieder eine komplexe Zahl ergibt. (Der Beweis war nicht ganz korrekt; er wurde später von Euler berichtigt.) Eine Abhandlung dieser Art verschaffte den komplexen Zahlen den Status „gewöhnlicher" Zahlen. Ich meine hier die Doktorarbeit von Gauß (verteidigt im Jahr 1799), die von der Lösbarkeit algebraischer Gleichungen handelt. Das Hauptresultat ist der Satz, der heute Fundamentalsatz der Algebra heißt. Er sagt aus:

> *Jede Polynomgleichung positiven Grades mit komplexen Koeffizienten hat mindestens eine komplexe Wurzel.*

Diese Eigenschaft, heute als algebraische Abgeschlossenheit der komplexen Zahlen bezeichnet, ist gewiss sehr elegant und nützlich. Daher entstand das Gefühl, man solle doch Zahlen mit einer solchen Eigenschaft das Prädikat „verlässlich" verleihen.

Der Beweis des Fundamentalsatzes der Algebra passt nicht recht in den Rahmen dieser Vorträge. Ich möchte daher lieber einige Worte über Gauß sagen, der in diesem Buch noch an vielen Stellen genannt werden wird, und dabei vorführen, wie er mit komplexen Zahlen arbeitete.

Carl Friedrich Gauß (1777; 1855) war ein Genie. Er stammte aus einer armen Familie. Sein Vater war immer wieder arbeitslos. (In Biographien, die sich vornehmer ausdrücken, wird der Vater zum Taglöhner befördert.) Es war für das höchst aufgeweckte Kind ein Segen, dass seine Heimatstadt Braunschweig ein kostenloses Pflichtschulwesen unterhielt. (Wohl Friedrich dem Großen, nieder mit all jenen, die nicht einsehen, wie wohltätig ein kostenloses Schulwesen ist!) In der Schule stand Gauß unter der Obhut eines Schülers namens Bartels, der auf diese Weise sein Universitätsstudium finanzieren wollte. (Erinnern Sie sich daran, dass die Lehrer so hohe Gehälter erhielten, dass sie es sich leisten konnten, Hilfskräfte für den eigentlichen Unterricht anzustellen!) Diese Begegnung erwies sich als sehr förderlich für die beiden jungen Leute. Sie begannen zur gleichen Zeit ihr Studium. Gauß war dem Herzog von Braunschweig vorgestellt worden, als dieser die Schule inspizierte, und hatte dessen Wohlwollen erlangt. Durch ein herzogliches Stipendium unterstützt konnte er sein Studium absolvieren und den Doktorgrad erwerben. Auch Bartels promovierte und wurde als Professor der Mathematik an die Universität Kasan berufen. Dort hatte er übrigens einen weiteren brillanten Schüler, nämlich Lobatschewski (siehe Vortrag XIX).

Gauß studierte von 1795 bis 1798 in Göttingen und promovierte dort, wie schon gesagt. Er ist allgemein als Mathematiker bekannt und wurde als *princeps mathematicorum* geradezu verherrlicht. Es mag daher überraschen, dass er niemals ein Stellung als Mathematiker bekleidete, sondern sein ganzes Berufsleben lang die Göttinger Sternwarte leitete. Außerdem lehrte er nicht gerne und dies beschränkte sich nicht nur auf die Mathematik. Bis zum heutigen Tag trägt der prestigeträchtigste Preis für Leistungen in der Astronomie seinen Namen. Sein Name verbindet sich auch mit der Maßeinheit der magnetischen Feldstärke, mit einer Projektionsmethode für den Entwurf von Militärkarten und vielem anderen. Wie im Folgenden noch deutlich werden wird, war er ein recht düster und gehemmt wirkender Mensch. Er war aber auch ein unglaublich harter Arbeiter. Unsere Kenntnis über seine Forschungsergebnisse stammt größtenteils aus seinem (nach Gauß' eigener Aussage unvollständigen) Tagebuch. Ich werde nur diejenigen Werke von Gauß besprechen, die sich in eine größere Entwicklungslinie einfügen; schon davon gibt es genug. Seine Position als Wissenschaftler wird durch das Regierungsamt eines Geheimen Hofrats unterstrichen, einen Rang, auf den er nach Bekundungen von Zeitgenossen wie Riemann sehr stolz war.

Aus dem Tagebuch von Gauß wissen wir, dass er sein erstes wichtiges Ergebnis über die komplexen Zahlen am 29. März 1796 fand. Es ist zum einen mitteilenswert, weil die leitende Idee mit einfachen Worten (so hoffe ich wenigstens) erklärbar ist, und zum anderen, weil Gauß selbst dieses Ergebnis Zeit seines Lebens am höchsten schätzte. Ich meine die Konstruktion des regulären Siebzehnecks. Dazu kursiert übrigens eine Anekdote, die derjenigen über Bernoullis Grabinschrift ähnelt. Gauß verfügte nämlich, sein Grabstein solle keine Inschrift, sondern nur ein eingemeißeltes reguläres Siebzehneck tragen. Nun weist sein Grabstein zwar sogar mehrere Inschriften auf, aber man hat, um den letzten Willen wenigstens einigermaßen zu erfüllen, dem auf der Grabplatte stehenden Obelisk eine siebzehneckige Grundfläche gegeben. (Von einem niedrig fliegenden Hubschrauber aus kann man das sehr gut erkennen.)

Die Konstruktionsidee für das reguläre Siebzehneck lässt sich anhand der einfacheren Konstruktion des regulären Fünfecks gut erklären. (Dieser Vorschlag stammt von S. G. Gindikin; ich verweise meine Leser auf dessen Buch *Tales of Physicists and Mathematicians*, Birkhäuser 1988 (*Physiker- und Mathematikergeschichten*).) Wir tragen zunächst die fünf komplexen Einheitswurzeln in die Gauß'sche Zahlenebene ein (Fig. XVII. 1). Die Resultante der zugehörigen Ortsvektoren ist $\vec{0}$. (Dies folgt aus der Regularität des durch diese Punkte bestimmten Polygons.) Damit gilt

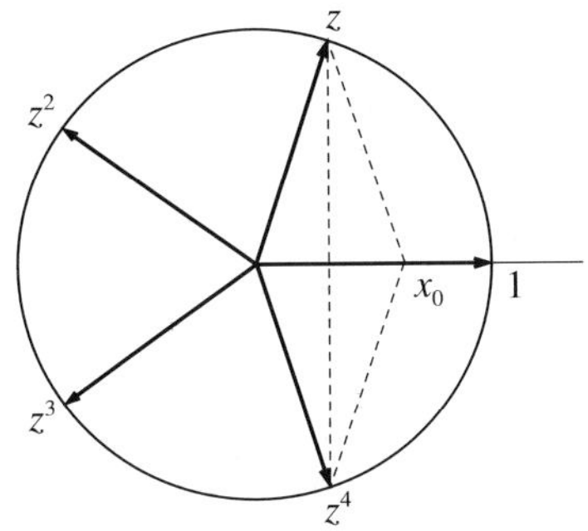

Fig. XVII. 1

Gewisse Kenntnisse über das Rechnen mit komplexen Zahlen sind hier willkommen; ab und an werden im Folgenden noch einige weitere mathematische Kenntnisse vorausgesetzt. Ich meine aber, dass diejenigen meiner Leser, die sich mit technischen Details nicht belasten wollen, einfach einige Zeilen überspringen sollten und dem weiteren Text dann wieder folgen können.

$$1 + z + z^2 + z^3 + z^4 = 0.$$

Wir wollen aus dieser Beziehung die Lage von z in der Ebene herausfinden; mit anderen Worten: wir wollen die Gleichung lösen. Dies ist gar nicht schwer. Wenn wir $z^4 = \frac{1}{z}$ und $z^3 = \frac{1}{z^2}$ beachten, ergibt sich

$$0 = \frac{1}{z} + \frac{1}{z^2} + z^2 + z + 1 = \left(z + \frac{1}{z}\right)^2 + \left(z + \frac{1}{z}\right) - 1.$$

Um $z + \frac{1}{z}$ zu finden, müssen wir also die quadratische Gleichung

$$x^2 + x - 1 = 0$$

lösen und danach, um z zu bestimmen, die quadratische Gleichung

$$z + \frac{1}{z} = x_0,$$

wobei x_0 eine Wurzel der vorigen Gleichung ist. Zur Konstruktion des regulären Fünfecks muss man lediglich im Punkt $\frac{1}{2}x_0$ auf der Strecke 01 eine Senkrechte errichten. Diese schneidet den Einheitskreis in z (und z^4).

Welcher Teil dieses Lösungswegs lässt sich wieder verwenden, wenn man 5 durch 17 ersetzt? Gauß gruppierte die Einheitswurzeln nach demselben Muster. Dazu wird wie oben die 1 übergangen. Die verbleibenden 16 (vorher 4) Wurzeln werden so in zwei Gruppen zu je 8 zusammengefasst, dass die Summe der Wurzeln in jeder Gruppe und das Produkt dieser zwei Summen jeweils reelle Zahlen sind. (Im vorigen Fall enthielt die erste Gruppe z und z^4, die zweite z^2 und z^3.) Nach dem Satz von Vieta lässt sich jede der zwei Summen als Lösung einer quadratischen Gleichung bestimmen. Dann unterteilen wir eine Gruppe von 8 Wurzeln so in zwei Gruppen zu je 4 Wurzeln, dass wieder die Summe der Wurzeln in jeder Gruppe und das Produkt dieser zwei Summen jeweils reelle Zahlen sind; entsprechend geht es weiter. Damit finden wir schließlich den Wert von z oder, was noch bequemer ist, den Wert von $z + z^{16}$. Die Frage ist nur, wie diese Einteilung in Gruppen vorzunehmen ist. Hier die Lösung von Gauß: Zunächst benennen wir die Wurzeln a_1 bis a_{16} nach folgender Vorschrift um:

Die Potenz z^k wird zu a_l genau dann, wenn $3^l \equiv k \bmod 17$ gilt.

Nun fassen wir die Wurzeln mit geraden Indizes in der ersten und die mit ungeraden Indizes in der zweiten Gruppe zusammen. Die nächste Unterteilung der ersten Gruppe folgt dem Rest bei Division durch 4, dann (wenn wir weiter zu dividieren haben) dem Rest bei Division durch 8. Und dieses Verfahren von

Gauß leistet das Verlangte! In jedem Schritt ergeben sich für die entsprechenden Summen reelle Zahlen. Nachdem wir gerade einmal drei quadratische Gleichungen gelöst haben, findet die Rechnung ihr Ende mit

$$z + z^{16} = \frac{1}{8}\left(\sqrt{17} - 1 + \sqrt{34 - 2\sqrt{17}}\right) + \frac{1}{4}\sqrt{17 + 3\sqrt{17} - \sqrt{170 + 38\sqrt{17}}}\,,$$

womit dann die Konstruktion des regulären Siebzehnecks gelungen ist. (Erschrecken Sie bitte nicht! Damals gab es keinen einfacheren Konstruktionsweg; heute allerdings mehrere.)

Wie konnte man überhaupt auf einen solchen Lösungsweg kommen? Lagrange arbeitete an ähnlichen Problemen. Es geht darum, das Verhalten algebraischer Größen zu studieren, wenn die ihnen zugeordneten Zahlen permutiert werden. Gauß suchte nach Teilmengen der Menge der Wurzeln, die unter gewissen Abbildungen der Exponenten abgeschlossen sind. Stellen wir, ohne in die technischen Details zu gehen, die für das Gelingen entscheidenden Bedingungen zusammen, die Gauß fand! Insbesondere werden wir das Rätsel lösen, warum bei der Umnummerierung der Wurzeln die Zahl 3 eine Rolle spielt. Es stellt sich Folgendes heraus: Notwendig für den Erfolg des Verfahrens ist erstens, dass die Seitenzahl des zu konstruierenden Polygons eine Primzahl der Form $2^{2^k} + 1$ ist, und zweitens, dass die für die Umnummerierung maßgebliche Zahl wenn auch nicht notwendig die Zahl 3, so doch eine Primitivwurzel der Seitenzahl des Polygons ist.

Wenn auch diese Ergebnisse den meisten Lesern nicht viel sagen dürften, so habe ich sie hier wiedergegeben, um Gaußens außergewöhnlichen Fleiß und die Strenge ins rechte Licht zu rücken, mit der zu Beginn des 19. Jahrhunderts argumentiert wurde. Beginnen wir mit der zweiten Bedingung! Eine Primitivwurzel einer Zahl n ist eine Zahl k mit der Eigenschaft, dass die Entwicklung von $\frac{1}{k}$ im n-adischen System eine maximale, also eine $(k-1)$-ziffrige Periode hat. Im Dezimalsystem sind beispielsweise Primitivwurzeln die Zahlen 7 $\left(\frac{1}{7} = 0,\overline{142857}\right)$, 17, 19, 23, 29, 97, 337, aber nicht 3, 11 $\left(\frac{1}{11} = 0,\overline{09}\right)$, 13 $\left(\frac{1}{13} = 0,\overline{076923}\right)$.

Angesichts dieser Rechenleistungen kommt uns die von Schulmeistern des 19. Jahrhunderts erfundene Anekdote, Gauß habe als Schulkind die Summe der Zahlen von 1 bis 100 blitzschnell addiert, ziemlich albern vor. Sie hatte auch gar nicht den Sinn, die Leistungen von Gauß zu feiern, sondern sollte den Schülern die arithmetische Reihe schmackhaft machen.

Eine allgemeine Regel kann ich nicht mitteilen: es ist nämlich keine bekannt. Das Problem, alle Primitivwurzeln zu bestimmen, ist bis heute offen. Gauß interessierte sich auch dafür und berechnete schon als Schüler die Dezimalentwicklungen der Stammbrüche bis zum Nenner 1000. Welch ein Fleiß! Die Zahl 3 tritt also bei der Konstruktion des regulären Siebzehnecks nur deswegen auf, weil sie eine Primitivwurzel von 17 ist.

Die Frage, welche der Zahlen der Form $2^{2^k} + 1$, also der so genannten Fermat-Zahlen, prim sind, ist ebenfalls bis heute offen. Man weiß, dass die Fermat-Zahlen für $k = 0, 1, 2, 3, 4$, also 3, 5, 17, 257, 65537, Primzahlen sind. Weitere Fermat-Primzahlen wurden bisher nicht gefunden. Bekannt ist noch, dass für alle k zwischen 5 und 21 und für $k = 23, 36, 38, 73$ sowie beispielsweise für $k = 1945$ die zugehörigen Fermatzahlen zusammengesetzt sind. (Für $k = 5$ ist 641 der kleinste Faktor, für $k = 73$ ist es $5 \cdot 2^{75} + 1$). Folglich greift die Gauß'sche Methode nur für fünf Zahlen; für zwei davon war die Lösung schon zweitausend Jahre lang bekannt. Die Konstruktionen für 257 und 65537 wurden tatsächlich ausgeführt; die (von Hermes bewerkstelligte) Konstruktionsbeschreibung für das 65537-Eck wird in einem Spezialkoffer im Mathematischen Institut zu Göttingen aufbewahrt.

Es gibt durchaus Kriterien, nach denen Fermat-Zahlen auf Zerlegbarkeit geprüft werden können. Es ist aber beispielsweise unbekannt, ob die Fermat-Zahlen für $k = 22$ und $k = 24$ prim sind oder nicht.

Gauß gab sich mit diesem Ergebnis noch nicht zufrieden, sondern sprach den folgenden allgemeinen Satz über die Konstruierbarkeit regulärer n-Ecke aus:

Ein reguläres n-Eck ist genau dann mit Zirkel und Lineal konstruierbar, wenn n die Form

$$2^m \cdot p_1 \cdot p_2 \cdot \ldots \cdot p_l$$

hat, wobei die Zahlen p_l paarweise verschiedene Fermat'sche Primzahlen sind.
(Hierbei ist auch zugelassen, dass die Anzahl der vorkommenden Fermat'schen Primzahlen null ist, womit dann Quadrat, Achteck usw. eingeschlossen sind.)

Dass diese Bedingung hinreichend für die Konstruierbarkeit ist, folgt aus dem obigen Ergebnis von Gauß und der folgenden Bemerkung von Euklid: Werden ein reguläres p-Eck und ein reguläres q-Eck mit teilerfremden Zahlen p und q so in einen Kreis einbeschrieben, dass sie eine gemeinsame Ecke haben, dann gibt es zwei benachbarte Ecken, die zu einem $(p \cdot q)$-Eck gehören. (Wir haben dies für den Fall des 15-Ecks schon in Vortrag III gesehen.) Wie aber bewies Gauß, dass diese Bedingung auch notwendig ist, dass es also keine anderen konstruierbaren regulären Polygone gibt? Sagen wir die Wahrheit: Er stellte dies einfach ohne Beweis fest. Heute gibt es natürlich einen Beweis, aber Gauß hat eine solche Autorität, dass niemand zugeben würde, er hätte vielleicht gar keinen Beweis gekannt. Der vorhandene Beweis verbindet sich mit keinem speziellen Namen und wird gemeinhin Gauß einfach untergeschoben.

Die Arbeiten von Gauß gaben einen Anstoß für weitere Versuche, eine Lösungsmethode für algebraische Gleichungen höheren als fünften Grades zu finden. In gewissem Sinn ähnelt dieses Problem stark der Suche nach Konstruktionen mit Zirkel und Lineal, denn in beiden Fällen wird eine Beschränkung der Hilfsmittel vorgenommen. Die wirkungsvolle Anwendung von Permutationen und Kongruenzabbildungen bei der Konstruktion des Siebzehnecks legt nahe, dass ähnliche Werkzeuge auch beim Problem der Auflösung von Polynomgleichungen nützen könnten. Dies ist richtig; bevor ich aber darauf eingehe, kehre ich zu den komplexen Zahlen zurück.

Die lange Zeit, während der die komplexen Zahlen diskriminiert waren, brachte es unter anderem mit sich, dass die Frage nach ihrer Existenz auch das Interesse von Nichtmathematikern erweckte. Die Bezeichnung *imaginär* (oder auch *unmöglich*), die dieser Klasse von Zahlen so leichtsinnig aufgeprägt worden war, weckte die Phantasie mancher Geisteswissenschaftler. Mehrere philosophische Werke erschienen, die sich dem Wesen der Zahl i und den tiefen Konsequenzen des Wurzelziehens aus –1 widmeten. Fast alle diese Schriften sind völliger Unsinn. Hätten sich die Mathematiker des 19. Jahrhunderts nicht selbst bemüßigt gesehen, die Frage nach der Natur der komplexen Zahlen zu beantworten, wären sie also durch Druck von außen dazu genötigt worden. Die Lösung dieses Problems ist ganz einfach. (Es handelt sich natürlich um jene Art von Einfachheit, die sich erst im Laufe von Jahrhunderten entwickelt.) Komplexe Zahlen sind Paare reeller Zahlen mit den durch die folgenden Formeln definierten Rechenoperationen:

$$(a, b) + (c, d) = (a + c, b + d)$$
$$(a, b) \cdot (c, d) = (a \cdot c - b \cdot d, a \cdot d + b \cdot c).$$

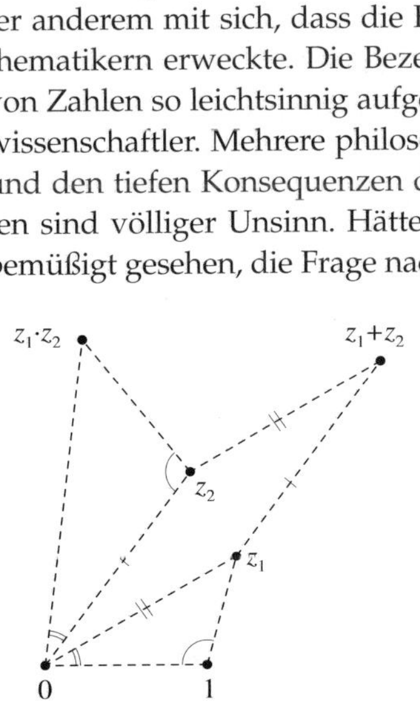

Fig. XVII. 2

So für Liebhaber der Algebra; für Liebhaber der Geometrie handelt es sich um die Menge der Punkte in der Ebene mit den gemäß

Fig. XVII. 2 definierten Operationen. Gut und schön, aber wo existiert nun die Quadratwurzel aus –1 wirklich? Klar: Nirgends! Man könnte natürlich eine Teilmenge der komplexen Zahlen aussondern, die sich genau wie die Menge der reellen Zahlen verhält, aber wer wollte die Verantwortung für alle möglichen und unmöglichen Gedankenverbindungen übernehmen, die sich dann in den Köpfen der Philosophen bilden?

Es ist bemerkenswert, dass sich die reellen Zahlen aus den komplexen nicht anhand der Operationen Addition und Multiplikation allein aussondern lassen. Ein ziemlich verwickelter Beweis für diesen Sachverhalt wurde in der Mitte des 20. Jahrhunderts erbracht.

Der Mann, der die komplexen Zahlen salonfähig machte, war William Rowan Hamilton (1805; 1865). Sein mathematisches Schaffen ist geprägt von der Faszination durch alles, was mit Vektoren zusammenhängt. Einer der Aspekte dieser Faszination war sein Bestreben, den Vektoren eine „anständige" algebraische Struktur zu verschaffen. Wie im wahren Leben ist es auch in der Mathematik nicht leicht zu sagen, was Anstand bedeutet; die Entscheidung muss jeder für sich treffen. Die von der mathematischen Gemeinde anerkannten Anstandsregeln für Addition und Multiplikation lauteten: Beide Operationen müssen kommutativ und assoziativ sein und die Multiplikation muss in Bezug auf die Addition distributiv sein. Die oben mitgeteilte Definition erfüllt diese Forderungen – für Vektoren in der Ebene. Nachdem Hamilton sich dessen versichert hatte (1835), packte er (eigentlich wie Gauß von Beruf Astronom, genauer gesagt The Royal Astronomer of Ireland) die Aufgabe an, anständige Operationen für Vektoren im dreidimensionalen Raum zu definieren.

Dieser Versuch musste scheitern. Nach langwierigen und fruchtlosen Versuchen wendete sich Hamilton den Vektoren im vierdimensionalen Raum zu. Zu seiner Überraschung und Freude hatte er Erfolg. (Es wird berichtet, dass dies während eines Spaziergangs durch Dublin im Herbst 1843 geschah. In seiner Begeisterung soll Hamilton die Formeln, die ihm gerade eingefallen waren, mit dem Taschenmesser in das Geländer einer hölzernen Brücke geschnitzt haben; wer die Formeln kennt, wird dies bezweifeln.) So wurden die Quaternionen geboren. Ganz anständig waren sie nicht. Sie verletzten eine Regel aus dem Benimmbuch, nämlich die Kommutativität. Danach wurde auch nach Vektoren anderer Dimensionen gesucht, für die sich anständige Operationen definieren ließen. Diese Suche war ebenfalls teilweise erfolgreich. Hier ist der Erfolg aber nicht Hamilton, sondern Cayley zuzuschreiben, über den ich noch sprechen werde; Clifford kam auf anderem Weg zum selben Ergebnis. Die mathematische Gemeinde verweigerte den Cayley'schen Oktaven (oder Biquaternionen) das Gütesiegel der Wohlanständigkeit; die Schmerzgrenze war mit den Quaternionen erreicht. Im Jahr 1877 bewies Georg Frobenius (1849; 1917), dass es außer den komplexen Zahlen und den Quaternionen keine Erweiterungen der reellen Zahlen mit anständigen Operationen gibt. Das Wichtigste an diesen Ergebnissen, von ihrer eigentlichen Bedeutung für die Algebra abgesehen, war die Festlegung eines Kanons von Eigenschaften, denen eine Rechenstruktur (einschließlich künstlich konstruierter Strukturen) genügen muss, um als Gegenstand algebraischer Untersuchungen von Interesse zu sein. Ziemlich genau zur gleichen Zeit kamen Kummer, Kronecker und Dedekind, die einen völlig anderen Forschungsstrang verfolgten, in Bezug auf diesen Kanon zu ähnlichen Ergebnissen. Darüber werde ich nachher noch berichten.

Zuvor aber noch einige weitere Worte über Hamiltons Begeisterung für Vektoren. Er hielt die Technik des Vektorrechnens für so elegant, dass er alle Anstrengungen unternahm, die ganze Mathematik nach diesem Muster zu formen. Bis heute werden besonders an technischen Hochschulen viele der symbolischen Vektoren verwendet, die Hamilton einführte, um zahlreiche Begriffsbildungen der mehrdimensionalen Analysis darzustellen. Als Beispiel betrachten wir den „Vektor"

$$\left(\frac{\partial}{\partial x}, \frac{\partial}{\partial y}, \frac{\partial}{\partial z}\right).$$

Sein formales Produkt mit einer Funktion ist der Gradient, sein skalares Quadrat der Laplace-Operator usw. Leser, die in den Genuss dieses Formalismus kamen, wissen, dass er nicht kompliziert, sondern sehr wirkungsvoll und leicht zu merken ist. Aus diesem Grund entwickelte sich um Hamilton und seine geliebten Vektoren eine Lobby oder besser gesagt ein Fanklub. Er hatte sogar einen offiziellen Zweig, die *International Association of Research on Quaternions and Related Areas of Mathematics*. Der Bedarf für eine solche Gesellschaft war offenkundig: sie organisierte Diskussionen (manche sagen, es seien eher Streitereien gewesen) mit Förderern einer anderen Methode zur Einführung von Vektoren. Diese heißt heute lineare Algebra und wurde von Graßmann erdacht. Es gab auch spontane Treffen von Anhängern der zwei Parteien (gewöhnlich an der West- oder Ostgrenze Deutschlands, wo die Deutschen als Parteigänger Graßmanns auf die Franzosen und Russen trafen, die zu Hamilton hielten), die den heutigen Zusammenstößen von Fans rivalisierender Fußballvereine glichen. Die Leidenschaften gingen hoch und blieben für lange Zeit hitzig. Die Debatte über den besten Zugang zu Vektoren wurde erst durch einen viel ernsteren Konflikt zu Ende gebracht, nämlich den Ersten Weltkrieg. In der Rückschau wirkt all dies ziemlich nichtig, aber so war es nun einmal. Aggression findet manchmal überraschende Ventile. Auf der anderen Seite ist es ein Jammer, dass heutzutage eher Fußballspieler als Mathematiker eine derartige Begeisterung entfachen.

Hermann Graßmann (1809; 1877) verkörpert den ganz eigenartigen Typ des komplexbeladenen Intellektuellen aus Ostmitteleuropa, dem auch Bolzano, Mendel und zu einem gewissen Grad und in gewisser Abwandlung Weierstraß angehören. Kafka und Bruno Schulz haben diesen Typ schonungslos, Tschechow einfühlsamer porträtiert. Graßmann war Gymnasiallehrer in der kleinen Provinzstadt Stettin und dort vermutlich der einzige gebildete Mensch. Er befasste sich einfach mit allem und jedem, mit Physik, Botanik, Physiologie, Linguistik und natürlich auch mit Mathematik. Seine größte Leistung außerhalb der Mathematik war ein Wörterbuch des Sanskrit, das noch heute benutzt wird. Wäre nicht ein glücklicher Zufall zu Hilfe gekommen, hätte niemand etwas von diesen ganzen Aktivitäten erfahren; Graßmann veröffentlichte seine Schriften ja nur in Stettin auf eigene Kosten in Auflagen von zehn bis zwanzig Exemplaren. Ein Reisender, der im Jahr 1844 auf den Pferdewechsel seiner Postkutsche wartete, kaufte ohne tiefere Absicht Graßmanns *Ausdehnungslehre*, um diese lokale Kuriosität seinen Mathematikerfreunden in Berlin zu zeigen. Es stellte sich heraus, dass das Werk des Provinzlers von größtem Wert war. Graßmann wurde nach Berlin eingeladen, wo er dann im Jahr 1861 eine erweiterte und ausgereiftere Fassung seines Buchs veröffentlichte. Auf dieses Jahr ist der Beginn der linearen Algebra zu datieren, denn die *Ausdehnungslehre* enthält eine in mehrfacher Beziehung moderne Exposition dieses Gegenstands im Sinne einer neuen Sprache der Geometrie. Alles Wichtige ist dort zu finden: Vektorräume, innere Produkte, Kreuzprodukte, Tensoren und noch vieles mehr. Nur Matrizen fehlen; ich werde darüber bald noch sprechen. Damit lag nach dem Hamilton'schen ein zweites Konzept vor, Vektoren zum Schlüsselbegriff der Mathematik zu machen. Unsere gegenwärtige Erfahrung zeigt, dass die deutsche Version die Oberhand gewonnen hat: Der Vektorraum ist vermutlich das in der Mathematik am häufigsten benutzte Werkzeug.

Ich sagte „die deutsche Version", muss aber hinzufügen, dass es ein Engländer war, der den letzten (und äußerst wichtigen) Begriff einführte, mit dem das Arsenal der linearen Algebra dann vollständig wurde. Arthur Cayley (1821; 1895) studierte in London Jura und war als Rechtsanwalt tätig, bis er Sylvester kennen lernte und sich mit ihm anfreundete. James Joseph Sylvester (1814; 1897) seinerseits war bis zu dieser Begegnung Dichter und Satiriker. Durch ihre Zusammenarbeit wurden beide zu Mathematikern. Sylvester lehrte ab 1855 an der Militärakademie in Woolwich, Cayley ab 1863 in Cambridge. Auf dieser Stelle verbrachte er dreißig friedliche Jahre. Sein Freund hatte mehr von einem Weltmann. Insbesondere wird er als Gründer der amerikanischen Mathematik angesehen: Er lehrte von 1841 bis 1842 an der Universität von Virginia und – nach dem Sezessionskrieg – von 1877 bis 1883 an der John Hopkins Universität in Baltimore. Diese Vorlesungen sind gemeint, wenn vom Anfang der Mathematik in den Vereinigten Staaten die Rede ist.

In Vortrag IX habe ich Versuche erwähnt, aus altchinesischen mathematischen Schriften den Beginn des Determinantenkalküls herauszulesen. Eingangs des 20. Jahrhunderts stießen einige Mathematikhistoriker auf den Japaner Seki Kowa, der im 17. Jahrhundert Determinanten benutzte. *Si non è vero, è ben trovato.*

Die größte Errungenschaft von Cayley und Sylvester war der Matrizenkalkül. Der Matrizenbegriff (oder genauer der Determinantenbegriff) war von dem Schweizer Gabriel Cramer (1704; 1752) im Zusammenhang mit der Lösung linearer Gleichungssysteme eingeführt worden. In der Analysis verwendeten ihn dann auch Lagrange, Laplace, Cauchy und Jacobi. Cayley und Sylvester kommt das Verdienst zu, Matrizen zur Darstellung von linearen Abbildungen und Bilinearformen und darüber hinaus als Forschungsgegenstand eigenen Rechts eingeführt zu haben. Ihre Untersuchungen fielen zeitlich mit den Untersuchungen von Möbius und Plücker über projektive Geometrie zusammen (siehe den folgenden Vortrag) und brachten dieses Gebiet auf einen Stand, der sich am besten durch Cayleys Diktum *Projektive Geometrie ist die ganze Geometrie* kennzeichnen lässt. Die ungewöhnlichen Eigenschaften der Matrizen (wie etwa die Existenz von Nullteilern) erweiterten das Verständnis der Mathematiker für die neu geschaffenen abstrakten Objekte der Algebra ganz erheblich. Sätze wie der Sylvester'sche Trägheitssatz für Bilinearformen ermöglichten die wirkungsvolle Anwendung von Matrizen auf Probleme aus verschiedenen Zweigen der Mathematik und der Praxis. Sylvester führte auch Begriffe wie kovariant, kontravariant und vor allem auch den Invariantenbegriff ein.

Es ist nun an der Zeit, wieder zu einem zentralen Problem der Algebra zurückzukehren, nämlich zur Auflösung von Polynomgleichungen. Dabei geht es um die (algorithmische) Lösung von Gleichungen höheren als 4. Grades durch Radikale. (Formeln für die Wurzeln von Gleichungen bis zum Grad 4 waren seit dem 16. Jahrhundert bekannt; siehe Vortrag X.) Dies bedeutet, dass neben der Addition, Subtraktion, Multiplikation, Division und Potenzierung mit natürlichzahligen Exponenten nur das Ziehen n-ter Wurzeln erlaubt ist. Ich habe schon gesagt, dass Lagranges Arbeiten zur Algebra und insbesondere das Ergebnis von Gauß über die Konstruierbarkeit regulärer Polygone ein neues Licht auf dieses Problem geworfen und neue Werkzeuge bereitgestellt hatten. Dreißig Jahre später war dann die Frage nach der Lösung von Polynomgleichungen in der Tat gelöst.

Die Arbeiten, die entscheidend zu diesem Ende beitrugen, stammten von sehr jungen Mathematikern. Damit meine ich nicht nur, dass sie diese Arbeiten in jungen Jahren schrieben (dies ist in der Mathematik so gut wie der Normalfall), sondern dass sie auch jung starben. Niels Henrik Abel (1802; 1829), ein

Norweger, war der Sohn eines kleinen Landpfarrers. Während seines Studiums in Christiania (so hieß die norwegische Hauptstadt früher) fand er im Jahr 1822 eine Formel zur Lösung der Gleichung 5. Grades und zwei Jahre später einen Beweis, dass eine solche Lösung nicht existiert. Man könnte sagen, dass er alles, also die Sache und ihr Gegenteil zugleich, bewies. Natürlich ist nur das zweite Ergebnis richtig. Übrigens hatte schon 1799 Paolo Ruffini (1765; 1822) als Erster die Unlösbarkeit der Gleichung 5. Grades durch Radikale (also die Nichtexistenz eines entsprechenden Rechenverfahrens) bewiesen, aber sein Beweis war so verwickelt, dass die zeitgenössischen Mathematiker ihn nicht nachvollziehen konnten.

Witold Wieslaw behauptet, der Beweis (oder genauer die Beweise, denn es waren sechs) sei leicht verständlich. Aber die zeitgenössischen Mathematiker boykottierten Ruffini, der Arzt war, sich also nicht im Stande höherer Weisheit befand.

Abel betrachtete die Algebra nicht als das Herzstück der Mathematik. In seinen Augen lag das zentrale Problem in den unendlichen Reihen. Er erklärte: *Es gibt in der Mathematik kaum eine einzige unendliche Reihe, deren Summe in strenger Weise bestimmt worden ist.*[1] Erinnert dies nicht an Galileis Äußerung über die Bewegung (siehe Vortrag XII)? Abel untersuchte also Reihen – wir kennen das Abel'sche Konvergenzkriterium und Abels Satz über die Multiplikation von Reihen – und auch elliptische Funktionen. Seine Zeitgenossen waren aber von seinem Satz über die Unlösbarkeit der allgemeinen Gleichung 5. Grades durch Radikale am stärksten beeindruckt. Aufgrund diesen Satzes erhielt Abel ein Stipendium, das ihm Aufenthalte in Deutschland, Italien und Frankreich ermöglichte. Leider hatten die Hungerjahre seiner Studentenzeit Spuren hinterlassen. Abel starb im Alter von 27 Jahren an Tuberkulose.

Das Leben des zweiten Helden im Kampf um die ultimative Lösung von Polynomgleichungen war noch kürzer. Evariste Galois (1811; 1832) war ein extrem unangepasster junger Mann. Er fiel zweimal durch die Aufnahmeprüfung der École Polytechnique, weil er lieber über die Fehler in den Arbeiten der Prüfer räsonierte, als ihre Fragen zu beantworten. Er studierte an der École Normale, wurde aber nach kurzer Zeit als politisch unzuverlässig von der Universität verwiesen. In der französischen Revolution von 1830 war der konservative König Karl X. gestürzt und an seiner Stelle Louis Philippe, „der König der Bankiers", inthronisiert worden. Die jungen Leute betrachteten einen solchen Ausgang der Revolution als Betrug und gaben den Anführern der Revolutionäre die Schuld. Die Aktionen von Galois müssen sehr aufrührerisch gewesen sein, denn man beschloss, ihn in einer für das 19. Jahrhundert typischen Weise (ich nenne nur Puschkin und Lermontow!) loszuwerden: Ein Polizeiagent provozierte ein Duell und erschoss den jungen Unruhestifter.

Das Leben des Evariste Galois ist das Thema des bezaubernden Buchs *Whom the Gods love (Wen die Götter lieben)* des polnischen Physikers Leopold Infeld, geschrieben zu einer Zeit, in der der Autor selbst ein hungriger Student war. Infeld war nämlich unbezahlter Assistent bei Einstein und verdiente sich seinen Lebensunterhalt durch Bücherschreiben. Es wurde zwar „entdeckt", dass die ganze Geschichte über Galois reine Erfindung ist. Mythen sind aber unsterblich und so wird Galois für immer ein Revolutionär bleiben.

Galois hinterließ in umfangreichen Notizen die heutige Galois-Theorie. Sie enthalten die Lösung von Polynomgleichungen verschiedener Art in mehreren Zahlenmengen. Galois soll diese Notizen in der Nacht vor dem Duell niedergeschrieben haben, da er sich über den Ausgang keinen Illusionen hingab. Zu belegen ist dies kaum. Da Galois ein Abweichler war, fielen seine Aufzeichnungen

1 A. d. Ü.: Zitiert nach Struik a. a. O.

der Polizei in die Hände, sodass genauere Kenntnisse über sie verloren gingen. Sie wurden schließlich im Jahr 1846 von Liouville in seinem *Journal de Mathématiques Pures et Appliqués* veröffentlicht.

In den Arbeiten von Galois tritt der Gruppenbegriff auf, der wichtigste Begriff der modernen Mathematik (nicht nur der Algebra). Man kann sagen, eine Gruppe sei eine Abstraktion der reellen Zahlen mit der Addition als Verknüpfung oder die Menge der Abbildungen einer Figur auf sich selbst mit der üblichen Verkettung als Verknüpfung. Cayley zeigte, dass das zweite Modell „besser" als das erste ist, denn jede Gruppe lässt sich als Gruppe von Selbstabbildungen einer geeigneten Figur auffassen. Ist die Gruppenverknüpfung kommutativ, heißt die Gruppe abelsch zu Ehren des ersten der zwei jungen Männer, die das Lösbarkeitsproblem der algebraischen Gleichungen schließlich erledigten.

Die formale Definition einer (endlichen) Gruppe stammt von Cayley.

Ein anderer Weg zur modernen Algebra führte über die diophantischen Gleichungen, also über Polynomgleichungen in mehreren Unbekannten mit ganzzahligen Koeffizienten, deren ganzzahlige Lösungen gesucht sind. Der Große Satz von Fermat ist ein klassisches Problem dieser Art. Er behauptet, dass die Gleichung $x^n + y^n = z^n$ mit $n > 2$ keine nicht triviale ganzzahlige Lösung hat. Während der letzten dreieinhalb Jahrhunderte haben sich viele Mathematiker und auch viele Verrückte zwar ohne viel Erfolg (dieser kam erst 1993) an diesem Problem abgearbeitet, aber sie haben durch diese Bemühungen die Mathematik um neue und sehr wirkungsvolle Werkzeuge bereichert. Das Musterbeispiel findet sich in den Werken von Ernst Eduard Kummer (1810; 1893) und Leopold Kronecker (1823; 1891), der bei ihm studiert hatte.

Der Ausdruck $x^n + y^n$ lässt sich über der Menge der komplexen Zahlen in Linearfaktoren zerlegen, nämlich in der Form

$$x^n + y^n = \prod_{i=1}^{n} (x + \varepsilon_n^i y),$$

wobei $\varepsilon_n, \varepsilon_n^2, \ldots, \varepsilon_n^n$ die verschiedenen n-ten Einheitswurzeln sind. Hätten die komplexen Zahlen $a + \varepsilon_n^i b$ (siehe dazu die Bemerkungen zu $Z[\varepsilon_n]$ weiter unten) die Eigenschaft der eindeutigen Zerlegbarkeit in Faktoren, wäre Fermats Behauptung bewiesen. Dann wäre nämlich z^n in reelle Faktoren zerlegbar, dagegen aber im Fall $n > 2$, in dem nicht alle ε_n^i reell sind, $x^n + y^n$ nicht, und damit wäre die Annahme $x^n + y^n = z^n$ widerlegt. Nun hat aber die Menge der komplexen Zahlen die Eigenschaft der eindeutigen Zerlegbarkeit nicht. (Ich hoffe auf Nachsicht, dass ich mich auf durchsichtige Beispiele statt auf strenge Definitionen stütze.) Peter Lejeune Dirichlet (1805; 1859) hatte bereits bemerkt, dass in einigen Ringen (um unsere moderne Bezeichung zu verwenden) die Zerlegung eindeutig bestimmt ist, in anderen nicht. Beispielsweise haben die ganzen Zahlen diese Eigenschaft, die komplexen Zahlen mit ganzzahligem Real- und Imaginärteil aber nicht. Dies zeigt sich schon an der zweifachen Zerlegung

$$6 = 2 \cdot 3 = (1 - \sqrt{-5}) \cdot (1 + \sqrt{-5})$$

Kummer hatte die Idee, den komplexen Zahlen die Eigenschaft der eindeutigen Zerlegbarkeit dadurch zu verschaffen, indem er neue Zahlen hinzunahm (wodurch sich die Menge der unzerlegbaren Zahlen änderte). Erreichen lässt sich dies mithilfe der so genannten Bewertungen, die von Hensel eingeführt und im Jahr 1912 erstmals von Kuerschak axiomatisch begründet wurden. Eine Bewertung ist eine Funktion v mit ganzzahligen Werten (einschließlich unendlich), die den folgenden Bedingungen genügt:

$$v(1) = 0,\ v(0) = \infty,\ v(xy) = v(x) + v(y),\ v(x + y) \geqq \min(v(x), v(y))$$

Wozu ist eine solche Funktion gut? Sie bildet die Funktion nach, die jeder ganzen Zahl m den größten Exponenten k zuordnet, mit dem eine gegebene Primzahl p in der Primfaktorzerlegung von m vorkommt. Eine solche Bewertung heißt p-adisch; für 24 ist der Wert der 2-adischen Bewertung 3, der 3-adischen 1, der 5-adischen 0. Kummer und Kronecker benutzten Analogien zu diesen Bewertungen (definiert für Polynome in ε_p mit ganzzahligen Koeffizienten, die in unserer Sprechweise den Ring $Z[\varepsilon_p]$ bilden), um die fehlenden „idealen" Faktoren zu konstruieren, die die Eindeutigkeit der Faktorisierung in $Z[\varepsilon_p]$ sichern.

Kummer und Kronecker waren ein interessantes Team. Kummer stammte aus einer bitterarmen Familie. Erst nach großen Schwierigkeiten wurde er in Berlin Professor. Kronecker war ein wohlhabender Gutsbesitzer, der es sich leisten konnte, von 1855 ab 28 Jahre lang ohne Besoldung zu lehren; als Kummer in den Ruhestand ging, übernahm er dessen Professur. (Nebenbei bemerkt war Kummer im Gymnasium auch Kroneckers Lehrer gewesen.) Kronecker pflegte und propagierte extreme Ansichten über die Mathematik. Er betrachtete die natürlichen Zahlen als den einzigen grundlegenden (und undefinierbaren) mathematischen Begriff. Seiner Ansicht nach ließ sich die Mathematik nur dadurch systematisieren, dass alle ihre Gebiete auf die natürlichen Zahlen zurückgeführt und alle dabei entstehenden Fragen und Probleme im Rahmen dieser Menge gelöst würden. Seine Überzeugung äußert sich treffend in dem Aphorismus: *Die ganzen Zahlen hat der liebe Gott gemacht, alles andere ist Menschenwerk.* Kroneckers Programm gab zu vielen ironischen Kommentaren Anlass; umso bemerkenswerter ist es, dass es in vielen Zweigen der Mathematik verwirklicht worden ist. In den folgenden Vorträgen werden wir dies in einiger Ausführlichkeit besprechen.

Ich habe oben das Wort „Ring" benutzt, um Kummers und Kroneckers Interessensgebiet zu kennzeichnen. Das Wort wurde von Hilbert geprägt, der Erfinder des Begriffs ist Richard Dedekind (1831; 1916), Professor an der Technischen Hochschule Braunschweig. Dedekind bereinigte und ordnete viele Begriffe. Ich werde seine Arbeiten über Zahlen in Vortrag XX diskutieren. Bei der Analyse der Arbeiten von Kummer und Kronecker hob Dedekind die arithmetischen Eigenschaften der ganzen Zahlen ans Licht, die für die Begriffsbildungen wirklich nötig waren. Es zeigte sich, dass diese Eigenschaften insgesamt dieselben waren wie der „Kanon der Wohlanständigkeit" für Zahlen, den wir weiter oben im Zusammenhang mit Hamilton genannt haben; nur eine Division ließ sich nicht einführen. Dedekind nannte eine solche Struktur eine Ordnung, heute sagen wir *Ring*. Dann führte er eine weitere abstrakte Struktur ein, die den „ordentlichen" Zahlen nachgebildet war. Es handelt sich nach heutiger Sprechweise um den *Körper*. (Übrigens betrachtete Dedekind alle diese Strukturen innerhalb der Menge der komplexen Zahlen.) Man fand bald heraus, dass ein Körper ein Paar von Gruppen ist. Die eine heißt die additive, die andere die multiplikative; in Beziehung stehen sie durch das Distributivgesetz und dadurch, dass 0, das Neutralelement der Addition, kein Element der multiplikativen Gruppe ist. Dedekind ersetzte die idealen Faktoren nach Kummer und Kronecker durch vollkommen andere Objekte, die Ideale. Ein Ideal ist eine Menge von Zahlen, die alle durch dasselbe „Etwas" teilbar sind. So wurde der Werkzeugsatz der Algebra langsam komplett.

Je schwieriger es wurde, den Unterschied zwischen Zahlen und Nichtzahlen zu definieren (Hamilton hatte seine Quaternionen, also Vektoren in einem vierdimensionalen Raum, einfach Zahlen nennen wollen), umso offenkundiger wurde die Notwendigkeit einer Algebra, die sich nicht auf das Studium der Zahlen beschränkte. Ein wichtiger Schritt nach vorne gelang hier George Boole (1815; 1864), wieder einem Iren und Mathematikprofessor in Dublin. In seinem Werk *Laws of Thought* (dt. Übers. *Algebra der Logik*) von 1854 arithmetisierte er die Gesetze der Logik, allerdings durch eine Arithmetik, von der zuzugeben ist, dass sie von der „gewöhnlichen“ etwas abweicht. Ich werde auf das Thema Logik in Vortrag XXIII zurückkommen; bisher habe ich es, wie leicht zu bemerken war, sorgfältig vermieden.

Bevor ich nun diese notwendig oberflächliche Vorstellung der vielen Quellen der modernen Algebra beende, möchte ich noch zwei zu dieser Zeit junge Männer würdigen, den Deutschen Felix Klein (1849; 1925) und den Norweger Sophus Lie (1842; 1899). Beide gingen nach Paris, damals Kultur- und Wissenschaftsmetropole der ganzen Welt. Die Schönheit des Gruppenbegriffs und Camille Jordans Abhandlung *Traité des substitutions* nahmen sie so sehr gefangen, dass sie eines Tages im Jahr 1870 eine Vereinbarung schlossen: Da die Gruppentheorie ein weites Feld der Forschung zu werden versprach, sollte einer der zwei, nämlich Klein, über diskrete Gruppen, der andere, Lie, über kontinuierliche Gruppen arbeiten. Es ist erstaunlich, dass sie die Schwindel erregende Karriere des Gruppenbegriffs vorausahnten. Heute spielen die Lie-Gruppen in der Physik eine wichtige Rolle (mehr darüber in Vortrag XXII), und Klein hob den Gruppenbegriff (fast) auf die Ebene einer mathematischen Philosophie (mehr darüber in Vortrag XXI). Der zeitgenössische Wissensstand über Gruppen lässt sich daran erkennen, dass Klein der Erste war, der den Sachverhalt

Es gibt zwei Gruppen mit vier Elementen von unterschiedlicher Struktur

ins mathematische Bewusstsein hob. (Deshalb heißt eine dieser Gruppen heute *Klein'sche Vierergruppe*.)

Indem ich all dieses niederschreibe, überkommt mich das ungute Gefühl – wahrscheinlich teilen es meine Leser – dass ich hier zu viele Einzelheiten aufgehäuft habe. Zu meiner Verteidigung muss ich sagen, dass dies ein Reflex auf die Situation um 1870 ist. Zu jener Zeit gab es Algebra im Übermaß, vom Rest der Mathematik zu schweigen. Es herrschte das Gefühl, in kurzer Zeit könne niemand mehr alles, was sich tat, zur Gänze erfassen, eine Furcht also vor einem neuen Turmbau zu Babel. Unsicherheit herrschte auch deswegen, weil man fühlte, die Mathematik dehne sich auf Kosten ihres eigentlichen Gehalts und ihrer Verlässlichkeit über alle Grenzen aus. Schließlich steigerten sich die wachsenden Schwierigkeiten, die Arbeiten und Forschungsergebnisse anderer Mathematiker zu verstehen, zum gegenseitigen Verdacht, jeweils der andere verrenne sich in Trivialitäten und produziere wertloses Zeug, das nur wegen der allgemeinen Orientierungslosigkeit als ernsthafte wissenschaftliche Arbeit durchgehe. Diese Situation trug zur Bildung einer breiten Bewegung bei, die das Ziel hatte, innerhalb der Mathematik Ordnung und sichere Grundlagen zu schaffen. Bevor ich zu diesem Thema komme, möchte ich noch zwei weitere Disziplinen der Geometrie und die Präzisierung der Analysis besprechen.

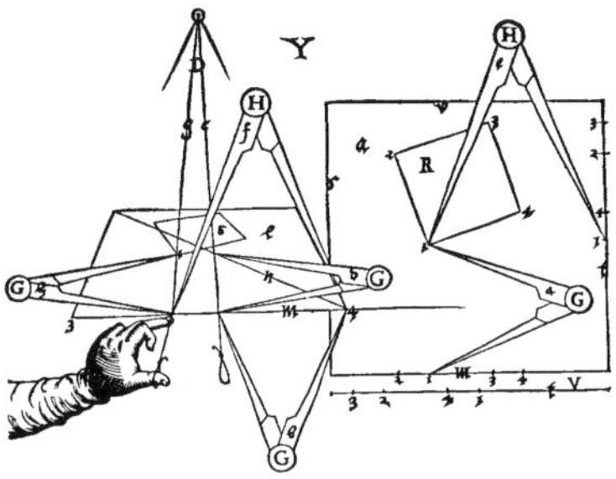

Vortrag XVIII

Die Geometrie des Sehens

Neue Ideen kamen nicht nur aus neuen Disziplinen wie Algebra und Analysis in die Mathematik, sondern auch aus der Geometrie und der Arithmetik; erinnern Sie sich beispielsweise an die im vorigen Vortrag erwähnten Arbeiten von Kummer! Eine besonders interessante Gedankenwelt ist die – heute unter dieser Bezeichnung bekannte – projektive Geometrie. Sie entstand aus der Beobachtung, dass sich unser Raumbegriff hauptsächlich auf den Gesichtssinn gründet. Dieser Zugang führt zu einer Vorstellung vom Raum, die sich von der euklidischen ganz grundsätzlich unterscheidet. In der Malerei war dieser Gegensatz schon seit Jahrhunderten als Problem der Perspektive bekannt gewesen.

Die malerische Perspektive legt Regeln fest, nach denen Objekte im dreidimensionalen Raum durch zweidimensionale Bilder dargestellt werden. Der Inhalt dieser Regeln hängt von vielen Faktoren einschließlich der Physiologie des Sehens und der Gesetze der Physik ab. Die wesentlichen Faktoren sind aber psychologischer und soziologischer Art. Aus diesem Grund haben die vorherrschenden Konventionen in der menschlichen Geschichte viele Male gewechselt. Wladyslaw Strzeminski hat außerdem als Erster darauf hingewiesen, dass diese Konventionen stärker an soziokulturelle Formationen als an zeitliche Epochen geknüpft sind. So gab es beispielsweise in verschiedenen Regionen und zu weit auseinander liegenden Zeiten jungsteinzeitliche und bronzezeitliche Perioden.

Wladyslaw Strzeminski (1893; 1952) war Maler, Grafiker und Kunsthistoriker. Obwohl in die kommunistische Bewegung eingebunden, verweigerte er sich dem Stalinismus und durfte deshalb nach dem Zweiten Weltkrieg seine Werke nicht ausstellen. Zu stolz, um mildtätige Gaben anzunehmen, hungerte er sich buchstäblich zu Tode. Seine glänzende Abhandlung *Teoria widzenia (Die Theorie des Sehens)*, ein hervorragendes Beispiel für die Anwendung des Strukturalismus in der Kunstgeschichte, erschien postum im Jahr 1958 in Krakau. Aus diesem Werk habe ich die meisten meiner Bemerkungen zur Perspektive entnommen.

Die Umrissperspektive der Altsteinzeit ist die älteste Darstellungsmethode. Ihr Prinzip (und anfangs auch die einzige Regel) besteht darin, die Fläche, auf der ein Objekt zu sehen ist, vom „Rest" des Raums zu trennen. Es liegt in der Natur der Sache, dass damit nur einzelne Objekte dargestellt werden können. Dass die damaligen Menschen die Dinge so sahen, wird durch Steine belegt, auf denen sich verschiedene Zeichnungen überlagern. Solche Überschneidungen scheinen den Künstler nicht gestört zu haben, also vermutlich auch nicht die Betrachter dieser Bilder. Ein klassisches Beispiel für die Umrissperspektive, das man auch heute noch auf Schultafeln finden kann, ist die Darstellung einer Kugel wie in Fig. XVIII. 1. Die Kinder erheben keine Einwände und viele sehen im gezeichneten Kreis wirklich eine Kugel. Genauso sahen unsere Vorfahren aus der mittleren Steinzeit in der Zeichnung XVIII. 2 ohne Schwierigkeit ein Mammut.

Die Umrissperspektive wurde bald durch eine Perspektive abgelöst, in der Umrisse innerhalb eines Umrisses liegen durften. Die Umrissdarstellung eines Objekts enthielt nun – wieder in Umrissform – zusätzliche Informationen. Vergleichen wir die Zeichnungen in Fig. XVIII. 1 und XVIII. 3, erkennen wir, wie groß der Unterschied sein kann. Zwei zusätzliche Striche tragen wesentlich zu einer unmissverständlichen Interpretation der Zeichnung bei. Die Zusatzinformation kann von verschiedener Art sein. In Fig. XIII. 4 werden innerhalb des Umrisses des Wisents die Stellen angezeigt, auf die mit Pfeil und Speer zu zielen war. Zur gleichen Zeit kam eine neue Technik auf, nämlich die des farbigen Anlegens der vom Umriss begrenzten Fläche. Ein sehr eindrucksvolles Beispiel zeigen die oft reproduzierten Felszeichungnen in den Höhlen von Altamira und Lascaux (Fig. XVIII. 5). In der heutigen Grafik wird diese Art zu zeichnen weithin verwendet, nämlich bei Comics (Fig. XVIII. 6).

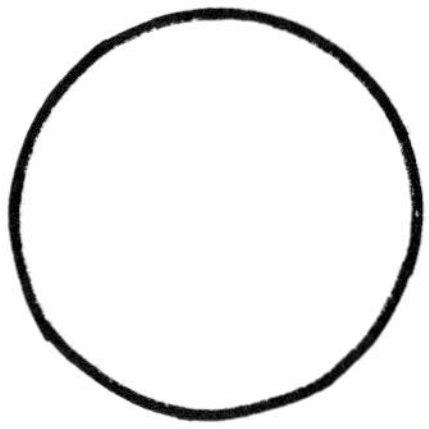

Fig. XVIII. 1

Fig. XVIII. 2

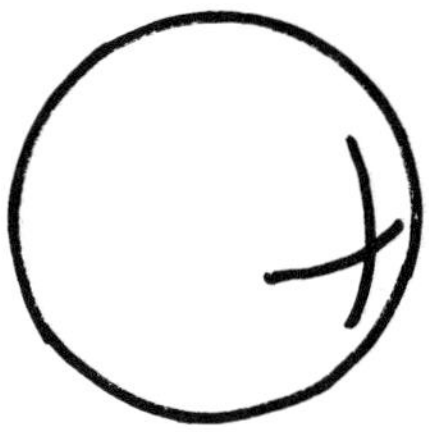

Fig. XVIII. 3

Fig. XVIII. 4

Fig. XVIII. 5

Fig. XVIII. 6

Fig. XVIII. 7

Fig. XVIII. 8

Wer mit diesem Thema noch nicht vertraut ist, mag recht überrascht sein, dass die zeitlich folgende Art der Perspektive die Silhouettenperspektive der Jungsteinzeit ist. Das Hauptinteresse des Künstlers und des Betrachters gilt nicht mehr dem einzelnen Objekt, sondern der gegenseitigen Lage mehrerer Ob-

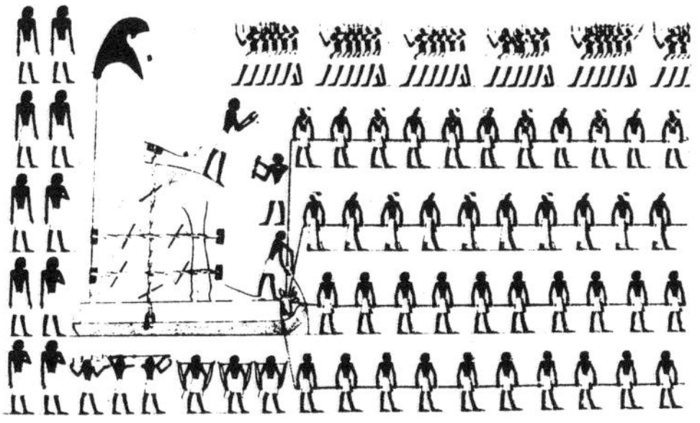

Fig. XVIII. 9

jekte. Die Objekte selbst sind daher weniger wichtig und werden fast wie Zeichen behandelt (Fig. XVIII. 9).

Die Bronzezeit brachte mehrere Arten der Perspektive hervor, darunter (und am weitesten verbreitet) die Mehrzeilenperspektive, eine gewisse Formalisierung der Silhouettenperspektive. Hier wird konsequent das Prinzip durchgehalten, dass ein Gegenstand im Bild umso weiter oben steht, je weiter er vom Betrachter entfernt ist. Fig. XVIII. 9 zeigt, wie stark diese aus Ägypten stammende Darstellung stilisiert ist; beachten Sie die Form des gespannten Seils, mit dem das Monument geschleppt wird. Merkwürdigerweise finden sich Zeichnungen und Malereien gleichen Stils auch in Mesopotamien. Diese Perspektive ist so bequem, dass noch in der italienischen Renaissance manche Zeichnungen in dieser Art angelegt waren.

Fig. XVIII. 10

Fig. XVIII. 11

Ein weiterer recht beliebter Typ der Darstellung, der bis in die Bronzezeit zurückgeht, ist die Bedeutungsperspektive. Das leitende Prinzip besteht darin, die Größe der Gegenstände oder Personen im Bild von ihrer Wichtigkeit abhängen zu lassen. So wird in Ägypten der Pharao am größten abgebildet, seine Konkubinen sind schon kleiner, die Sklaven ganz klein (Fig. XVIII. 10). Ein modernes Beispiel dieser Bedeutungsperspektive ist in Fig. XVIII. 11 zu sehen. Die Gesichter von Gorbatschow und Reagan sind hier sogar größer als die Erdkugel, die hier lediglich als ein Gegenstand ihres gemeinsamen Interesses fungiert. Wir sehen daran, dass diese Art der Perspektive auch heute noch in Gebrauch ist und keineswegs deplatziert wirkt.

Der dritte Typ der Perspektive aus der Bronzezeit ist die Umklapp-Perspektive, eine sehr stark abstrahierende, nur in Ägypten vorkommende Darstellungsart. Das Prinzip besteht darin, Objekte, die in einer Horizontalebene liegen, und je nach Wichtigkeit weitere in Vertikalebenen liegende Objekte in ein und derselben Ebene abzubilden. In Fig. XVIII. 12 erkennen wir oben einen von Bäumen umstandenen Teich. Die Vertikalebenen, in denen der Künstler die Bäume an den vier Seiten des Teichs sah, fallen im Bild mit der Ebene zusammen, in der der Teich liegt. Der untere Teil der Zeichnung ist komplizierter, aber die Interpretation der gegenseitigen Lage des Teichs, der Pflanzen und der Personen ist nicht schwer. Von der Darstellung des Inneren einer Pyramide (Fig. XVIII. 13) kann man das nicht mehr behaupten. Es wäre eine spannende Aufgabe, die Form und die Ausstattung der zwei Wohnräume, der Vorkammer, der Tür und der Treppe zu rekonstruieren. Es ist recht wahrscheinlich, dass ein gebildeter Ägypter dieses Bild leicht entschlüsseln konnte. Wir benutzen in unserer Kultur ja auch unterschiedliche, uns vertraute Arten der Perspektive problemlos nebeneinander und machen uns oft gar nicht bewusst, dass ein Bild, das wir betrachten, einer völlig anderen Abbildungsmethode folgt als eine Fotografie.

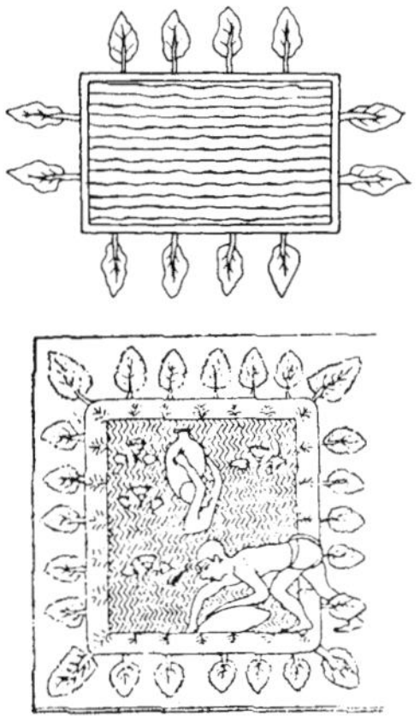

Fig. XVIII. 12

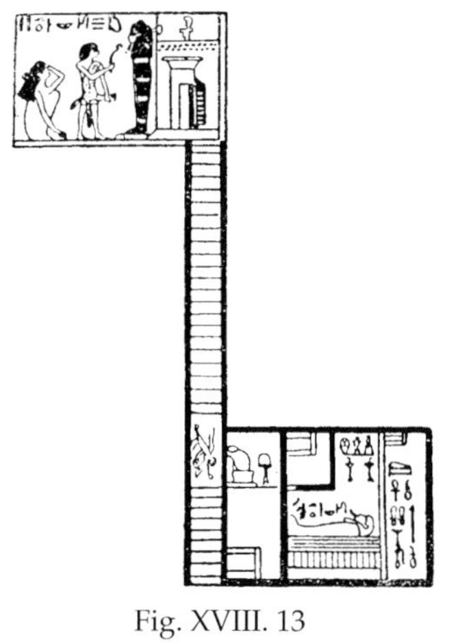

Fig. XVIII. 13

Die früheste der in unserer Kultur weithin verwendeten perspektivischen Darstellungen stammt aus der Eisenzeit. Es handelt sich um die dorische Parallelperspektive. Da alle meine Leser deren Regeln in der Schule gelernt haben, brauche ich sie hier nicht näher zu besprechen. Lassen Sie mich aber doch die zugrunde liegenden Konventionen nennen. Wir zeichnen zwei Quadrate, verbinden ihre Eckpunkte paarweise (Fig. XVIII. 14) und sagen, wir „sähen" einen Würfel, obwohl doch ein Würfel niemals so aussieht. Wenn es sich auch nur um eine Konvention handelt, ist uns diese Art der Wiedergabe wohl vertraut und hilft uns, auch recht komplizierte räumliche Konfigurationen zu verstehen (Fig. XVIII. 15). Ich habe schon in Vortrag V erwähnt, dass die alten Griechen auf dieser Art der Perspektive beharrten; Platon hatte bei Verstoß gegen ihre Regeln die Verhängung von Leibesstrafen empfohlen. Da wir unsere Geometrie von den Griechen geerbt haben, haben wir auch deren Verfahren geerbt, dreidimensionale Objekte zu zeichnen.

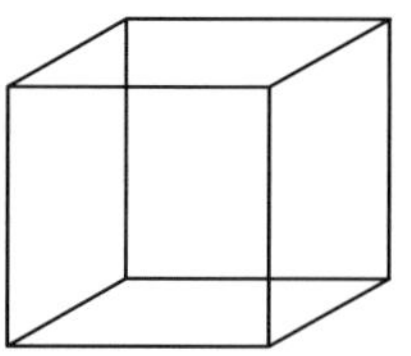

Fig. XVIII. 14

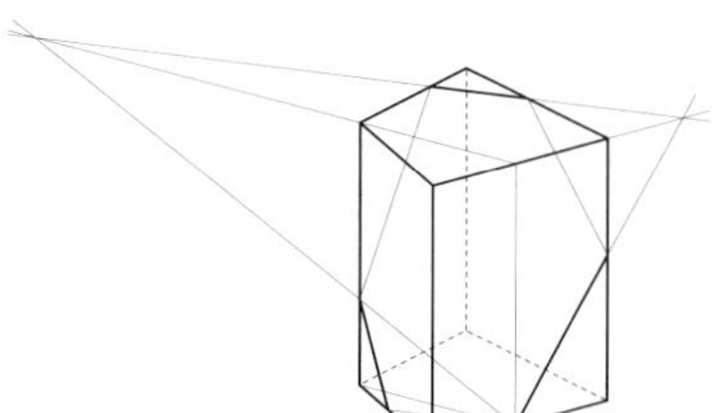

Fig. XVIII. 15

Die römische und die mittelalterliche Kultur entwickelten keine eigenen Vorstellungen zur Perspektive, während außerhalb Europas einige sehr bemerkenswerte Kombinationen der oben erwähnten Verfahren benutzt wurden. Besonders lohnend ist ein Blick auf die in Japan übliche Perspektive beim Zeichnen von Gebäuden.

Fig. XVIII. 16

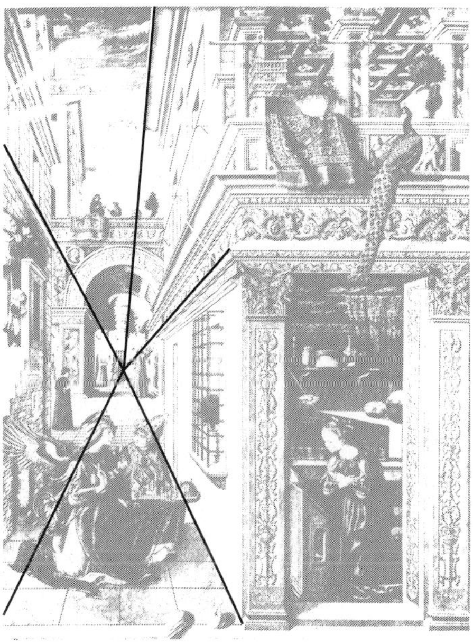

Fig. XVIII. 17

Eine neue Perspektive wurde in der Renaissance erfunden, einer Epoche also, die sich am besten durch offene Augen, sowohl im wörtlichen als auch im übertragenen Sinn, symbolisieren lässt. Alles wurde sorgfältig angeschaut, nichts aufgrund der Tradition einfach übernommen. Auch triviale Beobachtungen wurden festgehalten und verwertet. Eine solche Beobachtung besagt, dass ein aus großer Entfernung betrachteter Gegenstand einen kleineren Teil des gesamten Bildes einnimmt als derselbe Gegenstand aus der Nahe gesehen. Geschrieben hatten darüber wohl schon Platon und (Pseudo?) Euklid (Vortrag VII), aber erst die Maler der Renaissance wendeten diese Beobachtung praktisch an. Sie übersetzten sie in zweckmäßige Regeln, mit denen sie ihren Bildern räumliche Tiefe gaben. Der Schlüsselbegriff war der *Sehwinkel*, und das Schlagwort, das die Prinzipien der „zusammenlaufenden" Perspektive, also der Zentralperspektive, populär machte, lautete: *Parallelen schneiden sich im Unendlichen*. Der Winkel, unter dem eine Strecke im Auge des Betrachters erscheint, strebt stetig gegen null, wenn sich die Strecke vom Betrachter weg parallel verschiebt; genau diesen Eindruck erweckt die Breite einer sich in der Ferne verlierenden Straße. Die Punkte, in denen parallele Geraden der Ebene zusammenzulaufen scheinen, bilden eine Linie, den Horizont, und jede Parallenschar bestimmt eine Richtung. Es war ein revolutionärer Gedanke, den Horizont als Gerade und nicht als Kreis darzustellen, was der Wirklichkeit scheinbar näher käme. Die Zentralperspektive hat den Sinn, das abzubilden, was wir „in Wirklichkeit" sehen. Das Bild besteht aus denjenigen Punkten, in denen die Bildebene von

den Geraden durchstoßen wird, die von unserem Auge zum darzustellenden Gegenstand führen (Fig. XVIII. 16). Das technische Verfahren zur Anfertigung solcher Zeichnungen stützte sich auf optische Instrumente wie die Camera obscura oder auf den eben erfundenen Horizont. Das in Fig. XVIII. 17 dargestellte Beispiel ist eine vereinfachte Version von Carlo Crivellis *Verkündigung*. Die projektive Geometrie, über die ich hier hauptsächlich spreche, entstand, indem die Verwendung des Horizonts in der Zentralperspektive mathematisiert wurde. Bevor wir uns aber der Mathematik zuwenden, müssen wir noch einige Worte darüber verlieren, wie es mit dem Problem der Perspektive weiterging.

Bis zur Mitte des 19. Jahrhunderts herrschte in der Malerei die Zentralperspektive als Konvention vor, so lange nämlich, bis eine neue Erfindung eine allgemein verständliche Bestätigung lieferte, dass diese Abbildungsmethode die richtige sei. Ich meine den von Talbot (1835) und Daguerre (1837) erfundenen Fotoapparat. Es zeigte sich, dass die Bilder, die mithilfe dieses neuen Geräts entstanden, die Regeln der Zentralperspektive exakt erfüllten. Dies war ein großer Erfolg, denn damit wurde auch klar, dass diese Regeln mit den Prinzipien der Optik völlig in Einklang standen. Damit war aber auch das Ende der Zentralperspektive gekommen. Sie hat nämlich die unheilbare Schwäche, dass sie das abbildet, was man mit nur einem Auge sieht, während man doch gewöhnlich zwei Augen benutzt und dabei noch den Kopf bewegen kann. Deshalb wirkt die Perspektive von Fotos oft unnatürlich, besonders am Rand des Bildes. Die Zentralperspektive wurde von der impressionistischen Sehweise verdrängt, die eine lokal angewendete Zentralperspektive ist. Dies bedeutet, dass wir das Bild gemäß den unterschiedlichen Blickrichtungen in Sektoren zerlegen und für jeden Sektor den entsprechenden Abschnitt des Horizonts bestimmen. Damit entsteht ein geknickter Streckenzug, der unserem Eindruck eines kreisförmigen Horizonts entgegenkommt.

Es ist wohl vertretbar, im Kubismus die jüngste und letzte Art der Perspektive zu sehen. Danach verlor die Frage, wie die Wirklichkeit in der Malerei abgebildet wird, ihre Bedeutung. Im Kubismus wird das Prinzip vertreten, beim Malen müsse die ganze verfügbare Information über das darzustellende Objekt berücksichtigt werden, anstatt sich auf die von einem bestimmten Standort aus sichtbare Information zu beschränken. Eine häufig verwendete Methode ist hier die Dekomposition. Der Kubismus kehrt daher in gewisser Weise zu älteren Arten der Perspektive zurück.

Im 17. Jahrhundert wurde die Zentralperspektive zum Gegenstand mathematischer Forschung. Um uns einen Begriff von den Grundaufgaben der als mathematische Disziplin entstehenden projektiven Geometrie zu machen, betrachten wir die Konstruktion eines Quadratgitters in einer horizontal liegenden Ebene. Zu diesem Zweck ziehen wir eine horizontale Gerade – den Horizont der Ebene – und wählen auf ihm zur Festlegung der Richtungen der Quadratseiten zwei Punkte P und Q. Der Punkt R – hier als Mittelpunkt der Strecke PQ gewählt – gebe die Richtung einer der zwei Diagonalenscharen. Nun wählen wir einen Punkt A als Eckpunkt eines Quadrats und einen Punkt B auf der Strecke AP als benachbarten Eckpunkt. Diese Punkte legen das Quadratgitter eindeutig fest. Wir müssen jetzt nicht mehr tun, als benachbarte Geraden durch benachbarte Punkte in den passenden Richtungen (also durch die zugehörigen Punkte auf dem Horizont) zu legen. In Fig. XVIII. 18 schneidet die Gerade BQ, auf der eine Seite liegt, die Gerade AR, auf der eine Diagonale liegt, im dritten Eckpunkt C des Quadrats. Die Gerade PC liefert den vierten Eckpunkt D, und E entsteht als Schnittpunkt von BQ und DR. Die Gerade EP bestimmt das benachbarte Gitterquad-

rat, ihr Schnittpunkt mit AR den Eckpunkt F. Jetzt aber die Frage: Woher wissen wir, dass die Geraden BR und FQ die Gerade CP im selben Punkt schneiden? Wenn man hinschaut, sieht man's – aber wie beweisen? Das ist nun eine typische Frage der projektiven Geometrie. Noch eine Frage: Es ist leicht zu sehen, dass alle zweiten Diagonalen der Quadrate zum Horizont parallel sind. Beweis?

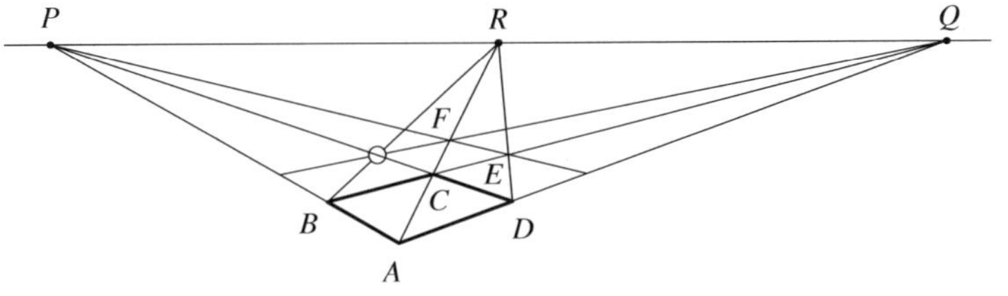

Fig. XVIII. 18

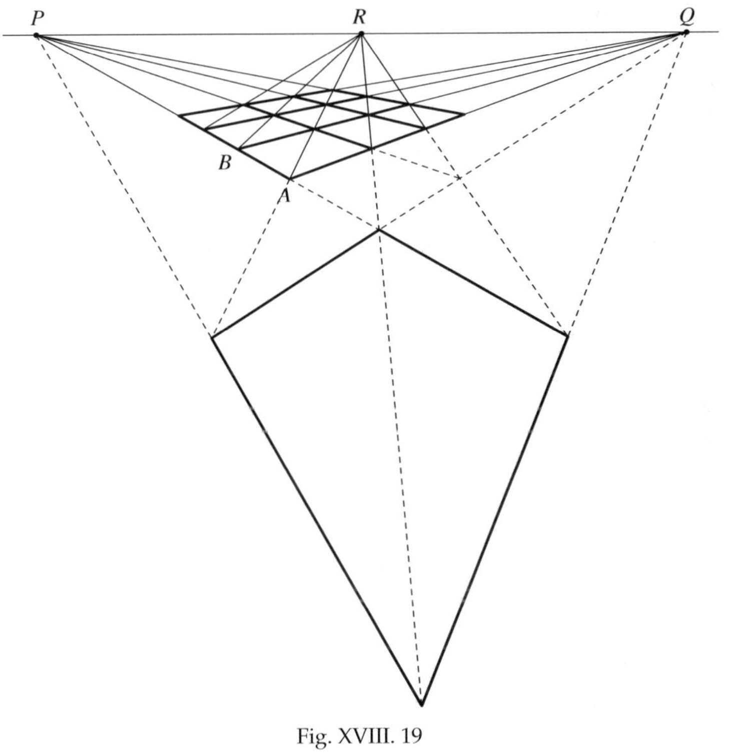

Fig. XVIII. 19

Hier nun eine Aufgabe: Fig. XVIII. 19 zeigt eine doppelte Erweiterung von Fig. XVIII. 18. Der „obere" Teil, also die Partie oberhalb des Punkts A, ist der Beginn eines scheinbar immer enger werdenden Quadratgitters. Der „untere" Teil, also die Partie unterhalb des Punkts A, sieht überhaupt nicht mehr wie ein Quadratgitter aus. Warum? Ein Maler könnte antworten: *Das Quadratgitter ist so entworfen, als stünde ich in A mit Blickrichtung auf den Horizont. Da ist es doch kein Wunder, dass die Partie hinter unserem Rücken etwas verquer aussieht!* Das stimmt schon, aber wie müsste ein Mathematiker antworten?

Antworten auf solche Fragen machen die vorwissenschaftliche projektive Geometrie des 17. und 18. Jahrhunderts aus. Bevor ich auf diese Periode näher eingehe, möchte ich die Bedeutung solcher Probleme klären. Eigentlich sollte die projektive Geometrie bei der Lösung von Aufgaben der euklidischen Geometrie helfen. Manchmal war eine Aufgabe in perspektivischer Darstellung leichter lösbar als in der üblichen; war die Aufgabe gelöst, konnte man wieder zur üblichen Darstellung zurückkehren.

Der Raum, in dem sich die projektive Geometrie abspielt, ist ein ganz anderer als der Raum der euklidischen Geometrie. Es dauerte lange, bis die Mathematiker dies bemerkten, obwohl sie doch systematisch Indizien gesammelt hatten, die diesen Unterschied andeuteten. Ich kann mir als Grund vorstellen, dass der Raum der projektiven Geometrie seinen Ursprung in der Malerei hatte, die ja vorgeblich die euklidische Realität abbildete. Auch der vorhin angesprochene frühere Zweck der projektiven Geometrie könnte eine Ursache sein. Wie dem auch sei: Erst gegen Ende des 19. Jahrhunderts wurde klar, dass jeder Schritt in der projektiven Geometrie in Richtung auf eine nichteuklidischen Geometrie ging. Zu dieser Zeit war dies allerdings keine Offenbarung mehr.

Die ersten Beispiele für eine eigenständige projektive Geometrie gab Girard Desargues (1591; 1661), ein Landschaftsarchitekt aus Lyon. Im Jahr 1639 veröffentlichte er eine Abhandlung mit dem skurrilen Titel *Brouillon projet d'une atteinte aux évènements des rencontres d'une cône avec un plan* (zu deutsch: *Erster Entwurf der Skizze eines Versuchs, die Ergebnisse beim Zusammentreffen eines Kegels mit einer Ebene zu erfassen*[1]). Darin benutzte er den Sachverhalt, dass der Schatten eines Kreises unter einer punktförmigen Lichtquelle ein Kegelschnitt jeden Typs sein kann. Eine Frucht seiner Überlegungen war eine Vorform des später nach Pascal benannten Satzes, den ich später in Verbindung mit Poncelets Prinzip der Stetigkeit diskutieren werde.

Den nach ihm benannten Satz veröffentlichte Desargues im Jahr 1648. Nebenbei bemerkt wurden die Sätze von Pascal und Desargues auf dieselbe Weise bekannt gemacht: Auf vierzig in Paris auf den Straßen angeschlagenen Plakaten war der Satz samt Andeutungen des Beweises abgedruckt. Es ist doch wahrhaft eindrucksvoll, wie sehr man damals von einem Interesse der Allgemeinheit an der Forschung überzeugt war!

Der Satz von Desargues demonstriert gewisse Charakteristika der projektiven Geometrie. Wir betrachten zehn Punkte und zehn Geraden, die so liegen, dass jeder Punkt auf genau drei Geraden liegt und jede Gerade durch genau drei Punkte geht (Fig. XVIII. 20). Diese Figur enthält die folgende Teilfigur in zehn Exemplaren: Die drei Verbindungsgeraden geeigneter Eckpunkte zweier Dreiecke schneiden sich in einem Punkt, dem Perspektivitätszentrum der zwei Dreiecke, und die Trägergeraden je zweier geeigneter Dreiecksseiten schneiden sich in drei Punkten, die auf einer Geraden liegen, der Perspektivitätsachse der zwei Dreiecke. Beispielsweise ist S das Perspektivitätszentrum und PQR die Perspektivitätsachse

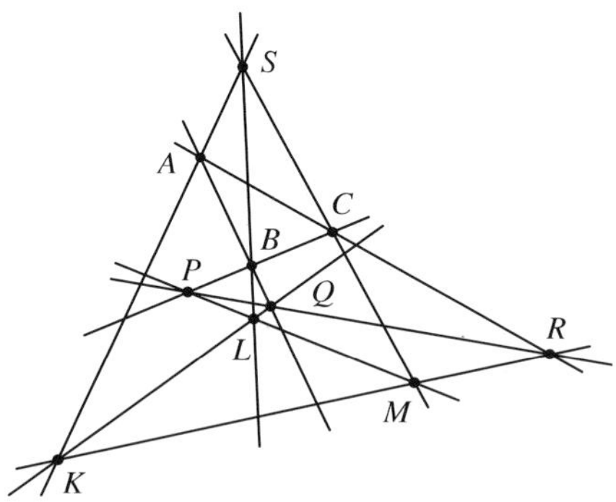

Fig. XVIII. 20

[1] A. d. Ü.: Zitiert nach Struik a. a. O.

der Dreiecke ABC und KLM. Eine Übungsaufgabe: Bestätigen Sie, dass diese Konfiguration in der Figur zehnmal vorkommt. (Jeder Punkt ist das Perspektivitätszentrum zweier Dreiecke, die man nur finden muss, und jede Gerade ist die Perspektivitätsachse zweier vorhandener Dreiecke.) Damit ist ein wichtiger Vorzug der projektiven Geometrie zum Vorschein gekommen: Man kann ihre Konfigurationen zu Recht als „vielseitig" bezeichnen. (Ich könnte diese noch ungenaue Formulierung präzisieren, aber hier ist dafür nicht der richtige Ort.)

Der Satz von Desargues lautet nun: *Haben zwei Dreiecke ein Perspektivitätszentrum, so haben sie auch eine Perspektivitätsachse.* Dies gilt unter der Voraussetzung, dass auch Punkte auf dem Horizont zugelassen werden. Umgekehrt gilt auch: Haben zwei Dreiecke eine Perspektivitätsachse, so haben sie auch ein Perspektivitätszentrum. Sieht man diese Aussage als Satz der projektiven Geometrie an, ist gar kein Beweis nötig! Dies beruht darauf, dass in der ebenen projektiven Geometrie das *Dualitätsprinzip* gilt. Es besagt, dass eine wahre Aussage, in der die Begriffe „Punkt", „Gerade", „liegt auf" und „geht durch" vorkommen, in eine wahre, zur ersten „duale" Aussage übergeht, wenn überall die Begriffe „Punkt" und „Gerade" sowie „liegt auf" und „geht durch" vertauscht werden. Es ist leicht zu sehen, dass der dualisierte Satz von Desargues gerade der vorige Satz ist. Diese Eigenschaft der projektiven Geometrie ist ebenso überraschend wie nützlich.

Das zweite Beispiel für Sätze, an denen die Besonderheiten der projektiven Geometrie deutlich werden, ist etwa hundert Jahre jünger als der Satz von Desargues und steht in Verbindung mit dem früher schon erwähnten Cramer'schen Paradoxon (siehe Vortrag XV). Cramer bemerkte, dass es im Allgemeinen in der Ebene mehr als eine Kurve n-ten Grades durch $\frac{1}{2}n(n+3)$ Punkte gibt, jedoch keine durch $\frac{1}{2}n(n+3)+1$ Punkte. Dies hielt er für paradox, denn er fand es seltsam, dass es keine Anzahl von Punkten gibt, die genau eine Kurve n-ter Ordnung bestimmen. Für $n = 1$ liegt kein Paradoxon vor: Zwei Punkte bestimmen genau eine Gerade, also genau eine Kurve erster Ordnung. Im Jahr 1733 bewiesen Maclaurin und Braikenridge unabhängig voneinander, dass auch für $n = 2$ kein Paradoxon besteht: Fünf Punkte ohne kollineares Tripel bestimmen genau einen Kegelschnitt, also genau eine Kurve zweiter Ordnung. Der Satz von Maclaurin und Braikenridge ist eine einfache Folgerung aus dem Satz von Pascal. Dass dies erst hundert Jahre später bemerkt wurde, ist ein Beleg für meine Feststellung, das 17. und 18. Jahrhundert gehörten zur Vorgeschichte der projektiven Geometrie. Es gab damals, so möchte ich dies verstanden wissen, zwar Begriffe und Lehrsätze, aber keine systematische Durchdringung und keine ausgeprägte Identität dieses Gebiets.

Die Entstehung der projektiven Geometrie als eigenständige Disziplin ist Victor Poncelet (1788; 1867) zu verdanken; beginnen möchte ich die Geschichte aber mit seinem Lehrer Gaspard Monge (1746; 1818). Wir dürfen in ihm den Mathematiker sehen, durch dessen Wirken als akademischer Lehrer die Mathematik auf allen Stufen des Bildungswesens zur beherrschenden Disziplin wurde. Monge war Geometer. Sein Hauptwerk ist die *Géometrie descriptive* (1795–1799), zu deutsch *Darstellende Geometrie*. Der Titel dieses Vorlesungsskripts spiegelt den eigentlichen Inhalt des Buches nicht wider. Das Werk ist eine umfangreiche Zusammenstellung geometrischer Methoden, begleitet von spitzfindigen Versuchen, das Ganze einigermaßen zu ordnen. Zum Inhalt gehören darstellende Geometrie (jenes schöne Gebiet, das heutzutage leider zur Theorie des technischen Zeichnens heruntergekommen ist), analytische Geometrie, Elemente der Differenzialgeometrie (ein Gebiet, das später hohen Rang errei-

chen sollte; ich werde in den Vorträgen XIX und XXI darauf zurückkommen) und schließlich eine geometrische Theorie der partiellen Differenzialgleichungen. Dazu kommt schließlich noch eine Begründung projektiver Methoden.

Da Poncelet bei Monge studiert hatte, kannte er dessen Vorlesungen. Seine Ausbildung bereitete ihn aber mehr auf den Kriegsdienst vor als auf die Weiterentwicklung der Ideen seines Meisters. Die Feldzüge führten ihn an die bekannten Orte. Im Kriegsjahr 1812 geriet er in russische Gefangenschaft und blieb dort bis zum Abschluss der Friedensverhandlungen in Wien. Die Kriegsgefangenschaft war für die Offiziere in erster Linie entsetzlich langweilig. Die Gefangenen wurden unter einigermaßen annehmbaren Bedingungen in irgendwelchen gottverlassenen Orten auf dem flachen Land festgehalten. Die Gebildeteren lenkten sich ab, indem sie allerlei merkwürdige Beschäftigungen erfanden; Poncelet versuchte, die früheren Mathematikvorlesungen zu rekonstruieren. Dieser Bericht könnte etwas übertrieben sein, aber wahr bleibt, dass Poncelet als Mathematiker mit sehr ausgeprägten Interessen nach Frankreich zurückkehrte. Sein groß angelegtes und ausgereiftes Werk *Traité des propriétés des figures*, erschienen im Jahr 1822, ist eine Monographie über projektive Geometrie im modernen Verständnis dieses Begriffs. Das Buch handelt von Projektionen, Kollineationen, Korrelationen, Kegelschnitten, harmonischen und anharmonischen Verhältnissen und vielem anderen mehr; dazu kommt ein System von Axiomen (bei Poncelet „Grundeigenschaften") der projektiven Geometrie. (Für mich kommt nur das Axiomsystem der Gruppentheorie dem der projektiven Geometrie an Eleganz gleich.) Bemerkenswert ist aber auch, dass Poncelet in diesem Buch wirkungsvolle Rechenmethoden auf der Grundlage der komplexen Zahlen entwickelte. Punkten komplexe Koordinaten zu geben, war ein echter Geistesblitz! Mit diesen analytischen Werkzeugen an der Hand konnte Poncelet seinen Satz über unendlich ferne Kreispunkte aussprechen und beweisen:

Je zwei Kreise in der Ebene haben zwei gemeinsame unendlich ferne Punkte und die in Bezug auf diese Punkte harmonisch konjugierten Richtungen sind zueinander orthogonal.

Leser, die mit dieser Terminologie vertraut sind, werden bestätigen, dass Poncelet hier eine höchst moderne Auffassung vertrat. Meinen anderen Lesern mag der Satz wenigstens einen Eindruck von der seltsamen Welt der projektiven Geometrie vermitteln.

Eines der Merkwürdigkeiten des Buchs ist das folgende, völlig dem 17. Jahrhundert verhaftete umfassende *Prinzip der Stetigkeit*:

Wenn eine Figur aus einer anderen durch eine stetige Veränderung hervorgeht und ebenso allgemein ist wie die erste, dann kann eine für die erste Figur bewiesene Eigenschaft ohne erneute Untersuchung auf die andere übertragen werden[2].

Dies kann niemals ein mathematischer Satz sein. Und dennoch: Der Satz von Pascal lautet ja:

Gegenüberliegende Seiten eines einem Kegelschnitt eingeschriebenen Sechsecks schneiden sich in drei kollinearen Punkten.

Fassen wir einmal zwei Punkte eines solchen Sechsecks und bewegen sie auf dem Kegelschnitt aufeinander zu! Ihre Verbindungsstrecke wird dann nach und nach zur Tangente. Nach dem Stetigkeitsprinzip sollte dann der Satz von Pascal auch für ein eingeschriebenes Fünfeck und die Tangente in einem Eckpunkt gelten.

[2] A. d. Ü.: Zitiert nach Struik a. a. O.

Und das stimmt auch! Fig. XVIII. 21 zeigt, wie nach diesem Prinzip aus einem Satz fünf weitere werden.

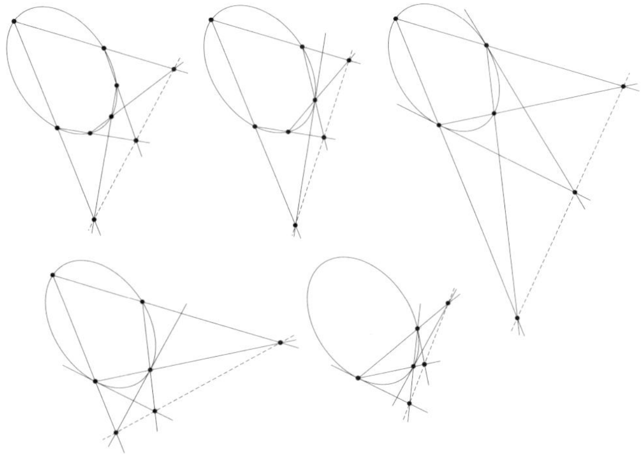

Fig. XVIII. 21

Und dann gibt es ja noch die dualen Sätze: Zunächst

> *Die großen Diagonalen eines einem Kegelschnitt umbeschriebenen Sechsecks schneiden sich in einem Punkt.*

und dazu die Entsprechungen für das Fünfeck, das Viereck und das Dreieck (Fig. XVIII. 22). Dies ist der Satz von Brianchon, so benannt zu Ehren von Charles J. Brianchon (1785; 1864). Obwohl er mühelos aus dem Satz von Pascal zu folgern ist, ließ seine Entdeckung von 1640 bis 1810, also 170 Jahre lang, auf sich warten. Poncelet stand nicht allein. In Joseph Gergonne (1771; 1859) hatte er einen fähigen Konkurrenten, dessen Anspruch auf Nachruhm sich hauptsächlich auf die Herausgeberschaft der ersten rein mathematischen Zeitschrift, der *Annales de Mathématiques*, gründet. Als weiterer Vertreter der französischen Geometerschule ist Michel Chasles (1793; 1880) zu nennen, der als Erster die Kongruenzabbildungen, Ähnlichkeitsabbildungen und Affinitäten klassifizierte.

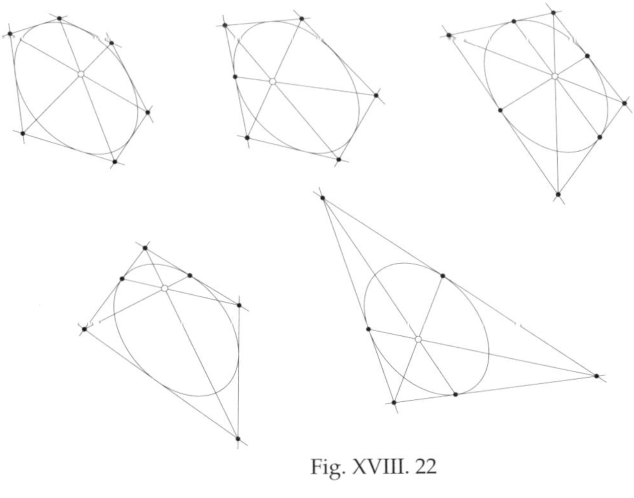

Fig. XVIII. 22

Die wichtigsten Beiträge zur projektiven Geometrie kamen jedoch aus Deutschland. Vier gleichaltrige hervorragende Mathematiker arbeiteten auf dem gleichen Gebiet gleichzeitig und im gleichen Land. Die vier sind

Jacob Steiner (1796; 1863)
Christian von Staudt (1798; 1867)
August Ferdinand Möbius (1790; 1868)
Julius Plücker (1801; 1868)

Sie waren Deutsche bis auf Jacob Steiner, der aus dem deutschsprachigen Teil der Schweiz stammte, aber in Deutschland wirkte.

Steiner war Sohn eines Bauern und Autodidakt. Es ist für einen Mathematiker höchst ungewöhnlich, die ersten Arbeiten erst im Alter von dreißig Jahren zu veröffentlichen. Ihre Qualität war aber überzeugend und so wurde ihm im Jahr 1834 eine Professur an der Universität zu Berlin angeboten, wo er bis an sein Lebensende lehrte. Als exzentrischer und höchst eigenwilliger Mensch verweigerte er sich der Analysis und der Algebra und jeglichem Rechnen. Er bestand auch darauf, dass Zeichnungen das Argumentieren nicht förderten, sondern wegen ihrer Unvollkommenheit sogar behinderten. Zum Glück machten seine wissenschaftlichen Ergebnisse mehr Eindruck als seine Ansichten. Steiner klärte die axiomatische Begründung der projektiven Geometrie. Das tiefste seiner Ergebnisse ist ein Satz, der gewisse Transformationen von Geradenbüscheln (also Mengen von Geraden mit gemeinsamem Schnittpunkt) mit Kegelschnitten in Verbindung bringt, und das bekannteste ein Satz, der besagt, dass jede Zirkel-und-Lineal-Konstruktion stets mit dem Lineal allein ausführbar ist, wenn ein Kreis mit Mittelpunkt gegeben ist.

Von Staudt war Professor in Erlangen (und dort Vorgänger von Klein, siehe Vortrag XXI). Sein Zugang zur projektiven Geometrie war dem Steiner'schen eng verwandt. Sein bestes Ergebnis ist ein Satz, in dem Kegelschnitte und Dualitäten (genauer gesagt Korrelationen) in Verbindung gebracht werden. Spektakulärer war sicher seine Konstruktion der Tangenten an einen Kreis (ohne Angabe des Mittelpunkts!) mit dem Lineal allein. Ich führe diese Konstruktion vor, um den Unterschied zwischen projektiven und euklidischen Methoden ins rechte Licht zu rücken.

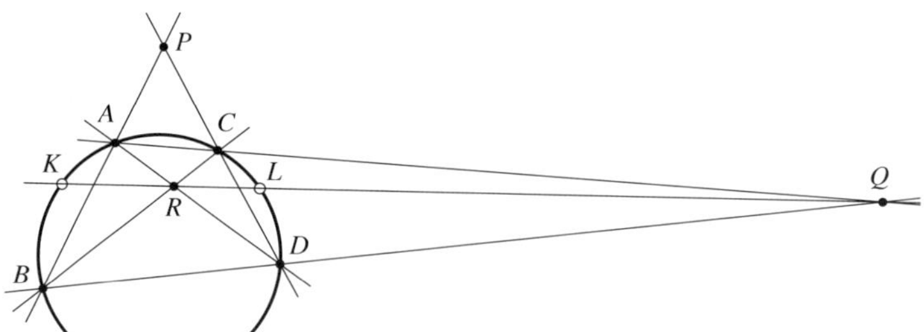

Fig. XVIII. 23

Wir zeichnen durch den außerhalb eines Kreises gegebenen Punkt P zwei beliebige Sekanten AB und CD und bestimmen den Schnittpunkt Q von AC und BD sowie den Schnittpunkt R von AD und BC (Fig. XVIII. 23). Die Gerade QR schneidet den Kreis in zwei Punkten K und L, und PK und PL sind dann die gesuchten Tangenten. Sie, meine Leser, sollten dies zu beweisen versuchen – einfach ist es nicht! Diese Konstruktion gelingt nicht nur am Kreis, sondern an jedem beliebigen Kegelschnitt. Der Schlüssel für einen Beweis auf projektiver Grundlage ist der Begriff der harmonischen Punkte, den von Staudt in vielen Sätzen benutzte. Deren Bedeutung für die projektive Geometrie wurde später durch Gaston Darboux (1842; 1917) abschließend geklärt. Trotz seiner wichtigen Beiträge zur Analysis war Darboux nämlich ein passionierter und hervorragender Geometer. Von Staudts Hauptwerk über projektive Geometrie, die *Geometrie der Lage*, war streng axiomatisch aufgebaut und ähnelte im Stil den Werken der Antike.

Die anderen zwei Altersgenossen und Rivalen traten nachdrücklich für analytische Methoden ein. Die Abhandlung *Der barycentrische Calcül* (1827) von Möbius, in dem die so genannten baryzentrischen Koordinaten eingeführt wurden, übte auf den weiteren Fortgang der Geometrie großen Einfluss aus. Der Gedanke ist der folgende: Platziert man in den Punkten A_1, A_2 und A_3 der Ebene beliebige Gewichte, so ist ein bestimmter Punkt der Ebene der Schwerpunkt dieser Verteilung. Darüber hinaus können die Gewichte so gewählt werden, dass der Schwerpunkt in jeden vorgegebenen Punkt des Dreiecks $A_1A_2A_3$ fällt. Lassen wir auch negative Gewichte zu (beispielsweise mit Helium gefüllte Ballons), wird sogar jeder Punkt der gesamten Ebene zum Schwerpunkt einer geeigneten Verteilung (Fig. XVIII. 24); die Maßzahlen der Gewichte sind dann seine baryzentrischen Koordinaten. Was kann man mit diesen Koordinaten anfangen? Die Antwort ist ganz einfach: Der Schwerpunkt ändert seine Lage offenbar nicht, wenn alle Gewichte mit demselben Faktor vervielfacht werden. Mit anderen Worten sind baryzentrische Koordinaten nur bis auf Proportionalität bestimmt. Daraus folgt, dass die Gleichungen zur Beschreibung geometrischer Figuren durch deren baryzentrische Koordinaten homogen sein müssen, im Fall von Polynomgleichungen also vom gleichen Grad in allen Termen. Dies erweist sich als sehr bequem.

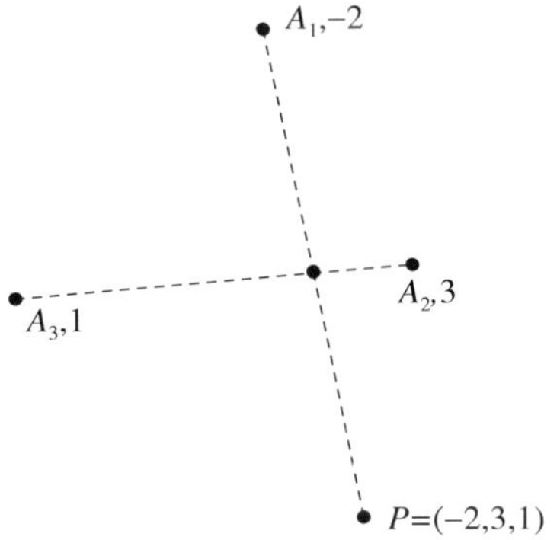

Fig. XVIII. 24

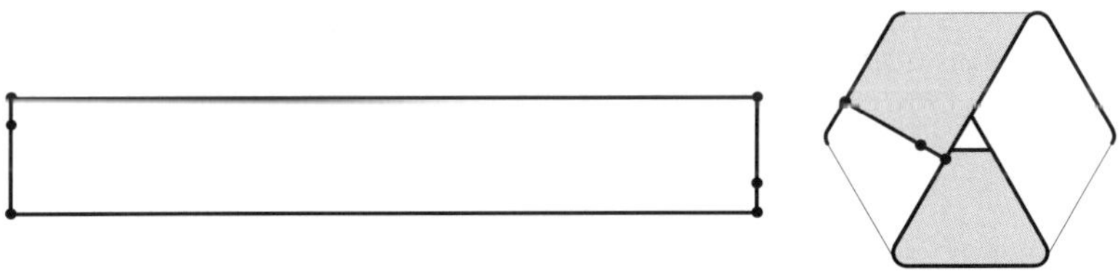

Fig. XVIII. 25: Klebt man die zwei Enden des Papierstreifens so zusammen, dass die markierten Punkte aufeinander fallen, erhält man eine einseitige Fläche mit nur einer Randkurve – das Möbiusband.

Möbius ist – wie sollte es anders sein – der Erfinder des Möbius-Bandes. Schneidet man aus der projektiven Ebene eine Kreisscheibe heraus, so lässt sich daraus dieses Band bilden (Fig. XVIII. 25). Daran zeigt sich, dass die projektive Ebene anders als die euklidische einseitig ist. Überraschenderweise zerlegt eine Gerade diese Ebene nicht in zwei Teile. Die Liste der Überraschungen ist noch lang und zeigt, wie sehr sich projektive Räume von euklidischen unterscheiden. Möbius führte auch eine weitere Art der Vervollständigung der Ebene ein; er benutzte die

stereographische Projektion, um die Ebene mit der Oberfläche der Kugel zu identifizieren. In diesem Fall wird die Ebene durch einen einzigen Punkt vervollständigt, nicht durch eine Horizontgerade. Diese Vervollständigung hat den großen Vorteil, dass die Winkel zwischen Kurven erhalten bleiben. Ich könnte noch lange über die von Möbius erzielten Ergebnisse sprechen. Kurz gesagt gaben seine Arbeiten den Anstoß für die algebraische Geometrie, eine fruchtbare Verbindung zwischen Geometrie und Algebra.

Julius Plücker vertrat eine ähnliche Forschungsrichtung wie Möbius. In seinem Hauptwerk *Analytisch-geometrische Entwicklungen* (Band I 1828, Band II 1831) führte er den interessanten Gedanken ein, dass sich die Geometrie nicht auf Punkte gründen muss, sondern auch andere Objekte zum Aufbau eines Raumes geeignet sein können. Mit diesem Zugang schuf er die notwendige Distanz zwischen dem Raum und seiner Beschreibung. Am leichtesten lässt sich seine Idee anhand der Plücker'schen Koordinaten einer Geraden erklären. Wir betrachten eine Gerade in der Ebene, die durch die Gleichung $a_1x + a_2y + a_3z = 0$ gegeben ist. Die Gleichung $\alpha a_1x + \alpha a_2y + \alpha a_3z = 0$ mit $\alpha \neq 0$ stellt dieselbe Gerade dar. Wir können diese Gerade schon durch das Tripel (a_1, a_2, a_3) allein festlegen. Die übrigen Zeichen in der Geradengleichung sind rein konventionell und enthalten keine weitere Information. Dieses Tripel ist demnach Plückers Darstellung der Geraden. Wie wir eben gesehen haben, ist die Darstellung nur bis auf einen gemeinsamen Faktor bestimmt.

Damit haben die Plücker'schen Koordinaten dieselben Vorteile wie die baryzentrischen; sie stehen mit ihnen sogar in einer einfachen Beziehung. Sind (b_1, b_2, b_3) die Koordinaten einer zweiten Geraden, so hat der Schnittpunkt die baryzentrischen Koordinaten

$$\left(\begin{vmatrix} a_2 & a_3 \\ b_2 & b_3 \end{vmatrix}, -\begin{vmatrix} a_1 & a_3 \\ b_1 & b_3 \end{vmatrix}, \begin{vmatrix} a_1 & a_2 \\ b_1 & b_2 \end{vmatrix}\right).$$

Das ist noch nicht alles! Sind (a_1, a_2, a_3) und (b_1, b_2, b_3) die baryzentrischen Koordinaten zweier Punkte, dann gibt der obige Ausdruck die Koordinaten (also die Gleichung) ihrer Verbindungsgeraden an. Damit gibt es zwischen einer „Geometrie aus Punkten" und einer „Geometrie aus Geraden" rechnerisch gesehen keinen Unterschied mehr.

Plücker führte auch den Begriff der n-parametrigen Schar in die Mathematik ein. Beispielsweise bilden alle Kreise in der Ebene, die zwei feste Punkte gemeinsam haben, eine einparametrige Kreisschar. Gemeint ist damit, dass man eine Gleichung mit einem Parameter angeben kann, die für den jeweils passenden Parameterwert jeden Kreis der Schar beschreibt. Die Menge aller Kegelschnitte durch zwei gegebene Punkte ist eine dreiparametrige Schar. Der Begriff der n-parametrigen Schar stand am Anfang der Dimensionstheorie, einem wichtigen Zweig der modernen Mathematik. Es verdient erwähnt zu werden, dass Plücker auch ein ausgezeichneter Physiker war, der Bedeutendes zur Theorie des Magnetismus, der Elektrizitätslehre und der Spektroskopie beitrug.

Die deutsche Schule, über die ich hier gesprochen habe, baute die projektive Geometrie zu einer vollkommenen und breit anwendbaren Theorie aus. Eine übergeordnete Qualität gewann sie in Verbindung mit dem bemerkenswerten Ergebnis von Cayley (1859) und Klein (1871), wonach die projektive Geometrie die euklidische und die nichteuklidischen Geometrien umfasst. (Mehr darüber im nächsten Vortrag!) Ich möchte hier nur noch einige wichtige Einzelheiten und einen Kommentar anschließen.

Im Jahr 1859 führte Cayley metrische Begriffe in die projektive Geometrie ein und konnte damit zeigen, dass die euklidische und die elliptischen Geometrien als Untergeometrien der projektiven Geometrie zu verstehen waren. In diesem Zusammenhang tat Cayley den euphorischen Ausspruch: „Metrische Geometrie ist ein Teil der darstellenden [gemeint: projektiven] Geometrie, und darstellende Geometrie ist die *ganze* Geometrie." Klein nutzte die Cayley'schen projektiven Metriken noch besser aus als Cayley selbst, indem er im Jahr 1871 zeigte, dass die projektive Geometrie auch die hyperbolische Geometrie umfasst.

Cayleys euphorischer Ausspruch war eine gewaltige Übertreibung. Coxeter kommentierte ihn wohlwollend mit den Worten „Seine [Cayleys] Vorstellung von einem Primat der projektiven Geometrie ist heute als gelinde übertrieben anzusehen. Es stimmt zwar, dass die projektive Geometrie die affine, die euklidische und die nichteuklidischen Geometrien umfasst, aber sie umfasst sicher nicht die allgemeine Riemann'sche Geometrie und auch nicht die Topologie."

Hierher passt auch eine Bemerkung von Nicolas Bourbaki (siehe Vortrag XXII) aus den *Élements d'une histoire des mathématiques* von 1969, die ich dann noch kommentieren möchte. Ich zitiere:

> *Es ist zu bemerken, daß diese unausweichliche Degradierung der (euklidischen oder projektiven) Geometrie, die uns ganz selbstverständlich vorkommt, lange Zeit von den Zeitgenossen nicht bemerkt wurde, und bis etwa um 1900 hat diese Disziplin weiter einen wichtigen Zweig der Mathematik dargestellt, wovon z. B. der Raum zeugt, den sie in der Enzyklopädie einnimmt. Bis zu den letzten Jahren nahm sie diese Stelle auch noch im Universitätsunterricht ein. (...) Doch dieses Kapitel (...) kann jetzt bis auf weiteres als abgeschlossen angesehen werden.*

Diese Feststellung geht so über die Sache hinweg, dass es schwer ist, sie zu diskutieren. Die Rolle, die ein Zweig der Mathematik spielt, wandelt sich im Lauf der Zeit. Insbesondere ist die Bedeutung der projektiven Geometrie heute eine ganz andere als in der zweiten Hälfte des 19. Jahrhunderts. Ihre Zukunft liegt im Schoß der Götter. Dass dies auch Bourbaki klar ist, lässt sich an den vorsichtigen abschließenden Worten „... bis auf weiteres" erkennen. Um mit einer konstruktiven Bemerkung zu enden, wiederhole ich Jakob Bernoullis geflügeltes Wort *eadem mutata resurgo (Änderst du mich, so erstehe ich doch unverändert wieder).*

Zum Abschluss dieses Überblicks über die projektive Geometrie möchte ich noch hinzufügen, dass Hessenberg an ihr Axiomsystem eine letzte ordnende Hand anlegte und im Jahr 1905 bewies, dass der Satz von Desargues aus dem Satz von Pascal folgt.

Vortrag XIX

Alternative Welten

Im vorigen Vortrag haben wir die projektive Geometrie besprochen, eine aus der Malerei herausgewachsene Disziplin, die eine ganz andere Welt, als die euklidische, beschreibt. Dennoch wurde sie nie als ein zweites, alternatives Modell „unseres" Anschauungsraums, als Teil unseres Wissens über die Natur angesehen, sondern nur als Abstraktion mit dem Zweck, die Lösung gewisser Probleme zu ermöglichen. Für diese Einstellung dürfte es zwei Gründe geben.

Der erste Grund liegt einfach darin, dass niemand daran gedacht hatte, die projektive Geometrie unter diesem Gesichtspunkt zu sehen, dass niemand die Frage gestellt hatte, in welchem Sinn ein projektiver Raum wirklich existieren könnte. Der zweite Grund für die Ausblendung des projektiven Raums als Alternative zum euklidischen Modell des Anschauungsraums liegt darin, dass andere nichteuklidische „Rivalen" der euklidischen Vorstellung schon viel früher und in ganz anderem Zusammenhang aufgetaucht waren. War es schon schwierig genug, zwei konkurrierende Raummodelle zu erfassen, so lagen erst recht drei solche Möglichkeiten bis zur Mitte des 19. Jahrhunderts außerhalb der menschlichen Vorstellungskraft.

In einem gewissem Sinn erhob sich die Frage nach der Existenz nichteuklidischer Geometrien durch puren Zufall. Der Anlass war Euklids fünftes Axiom. (Wir haben darüber in Vortrag VIII gesprochen.) Proklos hatte die Frage aufgeworfen, ob sich dieses Axiom entweder einfacher formulieren oder aus den vorausgehenden vier Axiomen herleiten ließe. (Eine vollständige Liste der Axiome finden Sie in Vortrag VII.) Wegen der besonderen Bedeutung der *Elemente* für die Mathematik und die gesamte Wissenschaft hatten sich seit dem 5. Jahrhundert fast alle Mathematiker an der von Proklos aufgeworfenen Frage vergeblich versucht. Mit jedem vergeblichen Lösungsversuch wuchs ihre Bedeutung noch. Wäre es nicht ein toller Erfolg, das zu schaffen, was … (und nun eine lange Liste von Autoritäten) nicht geschafft hatten?

Die Rückschläge, die auf alle Versuche folgten, das fünfte Axiom aus den vier übrigen herzuleiten, vollzogen sich fast immer auf dieselbe Art. Am Anfang stand ein Beweis, den der Autor für richtig hielt. Dann entzündete sich an einer der Annahmen im Beweis die Frage, ob sich gerade diese aus den übrigen Axiomen herleiten ließe. Also: *Wenn sich diese Annahme aus den ersten vier Axiomen folgern lässt, dann auch das fünfte Axiom*. Mit anderen Worten: *Das fünfte Axiom war eine Folgerung aus dieser Annahme*. Angesichts der Tatsache, dass allgemein alle Annahmen aus einer Geometrie entlehnt wurden, die sich auf die fünf Axiome gründete, stammte auch die zunächst unbemerkt gemachte aus dieser Geometrie. Daher fügte jeder „Beweis“ nur der sich immer weiter verlängernden Liste von Annahmen, die dem fünften Axiom logisch gleichwertig waren, einen Eintrag hinzu. Der erste solche Eintrag leitete sich aus dem „Beweis“ von Proklos her (siehe Vortrag VIII); er lautet:

Die Entfernung zwischen den Punkten zweier sich nicht schneidender Geraden in der Ebene ist beschränkt.

Die Erfinder von „Beweisen“, die sich auf Annahmen wie

Die Winkelsumme im Dreieck beträgt 180°

oder

Es gibt (mindestens) ein Rechteck

stützten, sind vergessen. Poseidonios vermutlich benutzte die Annahme

Die Punkte, die in gleichem Abstand und auf derselben Seite einer gegebenen Geraden liegen, sind kollinear.

Es ist sicher, dass die Annahme

In einem Viereck mit zwei benachbarten rechten Winkeln ist die dem spitzen Winkel gegenüberliegende Seite die kürzere. (Fig. XIX. 1)

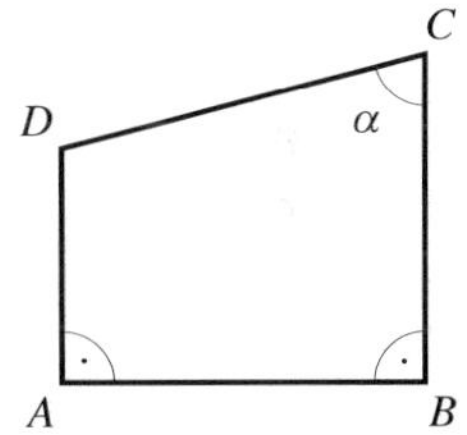

Fig. XIX. 1:
Aus $\alpha < 90°$ folgt $AD < BC$.

auf Nasr-ad-Din zurückgeht. Sofort einsichtig ist die Annahme von Legendre:

Es ist stets möglich, durch einen gegebenen Punkt im Innern eines spitzen Winkels eine Gerade zu legen, die seine Schenkel schneidet.

Dasselbe gilt für die Annahme im „Beweis“ von Farkas Bolyai:

Jedes Dreieck hat einen Umkreis

Die zwei letztgenannten Annahmen stammen aus dem 19. Jahrhundert. Etwas früher, im Jahr 1785, stellte John Playfair einen sehr einfachen „Beweis“ vor, der sich auf die folgende Annahme stützte:

In der Ebene gibt es zu jeder Geraden und jedem nicht auf ihr liegenden Punkt genau eine diese Gerade nicht schneidende Gerade, die durch diesen Punkt geht.

Dieser Formulierung von Playfair war früher die zweithäufigste Antwort auf die Frage: Wie lautet das fünfte Axiom von Euklid? – die häufigste war: weiß ich nicht!

Allmählich schien es nicht mehr verdienstvoll noch vernünftig, die Liste der zum fünften Axiom äquivalenten Aussagen weiter zu verlängern. Im 17. Jahrhundert (alles Wichtige scheint dort seine Wurzeln zu haben) kam der Gedanke auf, alle Sätze zusammenzustellen, die aus den ersten vier Axiomen Euklids folgen. Die Menge dieser Sätze, also die aus solchen Aussagen aufgebaute Theorie, wurde als neutrale (später als absolute) Geometrie bezeichnet. Beispiele für solche Sätze sind:

Je zwei Seiten eines Dreiecks sind zusammen länger als die dritte.

Jeder Außenwinkel eines Dreiecks ist größer als jeder der zwei nicht anliegenden Innenwinkel.

Dazu zählen auch die Kongruenzsätze für Dreiecke. Dieser scheinbar geringfügige Richtungswechsel hin zur absoluten Geometrie, also der Entschluss, nicht mehr nach einem Beweis des fünften Axioms, sondern nach Folgerungen aus den vier übrigen zu suchen, zeitigte innerhalb nur eines Jahrhunderts substanzielle Ergebnisse.

Das erste Ergebnis war die Abhandlung *Euclides ab omni naevo vindicatus (Der von jedem Makel befreite Euklid)* aus dem Jahr 1733 von Girolamo Saccheri (1667; 1733). Saccheris Überlegungen basierten auf einem Viereck, dessen erste Form mit zwei gleichen spitzen Winkeln in den Ecken A und D in Fig. XIX. 2 zu sehen ist. In der zweiten Form sind diese beiden gleichen Winkel stumpf, in der dritten sind sie rechte, sodass das Viereck ein Rechteck ist. Da der dritte Fall auf die Gültigkeit des fünften Axioms hinausläuft (siehe oben), kann man offenbar durch Widerlegung der zwei anderen Fälle zeigen, dass das fünfte Axiom ein Satz der absoluten Geometrie ist. Saccheri gelang der Nachweis, dass die Annahme stumpfer Winkel zu einem Widerspruch führt. Dann machte er sich daran, die Annahme zu widerlegen, die Winkel seien spitz. Im Verlauf dieser Überlegungen leitete er 32 Aussagen einer neuen (sicherlich nichteuklidischen) Geometrie her und behauptete dann, er habe den gesuchten Widerspruch gefunden. Der angebliche Widerspruch bestand darin, dass die Existenz asymptotischer, also einander immer näher kommender, aber sich nicht schneidender Geraden gezeigt wurde. Saccheri stellte hier fest, diese Eigenschaft *widerspreche der Natur der Geraden*, und brachte damit seinen Beweis des fünften Axioms zu Ende. In einem Satz gesagt: Im Jahr 1733 erschien eine Monographie über die nichteuklidische Geometrie, die deren Nichtexistenz beweisen sollte. Diese merkwürdige Sachlage (heute wissen wir ja, dass in der absoluten Geometrie asymptotische Geraden nicht ausgeschlossen sind) führte noch zu einer ganz anderen Konsequenz, der absoluten Geometrie.

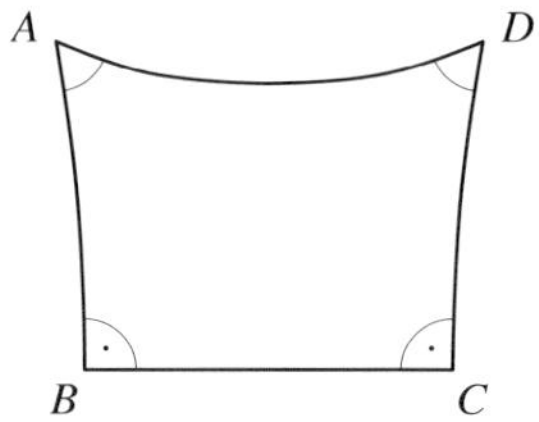

Fig. XIX. 2

Ich will damit sagen, dass sich nun auch Philosophen in die Diskussion über die Existenz abweichender Geometrien einmischten. Schließlich war die Geometrie ja keine ausschließlich mathematische Angelegenheit; sie hatte stärker als jede andere mathematische Disziplin die unmittelbare Verbindung zur Natur bewahrt. Jede geometrische Frage war auch eine Frage über den physikalischen Raum. Die Geometrie der *Elemente* besaß eine große Tugend: sie war weithin bekannt. Sie war so tief in die europäische Kultur eingebettet, dass von dieser nichts übrig geblieben wäre, wenn die euklidische Geometrie zugunsten einer anderen hätte aufgegeben werden müssen (siehe den Schluss von Vortrag IV). Es ist sehr schwierig herauszufinden, wann und wie Kinder ihre Prägung auf die euklidische Geometrie erfahren; man könnte vermuten, dass diese Kenntnis von Geburt an besteht. In der tiefgründigen (ich würde sagen dunklen, aber mit dieser Bewertung stehe ich vermutlich allein) Philosophie von Kant (1724; 1804) zählte die Geometrie zur Erkenntnis a priori ; ohne in die Feinheiten zu gehen, bedeutet dies, dass sie uns mit der Geburt in genau einer Ausprägung zufällt, ebenso wie das Leben und das Universum (so etwa in der *Kritik der reinen Vernunft*). Diese Ansicht als eine wissenschaftliche zu vertreten lief darauf hinaus, die Diskussion des fünften Axioms abzubrechen. Alles war im Lot, solange man sich lediglich auf dessen Beweis konzentrierte. Sobald aber durch die absolute Geometrie die Existenz einer nichteuklidischen Alternative zuzulassen war, hielten es die führenden Freunde der Weisheit (dies nämlich ist die

Bedeutung des Wortes *Philosoph*) für ihre Pflicht, sie zu verbieten und für außerwissenschaftlichen Unsinn zu erklären.

Kants Autorität war so groß, dass schon die Überlegung, ob es nichteuklidische Geometrien geben könne, als unfein galt. Der Augenscheinbeweis für deren Existenz und die interessanten Folgerungen (jeder konnte ja Saccheris Werk studieren; dessen eigentliches Ziel war belanglos) führten aber doch dazu, dass Werke über diesen Gegenstand erschienen. Die Autoren vermieden sorgfältig, die von ihnen entwickelte Theorie beim Namen zu nennen; wurden sie zu einer Auskunft genötigt, redeten sie sich auf intellektuelle Fingerübungen heraus.

Das beste derartige Werk war Johann Heinrich Lamberts (1728; 1777) *Theorie der Parallellinien* aus dem Jahr 1761. Der Autor trat in Saccheris Fußstapfen. Der einzige kleine Unterschied war, dass Lambert die Negation des fünften Axioms als Hypothese in folgender Form aussprach: In einem Viereck mit drei rechten Winkeln ist der vierte notwendig spitz. Das von Lambert betrachtete Viereck ist die Hälfte des von Saccheri betrachteten; es entsteht durch Zerlegung längs der Symmetrieachse. Lambert wollte in seiner Theorie nicht nach Widersprüchen suchen, sondern einfach möglichst viele Sätze herleiten. Herausragende Ergebnisse waren die Einführung des Begriffs Defekt als Differenz zwischen zwei Rechten und der Winkelsumme eines Dreiecks sowie der Beweis, dass der Flächeninhalt eines Dreiecks zum Defekt proportional ist. Daraus folgt, dass ähnliche Dreiecke (oder auch andere ähnliche Figuren) sogar kongruent sein müssen. Lambert entwickelte die in dieser Geometrie gültige Trigonometrie und fand beispielsweise, dass der Sinussatz mit dem sphärischen Sinussatz auf einer Kugel mit imaginärem Radius identisch ist. (Dieser Sachverhalt lässt sich, anders als bei Lambert, auch ohne komplexe Zahlen ausdrücken.) Nebenbei bemerkt ist das Verhältnis zwischen dem Flächeninhalt und dem Defekt für alle Dreiecke dasselbe und dem Quadrat dieses Radius entgegengesetzt gleich.

Im Jahr 1761 gab es also eine widerspruchslos akzeptierte Monographie über nichteuklidische Geometrie, aber noch keine nichteuklidische Geometrie. Dazu wirkte Kants Verdammungsurteil noch zu stark. Die Zeitspanne, in der die nichteuklidische Geometrie zwar erforscht wurde, aber nach allgemeinem Konsens nicht existierte, umfasste sogar hundert Jahre. Es ist bemerkenswert, dass sich die Mathematiker so lange von einem Philosophen die freie Rede verbieten ließen. Noch bemerkenswerter war der darauffolgende hitzige Streit darüber, wer als Erster die nichteuklidische Geometrie eingeführt habe. Dieses Gezänk wurde auch von Leuten bestritten, deren einziges Verdienst in der hartnäckig vorgebrachten, aber grundlosen Behauptung bestand, ihre Theorien seien in vollem Wortsinn von mathematischer Qualität. Apropos Prioritätsstreitigkeiten! Dieses Thema verdient nähere Beachtung; eine Monographie über diese Berufskrankheit der Mathematiker des 17. bis 19. Jahrhunderts wäre fällig!

Nicht nur Mathematiker, sondern auch viele Laien mit wissenschaftlichen Neigungen ließen sich auf die verbotene Geometrie ein. Schweikart, Jurist an der Universität Magdeburg, und sein Neffe Taurinus gehören zu den bekanntesten dieser Gruppe. Sie schickten die Abhandlungen über ihre so genannte „Logarithmico-sphärische Geometrie“ oder „Astralgeometrie“ an Gauß, der ihnen riet, ihre Untersuchungen weiterzuführen, aber nichts zu veröffentlichen. Für Schweikart war der Ratschlag des großen Mannes Befehl, Taurinus jedoch veröffentlichte seine Ergebnisse im Jahr 1825 unter demselben Titel, den Lambert seinem Buch gegeben hatte.

In der folgenden Entwicklung spielte Gauß eine Schlüsselrolle. Er kannte Saccheris und Lamberts Werke und versuchte sich auch selbst an diesem Gegenstand. Die Verlegenheit, in der er sich befand, lässt sich aus seinem Briefwechsel erschließen. Im Jahr 1804 schrieb er an seinen früheren Kommilitonen Farkas Bolyai, er warte immer noch auf einen Beweis des fünften Axioms. An Schweikart schrieb er 1816, man müsse sich eingestehen, dass es auf diesem Gebiet seit zweitausend Jahren nicht einen Schritt nach vorne gegeben habe. Im Jahr 1817 schrieb er an Olbers (bekannt durch sein Paradoxon über den Himmelshintergrund): *Ich komme immer mehr zu der Überzeugung, dass die Notwendigkeit unserer Geometrie nicht bewiesen werden kann, wenigstens nicht vom menschlichen Verstande durch den menschlichen Verstand.* An Schweikart wieder schrieb er 1819, er könne jedes Problem der Astralgeometrie lösen, wenn er nur den Radius wüsste (also den oben im Zusammenhang mit Lamberts Werk genannten Proportionalitätsfaktor). Taurinus gegenüber äußerte er 1824, dieser Radius ließe sich nicht im Rahmen der Astralgeometrie bestimmen. (Dies stimmt nicht; sogar Gauß konnte sich irren.) 1829 schließlich schrieb er an Bessel (berühmt durch die Bessel-Funktionen), er werde seine Ergebnisse wohl nicht veröffentlichen, weil er das Geschrei der Böotier fürchte (eine elegante Wendung für „Spießer").

In der Zwischenzeit war schon ein Werk erschienen, in dem die Existenz der nichteuklidischen Geometrie nachgewiesen wurde.

Es gibt sehr viele Biographien über Nikolai Iwanowitsch Lobatschewski (1793; 1856) und viele weichen in sachlichen Einzelheiten voneinander ab. Insbesondere wird die Frage, ob sein Vater polnischer Herkunft gewesen sei, in unterschiedlicher Weise diskutiert. Auch dies ist ein Reflex des Prioritätsstreits. Sicher ist, dass sein Vater, ein Geodät, aus der Arbeit heraus starb. In solchen Fällen gewährte der Staat den Kindern der Verstorbenen Stipendien, falls sie studieren wollten. Auf diese Weise konnte Lobatschewski ein Studium an der Universität Kasan absolvieren. Einer seiner Professoren war Johann Martin Theodor Bartels, der frühere Lehrer von Gauß; diese Verbindung sollte später Bedeutung erlangen. Lobatschewski, der im Jahr 1807 sein Studium begonnen hatte, wurde 1816 Professor und 1827 Rektor der Universität Kasan. Die Abhandlung, in der er seine Version der nichteuklidischen Geometrie darlegte, wurde 1826 in einem Seminar in Kasan angekündigt und unter dem Titel *Über die Anfangsgründe der Geometrie* veröffentlicht. In ihrem Ziel stimmte die Arbeit mit denen von Saccheri und Lambert überein; negiert wurde das fünfte Axiom in der Fassung von Playfair. Neu ist die Lobatschewski'sche Funktion Π, die jeder Streckenlänge ihren Parallelwinkel zuordnet. Dieser ist folgendermaßen definiert: Auf eine gegebene Gerade fällen wir das Lot mit der Länge x und legen durch seinen Endpunkt diejenige Gerade, die der gegebenen so nahe wie möglich kommt, ohne sie aber zu treffen. Der Winkel zwischen dieser Geraden und dem Lot ist der Parallelwinkel zu x (Fig. XIX. 3). Offenbar ist der Parallelwinkel spitz. Lobatschewski erhielt für seine Funktion den Ausdruck

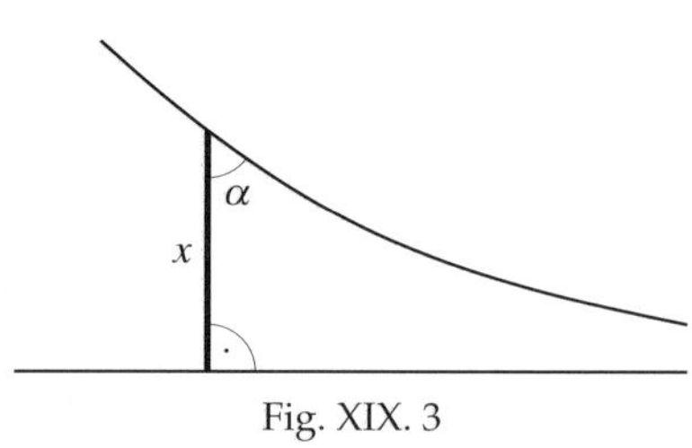

Fig. XIX. 3

$$\Pi(x) = \operatorname{arc\,ctg} e^{\frac{x}{r}};$$

hierin ist r der Betrag des von Lambert eingeführten Radius. Mithilfe dieser Funktion konnte Lobatschewski die Trigonometrie des von ihm betrachteten Raumes sehr weit entwickeln.

Die Veröffentlichung im *Kasaner Boten* wurde natürlich so gut wie gar nicht wahrgenommen. Im Jahr 1840 erschien jedoch in Berlin eine deutsche Übersetzung mit dem Titel *Geometrische Untersuchungen zur Theorie der Parallellinien*. Damit wurden sowohl Gauß als auch Janos Bolyai endlich auf die Arbeit aufmerksam.

Janos Bolyai (1802; 1860) war der Sohn von Farkas, dem früheren Kommilitonen von Gauß. Jan Potocki hat in seinem Buch *Die Abenteuer in der Sierra Morena oder Die Handschriften von Saragossa*, das ich bereits erwähnt und empfohlen habe, das wechselvolle Leben von Velazquez und dessen Vater und damit in übertragenem Sinn auch die traurige Geschichte von Janos' Leben erzählt. (Es ist bemerkenswert, dass Potockis Buch auf das Jahr 1810 zurückgeht.) Farkas Bolyai verbrachte die besten Jahre seiner Jugend mit dem Versuch, Euklids fünftes Axiom zu beweisen (siehe den Beginn dieses Vortrags). Er zog am Ende den Schluss, wegen seiner Fixierung auf dieses Problem sei er nichts Besseres als Lehrer und ein ziemlich unglücklicher Mensch geworden. Deshalb versuchte er seinen Sohn schon in dessen Kindesalter davon zu überzeugen, dass er eine Sache im Leben vermeiden müsse: die Beschäftigung mit dem fünften Axiom. Als Janos älter wurde, versuchte Farkas, in ihm das Interesse an einer militärischen Karriere zu erwecken, er predigte ihm Wein, Weib und Gesang und dazu noch Glücksspiel – alles umsonst. Einige der dramatischen Briefe sind uns überliefert, in denen der Vater den Sohn anfleht, das gefährliche Thema aufzugeben. Die verbotenen Frucht war aber zu verführerisch. Janos quittierte den Dienst und schrieb 1823 seinem Vater aus Wien, wo er studierte, er habe Resultate erhalten, die er unbedingt veröffentlichen müsse; er habe *aus dem Nichts eine neue Welt erschaffen*. Farkas Bolyai musste sich damit abfinden, dass sein Sohn das Verbot ignoriert hatte. Nachdem er die Schrift seines Sohnes gelesen hatte, änderte er seine Meinung in Bezug auf das fünfte Axiom. Die Arbeit wurde zur Begutachtung an Gauß gesandt. Die Antwort schockierte Vater und Sohn: *Wenn ich damit anfange, dass ich [eine] solche [Arbeit] nicht loben kann, so wirst Du wohl einen Augenblick stutzen: aber ich kann nicht anders; sie loben hieße mich selbst loben (...)*. Die Bolyais waren schockiert und zutiefst enttäuscht. Sie entschlossen sich, die Arbeit von Janos als Anhang an ein Mathematiklehrbuch von Farkas zu veröffentlichen. In dieser Form erschien die Arbeit im Jahr 1832. Damit wäre alles gut gewesen, hätte es nicht die deutsche Ausgabe des Werkes von Lobatschewski gegeben. Als Janos das Buch in die Hand bekam, war er aufs Höchste erregt und beschuldigte seinen Vater und Gauß, sie hätten seine Ergebnisse für ein paar Goldrubel nach Kasan ins Land der Tataren verschachert und dabei Bartels den Vermittler spielen lassen. Dies waren die letzten Worte, die er zu diesem Thema in den ihm verbleibenden zwanzig Lebensjahren äußerte. So bewahrheiteten sich die Befürchtungen des Vaters doch noch; es wäre besser gewesen, der Sohn hätte auf ihn gehört.

Ich erinnere mich, dass vor Jahren (ich war damals noch jung) ein amerikanischer Mathematiker ein Lied komponierte und aufnahm, in dem der böse Russe den armen Ungarn (die Bolyais waren Ungarn) ihre Entdeckung stahl. Damit wurde die Kontroverse weltweit bekannt, obwohl eigentlich nicht klar war, worum es ging. Worauf bezieht sich nämlich in diesem Fall die Priorität, sei es von Lobatschewski oder von Bolyai? Die keineswegs auf der Hand liegende Antwort lautet: Sie entdeckten gar nichts Neues. Sie stellten nur fest, dass ein Objekt, das schon hundert Jahre lang erforscht worden war, wirklich existiert. Welche Argumente brachten sie aber bei, um ihre Behauptung zu stützen? Kurz gesagt: eigentlich keine. Lobatschewski vertrat die Ansicht, seine Geometrie rechtfertige sich dadurch, dass mit ihren Methoden schwierige Probleme gelöst werden könnten. Bolyais Meinung wird sogar für immer ein Geheimnis bleiben. Beiden, Lobatschewski und Bolyai, blieb die allgemeine Anerkennung versagt. Adrien Marie Legendre (1752; 1833), der letzte Geometer, der nicht an die Existenz der nichteuklidischen Geometrie glaubte, präsentierte sowohl einen absolut-geometrischen Beweis dafür, dass der von Lambert eingeführte Defekt nicht negativ sein kann (der Beweis dieses *Satzes von Saccheri und Legendre ist korrekt*, wobei es allerdings keinen Grund gibt, Saccheri zu nennen), als auch einen Beweis, dass der Defekt nicht positiv sein kann. Der zweite „Beweis" ist zwar falsch, aber einfach. (Ich habe seine versteckte Annahme zu Beginn dieses Vortrags genannt.) Daher wurde dieser „Satz" in ganz Europa in die Lehrpläne der Schulen übernommen (siehe meine Bemerkungen zum Wiener Kongress in Vortrag XVI) und blieb zwanzig Jahre lang darin. Die Schüler mussten also zwanzig Jahre lang einen „Beweis" für das fünfte Axiom Euklids lernen, obwohl doch die Arbeiten von Lobatschewski und Bolyai in der zweiten Hälfte dieser Zeitspanne gedruckt vorlagen. Und hüten Sie sich vor dem Urteil, die für den Unterricht Verantwortlichen seien umnachtete Bürokraten gewesen!

So wurden Bolyai und Lobatschewski erst lange nach ihrem Tod zu Schöpfern der nichteuklidischen Geometrie. Das Leben belohnte sie für ihre Ideen nicht; Lobatschewski wurde 1846 wegen Gottlosigkeit aus seinem Rektoren- und Professorenamt an der Alma Mater Kasan entfernt. Der Ruhm kam erst, als in den 70er-Jahren des 19. Jahrhunderts gezeigt wurde, dass die neue Geometrie dieselbe Existenzberechtigung hat wie die euklidische Geometrie.

Einige Autoren behaupten, dass Gauß die Winkelsumme in einem Dreieck zu messen versuchte, dessen Eckpunkte drei Berggipfel waren, um damit über die Geometrie des physikalischen Raumes zu entscheiden. Wenn dies auch vermutlich nur eine Sage ist, so leistete Gauß doch ein großes Arbeitspensum in der Landesvermessung und entwickelte in diesem Zusammenhang die Fehlerrechnung sowie die so genannte Gauß-Krüger-Projektion, die für topographische und insbesondere miltärische Karten verwendet wird. Die Frage nach der Geometrie des physikalischen Raums, zu der wir am Ende dieses Vortrags noch zurückkommen werden, unterscheidet sich wesentlich von der Frage nach der Korrektheit einer speziellen Geometrie.

Diese zweite Frage ist außerordentlich wichtig. Der in den Naturwissenschaften akzeptierte Standard für die Wahrheit von Aussagen, nämlich die Verifizierbarkeit in der Praxis, hat in der Mathematik keinen Platz – welche Art von Wahrheit bietet die Mathematik dann? Gibt es eine speziell mathematische Spielart der Wahrheit? Wir alle wissen, dass sich die Bedeutung eines Nomens ändern kann, wenn man ein Adjektiv davorsetzt (ein Beispiel: Stuhl und elektrischer Stuhl). Gibt es einen grundlegenden Unterschied zwischen der gewöhnlichen Wahrheit und der mathematischen Wahrheit? Dieses Problem ließ sich in den 70er-Jahren des 19. Jahrhunderts noch verdrängen, obwohl es letztlich unumgänglich und fundamental war.

Die erste aller vorgeschlagenen Methoden, über die Korrektheit einer Theorie zu entscheiden, beruht auf dem Modellbegriff. Ein Modell im mathematischen Wortsinn ist ein innerhalb einer mathematischen Theorie konstruiertes Objekt, das eine andere Theorie abbildet. Lässt sich also in **A** ein Modell von **B** konstruieren (also ein aus zu **A** gehörigen Begriffen bestehendes Objekt, das sich wie **B** verhält), so ist **B** offenbar mindestens im selben Umfang korrekt wie **A**. Ist zusätzlich auch in **B** ein Modell von **A** konstruierbar, dann sind beide Theorien im selben Umfang korrekt. Die Relativität dieser Methode springt ins Auge. Wir machen also keine Aussage über die Wahrheit, sondern vergleichen nur die Korrektheit zweier Theorien. Betrachten wir das Problem aus diesem Blickwinkel, so gewinnt Kroneckers apodiktische Feststellung eine neue Bedeutung: Ließen sich alle mathematischen Theorien auf die Arithmetik der natürlichen Zahlen zurückführen, so wären mit deren Verifikation auch die betreffenden Theorien verifiziert. In der Praxis werden Theorien nicht auf die Arithmetik der natürlichen Zahlen, sondern in den meisten Fällen auf die der reellen Zahlen zurückgeführt. Wir sollten jedenfalls festhalten, dass die Entdeckung des Problems und die ersten erfolgreichen Lösungsversuche mit der Entwicklung der nichteuklidischen Geometrie einhergingen.

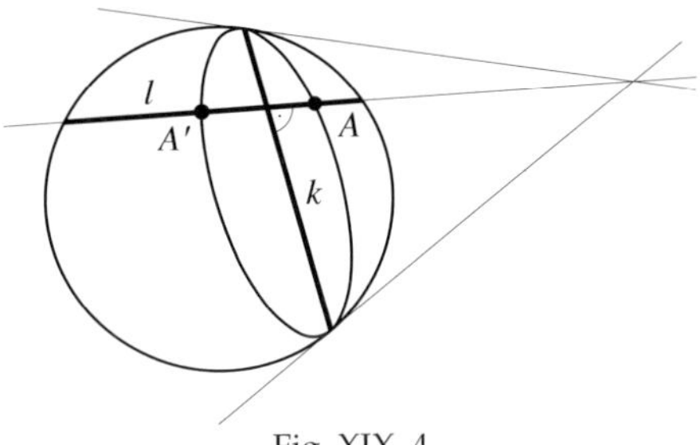

Fig. XIX. 4

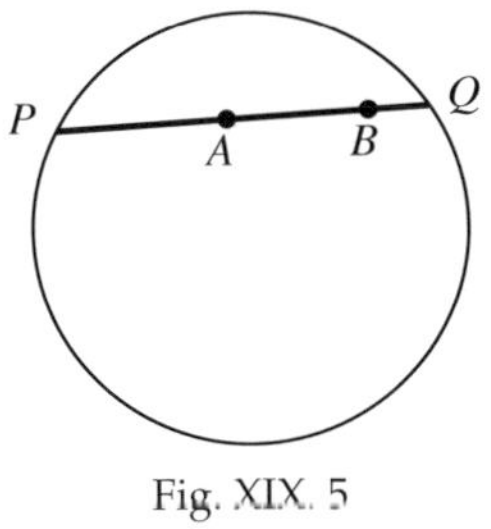

Fig. XIX. 5

Die sofort einsichtige Methode, die Geometrie auf die Arithmetik zurückzuführen, besteht in der Einführung von Koordinaten und der Übersetzung aller geometrischen Beziehungen in Formeln. Als Erster entwickelte Eugenio Beltrami (1835; 1900) ein Verfahren, die Geometrie von Bolyai und Lobatschewski zu koordinatisieren. Unglücklicherweise waren diese Koordinaten nur schwer handhabbar, sodass die mathematische Fachwelt darin keinen hinreichenden Beleg für die Korrektheit dieser Geometrie sah. Felix Klein (1849; 1925) wählte einen anderen Zugang. Er konstruierte ein Modell der nichteuklidischen Geometrie innerhalb der euklidischen (genauer gesagt der projektiven) Geometrie. Das Modell besteht im zweidimensionalen Fall aus dem Inneren eines Kreises (im dreidimensionalen aus dem Inneren einer Kugel) und den Sehnen als Geraden. Zwei solche Geraden (also Sehnen) sind per definitionem orthogonal, wenn die (euklidische) Trägergerade der einen Sehne durch den Schnittpunkt der in den Endpunkten der anderen Sehne errichteten Tangenten an den Kreis (das Absolutum) geht. Das Bild eines Punktes A unter der Achsenspiegelung an der nichteuklidischen Geraden k ist der zweite Schnittpunkt der zu k orthogonalen Geraden l durch A mit der Ellipse, die den Randkreis in den Endpunkten von k berührt. (Die Sprechweise „Endpunkt einer Geraden" ist in der Geometrie von Bolyai und Lobatschewski erlaubt.) Wer an Formeln hängt, kann die Entfernung zweier beliebiger Modellpunkte aus den euklidischen Entfernungen zwischen ihnen und den Endpunkten ihrer Verbindungsgeraden berechnen. Mit den Bezeichnungen von Fig. XIX. 5 erhält man für die Entfernung

$$\ln \frac{AQ \cdot BP}{AP \cdot BQ}.$$

Mithilfe dieses Ausdrucks ist leicht zu bestätigen, dass es im Klein'schen Modell Punkte mit beliebig großer Entfernung gibt; die Modellebene hat also unendliche Ausdehnung.

Bald danach wurden zahlreiche weitere Modelle der nichteuklidischen Geometrie entwickelt; Poincaré gab sogar eine ganze Reihe an. Insbesondere konstruierte Hilbert 1903 ein Modell im Rahmen der Arithmetik der reellen Zahlen. Man kann ohne Bedenken feststellen, dass zu Beginn des 20. Jahrhunderts die

Existenz zahlreicher nichteuklidischer Geometrien allgemein bekannt war und Konsens darüber bestand, in welchem Sinn diese existierten.

Um meinen letzten Satz klarer zu machen, muss ich zu Gauß zurückgehen und über eine andere geometrische Disziplin sprechen, die Differenzialgeometrie. Ihr Name vermittelt den irreführenden Eindruck, hier seien die Werkzeuge wichtiger als der Gegenstand. Zu Anfang, nämlich bis in die 70er-Jahre des 19. Jahrhunderts, war das wesentliche Forschungsziel der Differenzialgeometrie, globale Eigenschaften von Kurven aus lokalen herzuleiten. Diese Fragestellung wurde ziemlich rasch erledigt. Zur Beschreibung der Lösung brauchen wir die Begriffe der Krümmung und Windung einer Kurve. Die Krümmung ist ein Maß für die Abweichung einer Kurve von ihrer Tangente und die Windung ist ein Maß für das Heraustreten aus der Tangentialebene. Im Jahr 1847 bewies Jean Frédéric Frenet (1816; 1900), dass sich aus der Kenntnis der Krümmung und Windung in jedem Kurvenpunkt (also aus lokalen Größen) die Kurve eindeutig (genauer: bis auf Drehungen und Translationen) rekonstruieren lässt. Ein Nebenresultat dieses Satzes war der Beweis des Sachverhalts, dass die einzigen Kurven, die längs ihrer selbst gleiten können, die Geraden, Kreise und Schraubenlinien sind. Diese Erkenntnis hat in der Technik eine gewisse Bedeutung. Ähnlich elegante Charakterisierungen von Flächen ließen sich nicht finden. Flächen wurden seit dem 17. Jahrhundert als Graphen von Funktionen zweier Variablen (sowohl gewöhnlicher als auch Vektorfunktionen, also in Parameterdarstellung) untersucht. Die Brüder Bernoulli führten den Begriff der geodätischen Linie ein, der kürzesten Kurve, die zwei (nicht zu weit voneinander entfernt liegende) Punkte verbindet. Euler untersuchte die Krümmung von Kurven auf Flächen. Er fand unter anderem: Betrachtet man in einem festen Flächenpunkt A die Krümmungen aller Kurven, die als Schnitte der Fläche mit den durch A gehenden und zur Fläche (d. h. ihrer Tangenzialebene) orthogonalen Ebenen entstehen, so werden die maximale und die minimale Krümmung von zwei Kurven angenommen, die sich, falls diese Krümmungswerte verschieden sind, in A unter rechtem Winkel schneiden. Die Schnittkurven heißen Normalschnitte und die Richtungen der zwei Kurven mit extremaler Krümmung heißen Hauptkrümmungsrichtungen. Den Krümmungen der Normalschnitte wird auf folgende Art ein Vorzeichen gegeben: Einer der zwei Normalvektoren der Fläche im Punkt A wird als positiv gerichtet definiert. Die Krümmung eines Normalschnitts erhält dann das Vorzeichen „plus“, wenn die Kurve in positiver Richtung gesehen konkav ist, und das Vorzeichen „minus“, wenn sie in der Gegenrichtung konkav ist. Die Hauptkrümmungen einer Kugel haben dasselbe Vorzeichen, die eines Sattels entgegengesetztes Vorzeichen.

Dieses Resultat wird auch J. A. Serret (1819; 1885) zugeschrieben.

Als Erster stellte Monge die Ergebnisse der Differenzialgeometrie systematisch dar und zwar in seinem Buch *Application de l'analyse à la géometrie* aus dem Jahr 1809. Eine wesentliche Wirkung dieses Buchs war, dass es diesen Gegenstand vielen Schülern und späteren Nachfolgern Monges, darunter Frenet und Serret, nahe brachte. Ein bedeutsames und überraschendes Ergebnis stammte von Monge selbst. Es besagt, dass die einzigen abwickelbaren Flächen, also Flächen, die ohne Zerren oder Zusammenstauchen in die Ebene abgerollt werden können, neben Kegeln und Zylindern, die von den Tangenten von Raumkurven erzeugten Flächen sind. (Die Begriffe Kegel und Zylinder sind hier sehr allgemein zu verstehen. Unter einem Kegel verstehe ich hier die Fläche, die aus allen durch einen gegebenen Punkt gehenden und eine gegebene Kurve schneidenden Geraden besteht, und unter einem Zylinder die Ge-

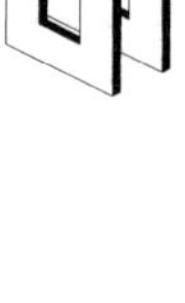

samtheit der Geraden gegebener Richtung, die eine gegebene Kurve schneiden.) Neben dem oben angeführten Satz von Frenet gehört auch ein berühmter Satz von Meusnier zu den Resultaten, die von Monges Schülern gewonnen wurden. Meusnier bewies, dass eine Wendelfläche durch reine Verbiegung, also ohne Längenverzerrung auf ein Katenoid, die Rotationsfläche der Kettenlinie, abgewickelt werden kann (siehe Vortrag XV). Dieser Sachverhalt ist wichtig, weil er zeigt, dass das von Frenet gewonnene elegante Ergebnis für Kurven sich nicht auf Flächen übertragen lässt: Die zwei Flächen sind zwar lokal identisch, global aber wesentlich verschieden. Die erste ist nämlich die einzige Minimalfläche, die zugleich Regelfläche (also Geraden enthaltende Fläche) ist, die zweite die einzige Minimalfläche, die zugleich Rotationsfläche ist.

Bühne frei für Gauß – und weder zum ersten noch zum letzten Mal! Sein Werk *Disquisitiones generales circa superficies curvas (Allgemeine Flächentheorie)* erschien 1827. In ihm entwickelt Gauß den grundlegenden Gedanken, diejenigen Eigenschaften einer Fläche herauszupräparieren, die sich bei verzerrungsfreier Verbiegung der Fläche nicht ändern. Diese Eigenschaften insgesamt machen die so genannte innere Geometrie der Fläche aus. Dazu gehören die Länge von Kurven, der Schnittwinkel zwischen Kurven und der Inhalt von Flächenstücken. Gauß entdeckte auch, dass das Produkt der Hauptkrümmungen zur inneren Geometrie gehört. Diesen besonders erstaunlichen Sachverhalt nannte er *Theorema egregium*, einen *herausragenden Lehrsatz*. Das besagte Produkt heißt Gauß'sche Krümmung. Als spezielle Folgerung aus dem *Theorema egregium* ergibt sich, dass die Biegesteifigkeit eines homogen mit Masse belegten Rohres seinem Dehnungswiderstand gleich ist. Solange der Zylinder nicht gedehnt wird, hat eine seiner Hauptkrümmungen den Wert null, und die erzeugende Kurve des Zylinders bleibt dann geradlinig. Das Buch enthält auch einen Satz, der an die Arbeiten von Lambert anknüpft. (*Wir* können hier diese Verbindung herstellen; Gauß tat das nicht.) Der Satz stellt eine Verbindung zwischen dem Flächeninhalt eines geodätischen (d. h. von geodätischen Linien berandeten) Dreiecks und seinen Winkeln her. Später verallgemeinerten Bonnet und Weingarten den Satz; Bonnet veröffentlichte ihn im Jahr 1848 als den Gauß'schen Satz über krummlinig berandete Polygonen auf Flächen. Heute ist er nach Gauß und Bonnet benannt.

Bemerkung: Ich möchte die Behauptung plausibel machen, dass die hyperbolische Ebene und der hyperbolische Raum „reichhaltiger" sind als ihre euklidischen Pendants. Beispielsweise fanden J. Bolyai und Lobatschewski, dass der hyperbolische Raum eine Fläche (die Horosphäre) enthalt, deren innere Geometrie derjenigen der euklidischen Ebene nahe kommt. Im Kontrast dazu steht ein Ergebnis von Hilbert, der zeigte, dass der euklidische Raum keine glatte Fläche enthält, deren innere Geometrie mit derjenigen der hyperbolischen Ebene global übereinstimmt.

Betrachtet man diese Ergebnisse aus heutiger Perspektive, kann man sich kaum des Eindrucks erwehren, Gauß und seine Nachfolger hätten nichteuklidische Geometrie betrieben, ist doch die Geometrie auf einer Kugelschale oder einem Zylinder von der ebenen Geometrie sehr verschieden. Die Nachfolger von Gauß behandelten die innere Geometrie ihrer Untersuchungsobjekte jedoch in einer Weise, die mit den Gauß'schen Ideen nicht harmonierte. Insbesondere kamen sie nicht darauf, zwischen der inneren Geometrie eines Objekts und der Geometrie des einbettenden Raumes zu unterscheiden. Die notwendige Änderung des Blickwinkels erfolgte in zwei Schritten. Der erste war die Erledigung des Problems der nichteuklidischen Geometrien; die Lösung war so allgemein, dass sie auch heute noch keiner Verbesserung bedarf. Anfangs wurde dieser bemerkenswerte Fortschritt kaum beachtet. Zwanzig Jahre danach präsentierte die als italienische Schule bekannt gewordene Gruppe von Mathematikern der Fachwelt die – heute so bezeichnete – Riemann'sche Geometrie.

Bernhard Riemann (1826; 1866) war der Sohn eines kleinen Landpfarrers. Er studierte in Göttingen. Schon zu dieser Zeit begann er an Tuberkulose zu leiden. Den Doktorgrad erwarb er 1851, er habilitierte sich 1854 und erhielt 1859 eine Professur. Riemann war kein Geometer in heutigem Sinn und wollte dies auch gar nicht sein. Sein Interesse galt der Analysis, und er tat viel für eine verbesserte Darstellung. Beispielsweise gab er die erste allgemeine Definition des (heutigen) Riemann'schen Integrals. Viel Aufmerksamkeit widmete er auch der Theorie der Funktionen einer komplexen Variablen. Ihm allein verdanken wir die Grundlegung dieser Disziplin, eingeschlossen den fundamentalen Begriff der holomorphen Funktion. Insbesondere befasste er sich in seiner Doktorarbeit mit den „Graphen" der algebraischen Funktionen einer komplexen Variablen. Diese „Graphen" heißen heute Riemann'sche Flächen. Die Professur wurde ihm in Anerkennung einer wichtigen Entdeckung verliehen, nämlich einer Methode, die Verteilung der Primzahlen mithilfe komplexer Funktionen zu untersuchen; hierher gehört auch die so genannte Riemann'sche Vermutung. Für Geometrie gab es offenbar keinen Platz mehr.

Als die Fakultät der Universität Göttingen im Jahr 1854 die Entscheidung über das Thema von Riemanns Habilitationsvortrag zu fällen hatte, begutachtete Gauß die von Riemann vorgeschlagenen drei (sic!) Themen und wählte jenes, das sich mit den Grundlagen der Geometrie auseinander setzte. Der Titel lautete *Über die Hypothesen, welche der Geometrie zugrunde liegen.*

Riemann warf die Frage auf, welche Annahmen über einen Raum zu machen seien, bevor er überhaupt als solcher untersucht werden könne. Er fragte nicht nur, sondern gab auch eine Antwort! Die Grundannahme läuft darauf hinaus, dass ein Raum lokal die Struktur eines euklidischen Raums geeigneter Dimension hat. Man kann sich also einen Raum so vorstellen, als sei er aus euklidischen Räumen zusammengeklebt. Zweidimensionale Räume sind aus kleinen Flicken vieler verschiedener Formen zusammengenäht. Solche aus euklidischen Teilstücken gleicher Dimension „glatt" zusammengefügten „schönen" Objekte heißen heute Mannigfaltigkeiten. Riemann definierte exakt, was ich eben „glatt" und „schön" genannt habe. Die einschlägigen Bedingungen sind, wie man heute sagt, topologischer Natur; zu Riemanns Zeiten gab es aber noch keine Topologie. Ist eine Mannigfaltigkeit gegeben, wird auf ihr eine Geometrie eingeführt, also eine Vorschrift für das Messen von Längen. Riemann entwickelte zu diesem Zweck kraftvolle analytische Methoden, die sich als genau die gleichen erwiesen, die der Herr Geheime Hofrat (so Riemanns Anrede für Gauß in seinem Vortrag) für die innere Geometrie der Flächen entwickelt hatte. Riemann führte also den Begriff der inneren Geometrie einer Mannigfaltigkeit ein, ohne das Wort „innere" in den Mund zu nehmen. Warum? Gauß hatte diesen Begriff benutzt, um die Geometrie einer Fläche von der Geometrie des einbettenden Raumes zu unterscheiden. Die Riemann'schen Methoden gestatten aber, einem Objekt auch dann eine Geometrie aufzuprägen, wenn es nicht in irgendeinen Raum eingebettet ist. Dieser scheinbar geringfügige Unterschied hat in Wirklichkeit große Bedeutung: Wir können auf weitgehend beliebigen Objekten Geometrien kreieren. Es ist dann auch klar, dass es unendlich viele nichteuklidische Geometrien gibt.

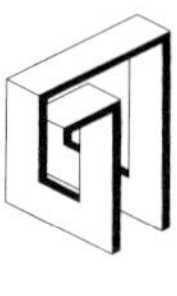

Wie reagierte die Fachwelt? Ganz einfach: überhaupt nicht. Riemanns Habilitationsvortrag wurde als ein weiterer Ausfluss der Launen von Gauß angesehen. Die Arbeit wurde von Dedekind in Riemanns Nachlass gefunden und 1868, also zwei Jahre nach Riemanns Tod, zum Druck befördert. Im selben Jahr und in derselben Zeitschrift erschien eine Arbeit des Physikers Hermann Helmholtz (1821; 1894). Der Titel *Über die Tatsachen, welche der Geometrie zugrunde liegen* war ein beabsichtigtes Echo auf den Titel der Riemann'schen Arbeit. Die Physiker beobachteten die fieberhaften Anstrengungen der Mathematiker, mit den zwei widersprüchlichen Beschreibungen des physikalischen Raumes zurechtzukommen; sie selbst erinnerten sich an Galileis Rezept: Nicht das „Warum" zählt, sondern das „Wie". Es geht danach also überhaupt nicht darum, eine mathematische Theorie zu finden, die ein physikalisches Phänomen modelliert; man wähle vielmehr diejenige Beschreibung, die im Augenblick (!) gerade am besten passt. Schließlich hatten ja seit dem 17. Jahrhundert in der Theorie des Lichts die Beschreibungen durch Wellen nach Huygens und durch Teilchen nach Newton nebeneinander Bestand. Dazu kam noch, dass sich im Lauf der Zeit immer deutlicher herausschälte, dass beide Beschreibungen ihre Gültigkeit auf Dauer behalten sollten.

Von diesem Standpunkt aus ist Riemanns Arbeit für den Physiker ein hervorragend bestückter Werkzeugkasten, aus dem er immer diejenige Geometrie heraussuchen kann, die ein physikalisches Phänomen in seinen Augen am besten beschreibt. Dies ist auch das Thema der Helmholtz'schen Arbeit. Er formulierte acht Prinzipien, die den Physiker bei der Wahl der Geometrie für ein gegebenes Problem leiten sollen. Obwohl diese Prinzipien nicht in jedem Punkt der Kritik standhielten (beispielsweise muss nach Helmholtz der Raum immer dreidimensional sein), fand die allgemeine Tendenz die Billigung der Physiker und bestärkte die Mathematiker, die nun verschiedene Geometrien erforschen konnten, ohne sich mit philosophischen Gewissensbissen zu belasten.

Riemanns Werk wurde von italienischen Mathematikern weitergeführt; ich werde darüber in Vortrag XXI sprechen. An dieser Stelle möchte ich gerne zu der Frage zurückkehren, die im vorvorigen Absatz als sinnlos erklärt wurde: Welche Geometrie beschreibt den physikalischen Raum? Der einzige vernünftige Zusammenhang, in dem sich diese Frage diskutieren lässt, ist das erste kosmologische Prinzip (siehe Vortrag I). Man könnte nach der Geometrie des Universums fragen, die im Mittel über ausgedehnte Teile des Weltraums hin herrscht; eine solche Wendung der Frage ist wohl unvermeidlich. Die Antwort heißt: *Wir wissen es nicht.* Ein Kommentar ist dennoch am Platz.

Wenn wir akzeptieren, dass der Weltraum im Mittel überall derselbe ist, so muss seine Krümmung als konstant angenommen werden. Nach der Allgemeinen Relativitätstheorie (siehe Vortrag XXII) hängt die Krümmung des Raumes von der in ihm enthaltenen Masse ab. Umgekehrt hängt aber das Schicksal des Universums, wie es die Kosmologen aus der Urknall-Hypothese herleiten, von der Raumkrümmung ab. (An diese Hypothese glauben alle. Einige sehen im Urknall, im Big Bang, exakt den Augenblick, in dem die Welt geschaffen wurde.) Je nach dem Wert der Raumkrümmung wird das Universum nach einer Periode der Expansion entweder in eine Periode der Kontraktion übergehen, bis es in der großen Implosion vergehen wird (so bei positiver Krümmung), oder es wird sich unbegrenzt ausdehnen und im Wärmetod enden (so bei negativer Krümmung), oder es wird sich in irgendeinem Zustand stabilisieren (so bei Krümmung null, also in dem Fall, dass die euklidische Geometrie das Universum richtig beschreibt). Damit reduziert sich das gesamte Problem der gemittelten Geometrie auf die Frage, wie viel Masse im Universum vorhanden ist. Um die Sache noch merkwürdiger zu machen, ist zu sagen, dass es im Universum lächerlich wenig nachweisbare

Masse gibt, sodass die Krümmung entschieden negativ sein sollte. Diese Folgerung befriedigt die Kosmologen aber keineswegs. Sie vermuten zum Ersten, dass die Masse zum größten Teil in den praktisch unbeobachtbaren Neutrinos steckt und zum Zweiten, dass deren Ruhemasse ausreichend groß ist, um die Krümmung positiv zu machen. Hierfür müsste die Ruhemasse des Neutrinos mindestens 48 eV betragen. Die Wissenschaft steht aber vor dem Problem, dass die Messung dieser Masse derzeit außerhalb jeder Reichweite liegt. Bis auf weiteres dürfte also die Frage nach der Geometrie des Universums ein guter Vorwand für Anträge auf Forschungsmittel bleiben.

Im Lichte der Riemann'schen Begriffsbildungen erhebt sich die viel interessantere Frage, welche Art von Mannigfaltigkeit das Universum ist. Ähnelt es einem Ball, einem Fahrradschlauch oder gar einer Brezel? Diese und die vorige Frage hängen zu einem gewissen Grad zusammen. Das aber ist eine andere Geschichte.

Vortrag XX

Analysis, Zahlen und Mengen

Im 19. Jahrhundert wurden Algebra und Geometrie durch grundlegend neue Vorstellungen umgestaltet. Dennoch konzentrierte sich das Interesse der mathematischen Fachwelt auf die Analysis. Die Analysis war es nämlich, die der Mathematik ihre dominierende Stellung zuerst in Naturwissenschaft und Technik (siehe Vortrag XVI) und dann auch in allen anderen Wissenschaften sicherte. Die Analysis bewies die Allmacht der Mathematik.

Dazu ein eindrucksvolles Beispiel aus der Astronomie! In der Neujahrsnacht 1800/1801 entdeckte Giuseppe Piazzi während seiner Schicht (es gab viele Himmelsbeobachter, aber nur wenige Fernrohre) einen neuen Himmelskörper, den heutigen Planetoiden Ceres. Das Objekt geriet jedoch wieder außer Sicht. Der erst 24-jährige Gauß stellte sich die Aufgabe, die Bahn des verlorenen Planetoiden zu berechnen. Dazu standen ihm nur die Daten zur Verfügung, die Piazzi während der nur wenige Stunden dauernden Beobachtung gesammelt hatte. Dem scharfsinnigen Mathematiker Gauß gelang es tatsächlich, die neue Position der Ceres zu berechnen. Eineinhalb Jahre später erwies sich, dass dies nicht einfach ein glücklicher Zufall gewesen war: Ein weiterer Planetoid, diesmal die von Olbers entdeckte Pallas, ging verloren und wieder fand Gauß ihre Position. Jetzt wurde endgültig klar: Das waren echte Erfolge, keine Glücksfälle. Immer mehr Menschen bekannten sich zu der Überzeugung, die wir heute aus dem hochfahrenden Ausspruch *Der Mathematiker macht's einfach besser* von Steinhaus kennen. Der Unterschied ist nur der, dass damals Mathematiker und Nicht-Mathematiker in dieser Überzeugung übereinstimmten. Dieselbe Situation entwickelte sich in der Technik. Beispielsweise erfanden Gauß und Weber 1833 den Telegrafenapparat. Es war eindeutig die Analysis, der die Mathematik im Wesentlichen ihr Renommé verdankte.

Unter diesen Umständen war es ein Ärgernis, dass die Analysis der am dürftigsten fundierte Zweig der Mathematik war. Die Begeisterung über die Kraft ihrer Methoden hielt sich die Waage mit dem Ärger über ihre logischen Schwächen. Hier tritt Augustin Louis Cauchy (1789; 1857) auf den Plan, der Mann, dem die meisten Mathematikhistoriker das Verdienst zuschreiben, aus der Analysis eine strenge Disziplin gemacht zu haben. Damit ist nicht nur erhöhte begriffliche Genauigkeit gemeint, sondern auch eine höher gelegte Messlatte für die Zulässigkeit von Verfahren. Vielleicht war Cauchys Geburtsjahr der Grund dafür, dass er ein erklärter Gegner der Französischen Revolution war, ein Monarchist und Legitimist. Seine Überzeugungen in dieser Sache waren so unbeugsam, dass er seinen Dienst an der École Polytechnique quittierte, als der Bourbone Karl X. im Jahr 1830 gestürzt und durch Louis Philippe (in Cauchys Augen ein Usurpator) ersetzt wurde. Dabei war er, der berühmte und hoch geschätzte Mathematiker, doch die stärkste Säule dieser Einrichtung gewesen. Danach lebte und lehrte er in Turin und Prag. Im Jahr 1838 kehrte er nach Paris zurück, weigerte sich aber, unter dieser Regierung an einer Universität zu lehren. Als Napoleon III. Kaiser wurde, nahm Cauchy seine Pflichten als Professor nur unter der Bedingung wieder wahr, dass ihm der Treueid erlassen würde. Erwähnenswert ist auch, dass Cauchy, Autor von etwa 700 Werken, in der Rangliste nach Publikationen hinter Euler, Cayley und Sierpinski an vierter Stelle steht. (So jedenfalls das Guinness-Buch der Rekorde; andere Quellen nennen die Reihenfolge Erdös, Cayley, Euler, Sierpinski, Cauchy.)

Der Treueid, der jedem Universitätsprofessor abverlangt wurde, war ein typischer Zug der zivilisierten Welt. So wurde beispielsweise Paolo Ruffini von der Universität Modena entlassen, weil er diesen Eid verweigerte.

Den ersten wissenschaftlichen Erfolg errang Cauchy in Gestalt eines Preises der Pariser Akademie für eine Arbeit über die Wellenausbreitung in Wasser. Mit dieser Arbeit begann Cauchy zugleich auch seine Erforschung der Leitfähigkeit. Zusammen mit Navier begründete er die Elastizitätstheorie, zugleich mit Fourier arbeitete er über trigonometrische Reihenentwicklungen, über die ich nachher noch etwas sagen werde.

Cauchy tat den entscheidenden Schritt, die Analysis auf der Arithmetik der reellen Zahlen aufzubauen. Darin liegt sein größter Verdienst und die wahre Bedeutung seines Werkes, wenn es auch scheinen könnte, dass seine Bemühungen eigentlich einem anderen Ziel galten. Als Erster verwendete er den Begriff *Umgebung*. Er verknüpfte den Stetigkeitsbegriff und allgemeiner auch den Grenzwertbegriff mit dem Verhalten einer Funktion (und auch einer Folge oder Reihe) in der Umgebung eines Punktes. Diese Betonung des lokalen Charakters der Begriffe kennzeichnet heute die Topologie, die es zu Cauchys Zeiten natürlich noch nicht gab. Damals mussten die oben genannten Begriffe mithilfe von Umgebungen auf der reellen Achse, also von Intervallen erklärt werden. Daher schloss sich Cauchy wohl oder übel der Partei von Kroneckers Jüngern an, die in der Arithmetisierung die einzige Möglichkeit sahen, eine gewisse Ordnung in die Mathematik zu bringen.

Cauchy führte, wie gesagt, die Begriffe der Stetigkeit und des Grenzwerts reeller und komplexer Funktionen in die Mathematik ein. Er definierte auch den Grenzwert von Folgen und Reihen und dazu die Begriffe Funktionenfolge und Funktionenreihe. Er bewies den wohl bekannten Residuensatz für Funktionen einer komplexen Variablen und den zuvor schon eifrig vorweggenommenen Satz über die Existenz und eindeutige Bestimmtheit der Lösung einer gewöhnlichen Differenzialgleichung. (Er bewies diesen Satz vermutlich schon in den Zwanzigerjahren des 19. Jahrhunderts, veröffentlichte ihn aber erst 1836.) Cauchys Schriften und Vorlesungen waren stets sehr klar und begeisterten oft die Leser und Hörer. Beispielsweise schrieb Laplace, er habe eine Vorlesung Cauchys über die Konvergenz von Reihen gehört und sei dann nach Hause geeilt, um die Konvergenz der Reihen nachzuprüfen, an denen er selbst gerade arbeitete. Diese Klarheit ist einer der Gründe, um deretwegen Cauchy als einer der Begründer der Analysis gilt.

In dieser Einschätzung liegt aber doch auch eine Übertreibung. Cauchy hat sich nämlich „Beweise“ für einige falsche Sätze geleistet, die meisten davon über Funktionenfolgen. Dies lag daran, dass er nicht zwischen gleichmäßiger und nicht gleichmäßiger Stetigkeit unterschied. Ein Irrtum anderer Art steht in Zusammenhang mit den so genannten Cauchy-Folgen. Eine Folge (a_n) heißt Cauchy-Folge, wenn die Differenz zwischen Gliedern mit hinreichend großem Index kleiner ist als eine beliebige vorgegebene Zahl oder, vereinfacht gesagt, mit wachsendem n beliebig klein wird. Dies besagt exakt: Zu jeder positiven reellen Zahl α gibt es eine natürliche Zahl N mit der Eigenschaft, dass für beliebige natürliche Zahlen m und n die Ungleichung

$$|a_{N+m} - a_{N+n}| < \alpha$$

gilt. Cauchy behauptete, jede solche Folge habe einen Grenzwert. Dies trifft für reelle und komplexe Zahlenfolgen zwar zu, aber einen Beweis erbrachte Cauchy nicht – und er hätte auch gar keinen erbringen können. Ihm fehlten nämlich noch die nötigen Kenntnisse über reelle Zahlen. (Beachten Sie dazu, dass der Betrag komplexer Zahlen reell ist!). Einige scharf denkende Zeitgenossen Cauchys bemerkten dann auch, dass die von Kronecker propagierte Idee einer Arithmetisierung der Analysis ohne eine Reform der Arithmetik erfolglos bleiben musste. Schließlich möchte ich noch darauf hinweisen, dass bei der Lektüre der Werke Cauchys auf Unterschiede in den Definitionen im Vergleich zu den heutigen zu achten ist. Beispielsweise definiert Cauchy die Stetigkeit einer Funktion von mehreren Veränderlichen so, dass die Aussage *Eine Funktion von zwei Variablen ist stetig, wenn sie bezüglich jeder der zwei Variablen stetig ist* zutrifft. Nach *unserer* Definition ist das anders.

Angesichts all dessen können wir sagen, dass Cauchy zwar die Idee entwickelte, die Analysis zur streng begründeten Disziplin zu machen, aber diese nicht mit der nötigen Lückenlosigkeit in die Tat umsetzen konnte.

Die Klärung und strenge Fundierung der Analysis wurde von Cauchys Nachfolgern fortgesetzt. Einen Beitrag zu diesem Aufbau leistete Riemann mit seiner Einführung des heute nach ihm benannten Integrals. In höherem Maße war es jedoch Karl Weierstraß (1815; 1897), der der Analysis ihre moderne Form gab. Wie Graßmann begann er seine Laufbahn als preußischer Gymnasiallehrer. Anders als Graßmann war er allerdings weder zurückhaltend noch dauernd in Gedanken versunken. Er war vielmehr ein stattlicher und gut aussehender Mann, dessen Qualitäten an den Orten, wo er unterrichtete, von den Damen so geschätzt wurden, dass seine Anwesenheit den gesellschaftlichen Komment bedrohte. Die Schulaufsicht war daher erleichtert, als Weierstraß beschloss, Universitätsprofessor zu werden. Seine erste Professur hatte er in Breslau, ging dann aber im Jahr 1856 an die Universität Berlin. Seine Vorlesungen waren von ungewöhnlicher Strenge. Er führte die berühmten Symbole ε und δ in die Analysis ein und zeigte Punkt für Punkt, dass sich alle Probleme auf die Behandlung von Ungleichungen mit Beträgen reeller Zahlen zurückführen ließen. Damit brachte er das Programm der Arithmetisierung der Analysis erfolgreich zum Abschluss. Von da an war jede etwaige Unschärfe der Arithmetik anzulasten. Als besonders präziser Denker unterschied Weierstraß mühelos zwischen gleichmäßiger und nicht gleichmäßiger Konvergenz und bewies die einschlägigen Sätze. Eine seiner wichtigsten Neuerungen war die ständige Prüfung, ob die Voraussetzungen in seinen Sätzen wirklich unentbehrlich seien. Dies bedeutet insbesondere, dass zum Beweis eines Satzes jeweils Beispiele hinzuzufügen waren, die zeigten, dass durch Weglassen einzelner Voraussetzungen der Satz falsch wurde. (Solche Beispiele heißen Gegenbeispiele.) Natürlich lässt sich diese Forderung nicht komplett erfüllen, aber schon die Versuche in dieser Richtung haben bei der Klärung des Aufbaus der Mathematik eine wichtige Rolle

Eigentlich wurde der Begriff der gleichmäßigen Stetigkeit 1838 von Gudermann gefunden und später dann nochmals von Stokes und Seidel. Dies erinnert an die Geschichte mit der Dampfmaschine von Heron. Jeder weiß doch, dass sie 1500 Jahre später von Watt erfunden wurde, denn er war der Erste, der etwas damit anfangen konnte.

gespielt (siehe Vortrag XXIII). Einige der von Weierstraß angegebenen Gegenbeispiele erschreckten die Fachwelt. Die Existenz von nirgends stetigen Funktionen (etwa die Funktion, die jeder irrationalen Zahl den Wert 0 und jeder rationalen den Wert 1 zuweist) oder von überall stetigen nirgends differenzierbaren Funktionen warfen die drängende Frage auf: *Wissen wir überhaupt, wovon wir sprechen, wenn wir von Funktionen sprechen?* Die Suche nach einer strengen Begründung der Analysis wirkte – paradox genug! – als Auslöser für eine geradezu explosionsartige Vermehrung der Zweifel am Wesen von Zahlen und Funktionen.

Zwei mit Weierstraß in Verbindung stehende Menschen sind noch zu nennen. Mit dem ersten von ihnen war Weierstraß allerdings nicht persönlich bekannt; er kannte Bernhard Bolzano (1781; 1848) nur über die nachgelassenen Schriften. Bolzano war ein tschechischer Ordensgeistlicher und Professor für Religionsgeschichte an der Universität Prag. In Bezug auf die Mathematik war er Amateur. Daraus erklärt sich, dass er keinerlei Anstalten unternahm, seine Schrift *Rein analytischer Beweis des Lehrsatzes, daß zwischen je zwey Werthen, die ein entgegengesetztes Resultat gewähren, wenigstens eine reelle Wurzel der Gleichung liege* zu veröffentlichen. Als Weierstraß durch Zufall in den Besitz des Manuskripts kam, fühlte er sich zu der großzügigen Geste veranlasst, den von ihm gefundenen Sätzen den Verfassernamen Bolzano hinzuzufügen, wenn immer sich dies durch den Inhalt des Manuskripts rechtfertigen ließ. (Ein Beispiel ist der Satz dass, *jede beschränkte Folge eine konvergente Teilfolge enthält.*) In der Tat wurden die Gedanken, die Bolzano für einen Teil seiner provinziellen Sicht auf die Welt hielt, zum Ausgangspunkt der Forschungsrichtung, die gegen Ende des 19. Jahrhunderts die Analysis beherrschen sollte. Seine Schrift *Paradoxien des Unendlichen* enthält bereits die Grundzüge der im Folgenden zu besprechenden Mengenlehre. Bolzanos Werke wurden erst 1930 veröffentlicht und dann auch nur als historische Erinnerung an große Errungenschaften der tschechischen Mathematik.

Die zweite mit Weierstraß in Verbindung stehende Person war eine schöne junge Russin namens Sophie Kowalewska (1850; 1891). Ihr Schicksal war nicht so tragisch wie das der Hypatia, aber ihr Studium und ihre wissenschaftliche Tätigkeit an der Universität waren ein ständiger Kampf bergauf. Ihre Biographen pflegen die eher romantischen Züge ihres Lebens auszumalen. Ihr Zeitgenosse Felix Klein, der nur ein Jahr älter als Sophie war, merkte an, sie schriebe und lebe Romane. Er wusste wohl, wovon er redete, denn er konnte selbst beobachten, was sich abspielte. In der damaligen Zeit brauchte eine Frau auf jeden Fall einen Fürsprecher, um in der Wissenschaft voranzukommen; damit ist nichts Schlechtes über sie gesagt. Nun zurück zur Mathematik! Im Jahr 1874 verteidigte Kowalewska als externe Studentin und mit Weierstraß als Förderer an der Universität Berlin erfolgreich ihre Dissertation im Fach Mathematik. Thema der Arbeit war der Beweis eines Existenz- und Eindeutigkeitssatzes für die Lösung von partiellen Differenzialgleichungen und von Systemen partieller Differenzialgleichungen. Damit verallgemeinerte Kowalewska ein Ergebnis von Cauchy über gewöhnliche auf beliebi-

Das Zitat über die Romane stammt aus Kleins äußerst wertvollem Buch *Vorlesungen über die Entwicklung der Mathematik im 19. Jahrhundert.* Der große Mathematiker beschreibt darin, beginnend mit den Jahren kurz vor seiner Geburt, die Ereignisse, die sich in der Mathematik in den folgenden fünfzig Jahren abspielten. Das Buch ist sehr subjektiv und enthält viele rein persönliche Meinungen des Autors. Unter anderem geht Klein auf die Beziehung zwischen Weierstraß und Kowalewska ein; er kommt zu dem Schluss, dass sie für Weierstraß sehr förderlich gewesen sei. Fast im selben Stil verknüpft er Kowalewskas darauffolgenden Lebensabschnitt mit der Person Mittag-Lefflers. Damals verkörperte eine russische Frau in Westeuropa eine von den russischen Romanciers so eingängig beschriebene Rolle, dass Klein kaum anders über Kowalewska denken konnte, als er es in seinem Buch demonstriert. Dies gilt umso mehr, als beide Herren durchaus ihren Ruf hatten.

ge Differenzialgleichungen; wir sprechen heute vom Satz von Cauchy und Kowalewska. Dies ist aber unsinnig – Cauchy war schon seit 17 Jahren tot – und außerdem unfair. Der Fall Kowalewska machte für die Frauen den Zugang zur Universität zu einer Lebensfrage. Die erste Frau, die nach Abschluss eines normalen Studiums den Doktorgrad erwarb, war Grace Chisholm, verheiratete Jung (1868; 1953). Sie studierte in Göttingen und promovierte 1895. Nebenbei bemerkt schloss die ein Jahr ältere Marie Sklodowska ihr Physikstudium in Paris ein Jahr früher ab, promovierte aber erst 1903. Sophie Kowalewska war auch die erste Frau, die an einer Universität Mathematik lehrte. 1883 wurde sie (wie üblich unbesoldete) Privatdozentin und ein Jahr später Professorin an der Universität Stockholm. (Marie Sklodowska las von 1906 an.) Ich erwähne all dies als Warnung: Der Zustand der intellektuellen Barbarei im akademischen Bereich endete erst vor sehr kurzer Zeit. Es ist höchst bedauerlich, dass die technischen Errungenschaften der Menschheit der moralischen und kulturellen Entwicklung so locker davonlaufen.

Zurück zur Mathematik! Die Fourier-Reihen habe ich schon erwähnt. Diese trigonometrischen Reihen wurden hauptsächlich deshalb eingeführt, weil sie bequem handhabbare Darstellungen von rechnerisch oder experimentell gewonnenen Funktionen liefern. Die Berechnung der Fourier-Reihe einer Funktion ist einfach, daher stellen sich nahe liegende Fragen: Ist jede Funktion in eine solche Reihe entwickelbar? Gibt es nur eine Fourier-Reihe zu einer gegebenen Funktion? Etwas grob gesagt gab dieses Problem den Anstoß zur Entwicklung der Mengenlehre, einer völlig neuen mathematischen Disziplin.

Im Jahr 1870 bewies Heinrich Eduard Heine (1821; 1881), Professor an der Universität Halle, dass unter der Voraussetzung der gleichmäßigen Stetigkeit eine Funktion eine eindeutig bestimmte Entwicklung in eine trigonometrische Reihe besitzt, falls die Funktion bis auf endlich viele Stellen stetig ist. Im gleichen Jahr bewies Georg Cantor, ein Kollege Heines, den Satz in einer stärkeren Version. Hier ist nicht der Platz, um Cantors Ergebnisse im Einzelnen darzustellen, aber es ist erwähnenswert, dass sich der Satz von Heine durch Abschwächung der Voraussetzungen erheblich verschärfen lässt. Die exakte Formulierung der wesentlichen Ergebnisse war nur in einer neuen Sprache möglich und forderte Antworten auf viele kurz zuvor aufgeworfene Fragen, die alle nun die Menge der reellen Zahlen betrafen, war doch diese Zahlenmenge sowohl Definitions- als auch Bildbereich der betrachteten Funktionen. Viele dieser Fragen nahmen ein Eigenleben an. Beispielsweise ist die Frage, ob sich die reellen Zahlen in einer Folge anordnen lassen, offenbar von unabhängigem Interesse, aber die Antwort „nein" legt die Existenz unterschiedlicher Abstufungen des Unendlichen nahe und zwingt dazu, deren gegenseitige Beziehung zu untersuchen.

Die Frage, ob sich die reellen Zahlen in einer Folge anordnen lassen, wurde durch Cantor mithilfe des so genannten Diagonalverfahrens gelöst. Der Einfachheit halber beschränken wir uns auf das Intervall (0; 1) und weisen mithilfe des Diagonalverfahrens nach, dass schon die Zahlen dieses Intervalls nicht in einer Folge anzuordnen sind. Nehmen wir das Gegenteil an! Wir schreiben die Dezimalentwicklungen dieser Zahlen in einer (unendlich langen) Liste – also als Folge – untereinander, wobei wir voraussetzen, dass keine Entwicklung mit lauter Neunen endet. Damit entsteht die folgende unendliche Liste:

$$\begin{array}{l} 0,\, a_{11}\, a_{12}\, a_{13} \ldots \\ 0,\, a_{21}\, a_{22}\, a_{23} \ldots \\ 0,\, a_{31}\, a_{32}\, a_{33} \ldots \\ \vdots \quad \vdots \quad \vdots \quad \vdots \quad \ddots \end{array}$$

Nun betrachten wir eine Zahl $0,b_1b_2b_3\ldots$, deren Dezimalentwicklung nicht mit lauter Neunen endet und die Bedingung $b_i \neq a_{ii}$ für alle i erfüllt. Diese Zahl liegt im Intervall (0; 1), unterscheidet sich aber von allen Zahlen der Liste, weil ihre Dezimalbruchentwicklung von der i-ten Zahl der Liste an der i-ten Stelle abweicht. Die Annahme, die Zahlen des Intervalls (0; 1) ließen sich in einer Folge anordnen, führt also zu einem Widerspruch und ist falsch. (Cantor gab auch einen Beweis mithilfe von Intervallschachtelungen, worüber ich nachher noch sprechen werde.) Aus diesem Ergebnis können wir schließen, dass es „unendlich viel mehr" irrationale als rationale Zahlen gibt. Cantor verschärfte diese Folgerung noch, indem er zeigte, dass die Menge der algebraischen Zahlen, also der Wurzeln algebraischer Gleichungen mit ganzzahligen Koeffizienten, „ebenso groß" ist wie die Menge der natürlichen Zahlen und damit nur einen kleinen Teil der Menge der reellen Zahlen ausmacht. Daraus ergibt sich, dass die „am wenigsten regelmäßigen" Zahlen (sie heißen transzendent) in der erdrückenden Mehrheit sind. Ich füge hinzu, dass die ersten Beispiele transzendenter Zahlen 1844 von Liouville gegeben wurde und dass Charles Hermite (1822; 1901) die Transzendenz von e bewies, also gerade ein Jahr, bevor Cantor zeigte, dass es „so massenhaft viele" transzendente Zahlen gibt. Ich werde später noch einiges über Zahlen sagen.

Im Folgenden möchte ich aber erst noch über die Anzahl der Elemente nicht nur endlicher, sondern auch unendlicher Mengen und über ihre „Größe", ihre Kardinalzahl sprechen; ich bitte meine Leser, sich hier auf ihre an endliche Mengen gebundene Intuition zu verlassen. Die Definition, wann zwei Mengen von derselben Größe sein oder, wie wir sagen, die gleiche Mächtigkeit haben sollen, ist aber nahe liegend und nützlich: Dies gilt genau dann, wenn es eine eineindeutige Beziehung zwischen den in Rede stehenden Mengen gibt.

Im Zusammenhang mit diesen Untersuchungen der Mächtigkeit verschiedener Punktmengen zeigte Cantor, dass ein Intervall auf der reellen Zahlengeraden, die ganze Gerade selbst, ein Quadrat und ein Würfel alle dieselbe Kardinalzahl haben. Damit war der Dimensionsbegriff infrage gestellt. Um dieser Schwierigkeit Herr zu werden, wurde vorgeschlagen, die Dimension mit der Stetigkeit in Zusammenhang zu bringen. An diesem Punkt schockierte Peano (über den ich im nächsten Vortrag noch sprechen werde) die Fachwelt, indem er ein Intervall stetig auf ein Quadrat abbildete. Als Therapie für diesen Schock wurde nun vorgeschlagen, zwei Mengen genau dann die gleiche Dimension zu geben, wenn jede der beiden stetig auf die andere abgebildet werden kann. Eine seltsame Welt hatte Cantor da entdeckt! Die Mathematiker, die sich in ihr bewegen wollten, mussten neues Fingerspitzengefühl und neue Fantasie entwickeln, nicht so sehr neue Techniken.

Betrachten wir beispielsweise die Frage nach einem Beweis des grundlegenden Bernstein'schen Äquivalenzsatzes: *Zwei Mengen sind genau dann gleich mächtig, wenn jede von ihnen zu einer Teilmenge der anderen gleich mächtig ist.* Die dahinter stehende Fragestellung und der Beweis sind typisch für die neuartigen Probleme, die neuen Beweistechniken und darüber hinaus den neuen Formalismus der Mengenlehre. Wenn es Schulkinder heutzutage schwierig finden, einen Apfel von einer einelementigen Menge von Äpfeln zu unterscheiden, sollte man ihnen sagen, dass die Mathematiker bis in die Mitte des 20. Jahrhunderts einen Großteil ihrer Energie darauf verwendeten, mit solchen ähnlichen Schwierigkeiten fertig zu werden.

Cantors bahnbrechendes Werk heißt *Grundlagen einer allgemeinen Mannigfaltigkeitslehre*. In ihm wird bewiesen, dass die Menge aller Teilmengen einer Menge größer ist als die gegebene Menge. (Zum Beispiel hat eine Menge aus zwei Elementen vier Teilmengen.) Dies wird durch die Formel $2^{|S|} > |S|$ ausgedrückt, wobei $|S|$ die Kardinalzahl der Menge S bedeutet. Im Fall endlicher Mengen geht diese Beziehung in eine gültige Ungleichung der gewöhnlichen Arithmetik über. Im anderen Fall liefert sie eine unbegrenzt aufsteigende Kette immer größerer Kardinalzahlen. Dies ist aber nicht der einzige Weg, höhere Stufen von Unendlich zu bekommen. Cantor schlug die so genannte Skala der Alephs vor, die sich aus der Untersuchung von Ordnungsrelationen ergibt, die zwischen den Elementen einer Menge hergestellt werden. (Unsere Vorträge sind nicht der geeignete Ort, um dieses Thema zu behandeln. Ich habe Ordnungszahlen schon in Vortrag II erwähnt.) Damit stellt sich das Problem, eine Beziehung zwischen diesen beiden Hierarchien herzustellen. Die Frage reduziert sich darauf, ob die Gleichung

$$2^{\aleph_i} = \aleph_{i+1}$$

gilt. (Der Buchstabe $\aleph$ heißt Aleph; es ist der erste Buchstabe des hebräischen Alphabets.) Um etwas Licht in diese Sache zu bringen, betrachten wir den Fall $i = 0$. Die Zahl $\aleph_0$ steht für die Mächtigkeit der Menge aller endlichen Teilmengen der Menge der natürlichen Zahlen, die der Mächtigkeit der Menge der natürlichen oder rationalen Zahlen gleich ist. Die Zahl $\aleph_1$ ist die nächste unendliche Kardinalzahl. Cantor bewies die Gleichung $2^{\aleph_0} = \mathfrak{c}$. Der Frakturbuchstabe $\mathfrak{c}$ bezeichnet die Mächtigkeit der Menge der reellen Zahlen, des Kontinuums. (Dieses Wort wird in der Mathematik auch in anderer Bedeutung verwendet.) Für $i = 0$ lautet die von Cantor gestellte Frage damit: *Gibt es Mengen, die mehr Elemente haben als die Menge der natürlichen, aber weniger Elemente als die Menge der reellen Zahlen?* Man spricht von der Kontinuumshypothese; ihr Analogon für beliebige i ist die verallgemeinerte Kontinuumshypothese. Nachdem diese Frage von Cantor im Jahr 1884 aufgeworfen worden war, wuchs ihre Bedeutung in dem Maß, in dem die Mengenlehre zur universellen Sprache der Mathematik wurde. Die Lösung war überraschend. Im Jahr 1963 bewies Paul Cohen (geboren 1934), dass diese Aussage logisch nicht von den üblicherweise anerkannten Annahmen der Mengenlehre abhängt. Dies bedeutet, dass die verallgemeinerte Kontinuumshypothese zu den übrigen Axiomen der Mengenlehre genauso steht wie das Parallelenaxiom zu den Axiomen der absoluten Geometrie: Es gibt viele Mengenlehren, genauso wie es viele Geometrien gibt. Diese Entdeckung setzte der schon übertriebenen Beschäftigung der Mathematiker mit der Mengenlehre und, allgemeiner noch, mit den Grundlagen der Mathematik ein Ende. Ich werde in Vortrag XXIII noch mehr darüber sagen, an dieser Stelle aber möchte ich noch einen Blick auf gewisse Merkwürdigkeiten der von Cantor begründeten Theorie werfen.

Die wichtigste und unmittelbar die Grundlagen berührende Merkwürdigkeit ist der sich jeder anschaulichen Vorstellung entziehende Mengenbegriff selbst. Die nahe liegende Vorstellung, eine Menge sei eine Ansammlung von Objekten, erwies sich als zu simpel. Das klassische Beispiel für die Schwierigkeiten, die aus einer zu stark vereinfachenden Sicht des Mengenbegriffs entstehen, ist die Russell'sche paradoxe *Menge aller Mengen, die sich nicht selbst als Element enthalten*. Diese Menge ist Element ihrer selbst genau dann, wenn sie nicht Element ihrer selbst ist. Ein chemisch reiner Widerspruch! Viele weitere solche Paradoxien wurden konstruiert und weitere kamen zum Vorschein, als die Mengenlehre in verschiedenen Gebieten angewendet wurde. Damit entstand die zwingende Notwendigkeit, auch diejenige Theorie zu axiomatisieren, die zur Fundierung möglichst der ganzen Mathematik angetreten war. Eine strenge Mengenlehre konnte es nicht geben ohne eine Übereinkunft (ich wiederho-

le: Übereinkunft), wie eine Menge durch explizite Angabe (also: Festlegung) ihrer Grundeigenschaften zu beschreiben sei.

Das erste befriedigende Axiomsystem der Mengenlehre wurde 1908 von Ernst Zermelo (1871; 1953) angegeben. Damit verloren die Mengen, also die dem Axiomsystem genügenden Objekte, die primitiven Defekte, an denen sie vorher gelitten hatten; Paradoxien wie die Russell'sche traten nun nicht mehr auf. Unglücklicherweise hatten sie nun andere Fehler, die erst im Jahr 1922 von Abraham Fraenkel (1891; 1965) behoben wurden. In dieser Form tut das Axiomsystem bis heute seinen Dienst als Grundlage der Mengenlehre, wenn es auch fortwährend (wie beispielsweise durch John von Neumann) verbessert wird.

Das Zermelo'sche Axiomsystem gebar ein neues Problem, das viele Generationen von Forschern um die Nachtruhe brachte. Als eine der Annahmen, ohne die mit der Mengenlehre nicht umzugehen war, erwies sich das so genannte Auswahlaxiom. Es besagt, dass es zu jeder Menge nicht leerer und paarweise disjunkter Mengen eine Menge von Repräsentanten gibt, also eine Menge, die mit jeder der gegebenen Mengen eine einelementige Schnittmenge hat. Dieses Existenzaxiom erscheint völlig natürlich, sodass seine Aufnahme in die Liste der Axiome nicht auf Einwände hätte stoßen sollen. Eine genauere Prüfung bringt aber einige erschreckende Folgerungen ans Licht. Beispielsweise wird es mithilfe des Auswahlaxioms möglich, eine Kugel in fünf Teile zu zerlegen, die sich so zusammenfügen lassen, dass zwei zu der ersten Kugel kongruente Kugeln entstehen. Diese sinnwidrige Vermehrung (genauer gesagt eine Verallgemeinerung dieses Beispiels) heißt eine paradoxe Zerlegung. Banach und Tarski arbeiteten an diesem Problem und fanden allgemeine Bedingungen (in Bezug auf die Existenz eines universellen Maßbegriffs), die ein Raum erfüllen muss, wenn derartige paradoxe Zerlegungen möglich sein sollen. Es stellte sich heraus, dass der gewöhnliche euklidische Raum diese Bedingungen erfüllt. Das Auswahlaxiom verleiht ihm also eine Eigenschaft, die jeder Erwartung und dem gesunden Menschenverstand widerspricht. Damit entsteht ein ernst zu nehmendes Argument gegen die Aufnahme des Auswahlaxioms in das Axiomsystem der Mengenlehre. Andererseits ist es nicht möglich, ohne dieses Axiom einige offenkundig erwünschte Sachverhalte zu beweisen. Beispielsweise bestimmt, wenn man das Auswahlaxiom nicht zulässt, die Weierstraß'sche delta-epsilon-Definition eine andere Menge stetiger Funktionen als die auf Folgen begründete Definition nach Heine. Dies ist nur schwer zu akzeptieren.

Unter allen „respektablen" Räumen mit Dimension größer als 1, seien sie euklidisch oder nicht, erlaubt nur die euklidische Ebene keine paradoxe Zerlegung. Dies bewies Stefan Banach um 1930, und 1987 setzte Jan Mycielski den Schlusspunkt hinter eine Reihe von Arbeiten, in denen er bewies, dass die euklidische Ebene der einzige Raum mit dieser Eigenschaft ist.

In vollem Bewusstsein, dass jede Wahl schlecht sein musste, begannen die Mathematiker die Abhängigkeit zwischen dem Auswahlaxiom und dem Zermelo-Fraenkel'schen Axiomsystem zu untersuchen und hofften, die Mathematik werde zeigen, welches Übel zu wählen sei. Aber o weh! Paul Cohen bewies in derselben Reihe von Arbeiten, dass sowohl die Annahme als auch die Ablehnung des Auswahlaxioms mit diesem Axiomsystem verträglich ist. Die Methode, mit der er die Unabhängigkeit der Kontinuumshypothese und des Auswahlaxioms vom Zermelo-Fraenkel'schen Axiomsystem bewies, ist als Erzwingungsmethode bekannt. Sie besteht darin, die Mengenlehre so

Und noch eine Drehung der Schraube: Aus der allgemeinen Kontinuumshypothese und dem Zermelo-Fraenkel'schen Axiomsystem folgt das Auswahlaxiom.

zu konstruieren, dass … (füllen Sie die Lücke nach Belieben!). Damit stellt sich heraus, dass es weitgehend von uns selbst abhängt, welche Mengenlehre wir haben; wir können sie ganz nach eigenem Geschmack aufbauen. Dies erinnert in gewissem Maß an die Schrift von Helmholtz über die Anwendung der Geometrie in der Physik, außer dass im vorliegenden Fall zur Physik kein Pendant existiert; in der Mathematik ist jede Wahl eine schlechte Wahl.

Heute beruht praktisch die gesamte Mathematik auf der Mengenlehre. Daher ist die Wahl *einer* Mathematik durch einen Mathematiker ebenso willkürlich wie die Wahl einer Geschichtsphilosophie durch einen Historiker. Wir werden zur Frage dieser Wahl in Vortrag XXIII zurückkehren.

Erinnern wir uns daran, dass die Entwicklung der Mengenlehre durch Überlegungen über reelle Zahlen und trigonometrische Funktionen angestoßen wurde. Angesichts der Tendenz, die Verifikation der Richtigkeit einer mathematischen Theorie auf die Verifikation der Richtigkeit der Arithmetik mit reellen Zahlen zurückzuführen, wurde es unerlässlich, die reellen Zahlen mit einer hinreichend exakten Struktur zu versehen. Es ist kein Wunder, dass dieses Problem fast gleichzeitig auf zwei Arten gelöst wurde. Der heute besser bekannte Weg ist der von Richard Dedekind (1831; 1916), Professor in Braunschweig. Weithin bekannt wurde er, weil er die in den folgenden fünfzig Jahren weit verbreitete Gepflogenheit einführte, seine Forschungsergebnisse in einer Form zu präsentieren, die nahe legte, sie könnten nicht nur für Fachleute, sondern auch für Laien von Interesse sein. Seine bahnbrechenden Werke trugen die Titel *Stetigkeit und Irrationalzahlen* und *Was sind und was sollen die Zahlen?* Dedekind gibt ein Axiomsystem an, das die reellen Zahlen zu einem stetig angeordneten Körper macht, und konstruiert die reellen Zahlen mithilfe der rationalen. Mit anderen Worten: Gefordert wird die „algebraische Wohlanständigkeit" der reellen Zahlen (siehe Vortrag XVII) und die Verträglichkeit der Rechenoperationen mit der Anordnung. (Beispielsweise sind Summe und Produkt positiver Zahlen wieder positiv.) Dazu kam noch die Forderung, dass jeder „Dedekind'sche Schnitt" eine reelle Zahl bestimmt. Dies bedeutet: Zerlegt man die Menge der reellen Zahlen so in zwei Teilmengen, dass jede Zahl der ersten Teilmenge kleiner ist als jede Zahl der zweiten, dann besitzt entweder die erste Teilmenge ein größtes oder die zweite Teilmenge ein kleinstes Element. Die Konstruktion der reellen Zahlen verläuft nun so, dass jeder solche Schnitt in der Menge der rationalen Zahlen als (eindeutig bestimmte) reelle Zahl betrachtet wird. Damit präzisierte Dedekind den Zahlbegriff genau auf die Art, die 2200 Jahre zuvor von Eudoxos eingeführt worden war (siehe Vortrag VI). Eudoxos hatte ja angenommen, jedes Verhältnis (und dies ist für ihn eine Zahl) zweier gleichartiger Größen sei ein Schnitt in der Menge der rationalen Zahlen. Dedekind machte die zusätzliche Annahme, durch diese Schnitte erhielte man alle reellen Zahlen; man kann also sagen, dass er eine Implikation durch eine Äquivalenz ersetzte.

Viele Mathematiker sind der Ansicht, Dedekind habe nur „aufgeräumt". Fast unmittelbar danach erschienen aber Arbeiten, in denen Verallgemeinerungen des reellen Zahlkörpers in Bezug auf die Anordnungseigenschaften vorgestellt wurden; damit zeigte sich, dass die Aufräumarbeit der Forschung die Möglichkeit gab, sich völlig vorurteilsfrei mit Zahlen zu befassen. Felix Klein zeigte, dass das Dedekind'sche Schnittaxiom (auch Stetigkeitsaxiom genannt) mit der logischen Konjunktion zweier anderer Axiome gleichwertig ist, nämlich mit dem archimedischen Axiom (siehe Vortrag VI) und dem Cantor'schen Axiom. (Dieses besagt, dass jede Intervallschachtelung mindestens eine Zahl enthält.) Er bewies weiterhin die Äquivalenz des Dedekind'schen Axioms zu der Aussage, dass jede beschränkte Menge eine obere Schranke hat, also zu genau der Aussage, die seit 1967 jedenfalls nominell in polnischen Schulen als das die Stetigkeit (oder besser gesagt die Anordnung) der reellen Zahlen sichernde Axiom eingeführt ist. Die Deutung des Stetigkeitsaxioms als einer Konjuktion zweier anderer Axiome legte die Frage nahe, welche Folge es nach sich zöge, wenn man eines dieser Axiome wegließe. Klein strich das archimedische Axiom und erhielt eine Struktur, in der die Idee der Leibniz'schen Monaden realisiert ist. Thoralf Skolem (1887; 1963) gab 1934 dieser Struktur den Namen „hyperreelle Zahlen". Um 1960 errichtete Abraham Robinson (1918; 1974) auf der Grundlage der hyperreellen Zahlen ein neues Begriffsgebäude, nämlich die so genannte Non-Standard-Analysis. In dieser Struktur sind die reellen Zahlen durch Zahlen anderer Art getrennt, wobei aber mit reellen Zahlen weiter so gerechnet werden kann, als gäbe es die anderen nicht. Mit anderen Worten: Ganz so, wie Leibniz es sich gewünscht hatte!

Damit gab es zwei unterschiedliche Konstruktionsmethoden für Zahlen, die sich als Grundlage der Analysis eignen, und genauso wie in der Geometrie kam sofort die Frage nach der Widerspruchsfreiheit auf. Es ist leicht, die relative Widerspruchsfreiheit zu beweisen; dies bedeutet, dass entweder beide Theorien widerspruchsfrei oder beide nicht widerspruchsfrei sind. Die Zurückführung dieses Problems auf die Frage nach der Widerspruchsfreiheit der Arithmetik der reellen Zahlen bringt nichts, weil diese ebenfalls infrage steht. Beharrt man auf natürlichen und allgemein akzeptierten Beweismethoden, so sind die gesuchten Antworten negativ (so Gödel), geht man aber beträchtlich über die Grenze des gesunden Menschenverstands hinaus, sind sie positiv (so Gentzen). Wieder stehen wir vor einer Wahl. Ich werde auf diese Dinge in Vortrag XXII zurückkommen.

Um das Bild nicht zu sehr zu vereinfachen, erwähne ich noch einen anderen, nicht axiomatischen Zugang zu den reellen Zahlen. Man kann nämlich vereinbaren, dass jede Cauchy-Folge (siehe den Anfang dieses Vortrags) rationaler Zahlen einen Grenzwert besitzt, und kann diese Grenzwerte zu reellen Zahlen erklären. Allerdings muss man dann einige dieser Folgen als gleichwertig identifizieren, um ein Überangebot reeller Zahlen zu vermeiden. Dieser Zugang wurde von Cantor (und unabhängig auch von Meray und Heine) bevorzugt.

Ich habe vorhin schon erwähnt, dass Cantors Resultate über die reellen Zahlen den Mathematikern die überraschende Einsicht vermittelten, dass so gut wie alle Zahlen, mit denen sie seit Jahrhunderten gearbeitet hatten, zu der winzigen Familie der algebraischen Zahlen gehörten. Diese Zahlen haben noch eine starke Regelmäßigkeit. Angesichts ihrer Seltenheit unter den reellen Zahlen wäre es aber voreilig, aus unseren Kenntnissen über algebraische Zahlen auf alle reellen Zahlen schließen zu wollen. Ein Weg, sich diesem Problem zu nähern, ist der axiomatische; diesen bin ich oben gegangen. Ein anderer Weg besteht darin, einmal nachzusehen, was sich über die so genannten transzendenten Zahlen herausfinden lässt.

Eines der größten Verdienste Liouvilles liegt in der Herausgebertätigkeit für das Journal des Mathématiques Pures et Appliquées, in dem er unter anderem die Arbeiten von Galois veröffentlichte.

Die Pioniere auf dem Feld der transzendenten Zahlen waren Joseph Liouville (1809; 1882) und Charles Hermite (1822; 1901), Cauchys Nachfolger an der École Polytechnique und an der Sorbonne. Ihre Arbeit lag zeitlich vor Cantors Entdeckung, dass die transzendenten Zahlen unter den reellen Zahlen quantitativ gesehen überwiegen. Die erste bekannt gewordene transzendente Zahl war ein recht komplizierter Kettenbruch. Später wurden einfachere Beispiele angegeben wie etwa die Reihe

$$\sum_{i=1}^{\infty} \frac{c_i}{10^{i!}},$$

bei der jede der Zahlen c_i eine beliebige der Ziffern von 1 bis 9 ist. (Dies bedeutet auch, dass diese Reihe unendlich viele Zahlen liefert.) Die Anregung, solche Zahlen zu untersuchen, kam von Liouville, der 1844 bewies, dass jedes Intervall eine transzendente Zahl enthält. Damit war noch nichts darüber ausgesagt, welche der in der Mathematik häufig benutzten Zahlen transzendent sind. Liouville selbst konnte nur zeigen, dass weder e noch e^2 Wurzeln einer quadratischen Gleichung mit ganzzahligen Koeffizienten sind.

Die populärsten irrationalen Zahlen, wenn ich so sagen darf, nämlich e und π, erwiesen sich als transzendent. Das erste dieser Ergebnisse fand Hermite im Jahr 1873, das zweite Ferdinand Lindemann (1852; 1939) im Jahr 1882. Ein witziges Beispiel einer transzendenten Zahl stammt von Kurt Mahler. Es handelt sich um die Zahl, die entsteht, wenn man die im Dezimalsystem aufeinander folgenden Zahlen hintereinander schreibt:

0,12345678910111213141516171819202122232425262728293031 ...

Die vielen Zweifel der oben beschriebenen Art, die im Lauf der Erforschung der Analysis und der reellen Zahlen hochkamen, brachten die Mehrzahl der Mathematiker dazu, die Grundvoraussetzungen und den Stellenwert ihres Berufs zu hinterfragen. Wie sich diese Bestrebungen auswirkten, die die mathematische Praxis bis in die Sechzigerjahre des 20. Jahrhunderts in hohem Maße prägten, werde ich in den folgenden drei Vorträgen diskutieren.

Vortrag XXI

Auf der Suche nach Ordnung

Die Anhäufung vielfältiger mathematischer Ergebnisse und mehr noch die Tatsache, dass diese Ergebnisse höchst unterschiedliche wünschenswerte Entwicklungslinien aufzeigten, weckten die Sorge um den inneren Zusammenhang der Mathematik. Da außerdem die Versuche, vereinheitlichende Disziplinen zu finden, ganz im Gegenteil nur die Anzahl der Gebiete, auf den weiter zu forschen war, erheblich vermehrten (Algebra!) oder ganz einfach die Mathematik soweit vom Ziel weglenkten, dass die Sorge um deren Zusammenhang sich zur Sorge um die Rechtfertigung der Existenz des Fachs verschärfte (Mengenlehre!), wurde die Suche nach einem gewissen Maß von Ordnung in der Mathematik in den Augen vieler ihrer Protagonisten zu einem brennenden Problem.

Wie in der Geschichte der Mathematik schon öfter geschehen, wurden verschiedene Lösungen vorangetrieben. Zwei davon gewannen die größte Bedeutung, zum Einen nämlich das Erlanger Programm von Felix Klein, zum Anderen das Programm von Hilbert, das eigentlich von Moritz Pasch (1843; 1930) konzipiert worden war, dem aber Hilbert mit seinem Namen Gewicht verliehen hatte. Darüber später mehr! Die erste dieser Konzeptionen sah vor, stärker die einzelnen mathematischen Objekte und weniger die Theorie ins Auge zu fassen, die zweite plädierte für das Gegenteil, nämlich das Interesse auf axiomatisch begründete Theorien zu konzentrieren. Die Mathematik entschied sich für den zweiten Zugang. Es ist schwer zu sagen, wie es im anderen Fall weitergegangen wäre.

Eine Rechtfertigung für den Klein'schen Vorschlag lässt sich aus der folgenden Äußerung des französischen Geometers Michel Chasles herauslesen: *Heute kann jeder kommen, irgendeine bekannte Wahrheit herausgreifen und sie verschiedenen allgemeinen Transformationsprinzipien unterwerfen. Er wird daraus wiederum Wahrheiten, andersartige oder allgemeinere, gewinnen, und diese sind wieder für ähnliche Operationen empfänglich. Derart kann man beinahe bis ins Unendliche hinein die Zahl der aus der ersten Wahrheit abgeleiteten Wahrheiten vervielfachen. … Wer will, kann also im gegenwärtigen Zustand der Wissenschaft verallgemeinern und neu schaffen; ein Genie ist nicht mehr erforderlich, um diesem Gebäude einen neuen Stein hinzuzufügen.*[1] Chasles stand nicht allein mit dieser Ansicht, viele der neuen Ergebnisse seien nur neu in dem Sinne, dass sie auf neue Art präsentiert würden. Diesem Missstand sollte das Erlanger Programm abhelfen.

---

[1] A. d. Ü.: Zitiert nach Dieudonné, Jean: Geschichte der Mathematik. Braunschweig / Wiesbaden 1985.

Felix Klein war 23 Jahre alt, als er im Jahr 1872 den Lehrstuhl für Mathematik an der Universität Erlangen angeboten bekam. Da zu jener Zeit die Universitäten nur je einen Lehrstuhl für jede Disziplin besaßen, war Kleins Ernennung ein eindrucksvoller persönlicher Erfolg. Zu einem solchen Anlass wurde von einem neu bestellten Professor eine Antrittsvorlesung erwartet, in der das Forschungsprogramm seines Instituts zu umreißen war. Antrittsvorlesungen waren damals viel gewichtiger als heute. Kleins Vortrag erwies sich nun als ganz besonders bedeutsam für die gesamte Mathematik. Ich habe schon erwähnt und werde unten noch weiter darlegen, dass Kleins Programm sein Ziel verfehlte und nicht zur herrschenden Lehre in der Mathematik wurde. Auch will ich meine Leser, die dieses Programm nur dem Namen nach kennen, darauf hinweisen, dass es nur dessen letzter, der Theorie der Invarianten gewidmeter Teil ist, der gewöhnlich mit dem Namen „Erlanger Programm“ verbunden wird. Es handelt sich dabei nur um die pragmatische Schicht des Ganzen. Dies wurde mir anlässlich der Hundertjahrfeier der Klein'schen Antrittsvorlesung bewusst. Um dieses Ereignisses zu gedenken, gaben Kleins Nachfolger in Erlangen nämlich einen so makellosen Nachdruck seiner Vorlesung heraus, dass nur das nagelneue Papier das wahre Alter des Buchs verriet. Freunde der Herausgeber erhielten Exemplare. Dazu schien ich zu gehören, denn ich bekam auch eines. Was fand ich darin?

Die Einleitung handelt von den Grundkonzepten der Mathematik. Jeder Student der so genannten höheren Mathematik weiß, dass ein mathematisches Objekt, wenn es in verschiedenen Teildisziplinen untersucht wird, zwar oft unter ein und demselben Namen auftritt, aber in unterschiedlicher Weise definiert ist. Beispielsweise ruft das Wort „Ellipse“ den Kegelschnitt vor Augen, vielleicht aber auch zwei Reißnägel und einen Faden, einen Brennpunkt und eine Leitlinie, eine Differenzialgleichung zweiter Ordnung oder eine quadratische Form. Niemand aber fühlt sich bemüßigt, die Äquivalenz der zugehörigen Definitionen zu beweisen. Ein Versuch in dieser Richtung ruft sofort die Frage hervor, auf welcher Grundlage die Äquivalenz zu beweisen ist. Daraus wiederum entsteht die Frage nach den Begriffen der Mathematik, nach dem Wesen ihrer Existenz. Was, bitte, ist eine Ellipse? Klein bezog klar Position: Eine Ellipse ist das, was unter diesem Namen in jeder einzelnen Disziplin definiert wird. Verwirrung entsteht daraus nicht, denn jeder Mathematiker definiert die Ellipse nach seinen Bedürfnissen, sieht sie in seiner Vorstellung und beschreibt genau das, was er sieht. Er nimmt nur zur Kenntnis, was er von seinem Standpunkt aus sieht. Da es verschiedene Standpunkte gibt, gibt es auch verschiedene Sichtweisen. Dennoch haben mathematische Begriffe auch ihre selbstständige Existenz, die wir mithilfe unserer (verschiedenen) mathematischen Theorien zu erkunden versuchen. Mathematische Theorien sind daher Zerrspiegel, in denen sich eine wahre und echte Existenz widerspiegelt. Dem Mathematiker obliegt die Aufgabe, wenigstens versuchsweise die Wirklichkeit zu rekonstruieren, die ihm aus den Zerrspiegeln der Theorien entgegengeworfen wird. Dies klingt sehr nach Platon. Der Unterschied besteht nur darin, dass Klein mathematische Objekte als Gegenstände der Wirklichkeit ansieht. Wir nehmen sie zwar nicht unmittelbar wahr, aber dies liegt nur an der Unvollkommenheit unserer Methoden und Theorien, nicht an einer prinzipiellen Unmöglichkeit.

Was Klein in seiner Vorlesung eingangs über mathematische Begriffe sagte, wurde später auch auf die Sätze der Mathematik übertragen. Heute, mehr als ein Jahrhundert später, scheint uns die Frage, ob zwei Sätze dasselbe aussagen, eine sehr natürliche Antwort zu gestatten. Zunächst verifizieren wir,

ob die mathematischen Objekte, von denen in den zwei Sätzen die Rede ist, isomorph, also ganz wörtlich genommen *gleichgestaltig* sind. Wenn ja, ist noch zu prüfen, ob die zwei Sätze unter dem Isomorphismus übereinstimmen. Seit der Zeit, in der Klein sein Erlanger Programm vortrug, hat der Begriff *Isomorphismus* eine exakte Bedeutung. Zwei Objekte sind isomorph, wenn es eine eineindeutige Abbildung gibt, die das Eine auf das Andere abbildet. Damit ist die Verifizierung der Übereinstimmung oder Unterschiedlichkeit mathematischer Aussagen auf die Suche nach Funktionen mit den erforderlichen Eigenschaften zurückgeführt; dies ist eine genuin mathematische Art, an dieses Problem heranzugehen. Ein weiterer von Klein propagierter Begriff ist der Homomorphismus, die Strukturähnlichkeit, in dem die Ähnlichkeit zweier Sachverhalte exakt gefasst wird. Operationen, die man sich als Verheften und Falten vorstellen kann, machen aus einem mathematischen Objekt ein zu diesem homomorphes. Wird beispielsweise eine Ebene zu einem Rohr, also zu einem Zylinder zusammengerollt, ist damit die Übereinstimmung der Ebene und des Zylinders in ihren lokalen Eigenschaften fixiert. Klein definierte den Homomorphismus-Begriff exakt und knüpfte an ihn weitere verwandte Begriffe. Das Problem *gleich – ungleich* war damit im Prinzip gelöst. Selbstverständlich ist bis heute noch in vielen Fällen offen, ob bestimmte Paare von Objekten isomorph oder homomorph sind. Diese Methode, durch Isomorphismen und Homomorphismen Ordnung ins Chaos zu bringen, ist rein algebraisch und belegt die weit reichende Nützlichkeit der Algebra. In Verfolgung seines Programms bewies Klein auf diese Weise, dass es fünf, zwei bzw. unendlich viele zweidimensionale Räume gibt, die von der euklidischen Ebene, der Sphäre bzw. der Bolyai-Lobatschewski'schen Ebene lokal ununterscheidbar sind. Im Erlanger Programm äußerte Klein auch die Überzeugung, dass der für die weitere Forschung fruchtbarste Begriff der Gruppenbegriff sein werde.

Der letzte, am besten bekannte Teil der Vorlesung hat Klein berühmt gemacht. Er befasst sich darin mit der Frage, was eigentlich eine mathematische Theorie sei, und legt seine Auffassung von der Mathematik als einem geschlossenen Ganzen dar, eine Auffassung, die auf die heutige Mathematik nicht mehr passt. Nach Klein ist eine mathematische Theorie etwas ganz anderes als das, was sich in Büchern über Grundlagen der Mathematik, mathematische Logik usw. finden lässt. Seiner Meinung nach wird eine mathematische Theorie geboren, sobald eine Menge Z und eine Gruppe G von Transformationen auf dieser Menge gewählt sind. Lässt man eine Transformation auf die Menge wirken, werden einige Teilmengen fest bleiben, andere nicht. Ist beispielsweise die Menge die euklidische Ebene und besteht die Gruppe aus allen Translationen, so bleiben die Geraden Geraden und die Kreise Kreise. Wir sagen dann, Geraden und Kreise seien Invarianten (natürlich nicht die einzigen) der Gruppe der Translationen der euklidischen Ebene. Wird die Gruppe abgeändert, können sich die Invarianten ändern. Ersetzen wir beispielsweise die Translationsgruppe durch die Gruppe der Bijektionen (also der eineindeutigen Abbildungen), sind die Geraden und Kreise keine Invarianten mehr, wogegen die Mächtigkeit jeder Punktmenge eine Invariante bleibt. Klein sagt nun, eine Theorie sei eine Menge von wahren Aussagen über Invarianten. Diese Interpretation des Begriffs *Theorie* hat viele Pluspunkte. Zum Ersten ist damit nämlich jede Theorie die Theorie eines wohl definierten Objekts, nämlich des Paars (Z, G), über das sie etwas aussagt. Zum Zweiten gibt es zu jeder Menge ebenso viele Theorien wie auf der Menge wirkende Transformationsgruppen. Die Theorien $T_1 = (Z, G_1)$ und $T_2 = (Z, G_2)$ mit $G_1 \subset G_2$ sind vergleichbar. Es ist leicht einzusehen, dass die kleinere Gruppe (also diejenige mit weniger Bewegungsfreiheit), mehr Invarianten besitzt und daher eine feinere Theo-

rie liefert. Damit entsteht zwischen den Theorien, die zur selben Menge gehören, eine partielle Ordnung. Zieht man dann noch Isomorphismen und Homomorphismen heran, entsteht eine partielle Ordnung zwischen allen Theorien. Der dritte Pluspunkt des Klein'schen Zugangs hat wenig mit dem Theoriebegriff zu tun. Er besteht darin, dass die Methode, Invarianten als Handwerkszeug der Forschung zu verwenden, den Mathematikern geradezu eingebläut wird. Klein legte ganz besonderen Wert darauf, in jedem Fall genauestens diejenigen Transformationen zu ermitteln, die ein Objekt festlassen. Er bewies (und dies ist ganz einfach), dass die Menge dieser Transformationen immer eine Gruppe bildet. Damit lassen sich Objekte auf zweierlei Weise klassifizieren. Nur solche Objekte können als gleich angesehen werden, zu denen identische (genauer: isomorphe), sie festlassende Transformationsgruppen gehören. Lässt sich andererseits eine Invariante einer zulässigen Transformationsgruppe finden (dies kann eine Zahl, ein Polynom, eine Figur sein), die für zwei Objekte unterschiedliche Werte annimmt, so sind diese Objekte zweifellos verschieden. In den letzten hundert Jahren sind diese scheinbar banalen Beobachtungen zum wirkungsvollsten Werkzeug für klassifizierende Untersuchungen (so etwa in der Knotentheorie oder der Theorie der Mannigfaltigkeiten) und zur Lösung vieler konkreter Probleme geworden.

Hilberts drittes Problem (siehe den folgenden Vortrag) bietet ein gutes Beispiel für die Lösung einer 2000 Jahre alten Aufgabe mithilfe von Invarianten.

Zum Kontrast beschreibe ich den konkurrierenden (und letztlich siegreichen) Begriff einer mathematischen Theorie. Eine Theorie hat danach syntaktischen Charakter und entsteht durch genau geregelte Bildung bestimmter Ausdrücke. Zunächst aber einige Worte über den Autor dieser Konzeption! Der deutsche Mathematiker Moritz Pasch (1843; 1930) unterzog sich der Aufgabe, Euklids *Elemente* so umzuschreiben, dass das Werk, oder genauer gesagt seine Neufassung, dem am Ende des 19. Jahrhunderts geforderten Genauigkeitsstandard in Bezug auf Aussagen, Begriffe und Herleitungen genügte. Kurz gesagt sollte die Geometrie mindestens so streng sein wie die Analysis seit Weierstraß. Paschs Werk hieß *Grundlagen der Geometrie*, und dieser Titel gab der mathematischen Disziplin, die sich mit geometrischen Theorien beschäftigt, seinen Namen. Das Buch erschien 1882. Pasch entdeckte, dass Euklids originale Definition der Strecke (oder, gleichwertig, der Ordnung auf einer Geraden) rein intuitiv war. Er wies auch nach, dass ein sechstes Axiom erforderlich ist, nämlich:

> *Schneidet eine in der Ebene eines Dreiecks verlaufende Gerade eine Seite des Dreiecks, so schneidet sie auch eine zweite oder geht durch einen Eckpunkt.*

Es ist interessant, dass diese Aussage mit der folgenden logisch gleichwertig ist:

> *Geht eine in der Ebene eines Dreiecks liegende Gerade durch keinen seiner Eckpunkte, so hat sie nicht mit jeder Seite einen Punkt gemeinsam.*

Da Dreiecksseiten Strecken sind, handelt es sich hier um Aussagen über Strecken.

Die Bedeutung von Paschs Werk wurde durch das gleichnamige Werk von Hilbert gemindert, das siebzehn Jahre später erschien. Dennoch herrscht der in Paschs Werk eingeführte, wenn auch nicht immer mit ihm in Verbindung gebrachte mathematische Theoriebegriff bis heute in der Mathematik vor.

Nach Pasch und nach heutiger Auffassung wird eine mathematische Theorie in folgender Weise aufgebaut. Zuerst wird das Alphabet festgelegt, also die (ausschließlich) zu verwendenden Zeichen zur Darstellung von

Variablen (von denen es mehrere Arten geben kann), Konstanten als einer besonderen Art von Variablen, Operationen (Funktoren) und Relationen (Prädikaten). Beispielsweise kann eine sehr einfache Theorie folgendermaßen aussehen: kleine lateinische Buchstaben stellen Variablen dar, dazu kommen eine Konstante 0, ein Funktor + und ein Prädikat. Dann werden die Regeln festgelegt, nach denen *rechtmäßige* Ausdrücke gebildet werden. (Wir können auch bestimmen, welche Ausdrücke wir als rechtmäßig gebildet ansehen möchten.) Zuerst müssen die Regeln niedergelegt werden, nach denen Funktoren zu verwenden sind. Die resultierenden Ausdrücke heißen *Terme*. Sie spielen eine ähnliche Rolle wie Variable, die nach Definition ebenfalls als Terme gelten. In unserem Beispiel können wir etwa festlegen, dass *Term-Funktor-Term* das einzig zulässige Muster für den Aufbau neuer Terme ist. Damit haben wir Ausdrücke wie $a + b$, $(a + (a + c)) + (0 + (y + (z + t)))$ in der Hand. Im nächsten Schritt werden die atomaren (also die einfachsten möglichen) Formeln konstruiert. Dies bedeutet, dass Regeln für den Gebrauch der Prädikate zu fixieren sind. In unserem Beispiel könnten wir vereinbaren, dass eine atomare Formel die Gestalt *Term-Prädikat-Term* haben muss. Damit gäbe es dann Ausdrücke wie $a + b = 0$ oder $(a + b) + c = d + a$. Die logischen Junktoren werden verwendet, um aus atomaren Formeln komplizierte aufzubauen. Aussagen sind Formeln besonderer Art, nämlich solche, die keine freien Variablen enthalten; eine Variable ist nicht frei, wenn sie eine Konstante oder durch einen Quantor gebunden ist. In unserem Beispiel sind Aussagen:

$$0 = 0, \ \forall_{a,b}\ a + b = b + a, \ \exists_{a}\ a + 0 = a.$$

Bis hierher haben wir nichts anderes hergestellt als eine *Sprache*. Die Sprache unseres Beispiels könnte zum Aufbau der Gruppentheorie dienen. Damit ist die Konstruktion aber noch nicht am Ende. Wir müssen zu der Sprache noch einige *Schlussregeln* hinzunehmen, also Grundsätze, nach denen aus gegebenen Aussagen (denken Sie an die oben besprochenen Ausdrücke!) weitere gebildet werden können. Am häufigsten wird die Abtrennungsregel benutzt; diese besagt, dass man von den zwei Aussagen p und $p \to q$ zur Aussage q übergehen darf. Man nennt dieses Hinzufügen neuer Aussagen mithilfe von Schlussregeln eine *logische Folgerung*. Eine Menge von Aussagen, die gegen Folgerungen abgeschlossen ist, ist eine Theorie. Liegt eine endliche Menge von Aussagen vor, deren Folgerungen eine Theorie T bilden, so spricht man von einer endlich axiomatisierbaren Theorie und von dieser Menge als Axiomsystem der Theorie T. Beispielsweise hat die Gruppentheorie die folgenden Axiome:

$$\forall_{a,b,c}\ (a + b) + c = a + (b + c)$$

$$\forall_{a}\ a + 0 = 0 + a = a$$

$$\forall_{a}\ \exists_{b}\ a + b = b + a = 0.$$

Ich glaube nicht, dass irgendwer aufgrund meiner Beschreibung eine Theorie aufbauen könnte. Ich habe diese Beschreibung hier aber aufgenommen, um zu zeigen, wie weit sie von allen Formen des üblichen mathematischen Schließens entfernt ist. Eine mathematische Theorie erweist sich so als rein formale Konstruktion, und es wären noch viele Überlegungen nötig, um zwischen ihr und der Wirklichkeit eine Verbindung herzustellen oder einen Weg aufzuzeigen, ihre Sätze zu bestätigen. Es ist erstaunlich, dass eine Erfindung, die so weit abseits der Mathematik liegt, als für die Mathematik grundlegend betrachtet werden konnte. Ich möchte dies noch verstärken: Diese Ansicht hat sogar beträchtliche Schwierigkeiten hervor-

gerufen. Die neue Disziplin „Grundlagen der Mathematik“ wurde geschaffen, um diese Probleme anzugehen; wir werden sie in Vortrag XXIII diskutieren. Ich möchte hier nur noch bemerken, dass eine Theorie im Sinne von Klein keine Theorie im Sinne von Pasch ist. Der Grund ist ganz einfach: Selbst für sehr einfache Mengen hat die zugehörige Theorie nach Klein überabzählbar viele Invarianten, während eine syntaktisch definierte Theorie nicht mehr Begriffe als Ausdrücke haben kann, und deren Anzahl ist abzählbar, falls dies auch (wie in den meisten Fällen) für das Alphabet zutrifft, denn schließlich ist ein Ausdruck nichts anderes als eine Zeichenkette.

Hier scheint nun ein guter Zeitpunkt zu sein, um etwas Bekömmlicheres zu erwähnen, das im Zusammenhang mit dem mathematischen Leben gegen Ende des 19. Jahrhunderts steht. Die italienische Mathematikerschule war nämlich ein höchst interessantes Phänomen. (Ein halbes Jahrhundert später bildete sich nach diesem Vorbild die polnische Mathematikerschule, über die ich im letzten Vortrag sprechen werde.) Italien erlangte in den Jahren 1859–60 seine Unabhängigkeit und fand 1870 zur staatlichen Einheit. Wir alle haben von Garibaldi gehört und das Jugendbuch *Il Cuore* (dt. Übers. *Herz*) von Edmondo de Amicis gelesen, jenes fiktive Tagebuch eines italienischen Schülers. Weniger bekannt ist jedoch der Appell, den Francesco Brioschi (1824; 1897), Professor an der Universität von Padua und im Jahr 1862 Gründer der Technischen Universität Mailand, an die italienische Jugend richtete. Brioschi erklärte, ein so armes und unterentwickeltes Land wie Italien könne seine Existenz international nur durch geistige Leistungen unter Beweis stellen. Diese waren seiner Meinung nach am leichtesten (und sicher am billigsten) in der Mathematik zu erzielen. Die Italiener sollten ein fruchtbares und noch weitgehend unbesetztes Feld beackern, um zu zeigen, wozu sie fähig seien. Die Wahl fiel auf die Differenzialgeometrie im Riemann'schen Sinn, die in der Tat seit einigen Jahren vernachlässigt worden war. Die Namen Codazzi, Mainardi, Cremona, Betti, Beltrami, Levi-Cività, Ricci-Curbastro und Bianchi stehen für die Erfinder der modernen Differenzialgeometrie. Das Unternehmen war höchst erfolgreich. Die Forschungsaktivitäten wurden durch eine internationale Zeitschrift unterstützt, die Bianchi 1858 gründete, nämlich die *Annali di Matematica pura e applicata*.

Ich bin auf die italienische Schule eingegangen, weil sie noch ein anderes Spezialgebiet vorweisen kann. Es handelt sich um die Grundlagen der Mathematik oder genauer gesagt um ein Unternehmen, das zugleich bescheidener und doch wichtiger war. Unter der Führung von Giuseppe Peano (1858; 1932) nahm sich die nächste Generation italienischer Mathematiker (Vailati, Pieri, Padoa, Vacca, Vivanti, Burali-Forti) der Aufgabe an, durch ein leicht zugängliches Lehrbuch für die gesamte Disziplin Ordnung in die Mathematik zu bringen und jede dunkle Stelle zu erhellen. Der erste Band des *Formulario matematico* erschien 1894 und bis 1908 lagen fünf Bände vor. (Einer davon enthält das bis heute aktuelle Axiomsystem von Peano für die Arithmetik der natürlichen Zahlen.) Und dann – wurde die Arbeit am *Formulario* aufgegeben. Warum? Weil Henri Poincaré, wohl der glänzendste und aktivste Geist des *fin de siecle*, über das Unternehmen gespottet hatte.

Jules Henri Poincaré (1854; 1912) war von 1881 bis an sein Lebensende Professor an der Sorbonne. Er war sowohl ein hervorragender Mathematiker wie auch Physiker und Astronom. Man kann ohne Bedenken sagen, er sei ein Wissenschaftler vom Renaissance-Typ gewesen. Sein größtes Verdienst liegt darin, dass er eine Ansicht geäußert und nach außen vertreten hat, die uns heute offenkundig erscheint: Wissenschaft ist ein Teil der Kultur. Am Ende des 19. Jahrhunderts

war eine solche Ansicht noch schockierend. Poincarés Bücher *La valeur de la science* (1905) und *La science et la hypothèse* (1906) (dt. Übers. *Der Wert der Wissenschaft* (1906) und *Wissenschaft und Hypothese* (1914)) wurden von Menschen gelesen, die seiner Meinung waren. Poincaré nahm auch Anteil an den klassischen kulturellen Gebieten. Beispielsweise steht das Aufkommen des Kubismus, das gewöhnlich mit dem Maler (davor Anstreicher!) Georges Braque (1882; 1963) zugeschrieben wird, in unmittelbarem Bezug zu Poincaré. Die für die Künstler der Jahrhundertwende typische Verletzung tradioneller Regeln war nicht der einzige Grund, aus dem heraus die dargestellten Objekte zergliedert und in frei vorgestellter, nicht notwendig realistischer Art komponiert wurden. Die Zerlegung, charakteristisch für diese Kunstrichtung, war ein Reflex auf die von Poincaré (der auch gerne den Bohémien gab) verkündete Beobachtung, dass der Maler nicht nur malt, was er sieht, sondern auch das, was er über sein Sujet weiß. Es ist doch so, dass wir von unserem *en face* gemalten Modell auch wissen, wie es im Profil aussieht. Wir sind nur zu konservativ oder gar engstirnig, das Profil in dasselbe Bild hineinzumalen. Die Zerlegung ist notwendig, um all das hinüberzubringen, was wir wissen und für wichtig halten. Auch die Spezielle Relativitätstheorie verbindet sich mit dem Namen Poincaré. Er vertrat nämlich die Ansicht, die Lichtgeschwindigkeit sei keine physikalische Konstante, falls man nicht annehme, dass sie in allen sich relativ zueinander bewegenden Systemen dieselbe sei. Diese Hypothese wurde von Einstein zu einer vollwertigen Theorie ausgebaut. Poincaré gab auch Anstöße für viele andere Richtungen und Trends der Forschung. Unter diesen ragt die Topologie heraus.

Der Gedanke, nach viel allgemeineren als den geometrischen Eigenschaften von Figuren zu suchen, scheint von Leibniz zu stammen. Jedenfalls verwendet er in seinen Werken den Ausdruck *analysis situs* (Untersuchung des Ortes) zur Bezeichnung der Forschungsrichtung, die sich mit den allgemeinsten Eigenschaften des Raums befasst. Freilich neigte Leibniz sehr zu Verallgemeinerungen, ohne seine vielen Ideen in nennenswertem Umfang zu entfalten. Das Thema kam in der Mitte des 19. Jahrhunderts wieder auf. Riemann nannte es ausdrücklich in seinem Habilitationsvortrag. Von dort fand es seinen Weg in die italienische Mathematikerschule und nahm dort einen großen Aufschwung (Beispiel: die Betti-Zahlen). Auch Georg Cantor trug zum Entstehen der Topologie viel bei, indem er die Dimensionen untersuchte, die bei gewissen merkwürdigen Figuren wie etwa bei der heute nach ihm benannten Menge auftreten können. Trotz alledem ist der wirkliche Beginn der Topologie unauflöslich mit den Ideen von Poincaré verbunden. Poincaré führte so viele Möglichkeiten und Forschungsrichtungen für diese neue Disziplin auf, dass die Topologie in vielen Formen zugleich geboren wurde; die Suche nach nicht-trivialen Beziehungen zwischen Begriffsbildungen ihrer verschiedenen Zweige ist vermutlich immer noch der spannendste Teil der Mathematik des 20. Jahrhunderts. Da sind zu nennen: kombinatorische Topologie, geometrische Topologie, algebraische Topologie und sogar Differenzialtopologie. Wegen dieser Vielfalt wurde die Topologie von Beginn an als ein für alle Zweige der Mathematik geeignetes Handwerkszeug betrachtet. Darüber fiel vor dem Hintergrund der Topologie auf, dass bestimmte Disziplinen für andere Disziplinen Methoden lieferten. Der Titel des Buchs *Le curve limiti di una varietà data di curve (Über Grenzkurven einer Kurvenmannigfaltigkeit)* von Ascoli (1884) zeigt, wie früh dieser Standpunkt eingenommen wurde. Den besten

Viele Autoren stellen fest, dass das Wort *Topologie* erstmals bei J. B. Listing (1808; 1882) vorkommt. Von ihm gibt es nämlich eine Arbeit aus dem Jahr 1847 über Funktionen einer komplexen Variablen, in der er die Ideen von Leibniz aufgreift und als Erster das griechische Wort *topologia* anstelle des bis dahin üblichen lateinischen benutzt.

Beweis für seine Fruchtbarkeit liefert die Rolle der Funktionalanalysis in der modernen Mathematik, einer Disziplin, die viele Methoden kombiniert.

Nur wenige Sätze und Begriffe tragen Poincarés Namen. Da gibt es die Euler-Poincaré'sche Charakteristik (eine Verallgemeinerung der Beziehung zwischen den Anzahlen von Flächen, Kanten und Ecken eines Polyeders), es gibt weiter den Wiederkehrsatz (der im nächsten Vortrag vorkommen wird) und die Poincaré'sche Vermutung, die besagt, dass eine hinreichend einfache (nämlich zusammenhängende und abgeschlossene) dreidimensionale Mannigfaltigkeit zu einer vierdimensionalen Sphäre homöomorph ist. Der Begriff „homöomorph" (von ähnlicher Struktur) spielt in der Topologie dieselbe Rolle wie der Kongruenzbegriff in der euklidischen Geometrie. Abbildungen, die nahe benachbarte Objekte auf wiederum nahe benachbarte Objekte abbilden, heißen stetig. Ist eine Abbildung eineindeutig und samt ihrer Umkehrabbildung stetig, so heißt sie Homöomorphismus. Zwei Strukturen, die sich durch einen Homöomorphismus aufeinander abbilden lassen, werden als topologisch gleich betrachtet. Nun zurück zu Poincaré! Er war also nicht der Rekordhalter in der Produktion neuer Sätze. Seine Stärke lag vielmehr darin, anderen seinen ungewöhnlichen Wissensdurst zu vermitteln und pointiert die vielfältigen Fragen zu stellen, die auf Antworten warteten. Dank Poincaré gab es zu Beginn des 20. Jahrhunderts mehr Mathematik als je zuvor.

Poincarés Einstellung zur Mathematik und zu den Naturwissenschaften war ungewöhnlich. Er teilte Kleins Ansicht, die einzelnen naturwissenschaftlichen Disziplinen wirkten wie Zerrspiegel; jeder zeige dem Betrachter ein anderes Bild. Im Gegensatz zu Klein bestritt Poincaré jedoch die Existenz der Gegenstände, von denen die Spiegelbilder hätten herrühren sollen. Durch die Erschaffung einer neuen Disziplin, so betonte er, bereichern wir die Welt und erschaffen in einem gewissen Sinn erst das, was wir mithilfe dieser Disziplin dann beobachten. Heutzutage scheinen nur noch die Physiker diesen Standpunkt zu teilen. Ein neu konstruierter Teilchenbeschleuniger ruft neue Elementarteilchen und die Gesetze, denen sie gehorchen, erst ins Leben. Dieser Zugang verleiht der Erschaffung neuer wissenschaftlicher Disziplinen eine völlig neue Dimension.

In der Mehrzahl betrachteten die Mathematiker der Jahrhundertwende jedoch die Ausdehnung der Mathematik auf andere Felder nicht als ihre dringlichste Aufgabe. Sie hielten es vielmehr für wesentlich wichtiger, ihren inneren Zusammenhang zu sichern und die Aufspaltung in eine Reihe unabhängiger Teildisziplinen zu verhindern. Vor ihnen stand die Forderung, das Schicksal der Erbauer des babylonischen Turms zu vermeiden. Es herrschte auch die Besorgnis, die Mathematik könne am Ende ohne ausreichende Methoden zur unwiderlegbaren Rechtfertigung ihrer Sätze dastehen und damit zu einer intellektuellen Spielwiese, einer Abfolge von Trainingseinheiten für den Verstand degradiert sein. Dann bliebe als philosophische Rechtfertigung für die Beschäftigung mit der Mathematik nur die aus dem Orient überlieferte (siehe Vortrag IX). Dies war einfach nicht zu akzeptieren.

Auch hier war Poincarés Einflussnahme von entscheidender Bedeutung. Er vertrat die Meinung, die Lösung dieser Schwierigkeiten ließe sich nur durch gemeinsames Handeln erreichen, und initiierte die Einberufung eines mathematischen Weltkongresses.

Der 1. Internationale Mathematikerkongress fand im Jahr 1894 in Zürich statt. Zum Schrecken der knapp hundert versammelten Fachleute schienen sich die schlimmsten Befürchtungen zu bestätigen. Die Kongresssitzungen ließen sich nicht durchführen, weil sich die Teilnehmer nicht verständigen konnten. Wie bei einem Familienfest sprach jeder von etwas anderem. Dazu waren die Familienmitglieder noch von unterschiedlicher Nationalität. Trotz der gemeinsamen Kenntnis des Französischen gelang der Gedankenaustausch nicht immer. Unter solchen Umständen kam nur eine einzige Entscheidung zustande, nämlich die, den nächsten Kongress besser vorzubereiten und ihn im Jahr 1900 in Paris abzuhalten. Poincaré wurde gebeten, die Vorbereitungen zu überwachen und den Vorsitz zu übernehmen. Man entschied sich auch dafür, den Kongress in Zukunft regelmäßig abzuhalten.

Vortrag XXII

Die Hilbert'schen Probleme

Der 2. Internationale Mathematikerkongress fand vom 6. bis 12. August 1900 in Paris statt. Wie schon gesagt hatte Henri Poincaré den Vorsitz übernommen. Der Kongress wählte außerdem durch Akklamation den 78-jährigen Charles Hermite zum Ehrenvorsitzenden. Nach dem Fehlschlag in Zürich war nun alles perfekt geplant.

Mehr über den Kongress und über Hilberts Vortrag findet sich in *The Proceedings of Symposia of Pure Mathematics*, vol. XXVIII, part 1, 2, Providence, Rhode Island, 1976.

Die Sitzungen fanden in folgenden sechs Sektionen statt: 1) Arithmetik und Algebra, 2) Analysis, 3) Geometrie, 4) Mechanik und mathematische Physik, 5) Geschichte und Bibliographie, 6) Didaktik und Methodologie. Jede Sektion hatte ihren Vorsitzenden, dem ein junger, tatkräftiger Sekretär zur Seite stand. Einige dieser jungen Leute wie E. Cartan, J. Hadamard und T. Levi-Civita sollten später in der Mathematik wichtige Rollen spielen. Die polnischen Mathematiker hatten zwar keine offizielle Delegation entsandt, konnten aber einige Befriedigung daraus ziehen, dass der Sekretär der Sektion Geometrie der Pole B. Nieweglowski war, der formal Deutschland repräsentierte. (Ich gebe beschämt zu, dass seine Sammlungen geometrischer Aufgaben für Gymnasien zwar hochinteressant, aber manchmal zu schwierig für mich sind.) Am Kongress nahmen 226 Mathematiker teil, die 23 Länder aller Kontinente außer Australien und Antarktis repräsentierten. Die größten nationalen Delegationen (neben den Franzosen) kamen aus Deutschland, den USA, Italien und Belgien.

Der Kongress erarbeitete einen Überblick über den Stand des mathematischen Wissens und unternahm einige Schritte zur Systematisierung des Informationsaustauschs über die Forschung. Das gewichtigste Ereignis des Kongresses war jedoch sowohl aus damaliger wie heutiger Sicht der Vortrag, den Hilbert am 8. August auf einer gemeinsamen Sitzung der Sektionen 5 und 6 hielt. Der Vortrag trug den Titel *Mathematische Probleme*.

David Hilbert (1862; 1943), seit 1895 Professor an der Universität Göttingen, war zur Zeit des Kongresses ein junger Mann. In den Augen der internationalen mathematischen Gemeinde besetzte Hilbert die gewöhnlich vakante (und von den meisten als überflüssig angesehene) Rolle einer Führungsfigur. Diese Stellung verdankte er seinen Erfolgen in der Forschung und seiner Vielseitigkeit, in der er alle Mathematiker seit Euler übertraf, ganz besonders aber seiner öffentlich (vielleicht naiv, aber mit Verve) geäußerten Überzeugung, die Mathematik werde ihre Einheit bewahren und sich auf solide, unangreifbare Grundlagen stellen lassen. Dies war das Programm, für das er lebte, und die Mathematiker scharten sich begeistert hinter seiner Fahne. Hilbert traf die erste dieser Feststellungen ganz ausdrücklich auf diesem Kongress und legte damit de facto das Forschungsprogramm der Mathematik im 20. Jahrhundert fest. Mein Vortrag ist diesem Thema gewidmet.

Hilberts zweiten Glaubensartikel werde ich im nächsten Vortrag besprechen. Schon hier aber möchte ich feststellen, dass dieser so fruchtbare Mathematiker genau in dem Zeitpunkt sein Wirken beendete, als Hitler an die Macht kam. Während der letzten zehn Jahren seines Lebens schrieb Hilbert nicht eine Seite Mathematik mehr.

Der Jude Felix Hausdorff, einer der Begründer der Topologie, beging zusammen mit seiner nichtjüdischen Frau und deren Schwester Selbstmord, als ihm der Abtransport ins Konzentrationslager drohte.

Bei Hilberts Vortrag war fast die Hälfte aller Kongressteilnehmer anwesend. In der Einleitung führte Hilbert aus, dass die Lösung spezieller Fragen oder konkreter Probleme stets die Mathematik vorangetrieben und sogar neue Zweige der Wissenschaft habe entstehen lassen. Beispielsweise habe sich die Zykloide als Lösung des Bernoulli'schen Brachistochronenproblems ergeben, aber die wahre Bedeutung dieses Problems liege darin, dass es die Variationsrechnung hervorgebracht habe. Der Große Satz von Fermat [heute endlich gelöst] habe die abstrakte Algebra entstehen lassen. Das (ungelöste) Dreikörperproblem habe die Theorie der Differenzialgleichungen ins Leben gerufen. Das Problem der geodätischen Linien habe aus der Variationsrechnung die Differenzialgeometrie herausgelöst. Die Frage der Symmetrie der Polyeder sei der Ursprung der Gruppentheorie, der Kristallographie, der Invariantentheorie gewesen. Weitere Beispiele folgten.

Hilbert führte dann Belege für seine feste Meinung an, es sei falsch, zwischen Exaktheit und Einfachheit oder zwischen Geometrie und Arithmetik Fronten aufzubauen. (Geometrische Figuren, so sagte er, seien nur eine andere Art, Berechnungen aufzuschreiben, und Berechnungen sind nur eine andere Art, Figuren zu zeichnen.) Er wendete sich noch gegen weitere solche Vorurteile.

Schließlich legte er dar, spezielle Probleme seien für den Mathematiker Kraftquelle und der stärkste Antrieb für die Forschung. Seine Einleitung endete mit einer hochfliegenden Bekundung: *In der Mathematik gibt es kein Ignorabimus* (kein *„Wir werden niemals wissen"*). Dieser Erklärung folgte eine lange Reihe spezieller Probleme, von denen er – zu Recht, wie wir heute wissen – glaubte, dass sie im kommenden Jahrhundert die Wissenschaft inspirieren und formen würden. Wir wissen nicht genau, wie viele Probleme Hilbert in seinem Vortrag nannte. Wir wissen nur, dass der Vortrag gelegentlich von einzelnen Hörern unterbrochen wurde, die auf Hilberts Frage die Antwort wussten und mitteilten. Den Protokollnotizen der Sitzung zufolge geschah dies mehrmals. Der später veröffentlichte Kongressbericht enthielt nur diejenigen Probleme, die nicht von den Hörern beantwortet worden waren. Es waren 23 an der Zahl.

Das erste Problem betraf die Mengenlehre und bestand genau genommen aus zwei Fragen. Die erste betraf die Kontinuumshypothese (siehe Vortrag XX) und die zweite die Möglichkeit, eine Menge wohl zu ordnen. (Eine Menge heißt wohl geordnet, wenn (wie bei der Menge der natürlichen Zahlen) jede ihrer nicht leeren Teilmengen ein kleinstes Element hat. Im Jahr 1904 wurde bewiesen, dass die Möglichkeit, eine Menge wohl zu ordnen, zum Auswahlaxiom von Zermelo äquivalent ist.) Gödel bewies 1940, dass kein Widerspruch zu den übrigen Axiomen der Mengenlehre entsteht, wenn man entweder die Kontinuumshypothese oder das Auswahl-

axiom hinzunimmt. Sierpinski bewies 1947, dass die verallgemeinerte Kontinuumshypothese das Auswahlaxiom nach sich zieht, und Cohen zeigte 1963, dass alle denkbaren Antworten auf die zwei im ersten Hilbert'schen Problem gestellten Fragen in gleichem Maß richtig sind. In diesem Sinn könnte man sagen, das erste Problem sei kein gutes Beispiel für eine spezielle Aufgabe gewesen. Dennoch trug es zur Entwicklung der Mengenlehre bei, einer kraftvollen mathematischen Disziplin, die in fast allen Teilgebieten der Mathematik zu einem nützlichen Werkzeug wurde (siehe Vortrag XX). Dies wäre nicht möglich gewesen ohne die beträchtlichen Verbesserungen, die aus den Lösungsversuche zum ersten Hilbert'schen Problem entstanden.

Das zweite Problem von Hilbert bezog sich auf die Widerspruchsfreiheit der Axiome der Arithmetik. Die Frage betrifft allerdings nicht die Arithmetik allein. Wie in Vortrag XIX ausgeführt, besteht eine Methode zum Nachweis der Widerspruchsfreiheit einer Theorie darin, in einer anderen widerspruchsfreien Theorie ein Modell der infrage stehenden Theorie zu konstruieren. Diese Methode wurde in dem Sinn missbraucht, dass einige Theorien nur durch allgemeinen Konsens als widerspruchsfrei akzeptiert und dann zum Beweis der Widerspruchsfreiheit anderer Theorien benutzt wurden. Das Ergebnis konnte nur die relative Widerspruchsfreiheit sein. In den meisten Fällen ist die am Ende einer Kette relativ widerspruchsfreier Theorien stehende Theorie die Arithmetik der natürlichen Zahlen. Damit kam Kroneckers Idee wieder zu Ehren, die anfangs nicht in hoher Gunst gestanden hatte. An diesem Punkt angekommen, schloss man sich entweder Kroneckers Meinung an, die Widerspruchsfreiheit der Arithmetik sei gottgegeben, oder man versuchte Wege zu finden, deren absolute Widerspruchsfreiheit zu beweisen. Alle diese Versuche (Induktion über die Länge von Formeln oder Elimination der Quantoren) brachten keine Lösung für das zweite Hilbert'sche Problem. Gödel zeigte 1931, dass die Widerspruchsfreiheit der Arithmetik *grundsätzlich* unbeweisbar ist. Dabei schien die Sache so einfach! Man musste doch nur beweisen, dass aus den drei Aussagen

$$\forall_{a}\, a' \neq 0$$

$$\forall_{a,b}\, a' = b' \rightarrow a = b$$

$$\left(P(0) \wedge \left(\forall_{n}\, (P(n) \rightarrow P(n'))\right)\right) \rightarrow \forall_{k}\, P(k)$$

keine sich widersprechenden Sätze herleitbar sind. Diese drei Aussagen sind Giuseppe Peanos Axiome der Arithmetik, die erstmals im *Formulario matematico* veröffentlicht wurden. Im Klartext haben die hier auftretenden Zeichen die folgenden Bedeutung: m' ist die kleinste natürliche Zahl, die größer als m ist, und P ist eine beliebige arithmetische Formel. (Die dritte Aussage ist demnach das Induktionsaxiom.) Für den Beweis der Widerspruchsfreiheit ist die Bedeutung der Zeichen natürlich irrelevant. Und genau hier, beim zweiten Hilbert'schen Problem, fanden diejenigen ihren Tummelplatz, die für die Mathematik ein solides axiomatisches Fundament errichten wollten. Über die Schwierigkeiten, auf die man dabei stieß, werde ich im nächsten Vortrag berichten. Hier möchte ich nur erwähnen, dass Gentzen 1936 die Widerspruchsfreiheit der Arithmetik mit einer Methode bewies, die von der Warte der Mathematiker aus, die ihre Wissenschaft mit Standardmethoden behandelt sehen

Die Addition und die Multiplikation natürlicher Zahlen lassen sich mithilfe des Induktions- und des Nachfolgeraxioms definieren. Wer so genau sein will wie Pasch, kann noch die folgenden Axiome hinzufügen:

$$\forall_{a}\, a + 0 = a$$

$$\forall_{a,b}\, a + b' = (a + b)'$$

$$\forall_{a}\, a \cdot 0 = 0$$

$$\forall_{a,b}\, a \cdot b' = a \cdot b + a$$

wollten, ebenso erschreckend war wie die Unterstellung, die Arithmetik könnte widerspruchshaltig sein. Es stellte sich heraus, dass eine ähnliche Situation wie bei der Mengenlehre vorlag: Zu viel hängt von uns selbst ab. Jedenfalls entstand aus dem zweiten Hilbert'schen Problem die Disziplin *Grundlagen der Mathematik.*

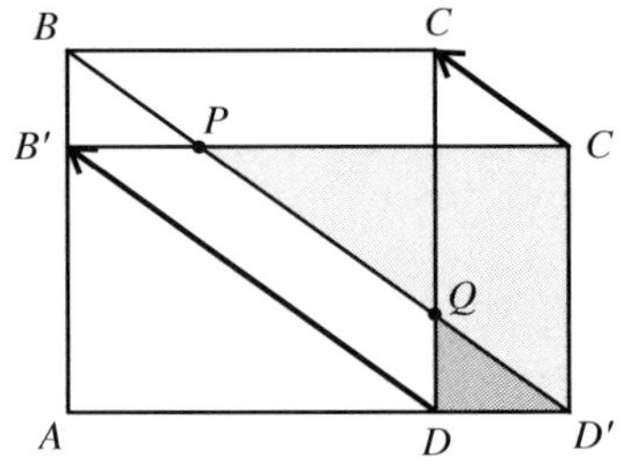

Fig. XXII. 1: Wenn die Flächeninhalte des Quadrats und des Rechtecks gleich sind, gilt nach dem Strahlensatz B'D‖BD'‖CC'. Damit sieht man, dass vom Rechteck die Dreiecke DD'Q und D'C'P abzuschneiden und gemäß der Figur zu verschieben sind. Dies gelingt allerdings nur bei Rechtecken mit einem Seitenverhältnis unterhalb 4:1. Andere Rechtecke werden so oft „zusammengefaltet", bis sie diese Bedingung erfüllen.

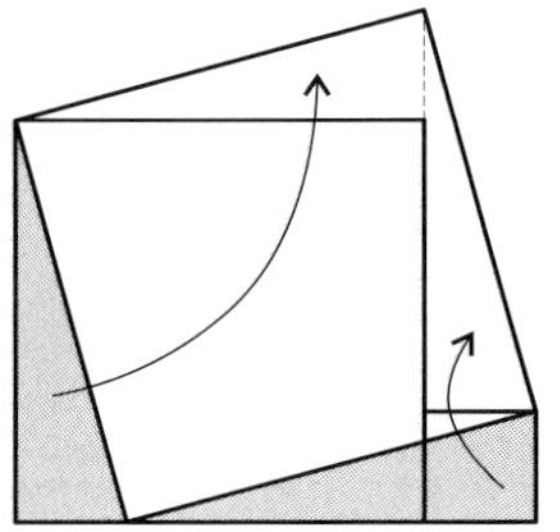

Fig. XXII. 2

Das dritte Problem wurde als erstes gelöst, und zwar noch im Jahr 1900, also im selben Jahr, in dem es gestellt wurde. Manche Autoren vertraten die Meinung, dieses Problem sei viel leichter und bei weitem nicht so attraktiv wie alle anderen. Das Thema war die Zerlegungsgleichheit. Schon im Altertum war bekannt, dass ein Polygon in jedes beliebig vorgegebene andere flächengleiche Polygon verwandelt werden kann, indem man es in endlich viele kleinere Polygone zerschneidet und diese umgruppiert. Ein formaler Beweis für diesen Sachverhalt wurde zu Anfang des 19. Jahrhunderts gegeben. Der Grundgedanke ist der folgende: Ein Dreieck lässt sich durch Zerlegung in ein Rechteck verwandeln (beispielsweise wie in Fig. VI. 1); ein Rechteck lässt sich in ein Quadrat verwandeln; zwei (also auch mehrere) Quadrate lassen sich in ein einziges Quadrat verwandeln. (Fig. XXII. 1 und Fig. XXII. 2 zeigen die Zerlegungen.) Da sich also jedes Polygon durch Zerlegung in ein Quadrat verwandeln lässt, sind zwei flächengleiche Polygone zerlegungsgleich. Der einzige nicht triviale Teil des Beweises ist die Zerlegung eines Rechtecks in Teile, die sich zu einem Quadrat zusammenfügen lassen. Das in Fig. XXII. 1 gezeigte Verfahren wurde von F. Bolyai, dem Vater von Janos, und dem preußischen Artillerieoffizier P. Gerwin gefunden. (Bolyais Ergebnis wurde im selben Buch veröffentlicht, das auch die Arbeiten seines Sohnes enthält.)

Für Polyeder gab es keinen entsprechenden Beweis; dies war ein Indiz dafür, dass zum Beweis der Volumenformel für die Pyramide die Exhaustionsmethode (oder eine andere mit Grenzwerten argumentierende Methode; siehe Vortrag VI) anzuwenden war. Hilbert stellte die Frage nach einem „elementaren" Beweis , also einem Beweis durch Zerlegung. Noch im Jahr 1900 bewies M. Dehn, dass es keinen derartigen Beweis gibt. Dehn hat damit zwar das dritte Problem erledigt, aber eine wirklich elegante Lösung verdanken wir erst dem Schweizer Geometer Hadwiger, der damit ein klassisches Beispiel für die Verwendung von Invarianten gibt. Ich stelle seine Lösung in moderner Terminologie vor und verwende dabei die im Jahr 1900 noch nicht bekannten Ergebnisse, die Hamel im Zusammenhang mit der Cauchy'schen Gleichung erzielte (siehe die Besprechung des dreizehnten Problems). Hadwiger betrachtet die Invariante

$$D_f = \sum_i f(\alpha_i) \cdot l_i .$$

Die Summe läuft über alle Kanten des Polyeders in beliebiger Nummerierung, l_i ist die Länge der i-ten Kante, α_i ist der an dieser Kante auftretende Flächenwinkel und f ist eine beliebige Funktion, die den zwei folgenden Bedingungen genügt: Für alle x und y gilt $f(x + y) = f(x) + f(y)$ und es gilt $f(\pi) = 0$. Das Ergebnis von Hamel garantiert die Existenz eines Kontinuums solcher Funktionen und zeigt auch, wie sie konstruiert werden können. Hadwiger bewies, dass jede der Zahlen D_f bei Zerlegung des Polyeders konstant bleibt. Zur Vollendung des Beweises genügt es, zwei Polyeder mit gleichem Volumen vorzuweisen, für die mindestens eine der Hadwiger'schen Invarianten unterschiedliche Werte annimmt. Solche Polyeder sind beispielsweise die (allgemeinen) Tetraeder in Fig. XXII. 3 und Fig. XXII. 4. Umgekehrt bewies J. P. Sydler 1965, dass zwei volumengleiche Polyeder, für die sämtliche Hadwiger'schen Invarianten übereinstimmende Werte annehmen, zerlegungsgleich sind. Damit war das dritte Hilbert'sche Problem vollständig gelöst. Dennoch bleibt die Zerlegungsgleichheit von Figuren, die weder Polygone noch Polyeder sind, weiterhin ein Gegenstand der Forschung. So bewies Laczkovich 1991, dass ein Kreis in endlich viele Teile zerlegt werden kann, die zu einem Quadrat zusammengefügt werden können. Die Stücke sind aber höchst vertrackt und lassen sich gewiss nicht mit der Schere ausschneiden.

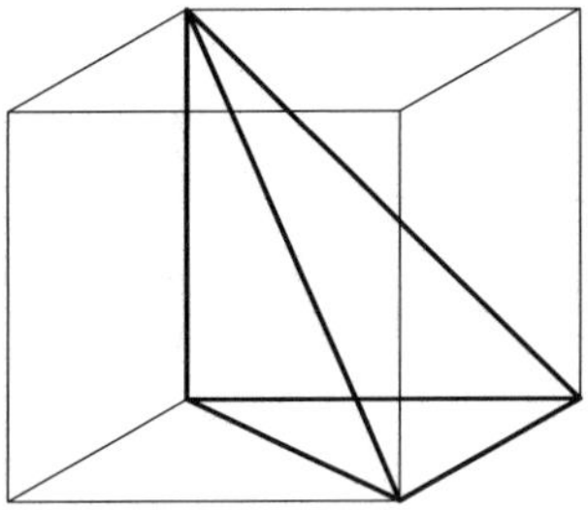

Fig. XXII. 3: Dieser Quader lässt sich in Klötzchen zerlegen (es werden leider über 20 sein), aus welchen man einen Würfel zusammensetzen kann.

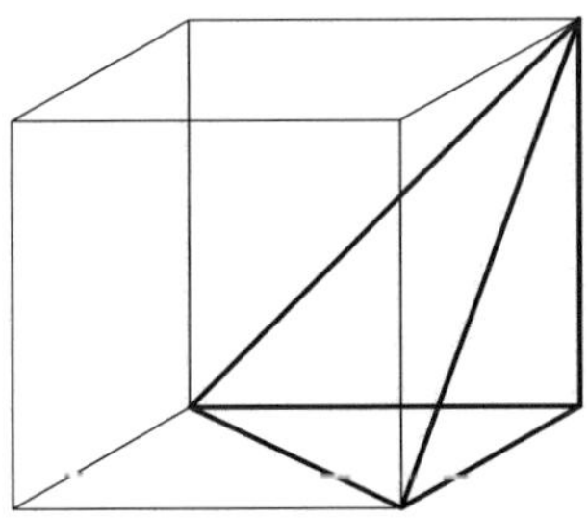

Fig. XXII. 4: Dieser Quader lässt sich durch eine Zerlegung nicht in ein Parallelepiped verwandeln.

Auch das vierte Problem ist geometrischer Art. In späteren Wiedergaben lief es oft unter dem Titel *Über die Strecke als kürzeste Verbindung zweier Punkte*. Hilbert hatte bemerkt, dass eine Geometrie (etwa die euklidische) in eine andere vernünftige Geometrie übergeht, wenn man sie einiger ihrer Eigenschaften beraubt (man denke an die Streichung des fünften Axioms), manchmal aber auch zu einer Absurdität wird (etwa wenn man den zweiten Kongruenzsatz für Dreiecke streicht). Hilbert empfahl als die vernünftigste Verallgemeinerung der klassischen Geometrien die Metrisierung des projektiven Raums (oder auch eines Teils dieses Raums), wobei die Streckenmessung so beschaffen sein sollte, dass Strecken im metrischen Sinn auch Strecken im projektiven Sinn sind. Mit anderen Worten: Wir haben einen Raum und wissen, was dort Strecken sind; für die Streckenmessung lassen wir jede Funktion ρ mit der Eigenschaft zu, dass P genau dann ein Punkt der Strecke AB ist, wenn $\rho(AP) + \rho(PB) + \rho(AB)$ gilt. Das Problem bestand nun darin, solche Arten der Streckenmessung zu finden und die entstehenden Geometrien zu studieren. Die Lösung gab Georg Hamel im Jahr 1903. Im Fall des gesamten projektiven Raums gibt es nur eine Art der Streckenmessung, also nur eine Metrik, und die daraus entstehende Geometrie ist die wohl bekannte (lokal sphärische) elliptische Geometrie. Wird jedoch nur ein Teil des Raums ins Auge gefasst, so muss dieser zunächst konvex sein, und es gibt dann unendlich viele Metriken. Ist der Raum (wie der euklidische) affin, dann ist eine typische Metrik die so genannte Minkowski-Metrik, die durch eine punktsymmetrische streng konvexe Kurve erzeugt wird. (Die Kurve begrenzt also eine konvexe Menge und enthält keine Strecken.) Diese Kurve übernimmt dann die

Rolle des Einheitskreises (Fig. XXII.5) In den späten Zwanzigerjahren erzielte Radon abschließende Ergebnisse, in denen die Eigenschaften dieser Kurve mit den Eigenschaften der von ihr bestimmten Geometrie in Verbindung gebracht werden. (Beispielsweise ist die Glattheit der Kurve eine notwendige und hinreichende Bedingung dafür, dass die Orthogonale eindeutig bestimmt ist.) Verallgemeinerungen der Minkowski-Metrik auf konvexe, aber nicht notwendig streng konvexe Kurven sind ein starkes Werkzeug in der Funktionalanalysis. Beide Fälle ordnen sich einem wichtigen Satz von Fritz John (1948) unter, der Folgendes aussagt: Die Werte nach jeder Minkowski-Metrik (auch im verallgemeinerten Sinn) liegen zwischen den nach einer gewissen euklidischen Metrik berechneten Werten und deren Produkten mit der Quadratwurzel aus der Dimension des Raums.

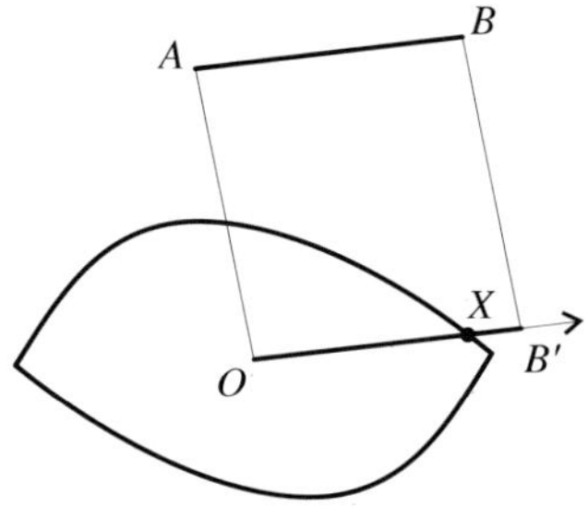

Fig. XXII. 5: Um eine Strecke AB zu messen, verschiebt man sie in die Lage OB' und findet damit den Schnittpunkt X' der Halbgeraden OB' mit der Kurve. Die Streckenlänge in Minkowski-Metrik ist dann $\frac{OB'}{OX'}$.

Eine typische Lösung für Teile eines projektiven Raums, die kleiner sind als der gesamte affine Raum, ist die Aufprägung einer Metrik streng analog zu derjenigen, die im Klein'schen Modell der hyperbolischen Geometrie verwendet wird (siehe Vortrag XIX; der Einheitskreis ist dabei durch den Rand des Gebiets zu ersetzen, in dem die Metrik konstruiert wird). Lösungen dieses Typs heißen Hilbert'sche Metriken und wurden gründlich studiert. Andere Untersuchungen, die unter der Marke „Viertes Problem" laufen, betreffen die Konstruktion von Geometrien, die durch Metrisierung vorgegebener Strukturen wie etwa einer vorgegebenen Klasse geodätischer Linien entstehen. Solche Probleme finden zahlreiche Anwendungen in verschiedenen mathematischen Teilgebieten, da der Entfernungsbegriff ein handliches Werkzeug für weitere Untersuchungen darstellt. Hieraus leitet sich die so genannte metrische projektive Geometrie her, für die ich mich ganz besonders interessiere, weil ich mit meiner Dissertation und meiner Habilitationsschrift zu diesem Bauwerk Steinchen hinzugefügt habe. (Ich erinnere an das Zitat von Chasles am Anfang des vorigen Vortrags.)

Im fünften Problem geht es um Lie-Gruppen, also um kontinuierliche Gruppen (vgl. Vortrag XVII). Anstatt in die Details des Problems und der Lösung zu gehen, bemerke ich nur, dass aufgrund eines Satzes von Noether die ganze Sache zu einem Thema der Physik wurde. Emmy Noether (1885; 1935), eine Schülerin Hilberts, bewies nämlich 1918, dass aus der Invarianz gewisser Gleichungen für Naturvorgänge gegenüber bestimmten Transformationen (in physikalischer Sprechweise Symmetrien) die Erhaltung gewisser Größen folgt, die mit diesen Vorgängen zusammenhängen. Beispielsweise folgt aus der Reproduzierbarkeit von Experimenten (also der Zeitunabhängigkeit der Naturgesetze) das Prinzip der Erhaltung der Energie, und ähnlich aus der Invarianz der Bewegungsgleichungen gegenüber Koordinatenverschiebungen das Prinzip der Erhaltung des Impulses. (Offenkundig beruht der Satz von Noether seinerseits auf gewissen Annahmen wie dem Prinzip der kleinsten Aktion.) Man kann ohne Bedenken sagen, dass Noether einer viel befahrenen Autobahn der Physik die Richtung wies. Ihr Satz wurde auf fast alle Zweige der Physik übertragen und heute fließen die meisten physikalischen Begriffe (insbesondere alle Quantenzahlen) aus der Untersuchung geeigneter Gruppen.

Es wäre aber höchst einseitig, das fünfte Hilbert'sche Problem als lediglich auf die Physik beschränkt anzusehen. Der berühmte Brouwer'sche Fixpunktsatz, die meisten Ergebnisse von Cartan und Weyl sowie insbesondere die Fragestellungen über topologische Gruppen und die tiefgründigen Resultate von Kolmogoroff und Pontrjagin auf diesem Gebiet sind die „mathematische Seite" des fünften Problems.

Hilberts sechstes Problem hat unmittelbar mit der Physik zu tun. Ich möchte einige Zeit bei ihm verweilen. Hilbert sprach es sehr allgemein aus; er fragte nach einer Axiomatisierung der gesamten Physik oder wenigstens, in einem ersten Schritt, einiger Teilgebiete. Das erste von Hilbert genannte Gebiet war die Wahrscheinlichkeitsrechnung, die sich aus zwei Gründen in einem unguten Zustand befand. Der erste Grund war die Tradition. Im 18. Jahrhundert waren die Naturwissenschaften in die Mathematik und die Physik zerfallen, wobei der erste Begriff die hochformalisierten Gebiete mit ausgesprochen hohem Grad von Sicherheit und Ausschließlichkeit des Urteils umfasste (insbesondere also alles, was wir heute Mathematik nennen und was damals Geometrie hieß), und der zweite die weniger stark formalisierten Gebiete. In den wissenschaftlichen Akademien wurde diese Trennung auch verwaltungsmäßig vollzogen. Erreichte eine naturwissenschaftliche Disziplin einen ausreichend hohen methodischen Entwicklungsstand, wurde sie von der Physik zur Mathematik „befördert". Man kann beispielsweise sagen, dass die Mechanik ab 1788, dem Erscheinungsjahr von Lagranges Monographie, der Mathematik zugeschlagen wurde. Von dieser Warte aus gesehen stand die Wahrscheinlichkeitsrechnung, auf dem Niveau von Laplace oder Moivre betrieben (siehe Vortrag XVI), nicht zur Beförderung in die Mathematik an. Der zweite Grund, die Wahrscheinlichkeitsrechnung nicht als Teil der Mathematik anzuerkennen, war verstandesmäßiger Natur. Der Begriff *Zufallsereignis* wurde als Bezeichnung für einen Naturvorgang, für etwas in der Realität Existierendes und daher im Gegensatz zu mathematischen Begriffen nicht als Abstraktion betrachtet. Ich möchte nun zu skizzieren versuchen, wie sich die Wahrscheinlichkeitsrechnung von ihrem nicht strengen und nicht abstrakten Zustand weg zu einer strengen und abstrakten Disziplin entwickelte.

Die durch Hookes geniales Experiment (siehe Vortrag XII) eingeleitete und im 19. Jahrhundert stark weiterentwickelte Theorie über die Kinetik und die Molekülstruktur der Materie erzwang die Behandlung vieler physikalischer Zustandsgrößen als nur statistisch erfassbare Auswirkungen von Vorgängen, die sich in der Mikrowelt abspielen. (Man denke etwa an die Temperatur eines Gases als mittlere kinetische Energie seiner Teilchen.) Damit waren Methoden gefragt, nach denen man mit solchen statistischen Erscheinungen umgehen konnte, und die Physik wurde zum gierigen Nutzer aller Fortschritte der Wahrscheinlichkeitsrechnung. Die Mathematiker versäumten aber, den Physikern in ihrer Not zu helfen, sodass diese sich auf ihre eigene Erfindungsgabe besinnen mussten. Hier spielten die Arbeiten von Ludwig Boltzmann (1844; 1906) eine herausragende Rolle. Er beschrieb 1868 die Geschwindigkeitsverteilung in Gasen; noch heute heißt diese die Boltzmann-Statistik. (Der Begriff *Statistik* wird in der Physik auch im Sinn von *Wahrscheinlichkeitsverteilung* verwendet.) Auch gab er der Thermodynamik und insbesondere dem zweitem Hauptsatz (über den nutzbaren Betrag thermischer Energie) statistischen Charakter (1872) und verband den einige Jahre zuvor von Rudolf Clausius eingeführten Entropiebegriff mit der Wahrscheinlichkeit, mit der sich in einem Gas ein bestimmter Zustand einstellt. Im Jahr 1884 leitete er auf statistischem Weg das Gesetz über die Oberflächenstrahlung des schwarzen Körpers her, also eines Körpers, der auf

allen Wellenlängen gleich stark strahlt. Das Gesetz sagt aus, dass die Strahlung proportional zu T^4 ist, und steht damit völlig im Einklang mit den Versuchsergebnissen von Josef Stefan aus dem Jahr 1879. Indem Boltzmann auch auf das Licht thermodynamische Methoden anwendete – dies bedeutete insbesondere die Annahme der Existenz von Photonen – bestätigte er auf theoretischem Weg die Maxwell'sche Hypothese über den Strahlungsdruck.

Es könnte scheinen, als hätten diesen glänzenden Ergebnisse Boltzmann im illustren Kreis der zeitgenössischen Wissenschaftler eine hohe Position verschaffen müssen. Das Gegenteil trat ein: Boltzmann wurde nicht zum verehrten Vorbild, sondern zur Lachnummer. Die Gründe waren gewichtig. Loschmidt formulierte 1876 das Reversibilitätsparadoxon der Thermodynamik: Wenn die thermodynamischen Vorgänge durch Summierung mechanischer, also reversibler Vorgänge entstehen, müssen diese entgegen dem Augenschein (den beispielsweise eine daherstampfende Lokomotive abgibt) ebenfalls reversibel sein. Damit musste die kinetische Gastheorie anscheinend aufgegeben werden. Die Erklärung, die Boltzmann für dieses Ärgernis gab, ist heute als Einpark-Paradoxon bekannt: Es ist ganz leicht, ein Auto aus einem dicht belegten Parkplatz herauszufahren, aber es kann so gut wie unmöglich sein, es wieder an dieselbe Stelle zurückzumanövrieren. In die Sprache der Statistik übersetzt heißt das, dass es viel leichter ist, von einem bestimmten Zustand in einen beliebigen aus einer Million zur Wahl stehenden Zuständen überzugehen, als aus einem von einer Million Zuständen in einen ganz bestimmten Zustand. Inzwischen hatte Poincaré den Wiederkehrsatz bewiesen: Jedes abgeschlossene mechanische System kehrt nach endlicher Zeit beliebig nahe zu seinem Anfangszustand zurück. Zermelo übersetzte 1896 diesen Satz in das Wiederkehrparadoxon und macht sich dabei nicht die Mühe, eine abstrakte Formulierung zu suchen: *Herr Boltzmann meint, dass nach einiger Zeit ein in der Teetasse aufgelöstes Stück Zucker sich von selbst wieder zusammenklumpt und vielleicht sogar wieder aus der Tasse springt.* Boltzmanns Antwort, die Wahrscheinlichkeit eines solchen Ereignisses sei winzig klein (einmal in $10^{10^{20}}$ Jahren bei einem Alter des Universums von 10^{10} Jahren) löste homerisches Gelächter aus. (Auch heute noch gibt es viele, die Boltzmanns Antwort nicht verstehen. Ich kenne sogar einen gewissen Physikprofessor, der …)

Diese Vorgänge machten dramatisch deutlich, wie notwendig eine strenge Begründung der Wahrscheinlichkeitsrechnung war. Mit seinem Selbstmord, höchstwahrscheinlich ausgelöst durch die Hetzkampagne der wissenschaftlichen Gemeinde, gab Boltzmann einen bedrückenden, tragischen Kommentar zu Hilberts sechstem Problem. Es gab aber doch einige Menschen, denen die von Boltzmann angezeigte Forschungsrichtung sehr attraktiv erschien. Marian Smoluchowski (1872; 1917) und Albert Einstein (1879; 1955) erklärten die Brown'sche Molekularbewegung mit statistischen Methoden. Max Planck (1858; 1947) bewies im Jahr 1900, dass sich die Gesetze über die Strahlung des schwarzen Körpers (Hohlraumstrahlung) durch die Annahme der Existenz von Quanten, also diskreten minimalen Beträgen von Wechselwirkung, perfekt erklären ließen. Einstein griff diese Idee auf und entwickelte daraus systematisch seine Theorie der Photonen und der Wechselwirkung des Lichts. Im Jahr 1907 quantisierte er die Erregungszustände von Kristallgittern, indem er ein geeignetes Teilchen, das Phonon, als Träger von Quanten einführte.

Schließlich wurden alle physikalischen Wechselwirkungen dem Hausrecht der Quantentheorie unterstellt, obwohl Planck, ihr Erfinder, diese Entwicklung aufzuhalten versuchte. Er äußerte sogar, für die Entwicklung einer neuen Theorie gebe es wahrscheinlich nichts Schlimmeres als die Überschreitung der Grenzen ihrer Anwendbarkeit. Niemand aber hatte jemals solche Grenzen gesetzt. Was die mathematische Wahrscheinlichkeitsrechnung betraf, so schickte sie sich offenkundig an, über alle Grenzen hinauszuwachsen, die irgendwer vielleicht zu setzen vorgehabt hatte.

Die Physiker ließen sich jedenfalls nicht von ihrem Weg abbringen. Niels Bohr (1885; 1962) revolutionierte das Atommodell und stützte sich auf die Existenz von Quanten, um das Atom daran zu hindern, ein Beispiel für das *Perpetuum mobile* abzugeben. (Umlaufende Elektronen induzieren ein elektromagnetisches Feld und verlieren deshalb Energie.) Damit war die Bühne frei für das größte Rätsel der modernen Physik: Jede physikalische Größe ist nur als Beobachtungswahrscheinlichkeit messbar, physikalische Objekte existieren nur als Wahrscheinlichkeitsverteilungen. Wie sehr schmerzte da die Kümmerlichkeit der Wahrscheinlichkeitsrechnung! Die Quantentheorie wurde von Sommerfeld als Operatorenkalkül, von Heisenberg als Matrizenkalkül formalisiert und mündete in erster Linie mit Schrödinger (und in einer Arbeit von de Broglie von 1929) in die Theorie der Differenzialgleichungen ein. All diese Operatoren, Matrizen und Differenzialgleichungen beschrieben aber etwas, das die Erfinder der Beschreibungen nicht wirklich verstanden. Die Mathematiker waren ihnen dabei nur eine schwache Hilfe.

Heisenberg berichtet, dass er und Sommerfeld Hilbert um Rat fragten, welcher mathematische Formalismus ihren Bedürfnissen am besten dienen könnte. Als Hilbert nach einigem Nachdenken erklärte, seiner Meinung nach müsse es mit Differenzialgleichungen gehen, verabschiedeten sie sich rasch und waren tief betrübt, dass Hilbert so offenkundig an Verkalkung leide.

Im Jahr 1917 versuchte Bernstein, die Wahrscheinlichkeitsrechnung entlang den Pfaden der Boole'schen Algebra zu formalisieren, und 1923 folgte Adam Lomnicki mit dem Versuch, eine Wahrscheinlichkeitsrechnung analog zur Mengenlehre zu entwickeln. Der erfolgreichste Versuch stammt von Richard von Mises (1883; 1953), der 1931 eine statistische Definition der Wahrscheinlichkeit gab. Er legte als Annahme die Existenz des Grenzwerts

$$\lim_{n \to \infty} \frac{n(A)}{n}$$

zugrunde, wobei $n(A)$ die Anzahl der günstigen Ausfälle eines Ereignisses A nach n Versuchen ist. Die Wahrscheinlichkeit von A ist dann per definitionem dieser Grenzwert. Trotz ihres offenkundig nicht konstruktiven Charakters wurde diese Definition recht beliebt, weil generell ein die Statistik begünstigendes Klima herrschte und die Vielfalt denkbarer statistischer Verteilungen ins Bewusstsein gedrungen war. Die Physiker brauchten nämlich mindestens drei verschiedene Statistiken. (Es sei nochmals an die Verwendung des Begriffs *Statistik* als *Wahrscheinlichkeitsverteilung* erinnert!) Die Forschung in diversen Zweigen der Physik hatte gezeigt, dass statistische Herleitungen unter gewissen disziplin spezifischen Annahmen Ergebnisse lieferten, die mit den Experimenten übereinstimmten. In der Thermodynamik zum Beispiel ist die Annahme zu machen, dass die in der Theorie betrachteten Teilchen unterscheidbar sind (Maxwell-Boltzmann-Statistik). Bei Elementarteilchen braucht man die gegenteilige Annahme; es gibt dabei aber zwei Möglichkeiten: Entweder dürfen sich mehrere Teilchen auch im selben Zustand befinden (Bose-Einstein-Statistik; solche Teilchen heißen Bosonen) oder nicht (Pauli-Verbot; die einschlägige Statistik ist die Fermi-Dirac-Statistik, und die entsprechenden Teilchen heißen Fermionen; zu diesen zählen Elektronen, Protonen und Neutronen). Es wird deutlich, wie verwickelt die Situation ist.

Eine mathematisch befriedigende Wahrscheinlichkeitsrechnung wurde 1933 von Andrej Kolmogoroff (1903; 1987) eingeführt. Er definierte die Wahrscheinlichkeit als normiertes Maß, also als additive Funktion mit Werten von 0 bis 1. Durch diesen Zugang wurde eine spektakuläre Entwicklung der Wahrscheinlichkeitsrechnung angestoßen, die dann in relativ kurzer Zeit zu einer der wichtigsten mathematischen Disziplinen aufstieg. Das Paradies des Mathematikers muss aber nicht das Paradies des Physikers sein. Für den Physiker erwies sich das neue Konzept der Wahrscheinlichkeitsrechnung als recht einengend, besonders in der Quantentheorie. So setzten die Physiker ihre eigenen Untersuchungen fort und entwickelten dazu mit der Zeit eine ziemlich unorthodoxe Mathematik. Versuche, zwischen den zwei Parteien zu vermitteln (wie etwa John von Neumann mit seinem Buch *Quantum Mechanics*), waren wenig erfolgreich. Die Parteien haben sich inzwischen anscheinend an solche Fehlschläge gewöhnt.

Es wäre unvernünftig zu behaupten, die Beteiligung der Mathematik an der Physik reduziere sich auf die Wahrscheinlichkeitsrechnung und die Gruppentheorie. Bevor ich aber andere wesentliche Berührungspunkte zwischen diesen zwei Disziplinen nenne, betone ich, dass die Wahrscheinlichkeitsrechnung ein recht typisches Beispiel für die Beziehungen zwischen der Mathematik und der Physik im 20. Jahrhundert ist. Im 17. Jahrhundert gab das Argumentieren aufgrund physikalischer Vorstellungen für die Analysis und andere Gebiete, in denen der Grenzwertbegriff eine Rolle spielte, einen starken Anreiz. Während des 18. und 19. Jahrhunderts zahlte die Mathematik dann diese Dankesschuld mit Zinsen zurück. Die Physik wurde hochmathematisch und im Wesentlichen auf dieses Konto gehen ihre Erfolge in der Entwicklung neuer Begriffe und Methoden, einschließlich der Anwendungen in der Technik. Als jedoch beide Wissenschaften die Notwendigkeit einer Umstrukturierung und der Definition neuer Forschungsziele anerkennen mussten, taten sie dies jede für sich und offenbar ohne gegenseitige Abstimmung. Die Mathematiker zappelten sich mit den unlösbaren Grundlagenproblemen ab und ärgerten sich über die Physiker, die sich so sorglos wie damals in der Aufbruchstimmung des 17. Jahrhunderts um ihre eigenen Fragen kümmerten. Auf der anderen Seite schätzten die Physiker die Mathematiker ebenso ein wie ihre Kollegen aus dem 17. Jahrhundert die zeitgenössischen Scholastiker – ihre Probleme erschienen künstlich und völlig nutzlos. Heute, im Abstand eines halben Jahrhunderts, kann man getrost sagen, dass diese „Scheidung" beiden Disziplinen wirklich geschadet hat.

Wie schon in Vortrag XIX erwähnt, war es Helmholtz, der die Beziehung der Mathematik zur Physik zur Grundsatzfrage erhob und der Mathematik die Rolle eines Werkzeugsatzes zuwies. Einstein drehte jedoch den Spieß um. Er erklärte, die neue theoretische Physik sei angesichts des Charakters ihrer Begriffe in Wirklichkeit Mathematik; der Teilchenbegriff sei eine Invariante im mathematischen Sinn. Ein heute beobachtetes Wasserteilchen ist ja in der Tat genau dasselbe wie vor dreitausend Jahren. Zerlegt man es in seine Bestandteile und setzt diese wieder zusammen, so entsteht wieder dasselbe Teilchen. Aus diesen Gründen hat es die Dauerhaftigkeit und Unveränderlichkeit einer Abstraktion und gleicht darin weitgehend einem mathematischen Begriff. Kurz gesagt ist das Wassermolekül grundsätzlich ein mathematischer Begriff und kann als solcher erforscht werden. Der theoretische Physiker baut eine Theorie auf und prüft, ob deren Voraussagen sich auf die makroskopischen Aspekte des Verhaltens der untersuchten Teilchen übertragen. Teilchen sind ja nur durch Konvention vereinbarte Aspekte der untersuchten makroskopischen Objekte und der Physiker sollte so viele verschiedene Teilchen erfinden, wie er braucht, um mit seiner Theorie voranzukommen. (Daher wurden ein Dreivierteljahrhundert später die Quarks erfunden.) Diese Ideen des jungen Einstein zogen nicht viel Gefolgschaft an, bahnten aber den Weg für wichtige Forschungsaktivitäten.

Im Jahr 1905 schuf Einstein die spezielle Relativitätstheorie. (Wie schon erwähnt, kam der erste Geistesblitz von Poincaré.) Es handelt sich um die Theorie der Ausbreitung elektromagnetischer Wellen in einem Raum ohne jede Wechselwirkung, also in einem idealen Vakuum. Für diese Theorie gibt es im Universum kein Modell. Nimmt man aber die Sache nicht so wörtlich, kann die in der realen Welt nutzbare Formel $E = mc^2$ im Rahmen der Theorie hergeleitet werden. Die heutigen Nutzer der Atomenergie (etwa ein Viertel der Weltbevölkerung) und unseligerweise auch die Einwohner von Hiroshima und Nagasaki wissen um die Wirkung dieser Formel. Als Mathematiker war Einstein nicht gut genug, um die mathematischen Werkzeuge für seine Theorie selbst zu schärfen. Die Assistenten, die ihm Hilbert und andere Mathematiker stellten, hatten anscheinend keine Lust, ihre Arbeit zu tun. Wir verdanken Minkowski, bei dem Einstein in Genf studiert hatte, das Überleben der Einstein'schen Theorie. Auf Einsteins Anregung hin schuf Hermann Minkowski (1864; 1909) nämlich eine nicht-Riemann'sche Geometrie, die heute Minkowski'sche oder Raum-Zeit-Geometrie heißt. Minkowski starb vor der Veröffentlichung seiner Arbeit und die Raum-Zeit-Geometrie ist Halbwaise geblieben. Entwickelt sind nur diejenigen Teile, die von den Physikern und Astronomen gebraucht werden. Jeder Mathematiker könnte dort viele offene elementare Fragen finden, aber kaum einer sucht danach.

Noch an einer anderen Stelle wird der Riss zwischen Mathematik und Physik deutlich sichtbar, und wieder kommt Einstein ins Spiel. Im Jahr 1916 kündigte er seine allgemeine Relativitätstheorie an. Ihr Gegenstand ist die Gravitation. Die Masse wird mit der Raumkrümmung identifiziert und die Anziehung durch Gravitation kann man sich gut als Hineinrollen einer Kugel in ein Loch vorstellen. Ein Jahr später veröffentlichte Einstein ein auf dieser Theorie basierendes Modell des Universums. Dieses Modell wurde von dem russischen Mathematiker Alexander Friedman (1888; 1925) studiert, verbessert und verallgemeinert. Er schickte seine Arbeit Einstein zu, der eine vernichtende Kritik veröffentlichte. Nachdem Friedman diese gelesen hatte, wurde ihm klar, dass Einstein seine Abhandlung kaum verstanden haben konnte, und schickte ihm eine zweite, leichter verständliche Fassung. Danach veröffentlichte Einstein eine ehrliche Abbitte. Die Friedman'schen Modelle für die Struktur und die Evolution des Universums haben ihre Gültigkeit bis heute behalten. Auch hier können wir beobachten, wie sich die Trennung zwischen Mathematik und Physik auswirkt: In den letzten siebzig Jahren wurde den Friedman'schen Modellen so gut wie nichts hinzugefügt. (Friedman starb an Typhus, einer damals in Russland verbreiteten Krankheit.) Das dritte Beispiel ist das betrüblichste. Einstein verbrachte die letzten Jahre seines Lebens damit, die Theorien der verschiedenen Wechselwirkungen zu vereinheitlichen. Diese Arbeiten wurden von seinen Schülern einfach beiseite gelegt. Beurteilt man sie nach ihrem Inhalt, belegen sie nur die Hartnäckigkeit ihres Autors.

Ich habe mir die Arbeit erleichtert, indem ich nichts über die Geschichte der Physik geschrieben habe. Stattdessen habe ich nur Beispiele für die vielen lässlichen Sünden gegeben, die in der Physik begangen wurden, weil sich die mathematische Forschung von der physikalischen abkoppelte. Ich möchte aber betonen, dass im letzten Viertel des 20. Jahrhunderts viele Kooperationsversuche unternommen wurden. Meistens waren sie aber zufällig und ergaben sich, wenn ein bemerkenswertes Ergebnis oder ein interessanter Begriff die Aufmerksamkeit der Mathematiker und der Physiker zugleich auf sich zog. So war es bei der Katastrophentheorie (auf die ich noch zurückkommen werde) und bei der Theorie der Energiedissipation, der die Beobachtung zugrunde liegt, dass die Dissipation von Energie stets mit einer örtlichen Kon-

zentration verbunden ist. In den letzten Jahren war die Theorie der Fraktale, also der Verallgemeinerungen selbstähnlicher Figuren, solch ein Renner. Grob gesprochen handelt es sich um Figuren mit nicht ganzzahliger Ähnlichkeitsdimension. Wird eine Figur durch eine Ähnlichkeitsabbildung mit Faktor $\frac{1}{s}$ in k ähnliche Figuren zerlegt, wird ihr der Wert $\log_s k$ als Dimension zugewiesen. Fig. XXII. 6 zeigt, dass auf diese Weise für einige einfache Figuren die bekannte Dimension herauskommt. Die einfachsten Beispiele für Figuren mit nicht ganzzahliger Dimension sind die Cantor'sche Wischmenge und der dreieckige Sierpinski-Teppich. Die erste dieser zwei Mengen bekommt man, wenn man fortgesetzt das innere (offene) Drittel der Strecken wegwischt (Fig. XXII. 7 zeigt die ersten vier Näherungen), die zweite Menge, wenn man fortgesetzt das (offene) mittlere Viertel der Dreiecke wegnimmt (Fig. XXII. 8). Fraktale können sehr attraktiv aussehen und reizen Mathematiker und Physiker, sie auf ihren Computern in Massen zu produzieren. Im Augenblick ist aber die Hoffnung, diese hübschen Bilder könnten sich für die Wissenschaft als nützlich erweisen, schlicht Wunschdenken.

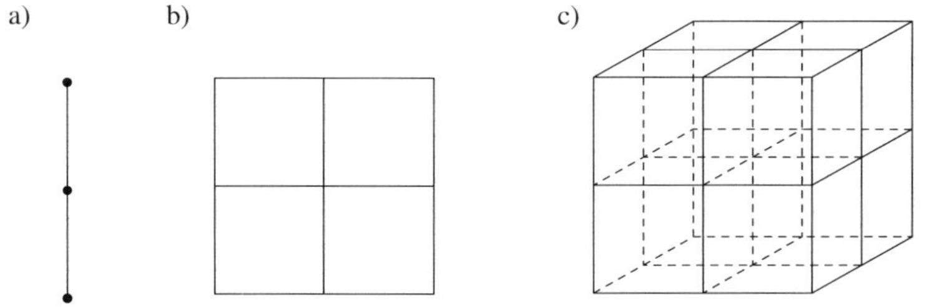

Fig. XXII. 6: Für $s = 2$ gilt a) $k = 2$, b) $k = 4$, c) $k = 8$, woraus sich die Dimensionen 1, 2 bzw. 3 ergeben.

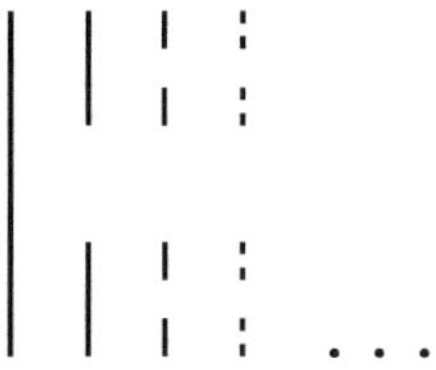

Fig. XXII. 7

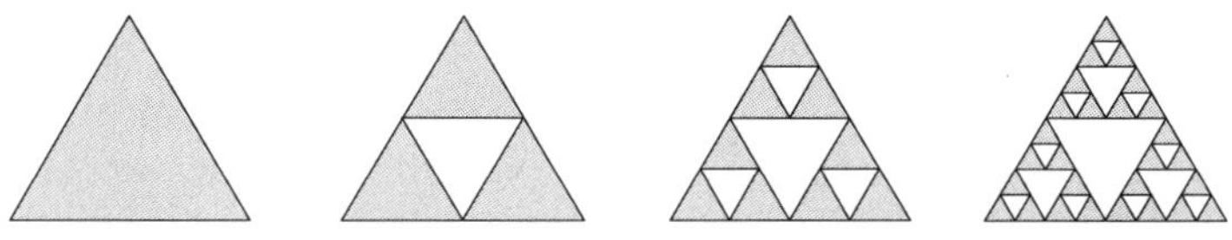

Fig. XXII. 8

Die einzige Disziplin, in der sich Mathematik und Physik begegnen, ohne dass es sich nur um eine Anwendung in der einen oder der anderen Richtung handelt, ist die Theorie der dynamischen Systeme, also der Theorie der Systeme, deren Evolution durch den Momentanzustand bestimmt ist. Diese Theorie gewann in den 70er-Jahren den Status eines selbstständigen und bedeutenden Zweigs der Mathematik. Heute, zwanzig Jahre später, ist sie als eines der wichtigsten Felder der Mathematik zu bewerten. So ruht bis jetzt die Hoffnung, wieder stabile Verbindungen zwischen der Mathematik und der Physik herzustellen, auf der Theorie der dynamischen Systeme.

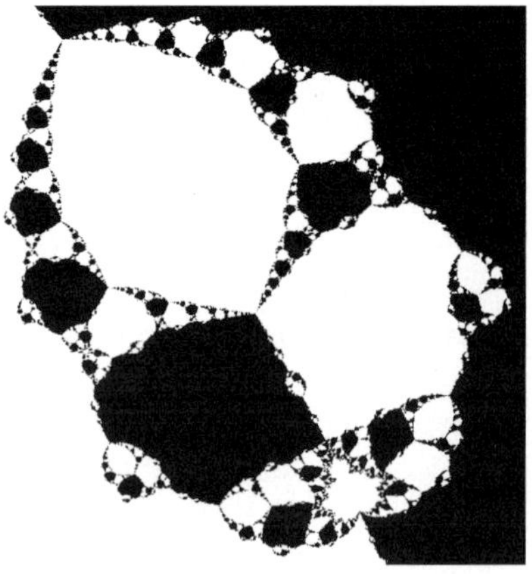

Fig. XXII. 9: Das Fraktal „Krabbe"

Hilberts siebtes Problem war den transzendenten Zahlen gewidmet (siehe Vortrag XX). Verlangt war, möglichst allgemeine Antworten auf die Frage nach dem Zahlentyp der Werte nicht algebraischer Funktionen für Argumentwerte gegebener Art (beispielsweise für irrationale algebraische Zahlen) zu finden. Die Forschungsaktivitäten zu diesem Problem haben beachtliche Beiträge zur Entwicklung der Zahlentheorie und der Berechenbarkeitstheorie geliefert. Hier einige typische Ergebnisse.

- *Sind a und b algebraisch und ist b irrational, so ist a^b transzendent.*
- *Ist das Verhältnis der ungleichen Winkel eines gleichschenkligen Dreiecks eine irrationale algebraische Zahl, so ist das Verhältnis der ungleichen Seiten transzendent.*
- *Alle irrationalen Einträge einer Logarithmentafel sind transzendent.*

(Diese drei Aussagen sind äquivalent. Die Äquivalenz und auch die Gültigkeit dieser Aussagen einzeln wurde von Gelfond und (unabhängig) von Schneider bewiesen.)

Das achte Problem befasste sich mit der Primzahlverteilung. Dieses zahlentheoretische Problem ist in dem Sinne sehr fruchtbar, als zumindest seit der Mitte des 19. Jahrhunderts die Sätze und Vermutungen auf diesem Gebiet mit Methoden untersucht wurden, die den Uneingeweihten (ich schließe mich da ein) staunen lassen, wie weit abseits sie von der vertrauten Zahlentheorie liegen. Die Riemann'sche Vermutung beispielsweise besagt: Gilt für die Funktion

$$\zeta(z) = \frac{1}{(1-2^{1-z})} \sum_{n=1}^{\infty} \frac{(-1)^{n-1}}{n^z},$$

dass aus $\zeta(x+iy) = 0$ und $0 < x < 1$ die Gleichheit $x = \frac{1}{2}$ folgt, dann gilt $|\pi(x) - \mathrm{li}(x)| < x^{\alpha}$ für alle $\alpha > \frac{1}{2}$. Hierbei ist $\pi(x)$ die Anzahl der Primzahlen unterhalb x und $\mathrm{li}(x)$ ist der Integrallogarithmus von x, also

$$\mathrm{li}(x) = \int_2^x \frac{dx}{\ln x}$$

Ein „traditionelleres" ungelöstes Problem der Zahlentheorie ist die Goldbach'sche Vermutung. Sie besagt, dass jede gerade natürliche Zahl (> 2) die Summe zweier Primzahlen ist. Meist wird eine andere Vermutung von Goldbach betrachtet: Jede ungerade Zahl (>3) ist die Summe von drei Primzahlen. Bewiesen ist, dass diese Behauptung wenigstens für hinreichend große Zahlen gilt (Winogradow, 1937); Chang und Wang bewiesen 1990, dass Zahlen oberhalb $e^{e^{11503}}$ in diesem Sinn hinreichend groß sind. Im Jahr 1989 wurde die Vermutung mit Computerhilfe bis zur Grenze $2 \cdot 10^{10}$ bestätigt.

Ein weiteres Beispiel eines ungelösten zahlentheoretischen Problems ist die Frage, ob es unendlich viele Primzahlzwillinge gibt, also Paare von Primzahlen mit Differenz 2. Das größte im Jahr 1990 bekannte solche Paar besteht aus den Zahlen $1\,706\,595 \cdot 2^{11\,235} \pm 1$.

Das neunte Problem kommt ebenfalls aus der Zahlentheorie. Es fordert eine möglichst weit reichende Verallgemeinerung des Reziprozitätsgesetzes für Reste. Fermat hatte bemerkt, dass alle Primteiler einer Zahl der Form $n^2 + 1$ die Form $4k + 1$ haben. Allgemeiner ist $n^2 - a$ durch „die Hälfte" aller Primzahlen der Form $4a + b$ mit $0 < b < 4a$ teilbar. Der folgende Satz von Gauß beschreibt den Sachverhalt genauer: Sind p und q ungerade Primzahlen und gibt es eine Zahl n von der Art, dass p Teiler von $n^2 - q$ ist, so gibt es genau dann eine Zahl m von der Art, dass q Teiler von $m^2 - p$ ist, wenn mindestens eine der Zahlen p und q die Form $4k + 1$ hat. Dies ist das Reziprozitätsgesetz für quadratische Reste, und dieses Gesetz wird über den Ring der ganzen Zahlen hinaus immer weiter auf allgemeinere Rechenstrukturen ausgedehnt.

Das zehnte Problem ist sehr konkret. Gesucht ist eine Methode, in endlich vielen Schritten zu entscheiden, ob eine gegebene diophantische Gleichung lösbar ist. (Eine diophantische Gleichung ist eine Polynomgleichung mit ganzzahligen Koeffizienten, für die ganzzahlige Lösungen gesucht sind.) Die Forschung, die durch dieses Problem inspiriert wurde, gewann in den Dreißigerjahren des 20. Jahrhunderts erheblich an Bedeutung, als Algorithmen, berechenbare Funktionen und andere rekursive Methoden in die Mathematik Eingang fanden (Church, Turing). Als kurz danach der Computer aufkam, der allein von Algorithmen lebt und mit diskreten Daten (praktisch also mit natürlichen Zahlen) arbeitet, wurde die Suche nach Lösungsalgorithmen für diophantische Gleichungen ein Gegenstand von höchstem Interesse (wenigstens wenn man das für die Forschung ausgegebene Geld in Rechnung stellt). Jurij Matijasevic vollendete 1970 den Beweis der Unlösbarkeit des Problems. Es gibt also auch keinen Algorithmus der von Hilbert geforderten Art. Dies hat dem guten Gewissen derjenigen, die über das zehnte Problem geforscht haben, keinen Abbruch getan.

Der große Satz von Fermat, der hier im Buch schon erwähnt wurde, ist ein hochberühmtes Beispiel einer diophantischen Gleichung. An der Lösung versuchten sich meist mathematisch halbgebildete Fanatiker. Andrew Wiles bewies 1995, dass die Gleichung für $n > 2$ keine nicht trivialen Lösungen hat.

Das elfte Problem betraf die Theorie der quadratischen Formen. Hilbert stellte die Frage, ob es möglich sei, die Ergebnisse der Theorie der quadratischen Formen über dem Körper der rationalen Zahlen auf quadratische Formen über dem Körper der algebraischen Zahlen zu übertragen. Das zwölfte Problem fragte nach der Möglichkeit, den von Kronecker bewiesenen Satz, dass eine maximale Abel'sche (kommutative) Erweiterung des Körpers der rationalen Zahlen durch Adjunktion von komplexen Einheitswurzeln entsteht, auf andere Körper zu verallgemeinern.

In seiner ursprünglichen Formulierung betrifft das dreizehnte Problem die Nomographie. Dieses Gebiet ist mit dem Aufkommen des Computers verschwunden. Sein Ziel war, theoretisch exakte Verfahren zur graphischen Lösung von Gleichungen zu entwickeln. Die nomograpische Methode besteht darin, gewisse Linien mit Skalen so zu entwerfen, dass sich die Lösung auf einer der Kurven ablesen lässt, wenn man ein Lineal an zwei Teilstriche mit den passenden Parameterwerten auf zwei anderen Kurven anlegt. Fig. XXII. 10 zeigt das Nomogramm für die Gleichung $x^2 + y^2 = z^2$. Legt man ein Lineal an beliebige Teilstriche x und y an, findet man den zugehörigen z-Wert auf der mittleren Skala. Im dreizehnten Problem ging es um die Existenz eines Nomogramms gewisser Art für eine Gleichung 7. Ordnung. Schließlich wurde ein solches Nomogramm gefunden (Kolmogoroff und Arnol'd, 1955), aber in der Zwischenzeit

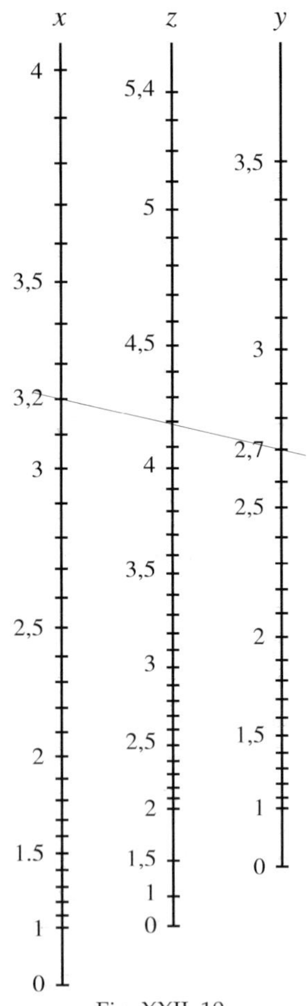

Fig. XXII. 10

wuchs das Problem zur hochkarätigen und wichtigen Theorie der Funktionalgleichungen und Funktionalungleichungen auf, in der es um Gleichungen und Ungleichungen geht, die von einer Funktion (also der Unbekannten) für alle Werte aus einer gegebenen Menge erfüllt werden. In diesem Zusammenhang erregte nicht Hilberts Problem den größten Aufruhr, sondern eine Entdeckung im Zusammenhang mit der für die Maßtheorie zentral wichtigen Cauchy'schen Gleichung

$$\underset{x,y}{\forall}\, f(x) + f(y) = f(x + y).$$

Cauchy vermutete, dass nur die Funktionen $f(x) = a \cdot x$ mit einer Konstanten a dieser Gleichung genügten, also additiv seien. Diese Vermutung wurde von Hamel widerlegt, der eine Methode zur Konstruktion eines ganzen Kontinuums von Lösungen der Cauchy'schen Gleichung angab. Seine Methode verdient großes Interesse. Er fasste den Körper der reellen Zahlen als unendlich-dimensionalen Vektorraum über dem Körper der rationalen Zahlen auf und konnte damit beliebig viele wesentlich verschiedene additive Funktionen konstruieren. Dies liegt daran, dass die für gegebene Zahlen angenommenen Werte einer additiven Funktion die weiteren Werte nur für diejenigen Zahlen festlegen, die rationale Linearkombinationen der gegebenen sind. Insbesondere sind durch die Werte einer additiven Funktion auf der Menge der rationalen Zahlen ihre Werte für irrationale Zahlen noch frei. Eine additive Funktion wird zur linearen Funktion (siehe oben), wenn man beispielsweise die Stetigkeit verlangt. Eine andere die Linearität sichernde Bedingung ist die Forderung, dass die Funktion für positive Zahlen positive Werte annimmt.

Das vierzehnte Hilbert'sche Problem betrifft die Invariantentheorie, oder genauer gesagt die Frage, wie man für gewisse Gruppen ein Erzeugendensystem finden kann. Ich erwähne nur, dass wichtige Ergebnisse in dieser Richtung von Zariski erzielt wurden – auf diese Weise habe ich ihn in diesem Buch wenigstens erwähnt.

Ähnlich verbinden sich die Namen Weil und Grothendieck mit dem fünfzehnten Problem. Es geht um die Frage, wie sich Klassen von Objekten konstruieren lassen, die algebraisch durch eine gewisse Anzahl von Parametern mit verknüpfenden Bedingungen definiert sind. Dieser Gegenstand gehört heute zur algebraischen Geometrie. Auch das sechzehnte Problem ordnet man heute dort ein. Es knüpft an eine Arbeit von Harnack aus dem Jahr 1876 an, der bewies, dass eine Kurve n-ten Grades in der projektiven Ebene höchstens $\frac{1}{2}(n-1)(n-2)+1$ Züge hat und dass dieses Maximum auch errreicht wird. Offen bleibt noch, wie diese Züge zueinander liegen. Mit dem Beweis, dass mindestens einer der 11 Züge einer Kurve 6. Grades im Inneren eines von einem anderen Zug umschlossenen Gebiets liegt, wurde wenigstens ein Teilergebnis in dieser Richtung erzielt.

Das siebzehnte Problem gehört zur Algebra. Es wurde 1927 von Emil Artin gelöst, und die von ihm eingeführten Begriffe eröffneten ein neues Kapitel der abstrakten Algebra und regten zur Erforschung ihrer Verbindung zur Geometrie an. Hilbert hatte gefragt, ob jede rationale Form in n Variablen mit reellen Koeffizienten, deren Werte für alle zur Definitionsmenge gehörenden reellen Zahlen positiv sind, sich als Summe von Quadraten rationaler Formen mit reellen Koeffizienten darstellen lässt. Es stellte sich heraus, dass diese Frage zu bejahen ist, aber auf dem Weg zur Antwort kamen Körper mit neuartigen Eigenschaften zum Vorschein, nämlich beispielsweise

– reell abgeschlossene (jedes Polynom ungeraden Grades mit Koeffizienten in einem solchen Körper hat dort eine Wurzel)

- algebraisch abgeschlossene (jedes Polynom mit Koeffizienten in einem solchen Körper hat in ihm eine Wurzel)
- formal-reelle (die Summe zweier Quadrate ist in einem solchen Körper nur dann null, wenn jedes der zwei Quadrate null ist)
- pythagoreische (hier ist die Summe zweier Quadrate stets wieder ein Quadrat)
- euklidische (in einem solchen Körper ist eine von zwei entgegengesetzt gleichen Zahlen ein Quadrat).

Hier ein Beispiel für einen typischen Satz aus diesem Gebiet (er stammt von Artin und Schreier): Jeder formal reelle Körper lässt eine Teilordnung zu; ist der Körper zusätzlich euklidisch, so ist diese Ordnung eindeutig bestimmt.

Hilberts achtzehntes Problem bezog sich auf die Kristallographie und die Parkettierungen des Raumes. Eine Gruppe ebener Isometrien heißt kristallographische Ebenengruppe, wenn es eine Figur gibt, deren Bilder unter den Elementen der Gruppe die ganze Ebene so parkettieren, dass verschiedene Bilder höchstens eine Randkurve gemeinsam haben. (Die Definition für den Raum ist analog.) Die Dimension der Gruppe ist die Anzahl linear unabhängiger Translationsrichtungen. In einfachen Worten gesagt geht es um die Möglichkeit, die Ebene oder den Raum „rhythmisch" mit den Kopien einer Figur (des so genannten Fundamentalbereichs) zu parkettieren. Zwei Parkettierungen werden als verschieden angesehen, wenn ihre Gruppen verschieden sind; die Verschiedenheit der Figuren reicht dazu nicht. Klassische Beispiele für die Anwendung solcher Gruppen bieten die Arabesken, Ornamente, mit denen gläubige Sunniten die Wände schmückten. (Der Glaube verbietet es den sunnitischen Muslimen, sich Abbilder der von Gott geschaffenen Lebewesen zu machen; dasselbe gilt auch für die Christen, aber der christliche Fundamentalismus hat sich immer auf andere Körperteile als die Augen konzentriert.) Insbesondere verwendeten die Mauren in der Alhambra im heutigen Spanien sechzehn verschiedene Gruppen. Nur wenige Jahre bevor Hilbert das Problem formulierte, wurde entdeckt, dass es in der Ebene siebzehn zweidimensionale Gruppen (Fedorov 1891; später, aber unabhängig davon Schönflies) und im Raum 230 dreidimensionale Gruppen gibt (Fedorov 1890; später, aber unabhängig davon Schönflies und Barlow). Hilbert stellte nun die Frage, ob für jedes n die Anzahl der kristallographischen Gruppen im n-dimensionalen euklidischen Raum endlich ist und ob es Parkettierungen mit sich nicht überlappenden kongruenten Polygonen bzw. Polyedern gibt, die nicht Fundamentalbereich einer Gruppe sind. Hier die Ergebnisse: Die Frage nach der Endlichkeit wurde von Jordan für elliptische Räume mit „ja" beantwortet, von Klein für hyperbolische mit „nein". Was euklidische Räume betrifft, so stellte sich heraus, dass die Anzahl der Gruppen endlich ist; es gibt aber bis jetzt auch für kleine n noch kein Verfahren, die Anzahl zu bestimmen. Für $n = 3$ ist noch unbekannt, ob kristallographische Gruppen eine Dimension größer als 3 haben können; es gibt aber (falls dies bekannt wäre) einen Algorithmus zur Berechnung; für größere n ist kein Algorithmus bekannt. Die Antwort „ja" auf die zweite Frage hat erst 1961 Delone gefunden.

Viele Mathematiker vertreten die Meinung, Hilberts achtzehntes Problem schließe auch die Frage nach diskreten Gruppen und ihrer Wirkung auf homogene Räume ein, gehöre also auch zur Geometrie der Mannigfaltigkeiten. (Ich erinnere an die „Erschaffung kleiner Welten" – siehe den Schluss von Vortrag XIX.) Wenn dies so wäre, läge das achtzehnte Problem im Zentrum mathematischer Forschung – ich nenne nur Thurston. Topologie ist die einzige Disziplin von erstrangiger

Bedeutung im 20. Jahrhundert, die in Hilberts Liste nicht vorkommt, obwohl sie manchmal in künstlicher Weise eingefügt wird.

Das neunzehnte Problem warf die Frage auf, ob jedes reguläre (bitte interpretieren Sie diesen Terminus technicus intuitiv!) Variationsproblem eine Lösung hat. Im zwanzigsten Problem fragte Hilbert nach den Eigenschaften, die die Randbedingungen eines Variationsproblems oder einer Differenzialgleichung besitzen müssen, um die Existenz einer Lösung zu sichern. (Dies ist alles andere als trivial. Versuchen Sie nur einmal, eine Minimalfläche ohne Selbstdurchdringung in die Kleeblattschlinge in Fig. XXII. 11 einzuhängen!) Die Untersuchung solcher Probleme führte zu den so genannten Gleichungen mit Störungsparameter (Bernstein) und vor allem zu einem neuen Maßbegriff (Dissertation von Lebesgue, 1902), der später von Haar weiterentwickelt wurde. Mit diesen neuen Werkzeugen konnten dann beide Probleme gelöst werden.

Fig. XXII. 11

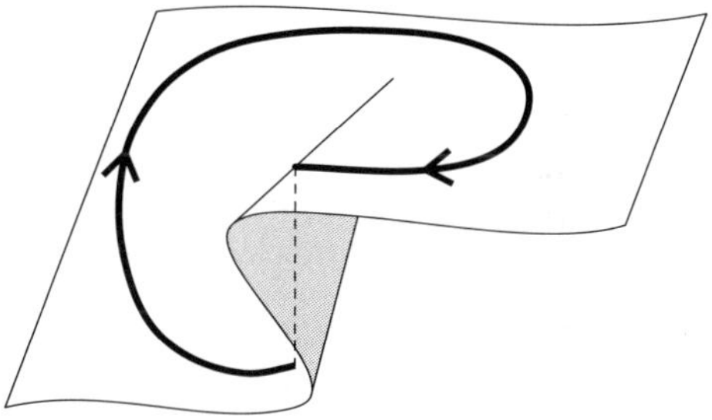

Fig. XXII. 11

Im Zusammenhang mit Variationsproblemen sollte ich die um 1950 von René Thom erzielten Ergebnisse erwähnen. Der Autor verstand sich auch darauf, sie praktisch zu einem Kulturereignis hochzustilisieren. Er stellte seine (ganz hervoragenden!) Arbeiten über Differenzialgeometrie als eine Methode vor, sprunghaft ablaufende Vorgänge mithilfe von kontinuierlichen Variablen zu beschreiben; diese Vorgänge nannte er Katastrophen. Die neue Idee wurde von Naturwissenschaftlern, Medizinern und Sozialwissenschaftlern so begeistert aufgenommen, dass einige von ihnen sich sogar bereit fanden, die einschlägigen Teile der Mathematik zu lernen. Der Grundgedanke ist in Fig. XXII. 12 in Form einer Katastrophe vom Typ „Faltung“ bildlich dargestellt. Würden wir in Pfeilrichtung auf der Kurve wandern, so würden wir in der Tat in einem bestimmten Augenblick einen Sprung in der Bewegung erleben. Das Hauptergebnis von Thom bestand im Beweis, dass es sieben Typen dreidimensionaler Katastrophen gibt. Versuche, die Theorie auf Herzanfälle, gesellschaftliche und politische Krisen und ähnliche Phänomene anzuwenden, trugen zum Fortschritt der genannten Disziplinen nichts Substantielles bei; was fehlte, war weniger die Fähigkeit zur Beschreibung als das Wissen über diese Vorgänge selbst. Dennoch sind die fast zehn Jahre lang anhaltende Begeisterung und die Hoffnung, die sich mit der Katastrophentheorie verbanden, Zeichen sowohl für die tiefe Kluft zwischen der Mathematik und den von der Gesellschaft in sie gesetzten Erwartungen als auch für die Größe dieser Erwartungen.

Nun zurück zu den Hilbert'schen Problemen! Das einundzwanzigste Problem befasste sich mit Differenzialgleichungen mit gewissen Eigenschaften. Das zweiundzwanzigste hatte das Thema Uniformisierung; es sollte bewiesen werden, dass sich jede algebraische oder analytische Kurve durch einwertige

(„uniforme") Funktionen darstellen lässt. Das dreiundzwanzigste Problem war ein Aufruf, in der Variationsrechnung neue Methoden zu entwickeln; wir verdanken ihm die Optimierungstheorie und die Kontrolltheorie.

Hilbert betonte, dass seine Probleme nur Beispiele seien, die den Reichtum der Mathematik in helles Licht rücken sollten. Er wiederholte seine besorgte Frage, *ob der Mathematik bevorsteht, was anderen Wissenschaften schon längst widerfahren ist, nämlich dass sie in einzelne Teilwissenschaften zerfällt.* Die Mathematik sei ein vollkommener Organismus. Die zahlreichen Analogien in ihren verschiedenen Wissensgebieten und die Anwendbarkeit des einen im anderen liege offen auf der Hand. Neue Zweige seien Zweige am selben Baum. Hilberts Hoffnung, dass die Menschen die Fähigkeit erlangen würden, die Mathematik als ein immer weiter wachsendes Ganzes zu verstehen, ruhte auf seiner Überzeugung, dass neue Ergebnisse neue, kräftigere und einfachere Methoden erforderten – nur schlecht gestellte Probleme seien schwer zu verstehen.
Als Schluss seines Vortrags hat er notiert:

> *Der einheitliche Charakter der Mathematik liegt im inneren Wesen dieser Wissenschaft begründet; denn die Mathematik ist die Grundlage alles exakten naturwissenschaftlichen Erkennens. Damit sie diese hohe Bestimmung vollkommen erfülle, mögen ihr im neuen Jahrhundert geniale Meister erstehen und zahlreiche in edlem Eifer erglühende Jünger!*

Hilberts Vortrag ist nun fast hundert Jahre alt. Ich kann die Zahl genialer Meister und in edlem Eifer erglühender Jünger nicht abschätzen. Eines ist aber gewiss: In der ersten Hälfte des 20. Jahrhunderts gewann die Mathematik im öffentlichen Bewusstsein einen noch höheren Rang als im 19. Jahrhundert. Sie griff aber weniger deshalb mit lauter neu entwickelten … metrien in neue Gebiete aus, weil sie dort ihre Unterstützung anbieten wollte, sondern weil in der Krise steckende wissenschaftliche Disziplinen verzweifelt um Hilfe riefen. Es kam noch schlimmer: die Mathematiker demonstrierten eine ausnehmende Gleichgültigkeit gegenüber dem Rest der Welt und nützten die führende Stellung der Mathematik im Schulunterricht schamlos aus. Der Mathematikunterricht bekam immer mehr Schlagseite; er befasste sich lieber mit der Entwicklung geeigneten Prüfungsstoffs, als dass er Themen behandeln wollte, die für jedermann von praktischem Wert hätten sein können. So war es kein Wunder, dass wir Mathematiker als gesellschaftliche Gruppe uns dem kategorischen Protest gegen die Vorherrschaft unserer Wissenschaft ausgesetzt sahen. Unsere Lage wurde noch dadurch erschwert, dass es immer schwieriger wurde, der Öffentlichkeit gegenüber den praktischen Nutzen der Mathematik in allgemein verständlicher Weise nachzuweisen.

Ein radikaler Umschwung trat ein, als die Mathematiker einen Homunkulus in die Welt setzten: die Computerwissenschaft. Dieser Wechselbalg braucht noch die Hilfe der Mutter Mathematik und fordert sie lauthals ein. Von außen betrachtet stellt sich die Sache aber ganz anders dar. Im Jahr 1949 wurde der Transistor erfunden und läutete das Zeitalter der Elektronik ein, das den Computer zu einem der beliebtesten Werkzeuge der zweiten Hälfte des 20. Jahrhunderts machte. Mit diesem durchschlagskräftigen und überall verfügbaren Gerät ausgestattet, übernahm die Informatik praktisch die Service-Funktion der

Mathematik für die Gesellschaft. Es gibt nur noch wenige Eltern, die ihre Kinder davon zu überzeugen versuchen, dass die Mathematik wichtiger sei als der Computer. Dies hat die Rolle der Mathematik in der Welt radikal verändert und bedarf ruhigen und verantwortungsbewussten Nachdenkens über ihre

Zukunft. Mit Sicherheit müssen wir die Hoffnung aufgeben, die Mathematik werde die Informatik aufsaugen, und ebenso wenig werden beide Wissenschaften zu einer neuen verschmelzen. Das einzige mit Computerhilfe erzielte mathematische Resultat – und hier wäre es anders auch nicht gegangen – ist der Beweis des Vierfarbensatzes. (Der Vierfarbensatz sagt aus, dass sich jede ebene Karte mit vier Farben färben lässt, ohne dass aneinander angrenzende Länder die gleiche Farbe erhalten.) Dies kam nur dadurch zustande, dass der Hersteller des Computers für ein neues Modell einen Test in Auftrag gegeben hatte, mit dem er später gut werben konnte.

Betrachten wir die Mathematik von innen statt von außen, müssen wir ernsthaft daran zweifeln, ob ihre neuen Methoden hinreichend klar und einfach sind, um die Einheit der Wissenschaft zu erhalten. Ich glaube nicht, dass wir, die Wissenschaftler an dem Institut, an dem ich arbeite, uns gegenseitig auch nur so weit verstehen, dass wir verständig nicken könnten, wenn wir von den Forschungsergebnissen unserer Kollegen hören. Vielleicht ist ja daran nur meine eigene Dummheit schuld. Wenn ich aber aus unseren Diskussionen über einen notwendigen Wandel meine Schlüsse ziehe, stehe ich mit meiner Dummheit nicht allein.

Die Notwendigkeit einer Vereinheitlichung wird anscheinend immer noch so stark empfunden wie vor hundert Jahren. Alle vier Jahre finden Kongresse statt. (Zwischen 1936 und 1950 gab es eine lange Unterbrechung.) Im Jahr 1983 fand der Kongress in Polen statt (Warschau), 1986 in Berkeley (USA), 1990 in Kyoto (Japan) und 1994 in Zürich (Schweiz). Die Veranstaltungen sollen Foren für den Informationsaustausch über Forschungsthemen und Forschungsergebnisse bieten; diese Forderung ist aber für Kongresse, die nur alle vier Jahre stattfinden und nur zwei Wochen dauern, zu ehrgeizig. Daher tendiert der Kongress stärker zu einer gesellschaftlichen als zu einer wissenschaftlichen Veranstaltung.

Mehr Bedeutung hat die Verleihung der Fields-Medaille. Bekanntlich glaubte Alfred Nobel, die Mathematik diene nicht dem Wohl der Menschheit, und setzte sie daher nicht auf die Liste der durch den Nobel-Preis zu würdigenden Wissenschaften. Die Geschichten, die man sich in Mathematikerkreisen über die (angeblich) wahren Gründe für Nobels Entscheidung erzählt, sind, milde gesagt, unliebenswürdig.

Man sollte aber, so glaube ich, für Nobels Weigerung, die Mathematik unter die nützlichen Disziplinen aufzunehmen, nicht nach persönlichen Motiven suchen. Schließlich wurde die Philosophie ja auch nicht

Die Träger der Fields-Medaille
1936
Lars. V. Ahlfors
Jesse Douglas
1950
Laurent Schwartz
Atle Selberg
1954
Kunihiko Kodaira
Jean-Pierre Serre
1958
Klaus F. Roth
René Thom
1962
Lars Hörmander
John W. Milnor
1966
Michael F. Atiyah
Paul. J. Cohen
Alexander Grothendieck
Stephen Smale
1970
Alan Baker
Heisuke Hironaka
Sergej P. Nowikow
John Thompson
1974
Enrico Bombieri
David D. Mumford
1978
Pierre R. Deligne
Charles L. Fefferman
Grigorij A. Margulis
Daniel G. Quillen
1982
Alain Connes
William P. Thurston
Shing-Tung Yau
1986
Simon K. Donaldson
Gerd Faltings
Michael H. Freedman
1990
Wladimir G. Drinfeld
Vaughan F. R. Jones
Shigefumi Mori
Edward Witten
1994
Jean Bourgain
Pierre-Louis Lions
Jean-Christophe Yoccoz
Yefim Zelmanov

aufgenommen. Wie dem auch sei – im Jahr 1924 entschloss sich Fields, ein Kanadier, einen dem Nobelpreis entsprechenden Preis für Mathematiker auszusetzen. Ein Preisträger erhält eine Medaille und 2000 kanadische Dollar, also viel weniger als beim Nobel-Preis. Die Bestimmungen, nach denen die zwei Preise verliehen werden, unterscheiden sich stark.

Die Fields-Medaille kann nur Mathematikern verliehen werden, die das vierzigste Lebensjahr noch nicht erreicht haben. Wenn wir uns erinnern, in welchem Alter Klein sein Erlanger Programm niederlegte, Gauß den Fundamentalsatz der Algebra bewies und Newton das Gravitationsgesetz herleitete, werden wir wahrscheinlich darin übereinstimmen, dass schöpferische Mathematik die Domäne junger Menschen ist. Im Allgemeinen wird ein Mathematiker über Vierzig stärker dazu beitragen, mathematisches Wissen und mathematische Kultur an die nächste Generation weiterzugeben, als tief liegende Entdeckungen zu machen. Die Fields-Medaille wurde 1936 zum ersten Mal vergeben. Polnische Preisträger gibt es nicht. Der Grund liegt darin, dass diejenigen Polen, die unumstritten preiswürdig gewesen wären, zur falschen Zeit vierzig wurden.

Eine zusätzliche Integrationswirkung ging von Nicolas Bourbaki aus. Er hielt 1933 an der Sorbonne eine Vorlesung, in der er auf die Notwendigkeit hinwies, die Mathematik durch eine übergreifende Darstellung ihres gesamten Inhalts zu vereinheitlichen. Die erste Monographie von Bourbaki erschien 1939; bis heute gibt es 40 weitere Bände. In jüngerer Zeit hat diese anonyme und, wie es der Lauf der Zeit nahe legt, in der Besetzung wechselnde, zwar internationale, aber in der Mehrheit aus Franzosen bestehende Mathematikergruppe ihren Arbeitsrhythmus verlangsamt. Das Werk *Eléments de mathématique*, wie es Bourbaki bescheiden nennt, ist ein weiterer Versuch, eine Theorie über Alles und Jedes aufzubauen. Es ist ein Jammer, dass es keinen zweiten Poincaré gibt, der seinen Kollegen dies klar machen könnte. Auf der anderen Seite: Gäbe es einen zweiten Poincaré, so hätten sich die Kollegen vielleicht gar nicht an die Arbeit gemacht. Bourbakis Monographien sind von sehr unterschiedlicher Qualität. So ist beispielsweise *Algèbre commutative* (jedenfalls nach meinem Eindruck) ein sehr gutes und nützliches Buch, aber *Théorie des ensembles (Mengenlehre)* taugt nur zu einem Test, ob man von einem Stichwort schon genug weiß, um herauszufinden, wohin Bourbaki es gepackt und welche Geheimsprache er zur Verfremdung gewählt hat. Wie dem auch sei, die noch vor kaum dreißig Jahren lebendige Hoffnung, die Mathematik ließe sich hinter dem Banner des Bourbakismus scharen, ist heute verflogen.

Und dennoch: Die Mathematiker halten immer noch die Empfehlungen in Ehren, die Hilbert in Paris an den Beginn und ans Ende seines Vortrags gesetzt hat.

Vortrag XXIII

Nur noch ein Schritt – dann der Abgrund

Wie im vorigen Vortrag erwähnt, lauteten Hilberts zwei Glaubensbekenntnisse: Die Mathematik wird ihre Einheit wahren und sich auf ein unangreifbares Fundament stellen lassen. Wir konzentrieren uns auf den zweiten Punkt. Aus der Sicht der üblichen philosophischen Klassifikation sind hier zwei Aspekte zu beachten. Der epistemologische Aspekt kann in die Frage

Wie erhält man mathematische Sätze?

gefasst werden, der ontologische Aspekt in die Frage

Was sind mathematische Begriffe und in welchem Sinn existieren sie?

Die erste dieser Fragen wäre leicht zu beantworten, stünde dem im Falle der Mathematik nicht entgegen, dass bereits die Abtrennung der einen von der anderen problematisch ist und auch in die falsche Richtung führen kann. Nehmen wir die erste Frage aber eher dem Buchstaben als dem Geiste nach, können wir sie dahingehend beantworten, dass die Disziplin, auf die sich die Mathematik in diesem Zusammenhang stützt, die Logik ist.

Die Pythagoreer formulierten sehr exakt so genannte Schlussregeln, also Methoden, die Menge wahrer Aussagen zu vergrößern. Diese Schlussregeln bilden die Grundlage der Logik. Vermutlich gab es am Anfang drei solche Regeln (die Abtrennungs-, die Spezialisierungs- und die Verallgemeinerungsregel) und die Wachstumrate, mit der die Zahl der Regeln wuchs, entsprach der momentanen Zahl aktiver Logiker. Betrachten wir die Logik unabhängig von der Mathematik, erkennen wir, dass sich die Schlussregeln in zwei Gruppen einteilen lassen. In die erste gehören die Tautologien, Aussagen, die unabhängig vom Wahrheitswert der Teilaussagen, aus denen sie bestehen, immer wahr sind. Beispiele sind die Regeln $(p \wedge \sim p) \rightarrow q$ (aus einem Widerspruch folgt alles Beliebige) und $p \vee \sim p$ (Regel vom ausgeschlossenen Dritten). Die zweite Gruppe enthält Regeln, die nur angewendet werden können, wenn die Wahrheit gewisser Aussagen (außerlogisch) festgestellt ist; eine solche ist die Abtrennungsregel: Ist p wahr und ist $p \rightarrow q$ wahr, so ist auch q wahr. Die Eigenschaft mathematischer Sätze, stets Voraussetzungen zu enthalten (siehe Vortrag IV), verringert den Unterschied zwischen den zwei Gruppen. Die Mathematik lässt sich völlig auf Konventionen gründen und die axiomatische Methode fördert diesen Zugang noch. Die Mathematik beginnt ja mit unserer willkürlichen Entscheidung, was wahr sein soll – und dann erforschen wir die Konsequenzen dieser Entscheidung.

Die erste Kodifizierung der Logik als einer Disziplin, die auf die Frage antwortet, nach welchen Methoden aus gegebenen Wahrheiten neue herleitbar sind, stammt von Aristoteles. Da Platon ein fanatischer Bewunderer der Mathematik war (siehe Vortrag V), musste seine Hochachtung vor diesem Gebiet auf seinen Schüler abfärben. Aristoteles und Platon hatten eines gemeinsam: Als Mathematiker waren sie zweitrangig. Ihre Einstellung zur Mathematik wurde dadurch in unterschiedlicher Weise beeinflusst. Platon fühlte vor ihr einen frommen mystischen Schauder, während Aristoteles in ihr nur ein Werkzeug für andere Wissensgebiete sah und nach einem besseren Ersatz suchte, einer Theorie des Denkens. Die von Aristoteles entwickelte Theorie des Denkens, seine Theorie der Syllogismen, war die früheste Form der Logik. Heute lässt sie sich sehr einfach in der Sprache der Mengenlehre wiedergeben. Ihre grundlegenden Ausdrücke waren *jedes A ist B* und *mindestens ein A ist B*, die den mengentheoretischen Ausdrücken $A \subset B$ und $A \cap B \neq \emptyset$ entsprechen. Das Ziel der aristotelischen Logik war, Beziehungen zwischen solchen Ausdrücken aufzufinden.

Dies hatte auf die Mathematik keinen Einfluss. Mathematiker wie Eudoxos konnten gut genug logisch denken; keine der Schwierigkeiten, vor denen sie standen, hatte mit dem Fehlen eines geeigneten Syllogismus zu tun. So ist es durch die ganze Mathematikgeschichte hindurch geblieben. Von einem neuen logischen Prinzip, das die Lösung eines bis dahin unlösbaren mathematischen Problems ermöglicht hätte, ist nichts bekannt. Logik wurde zum Mathematikersatz für diejenigen, denen die „echte" Mathematik zu schwierig war. Sie entwickelte sich zwar weiter (besonders übrigens im Spätmittelalter), aber sie befand sich gegenüber den Schlussweisen, die von den Mathematikern angewendet wurden, immer im Defizit. Diese waren viel trickreicher als alles, was die Logiker hervorzubringen vermochten. Die Scholastiker erhöhten die Anzahl der Schlussregeln erheblich, sprachen einige Tautologien klar aus (beispielsweise Duns Scotus), aber die Rolle der Logik war mit der Rolle vieler heutiger …metrien vergleichbar; sie bewies die Wissenschaftlichkeit der Werke derjenigen, die sich auf sie stützten, wirkte aber im Übrigen weniger beflügelnd als lähmend.

Hätte sich die programmatische Idee des jugendlichen Leibniz verwirklichen lassen, so hätte eine Superlogik entstehen können. Leibniz hatte das Ziel, das menschliche Denken zu formalisieren. Am Ende sollte ein System von Symbolen stehen, deren Bedeutung sich aus deren wechselseitigen Beziehungen ergeben sollte, sodass *alle Lehrsätze von einer Maschine hergeleitet werden konnten*. Der Traum von einem Automaten, der uns von der Last des Denkens erlöst, hat die Menschheit seit der Morgendämmerung der Geschichte begleitet; dies beweist, wie mühsam das Denken ist. Nicht nur Wissenschaftler hängen diesem Traum nach. Im zweiten Band von Stanislaw Lems Roman *Czas nieutracony* begegnen wir Wilk, einem jungen Mann, der in echt Leibniz'schem Stil die Differenzialrechnung aus einem Buch voller Symbole gelernt hat, ohne zu wissen, was diese bedeuten. Heute treibt Leibnizens Traum die Leute um, die im Bereich der künstlichen Intelligenz arbeiten. Damit dies nun nicht abschätzig klingt, füge ich schnell hinzu, dass die von Leibniz eingeführte Symbolik der Differenzialrechnung das mechanische Lösen der meisten Übungsaufgaben auf diesem Gebiet ermöglicht hat, und dass die künstliche Intelligenz die Möglichkeiten des interaktiven Umgangs mit dem Computer erheblich verbessert hat. Aber auch hier bleibt die Logik ausgeschlossen. Die Vereinfachung des formalen Rechnens, das traditionell der Logik vorbehalten ist, wird mit algebraischen Methoden erreicht – und zwar mit bestem Erfolg.

Der nächste Schritt in der Entwicklung der Logik (nach den Scholastikern und Leibniz) war George Booles Formalisierung der Logik aus dem Jahr 1854. Schon der Begriff *Boole'sche Algebra* legt nahe, dass es sich um eine Art Rechnen handelt. Beispielsweise stellte Boole die Beziehung $A \subset B$, so die heutige Schreibweise, durch die Formel $AB = A$ dar. (Booles Logik war extensional.) Die Vorteile, die Booles neuer Zugang brachte, wurden nur zögernd bemerkt. So wurde die Formel (auch hier in heutiger Schreibweise)

$$(\sim p) \wedge (\sim q) \Leftrightarrow \sim (p \vee q)$$

von de Morgan 1858 angegeben, während die Formel

$$(\sim p) \vee (\sim q) \Leftrightarrow \sim (p \wedge q)$$

erst 1867 von Peirce entdeckt wurde, obwohl sich doch Boole auch über die Dualität geäußert hatte.

Die explizite Einführung von Aussagenfunktionen und Quantoren geht auf Gottlob Frege (1848; 1925) zurück. Sie erschien in seinem Werk *Begriffsschrift, eine der arithmetischen nachgebildete Formelsprache des reinen Denkens*. Insbesondere stammen die heute üblichen Bedeutungen der Begriffe „Alternative" und „Implikation" aus diesem Buch. Es war axiomatisch aufgebaut und hatte zum Ziel, der gesamten Mathematik eine Grundlage zu bieten, war aber im Gegensatz zu Peanos *Formulario* zu kompliziert geschrieben. Freges weitere Werke waren *Die Grundlagen der Arithmetik* (1884) und *Grundgesetze der Arithmetik* (1893, 1903), über das ich noch berichten werde. Freges Werke blieben (wie die von Peirce) unbeachtet, bis sie im Jahr 1900 die Aufmerksamkeit von Bertrand Russell erweckten. Er war es dann, der die schwierige Aufgabe auf sich nahm, die zwei Fragen zu beantworten, die am Anfang dieses Vortrags stehen. Bertrand Russell (1872; 1970) und Alfred Whitehead (1861; 1947) brachten 1910 ihr Buch *Principia Mathematica* heraus, ein fundamentales Werk, das die Logik (und auch die mathematische Logik, also die Logik einer korrekten Theorie des Schließens) auf den heutigen Stand der Strenge brachte.

Bevor ich diesen kurzen Abriss über die Rolle der Logik in der Mathematik abschließe, möchte ich betonen, dass die Logik der Mathematik niemals geholfen hat; sie unterstützte sie nur „nach vollendeten Tatsachen". Der Umfang, in dem mathematische Methoden für anwendbar galten, bestimmte sich auf andere Weise, denn das Ziel lag außerhalb der Logik: Es galt, Wahrheiten zu entdecken. Das Gewicht, das der Logik in der ersten Hälfte des 20. Jahrhunderts beigelegt wurde, erklärt sich daraus, dass sie die Attacke auf die ontologischen Probleme der Mathematik auf ihre Fahnen schrieb (darüber im Folgenden mehr) und die Vermutung nährte, sie könne der Informatik sehr nützen.

Nach allgemeinem Konsens bringt die Mathematik Wahrheiten hervor. Ebenso klar ist, dass dies nicht im Rahmen der Mathematik bewiesen werden kann.

Ich stimme der von den Bourbakisten besonders pointiert vertretenen Ansicht zu, dass die Äußerungen der Mathematiker über diese Frage meistens trivial sind, denn nur wenige Mathematiker beschäftigen sich ernsthaft mit Philosophie. Auf der anderen Seite sieht es so aus, als wüssten Philosophen, die sich mit Mathematik beschäftigen, zu wenig über diesen Gegenstand. (Um die Trivialität einer Äußerung festzustellen, bedarf es nicht der Fähigkeit zu nicht trivialen Äußerungen.)

Die Alten, seien sie Materialisten gewesen wie Demokrit oder Idealisten wie Platon, betrachteten die Mathematik als Naturwissenschaft. Daher erhoben sich in der Antike die Fragen nach dem Wesen mathematischer Begriffe und der Gültigkeit mathematischer Sätze nicht.

Dieser Zustand blieb bis ins 17. Jahrhundert hinein bestehen. Die so genannte vernünftige Ordnung, die Descartes in die Naturwissenschaften einführte *(Ich weise alles Unklare zurück und konstruiere alles aus dem, was danach übrig bleibt)* erwies sich in der Mathematik als nicht sehr fruchtbar. Descartes schrieb: *Nur die Mathematiker allein hatten einige Beweise, das heißt einige sichere und einleuchtende Gründe finden können.* Dies bedeutet aber auch, dass sich Descartes nicht selbst auf die Verifikation mathematischer Aussagen einließ. Die kartesische Methode in der Mathematik kommt der provozierenden Aufforderung von Leibniz gleich: *Nimm, was du brauchst, tue, was du musst, und du wirst bekommen, was du dir gewünscht hast.*

Die Mathematik des 17. Jahrhunderts war also auf eine indirekte Rechtfertigung angewiesen, nämlich die Rechtfertigung durch Anwendungen. Auch wenn ihr ganzer Inhalt (den so außerordentlich anwendungsnahen Differenzialkalkül eingeschlossen) Zweifeln und Meinungsverschiedenheiten unterworfen war, stand ihre Gültigkeit insgesamt nicht zur Debatte, weder in Bezug auf die zulässigen Beweisverfahren noch auf die axiomatischen Annahmen.

Alles ging gut, so lange die Mathematik nicht gezwungen war, zwischen mehreren möglichen Beschreibungen der Realität ihre Wahl zu treffen. Weder Mathematiker noch interessierte Philosophen fühlten sich unbehaglich, wenn sie in der Forschung auf höchst abstrakte Objekte stießen, die mit gängigen Begriffen nichts zu tun hatten. Zugegebenermaßen rief die Verwendung negativer oder komplexer Zahlen manchmal Diskussionen über deren Bedeutung hervor, aber diese wurden wegen der Anwendbarkeit in der Praxis zum Schweigen gebracht. Über Anwendungen konnten die Mathematiker wirklichkeitsnah und ausgiebig sprechen. Erst mit der Entdeckung der nichteuklidischen Geometrien schlug die Lage um (siehe Vortrag XIX). Jetzt war die Mathematik aufgefordert, sich über den einzig wahren Raum, den Raum des Universums, zu erklären – da konnte es keine Wahlfreiheit geben. Die Schöpfer der nichteuklidischen Geometrie hofften auf eine experimentelle Verifikation der Korrektheit einer ihrer Geometrien. Das war aber doch von ihrer Seite aus sehr naiv, denn selbst wenn eine bestimmte Geometrie zum Universum passte und eine andere nicht, wäre doch die unvermeidliche Frage offen geblieben, wie sich dies in mathematischer Form ausdrücken ließe. Es dämmerte den Mathematikern nun, dass sie selbst eine verständliche Definition der Wahrheit in der Mathematik zu geben hatten. Bekanntlich kann es ein gefährlicher Schritt sein, Adjektive einzufügen. Das Problem brachte erhebliche Unruhe hervor. Der Ruf nach experimenteller Verifikation war ja nicht mehr als ein bedingter Reflex. Riemann sagte in seinem Habilitationsvortrag: *Es bleibt abzuwarten, in welchem Maß und in welchem Sinn das Experiment diese Hypothesen stützt.* Ganz gewiss dachte er aber dabei nicht an einen experimentellen Beweis dafür, dass der physikalische Raum vielleicht die Dimension 1998 haben könnte – schließlich beschäftigte er sich mit n-dimensionaler Geometrie für beliebiges n.

Eine viel spannendere Frage drängt sich auf (wenn sie auch nicht zwingend beantwortet werden muss): Woher kommen die Ideen für neue Theorien? Die Ansicht, sie entstünden aus Beobachtungen, ist abzulehnen, jedenfalls wenn man die Sache sehr genau nimmt, denn es gibt doch sich gegenseitig ausschließende Theorien über denselben Gegenstand. Auch der Hinweis auf die Intuition reicht nicht. Schließlich haben sich die Intuitionen auch hervorragender Wissenschaftler oft als irrig erwiesen. Wie weit Intuition fehlgehen kann, wird überzeugend belegt durch Weierstraß' Bemühungen um Gegenbeispiele, mit denen er beweisen wollte, dass gewisse Vo-

raussetzungen in Sätzen nicht weggelassen werden durften. Gebilde wie eine stetige, in keinem Teilintervall monotone Abbildung des Intervalls (0, 1) auf sich sind so abwegig, dass es schwer zu glauben ist, man könne aufgrund einer intuitiven Vorstellung über Funktionen auf so etwas kommen. Die Bourbakisten schrieben: *Seit einem Jahrhundert haben wir so viele Monstren dieser Art gesehen, dass wir ein wenig abgestumpft sind, und man muss schon die allerseltsamsten Missgeburten anhäufen, will man uns noch in Erstaunen versetzen.* So weit so gut, aber eine einfache Überlegung beweist uns schon, dass es in der Interessensphäre der Mathematik, im Reich der Freiheit, das uns die Definitionen einräumt, mehr unnormale Objekte gibt als solche, die in irgendeinem Sinn normal sind. Was zum Beispiel soll man zu einer Definition für Kurven sagen, die einem Gebilde wie der Peano-Kurve, die wie ein Quadrat aussieht, diesen Namen einräumt?

Es gibt drei Auswege. Wir können der Wirklichkeit gegenüber gleichgültig werden und die Mathematik ohne Rücksicht auf die Form verfolgen, die sie dann annimmt, wir können strenge Einschränkungen machen und auf diese Weise alle Nicht-Standard-Phänomene eliminieren (was wird nach diesem Hausputz noch übrig bleiben?), oder wir können uns an die Hoffnung klammern, dass die gesamte (und nur eine) Mathematik aus irgendeinem inneren Kern herleitbar ist. Fügen wir diesem Bild die Paradoxien hinzu, die gegen Ende des 19. Jahrhunderts zunehmend auftraten (einige habe ich schon erwähnt), so haben wir das Gesamtmotiv vor uns, aus dem heraus der Gegenstand „Grundlagen der Mathematik" entwickelt wurde, also diejenige Disziplin, der die Lösung dieser Probleme anvertraut wurde.

Unter diesen Umständen wurde Moritz Paschs Vorschlag (siehe Vortrag XXI), für jede mathematische Disziplin eine passende syntaktische Theorie zu schaffen, allgemein als geeignete Abhilfe angesehen. Vom letzten Jahrzehnt des 19. Jahrhunderts an wurde über fünfzig Jahre hinweg alles axiomatisiert. Dieser Zugang machte die Frage nach der „mathematischen Wahrheit" zu einer greifbaren Aufgabe: Wir haben eine spezielle Struktur, eine formale Theorie, und wir wollen für sie eine Eigenschaft definieren, nennen wir sie „Wahrheitsliebe", die ihr moralische Aufrichtigkeit bescheinigt. Dies klang vernünftig, so vernünftig, dass sogar Poincaré, der sich anfangs über den Begriff der mathematischen Wahrheit mokiert hatte, diese Lösung für geeignet hielt. Außerdem war sie erreichbar! Die Arbeit wurde mit Alfred Tarskis (im Original polnisch geschriebenen) Aufsatz *Der Wahrheitsbegriff in den formalisierten Sprachen* zu Ende geführt. Die Operation, die Tarski als Indiz für die Wahrheit benutzte, war die *Erfüllung*, ein Begriff, der mit der ganzen erforderlichen Präzision definiert war. Alles schien in trockenen Tüchern zu sein, aber dieser Eindruck trog.

Die Forderung, jeder mathematischen Theorie eine axiomatische Theorie im Sinne von Pasch zu unterlegen, erwies sich als schwierig und undankbar; undankbar deshalb, weil die meisten dieser neuen Theorien hässliche Eigenschaften hatten. Um sie auszuschalten, wurde Paschs Axiomatisierungsprogramm für mathematische Theorien mit zusätzlichen Forderungen belegt. Eine formale axiomatische Theorie sollte den folgenden fünf Bedingungen genügen:

- Konsistenz (von zwei einander widersprechenden Aussagen im Rahmen dieser Theorie darf nur eine zur Theorie gehören)
- Vollständigkeit (von zwei einander widersprechenden Aussagen muss eine zur Theorie gehören)

- Kategorizität (je zwei Interpretationen der Theorie sind isomorph)
- Entscheidbarkeit (es gibt ein Verfahren, das in einer endlichen Anzahl von Schritten zu entscheiden gestattet, ob eine Aussage zur Theorie gehört oder nicht)
- Unabhängigkeit der Axiome (eine auf weniger der gegebenen Axiome aufbauende Theorie enthält weniger Sätze)

Die letzte dieser Forderungen hat nur ästhetischen Charakter und lässt sich, wenn auch nicht immer elegant, stets erfüllen; um die Jahrhundertwende war dies noch nicht bekannt. Ich habe alle fünf Bedingungen genannt, weil das Programm, für jeden Zweig der Mathematik ein formales Axiomsystem mit diesen fünf Eigenschaften vorzusehen, allgemein als Hilbert'sches Programm bekannt ist und die Basisforderungen der methodologischen Schule zusammenstellt, die als Formalismus bezeichnet wird.

Eine methodologische Schule – dies ist kein Witz. Es stellte sich heraus, dass die alte Warnung „Schau nicht in den Spiegel!", die Mütter ihren Töchtern zu geben pflegten, damit sie nicht den Teufel erblickten, auch der Mathematik gut getan hätte. Die Mathematiker haben ihre Wissenschaft so lange betrachtet, dass der Teufel erschien und die Mathematik, wie die Geschichtswissenschaft (ich bitte um Entschuldigung!) in mannigfaltige methodologische Schulen aufspaltete.

Fast zur gleichen Zeit, in der Pasch seine Konzeption vorstellte, wurde ein erster Versuch gemacht, die ganze Mathematik auf der Mengenlehre aufzubauen, ein Zugang, der gegen Ende des 20. Jahrhunderts den Sieg davontragen sollte. Diesen Versuch machte Frege in seinem Buch über Arithmetik. Er schlug die folgende Strukturierung der mathematischen Forschung vor: Zunächst sei auf irgendeine Weise eine Mengenlehre zu entwickeln; sei sie verfügbar, solle sie dazu dienen, die Arithmetik der natürlichen Zahlen zu entwickeln, und der Rest sei dann leicht. Frege hatte nicht den Ehrgeiz, selbst eine Mengenlehre aufzubauen; er begann mit der Konstruktion der natürlichen Zahlen im Rahmen der Mengenlehre. Nach Frege ist eine Kardinalzahl **eine Menge** von Mengen, die im Sinne einer eindeutigen Beziehung zueinander äquivalent sind. Die Summe zweier Kardinalzahlen erhält man durch Bildung disjunkter Vereinigungen von Mengen, die den Kardinalzahlen entsprechen. Unter den Kardinalzahlen zeichnen wir die natürlichen Zahlen als diejenigen aus, die der Bedingung $x + x \neq x$ genügen. (Dass dann Null keine natürliche Zahl ist, ist nur ein Schönheitsfehler.) Der Nachfolger einer gegebenen Zahl ist **die Schnittmenge** aller Kardinalzahlen, die größer sind als die gegebene. Man erhält so ein Objekt, das ein Modell für das Peano'sche Axiomsystem ist, und damit ist das Konsistenzproblem der Arithmetik erledigt – unter der Bedingung der Konsistenz der Mengenlehre. Ich habe Freges Zugang beschrieben, weil er einfach ist, und weil etwas Derartiges oft in den Gymnasien (wo die Mengenlehre noch wütet) präsentiert wird, obwohl die Sache einen allerdings interessanten Fehler enthält. Nämlich: Die oben durch Fettdruck hervorgehobenen Objekte existieren nicht; nicht jeder „riesige Haufen" ist eine Menge. Die Entdeckung dieses Fehlers lieferte einen weiteren Grund, ein sehr reines Hilbert'sches Programm aufzustellen, also einen weiteren Grund für die Herausbildung der methodologischen Schule des Formalismus.

Der Formalismus entwickelte sich überbordend und war in den Zwanzigerjahren die vorherrschende Grundlagentheorie der Mathematik; ab 1917 widmete Hilbert seine Anstrengungen hauptsächlich der Verwirklichung des formalistischen Programms. Obwohl viel Geisteskraft darauf verwendet wurde, eröffnete sich keine Möglichkeit, eine elegante Axiomatisierung der Mathematik zu verwirklichen.

Im Gegenteil: Im Laufe der Zeit kamen Rückschläge. Wie ich oben schon erwähnt habe, bewies Gödel, dass es einen den Dogmen des Formalismus genügenden Konsistenzbeweis für die Arithmetik nicht geben kann (Hilberts zweites Problem). Gödel bewies 1931 auch die Unvollständigkeit der Arithmetik (und damit auch jeder anderen Theorie, innerhalb derer die Arithmetik interpretierbar ist). Damit erfüllte schon die Mehrheit der benötigten Theorien zwei der Anforderungen des Formalismus nicht. Thoralf Skolem (1887; 1963) und Leopold Löwenheim (1878; 1940) bewiesen 1933, dass jede Theorie im Sinne von Pasch, die ein unendliches Modell besitzt, auch Modelle von jeder beliebigen unendlichen Kardinalität besitzt. Dies bedeutet, dass nur von Theorien endlicher Mengen Kategorizität erwartet werden kann, falls man nicht den Begriff „Theorie" anders als Pasch interpretiert. Entscheidbarkeit erwies sich als ziemlich exotische Eigenschaft, die nur wenigen undurchsichtig quer durch die Mathematik verstreuten Theorien zukam. Beispielsweise ist die Arithmetik der natürlichen Zahlen nicht entscheidbar, wohl aber die der komplexen Zahlen. Kurz gesagt: Rückschläge häuften sich zur Niederlage.

Unter diesen Umständen mag es seltsam erscheinen, dass zu Anfang der Fünfzigerjahre, als ich an der Universität Warschau zu studieren begann, die dort tätigen Mathematiker – und es waren hervorragende und mehr als genug, als heute nötig wären, um den Bedarf in Polen zu befriedigen – in ihrer Mehrheit aus Überzeugung und dem Stil ihrer Lehre nach Formalisten waren. Natürlich waren in der Zwischenzeit viele andere Arten von formalen Theorien entwickelt worden (die vom Pasch-Typ hießen dann Theorien erster Art), aber dies verbesserte die Lage nicht wesentlich. Warum dominierte dann der Formalismus trotzdem? Die einzige Erklärung liegt im ungewöhnlichen Zauber von Theorien über Objekte, die, um Hilbert zu zitieren, *Tische, Stühle und Bierseidel sein konnten, solange sie nur die Axiome erfüllten*. Die Formalisten „verkauften" also der Mehrheit der Mathematiker ihre Vision: Für Mathematiker ist die Mathematik ein wohl definiertes Spiel, für andere Menschen ein bloßes Werkzeug. Sie verkauften damit die Vision einer Mathematik, deren Anwendbarkeit in der realen Welt ein undurchdringliches Geheimnis blieb. Der Anteil der Formalisten, der in den mittleren Jahrzehnten des 20. Jahrhunderts 90% erreicht hatte, sank aber in den Siebzigerjahren.

Der Intuitionismus war eine dem Formalismus nahe stehende Bewegung. Sein Name ist höchst irreführend. Inspiriert wurde er von Poincaré, der die Meinung propagierte, die Laxheit der Mathematiker, ihre Verkommenheit in methodischen Fragen sei an der Existenz von Paradoxien und manchen widernatürlichen mathematischen Begriffen schuld. Der einzige Weg zur Gesundung sei, sich in der Wahl der zulässigen Methoden streng zu zügeln. Das klassische und häufig genannte Beispiel ist die Haltung der Intuitionisten gegenüber Existenzsätzen, also Sätzen, die die Existenz eines Objekts behaupten (wie etwa der Lösung einer Differenzialgleichung oder des Extremums einer Funktion). Der Intuitionismus lehnt Beweismuster vom Typ *wenn … nicht existierte, dann entstünde ein Widerspruch* dezidiert ab. Ein intuitionistischer Existenzbeweis verlangt eine Konstruktion des Objekts, verlangt, dass es explizit aufgewiesen wird. Die Regel vom ausgeschlossenen Dritten wird in Existenzbeweisen und auch an jeder anderen Stelle abgelehnt. Poincaré gab dem Intuitionismus nur den Anstoß; der eigentliche Erfinder und führende Kopf war Luitzen Brouwer (1881; 1966). (Kaum war der Intuitionismus ins Leben getreten, schwor Poincaré ihm ab und konvertierte zum Formalismus.)

Vor Paradoxien waren die Intuitionisten durch die Kargheit ihre Methode verlässlich geschützt. In dieser Beziehung lagen sie also sicher richtig. Leider schützte diese Kargheit sie auch vor einem großen Teil der Mathematik. Ihre Doktrin erschien daher den meisten Mathematikern zu restriktiv, als dass sie sich damit hätten anfreunden können. Dennoch beeindruckten die Intuitionisten die Fachwelt mit der Reinheit, Ökonomie und Eleganz ihrer Beweise. In meiner Jugend war die Gewohnheit der Intuitionisten recht beliebt, zu jedem Satz alle benötigten Voraussetzungen aufzuschreiben. Jeder, der sich einmal an einem Beweis versucht hat, weiß, wie schwierig zu entscheiden ist, welche Voraussetzungen für den Beweis wirklich nötig sind.

Der Intuitionismus hatte niemals viele Anhänger und wäre den Weg allen Fleisches gegangen, wenn diese Lehre ihren Schwerpunkt nicht verlagert hätte. In den Dreißigerjahren wurde der Intuitionismus nach und nach mit der Idee identifiziert, sich nur mit entscheidbarer Mathematik (also Rekursion, berechenbaren Funktionen, Algorithmen) zu befassen. Die Gründer des Neointuitionismus oder auch Konstruktivismus waren Willard Quine und Alonso Church. Es war ihnen völlig bewusst, dass ihr Tätigkeitsfeld nicht mehr die gesamte Mathematik war. Sie sahen aber richtig voraus, dass in ihrem Gebiet binnen kurzem ein gewaltiger Schritt nach vorne zu erwarten war, weil nämlich die noch ganz abstrakten Automaten wie die Turing-Maschine durch höchst reale Rechenmaschinen – Computer – ersetzt werden würden, und mit diesen dann alle traditionellen Verfahren der praktischen Mathematik durch neue Methoden. In den Sechzigerjahren löste sich der Konstruktivismus unmerklich in der Mathematik auf und wurde zum Theoriegerüst der *Informatik*.

Eine weitere methodologische Strömung war der Logizismus. Er gründete auf der Überzeugung, Mathematik sei nichts als Denken und müsse daher aus den Gesetzen des Denkens, also aus der Logik herleitbar sein. Die Schöpfer des Logizismus waren im Wesentlichen Russell und Whitehead, und die Bibel hieß *Principia mathematica*. Das wichtigste Bestreben der Logizisten ist die Vermeidung von Paradoxien. Dazu muss man aber erst wissen, auf welche Art Paradoxien entstehen. Paradoxien, die durch Mangel an Sorgfalt hervorgerufen werden, sind leicht heilbar. Die interessanten Paradoxien waren aber diejenigen, die sich nicht durch Präzisierung der Begriffe beheben ließen. Sehen Sie sich beispielsweise die folgende Definition an: *Die größte natürliche Zahl, deren Definition im Deutschen höchstens zweihundert Buchstaben hat.* Zunächst ein Beweis für die Existenz einer solchen Zahl: Es gibt nur endlich viele Zeichenreihen aus höchstens zweihundert Buchstaben; von diesen sind nur einige wenige sinnvoll und nur einige wenige von diesen wieder stellen natürliche Zahlen dar. Unter diesen endlich vielen natürlichen Zahlen schließlich ist (etwa durch aufeinander folgende Vergleiche) die größte leicht zu finden.

Nun ein Beweis, dass es keine solche Zahl gibt: Die Zeichenreihe *Die Zahl, die um eins größer ist als die größte aller Zahlen, deren Definition im Deutschen weniger als zweihundert Buchstaben hat* besteht aus weniger als zweihundert Buchstaben. Der Grund für dieses Paradoxon liegt im allzu freizügigen Umgang mit Zeichenreihen und dem Operieren mit Begriffen auf unterschiedlichen Sprachebenen. Der zentrale Begriff der *Principia*, die Typentheorie, schließt solche Paradoxien aus. Es wird vereinbart, den Typ eines Objekts induktiv zu definieren: Der Typ einer Relation zwischen Objekten, deren Typen kleiner als n sind und unter denen sich mindestens ein Objekt vom Typ n – 1 befindet, beträgt n. Außerdem definieren wir noch auf irgendeine Weise die Objekte vom Typ 0. Damit ist ein Objekt vom Typ n nicht mehr mit einer Operation zu verwechseln, die auf Objekte vom Typ n wirkt, denn dies geschieht auf einer anderen Ebene. Dies ist am Russell'schen Paradoxon deutlich zu erkennen (siehe Vortrag XX):

Eine Menge kann weder Element ihrer selbst sein, noch kann sie nicht Element ihrer selbst sein, weil sie dazu nicht den richtigen Typ hat.

Dieser Zugang garantiert absolute Sicherheit, aber er wirkt auch lähmend. Erinnern Sie sich beispielsweise an die Konstruktion der ganzen Zahlen aus den natürlichen Zahlen. Wir definieren eine Relation auf der Menge der Paare natürlicher Zahlen durch

$$(m, n) \asymp (k, l) \Leftrightarrow m + l = n + k$$

Dies ist eine Äquivalenzrelation, und die Äquivalenzklassen heißen ganze Zahlen. (Ich weiß, dass diese Definition nicht gefällig wirkt, aber wenn wir schon über die Grundlagen der Mathematik sprechen, muss die Diskussion in dieser Sprache geführt werden.) Insbesondere entsprechen die Klassen, die durch Paare der Form (k, 0) bestimmt werden, den natürlichen Zahlen. Unglücklicherweise können sie aber nicht wirklich natürliche Zahlen sein, weil ihr Typ um mindestens drei größer ist als der Typ der natürlichen Zahlen. Wenn wir also die richtige Vorstellung, natürliche Zahlen seien ganze Zahlen, retten wollen, müssen wir einen Zusatz finden, der den Typ immer dann reduziert, wenn er zu groß wird. In den *Principia* heißt das notwendige Gesetz das Korrespondenzgesetz. Es besagt, dass eine Relation vom Typ n mit $n > k$ zwischen Gegenständen vom Typ k einer geeigneten Relation vom Typ $k + 1$ äquivalent ist. Und so weiter!

Dieses Beispiel macht deutlich, warum wir Russell mehr für einen Philosophen als für einen Mathematiker halten. Logizismus ist nicht Mathematik. Dies war das letztinstanzliche Urteil der mathematischen öffentlichen Meinung.

Der Rückblick auf die drei methodologischen Strömungen könnte einiges Unbehagen hervorrufen. Wie steht es um die Mathematik und was erforscht sie eigentlich? Woher können wir wissen, dass es sich nicht um einen Massenwahn handelt? Woher können wir darauf hoffen, dass die Mathematik für die Anwendungen weiterhin so wirkungsvoll bleiben wird? Keine der methodologischen mathematischen Moden, die während mindestens der Hälfte des 20. Jahrhunderts gediehen, gibt Antwort auf diese Fragen. Und dennoch kann man sich nur schwer vorstellen, wohin sich die Mathematik entwickeln wird, so lange man nicht wenigstens auf die erste Frage eine Antwort kennt.

Seit den Siebzigerjahren ist die Ansicht weit verbreitet, die Grundlagenprobleme der Mathematik seien seicht, und sie empfiehlt, es dem Buschmann nachzumachen: Die Wahrheit liegt im Busch. Jeder kann den Busch mit eigenen Augen sehen und ihn so intensiv erleben, wie er möchte. Diese Einstellung geht auf Ernst Zermelo zurück; sie unterstellt, die Wildnis, in der die Mathematiker leben, sei die Mengenlehre. Sie ist ebenso gut oder schlecht wie das Zermelo-Fraenkel'sche Axiomsystem oder vielleicht sogar besser; sollen doch die „riesigen Haufen", die hartnäckig keine Mengen sein wollen, mit John von Neumanns (1903; 1957) Erlaubnis Klassen sein, wenn es ihnen so besser gefällt! (Die Idee stammt aus dem Jahr 1925. Sie wurde 1937 von Bernays und 1940 von Gödel verbessert.)

Bei der Erkundung dieser Wildnis kann man in Landstriche kommen, wo es beispielsweise kein Auswahlaxiom gibt, obwohl vernünftige Mathematiker solche Orte zu meiden suchen. Die Schwierigkeiten, eine konsistente Theorie aufzubauen, beweisen nur, dass sich die Konsistenz an einer unzugänglichen Stelle versteckt hält. Eine korrekt definierte Theorie kann nicht inkonsistent sein; alles spielt sich doch innerhalb eines einzigen Objekts ab, der Mengenlehre, die aufgrund der Annahme ihrer Existenz konsistent ist. Einiges, was da so getrieben wird, erscheint

besonders ärgerlich und närrisch, wenn man bedenkt, dass Erwachsene am Werk sind. Beispielsweise werden die natürlichen Zahlen folgendermaßen konstruiert: Wir bekommen $0, 1, 2, 3, \ldots$ als

$$\emptyset,\ \{\emptyset\},\ \{\emptyset,\{\emptyset\}\},\ \{\emptyset,\{\emptyset,\{\emptyset\}\}\},\ldots,$$

also durch Mengenbildung aus der leeren Menge und der im vorigen Schritt erhaltenen Menge. Wenn jemand eine solche Absicherung braucht, um sich von der Existenz der natürlichen Zahlen zu überzeugen, dann ist er hier richtig!

Kurz gesagt: Im letzten Jahrzehnt des 20. Jahrhunderts entwickelt sich die Mathematik fröhlich und sorglos; sie kümmert sich nicht darum, dass keines der Probleme gelöst wurde, die ihr Wesen und ihre Existenzgrundlage berühren, Probleme, die unsere Vorgänger um die vorige Jahrhundertwende herum so heftig aus der Ruhe brachten. Nebenbei bemerkt hat niemand (oder fast niemand) Lust, diese Fragen zu diskutieren; die einzige Ausnahme sind die Bourbakisten, die diesen naturwüchsigen Zugang zur Mathematik vertreten.

* * *

Dies ist nun alles, was ich in meinen Vorträgen über die Geschichte der Mathematik mitteilen wollte und konnte, denn der letzte Vortrag wird recht persönlich gefärbt sein.

Vortrag XXIV

Einige Worte über die polnische Mathematikerschule

Über die polnische Mathematikerschule habe ich vor verschiedenen Auditorien vorgetragen. Bei der Vorbereitung solcher Vorträge habe ich mich bemüht, nicht über das Wissen von diesem Gegenstand hinauszugehen, das ich glaubte von meinen Hörern erwarten zu können. Nach und nach entdeckte ich aber, dass meine Annahmen unrealistisch waren; es gab Dinge, die meine Hörer einfach deshalb nicht wissen konnten, weil sie jünger waren als ich. Ich sprach über Menschen, die ich persönlich kannte, sie aber hörten etwas über Leute, die ihnen völlig fremd waren. Die Grenze zwischen denen, die noch die Ehre hatten, die Gründer der polnischen Mathematikerschule zu kennen, und denen, die diese Ehre nicht haben und nie werden haben können, verläuft nämlich etwa bei meinem Lebensalter.

Im Jahr 1992 wurde ich gebeten, für eine neue Ausgabe des *Business Foundation Book* über die Wissenschaft einen Aufsatz über die polnische Mathematikerschule zu schreiben. Anscheinend könnte dieser Aufsatz, der damals ungehobelte ausländische Geschäftsleute erleuchten sollte, sehr wohl dazu dienen, dies heute auch für meine kultivierten Mitbürger zu leisten. Die polnische Mathematikerschule gehört für Mitglieder der polnischen Intelligenz nicht mehr zum Kern der Bildung. Da dies nun einmal so ist, wird dieser Vortrag dem erwähnten Aufsatz folgen.

Polens erste Universität wurde 1364 gegründet. Zwar jünger als die meisten italienischen Universitäten, ist die Jagiellonische Universität in Krakow nach der Universität Prag die zweitälteste Universität Osteuropas. Von Anfang an gehörten immer Mathematiker zu den dort tätigen Gelehrten. Einige von ihnen wie Wojciech von Brudzewa oder Jan Brożek hatten sich einen Namen gemacht, aber sobald sie einen talentierten Studenten (wie Nikolaus Kopernikus) bekamen, wurde ihnen klar, dass sie sich um eine Entsendung ins Ausland bemühen mussten, um an einem der weiter fortgeschrittenen Zentren der Wissenschaft ihre Kenntnisse zu vervollkommnen. Dieser Zustand hielt jahrhundertelang an. Sogar die mathematischen Lehrbücher, die das Komitee für Nationale Bildung im ausgehenden 18. Jahrhundert in Auftrag gab, wurden von Simon l'Huillier geschrieben, dem Schweizer Bibliothekar eines polnischen Königs. Pułaski und Kościuszko, die nach diesen Lehrbüchern studierten, sind besser bekannt als ihr Autor und sogar als jeder polnische Mathematiker der Renaissance und der Aufklärung. Der einzige polnische Name, der in einer Liste führender Mathematiker (wenn es denn eine solche gab) erschien, war der von

Józef Hoene-Wroński, der einige Verdienste auf dem Gebiet der Analysis hat. Es gab also noch keinerlei Anzeichen, dass Polen einmal eine ganze Anzahl der berühmtesten Mathematiker der Welt hervorbringen sollte. Übrigens wird dieser Stand der Dinge – die Spärlichkeit mathematischer Errungenschaften in Polen vor dem 20. Jahrhundert – von den polnischen Mathematikhistorikern sorgfältig verdunkelt, Autoren also von Büchern wie *Der Sternhimmel der polnischen Mathematik*, die das Märchen einer seit langem währenden Blüte der polnischen Mathematik pflegen.

Nachdem Polen seine Unabhängigkeit verloren und an den napoleonischen Kriegen teilgenommen hatte, erhob es sich zweimal in vergeblichen Aufständen. Die Polen spielten bei so gut wie allen Aufständen und Revolutionen des 19. Jahrhunderts eine tatkräftige Rolle. Daraus resultiert ihr guter Ruf, und die Geschichtsschreibung vieler Länder gedenkt ihrer in Dankbarkeit. (Offenkundig hat dies aber nicht dazu geführt, dass man ihre intellektuellen Errungenschaften gewürdigt hätte.) Es gab aber auch verdienstvolle Polen, die keine Kriegshelden waren. Ich meine damit die so genannten Positivisten. Sie bemerkten, dass der Verlust der Staatlichkeit nicht notwendig den Verlust von Wirtschaftskraft nach sich ziehen musste. Sie erbauten Fabriken, gründeten Banken und Kaufhäuser. Sie sorgten auch für die Erziehung der jungen Polen in der Hoffnung, aus ihnen könnten Ingenieure und Naturwissenschaftler anstatt Billigarbeiter werden. Bis zu einem gewissen Grad hatten ihre Bemühungen auch Erfolg. Die Cegielski'sche Fabrik in Poznan war ein wichtiges Industrieunternehmen in Preußen, Łódź und Żyrardów lieferten die Kleidung für 20 % der Bevölkerung des russischen Reichs, und beim Bau der ersten Eisenbahn, die Moskau mit dem Pazifik verband, kam jeder einzelne Meter Schiene aus der polnischen Industrieregion im Świętokrzyskie-Gebirge. Die Positivisten wirkten wie schon gesagt auch in der Erziehung ganzer Generationen junger Polen.

Die wichtigste Einrichtung auf diesem Gebiet war die Mianowski-Stiftung (Kasą imienia Mianowskiego). Józef Mianowski war Arzt und Professor, später Rektor der Hohen Schule (Szkoły Głównej; wörtlich Hauptschule) in Warschau; diese ersetzte die 1831 von der zaristischen Verwaltung aufgelöste Universität Warschau und blieb acht Jahre lang in Betrieb. Mianowski war auch einer der Organisatoren und Väter der polnischen Jugendbildung. Die seinen Namen tragende Stiftung wurde 1881 eingerichtet. Ihr Hauptziel war es, eine Gruppe aufgeklärter und fachkundiger polnischer Wissenschaftler heranzubilden. Sie suchte nach begabten jungen Menschen und unterstützte sie während ihres Studiums finanziell. Auch die Entwicklung einer polnischsprachigen wissenschaftlichen Literatur wurde gefördert. Eine typische Vereinbarung bestand darin, einen jungen Mathematiker mit der Übersetzung einer herausragenden zeitgenössischen Monographie zu beauftragen und ihn dafür so gut zu honorieren, dass er sich danach ein Jahr lang der Forschung widmen konnte. Ich würdige diese Bestrebungen auch deshalb, weil einige der Bücher, die ich besitze und denen ich einen großen Teil meines Wissens verdanke, mit Unterstützung der Mianowski-Stiftung veröffentlicht wurden. Hätte es keine polnischen Übersetzungen dieser Bücher gegeben (wie etwa der *Projektiven Geometrie* von Enriques), hätte ich wahrscheinlich niemals von ihrer Existenz erfahren. Die Stiftung schickte auch Studenten an die besten Universitäten. Auf diesem Weg kam Zygmunt Janiszewski, Ideengeber und führende Persönlichkeit der polnischen Mathematikerschule, zu seinem Studium in Paris.

Samuel Dickstein war persönlich eine Art Stiftung. Seine Wirksamkeit wurde dadurch noch gesteigert, dass sein Vater ein bekannter Bankier war. Als

Dickstein 1939 starb, war sein Vermögen fast aufgebraucht, ausgegeben zugunsten der Entwicklung der Mathematik in Polen. Im Jahr 1880 gründete er in St. Petersburg den polnischen Mathematikerzirkel, um bedürftige Studenten zu unterstützen und die Forschung zu koordinieren. Der Zirkel begann 1888 mit der Publikation einer eigenen Zeitschrift, der *Prace Matematyczno-Fizyczne (Mathematisch-physikalische Abhandlungen)*. In dieser Umgebung wuchs einer der bekanntesten polnischen Mathematiker, Wacław Sierpiński, wissenschaftlich auf.

Dickstein bemutterte die polnische Mathematik bis an sein Lebensende. Alle polnischen Mathematiker der ersten Hälfte unseres Jahrhunderts verdanken ihm viel. Um sein Andenken zu ehren, vergibt die Polnische Mathematische Gesellschaft jährlich einen Preis für Aktivitäten zur Förderung der Mathematik. Es gibt nur wenige wissenschaftliche Gesellschaften, die nicht nur für Erfolge in einer wissenschaftlichen Disziplin, sondern auch für unterstützende Tätigkeit einen Preis ausschreiben. Dies ist eine ganz besondere Facette der polnischen Mathematik. Nun aber zurück zur Jahrhundertwende!

Der österreichische Teil des geteilten Polen, in dem Krakow (Krakau) und Lwow (Lemberg) lagen, hieß Galizien. Dort konnte sich die polnische Wissenschaft fast ungehindert entwickeln. Ab 1867 durfte die polnische Sprache sogar in der Schule verwendet werden. Es gab ein viel versprechendes Zentrum der Analysis, an dessen Spitze Fürst Józef Puzyna in Lwow sowie Stanisław Zaremba und Kazimierz Żorawski in Krakow standen. (Żorawski war der junge Mann, der auf seine Eltern hörte und Marią Skłodowską, heute besser bekannt unter ihrem französischen Namen Curie, nicht heiratete. Dies mag als ein abgeschmackter Scherz klingen, aber in der Zeit zwischen den zwei Weltkriegen wurde Żorawski öffentlich und in vollem Ernst dafür getadelt; seine Romanze mit Fräulein Skłodowską war noch im öffentlichen Bewusstsein.)

Im russischen Teil gab es nach der Auflösung der Hohen Schule keine polnische Universität mehr. Die Jugend war nicht geneigt, an russischen Universitäten zu studieren. Um ein intellektuelles Vakuum zu verhindern, wurden polnische Schulen im Untergrund organisiert. Die Fliegende Universität (Uniwersytet Latający) wurde 1885 geschaffen. In den Jahren 1905 – 1906 wurde sie von der Gesellschaft für wissenschaftliche Kurse (Towarzystwo Kursów Naukowych) abgelöst. (Wer die Ereignisse in Polen in den Achzigerjahren genau verfolgt hat, mag bemerkt haben, dass diese Namen damals wieder verwendet wurden.)

Als im Ersten Weltkrieg 1915 die Front nach Osten gerückt und die Deutschen in Warschau einmarschiert waren, taten sie ihr Bestes, um das Vertrauen und die Gunst der polnischen Bevölkerung zu gewinnen. Insbesondere eröffneten sie die polnischen Universitäten wieder. Der deutsche Gouverneur Beseler ernannte Graf Hutten-Czapski zum Kurator der Universität Warschau und der Technischen Universität Warschau. (Trotz seines Namens war der Graf kein Pole, obwohl seine Frau, einen geborene Mielżyńską, Polin war.) Die Wiedereröffnung der Universität Warschau zog viele der polnischen Professoren und Studenten, die sich im Ausland aufgehalten hatten, wieder in die Heimat zurück. Neben anderen überwanden zwei junge Professoren, Stefan Mazurkiewicz und Zygmunt Janiszewski (beide 1888 geboren) die Fronten und kamen aus Paris nach Warschau. Janiszewski tat etwas Ungewöhnliches: Er schrieb einen Brief mit dem Titel *Forderungen an eine polnische Mathematik* und schickte ihn an Menschen auf der ganzen Welt. Dieser Brief markiert den Anfang der polnischen Mathematikerschule.

Der Grundgedanke des Briefs war aus der jüngsten Vergangenheit entlehnt. Die gewaltigen Erfolge der auf Brioschis Initiative hin gegründeten italienischen Mathematikerschule auf den Gebieten Differenzialgeometrie und Grundlagen der Mathematik (siehe Vortrag XXI) hatten die internationale Mathematikergemeinde sehr beeindruckt. Das Motiv für diese Entwicklung war besonders überzeugend: Ein armes, vom Krieg ruiniertes Land gewann seine Unabhängigkeit und wollte der ganzen Welt zeigen, dass es lebte. Geistige Kraft, die Kraft des Verstandes – dies war offenbar der einzige Weg, der zu diesem Ziel führen konnte, und unter allen wissenschaftlichen Disziplinen erschien die Mathematik am besten geeignet, diese Kraft unter Beweis zu stellen. Zum einen nämlich hatte sich die Mathematik eine führende Position erworben, zum anderen, und dies war eine keineswegs triviale Überlegung, kostete sie nicht viel.

Janiszewski beschloss, dem unter Mathematikern wohl bekannten Beispiel Italiens zu folgen. Aber seine Vorstellungen gingen noch weiter. Wenden wir uns seinem Brief zu!

Forderungen an eine polnische Mathematik war ein Manifest. Das Ziel war klar formuliert: Die polnische Mathematik soll eine unabhängige Position erreichen. Dabei waren zwei Aspekte zu unterscheiden. Die Position sollte bedeutend sein, aber diese Bedeutung sollte nicht lediglich in der summierten Bedeutung einzelner Mathematiker liegen. Die Präsenz Polens als Ganzes, nicht nur die Existenz einzelner Polen sollte auf der Weltkarte markiert werden. Der einzige Weg zu diesem Ziel war die *aktuelle Produktivität Polens, gemessen an mathematischen Publikationen*.

Eine streng wissenschaftliche Zeitschrift, die einem einzigen, von vielen wahrhaft schöpferischen und ausgezeichneten polnischen Forschern betriebenen Zweig der Mathematik gewidmet war, sollte dazu dienen, die polnische Mathematik ins Licht zu rücken, und sie sollte ein Werkzeug für die Kooperation mit Mathematikern rund um die Erde werden. Die Artikel in dieser Zeitschrift sollten in den international verbreiteten Sprachen abgefasst werden, damit man sie überall verstehen konnte. Die Betonung eines einzelnen Zweigs der Mathematik war gerade zu dieser Zeit der Reflex einer sehr ehrgeizigen Annahme. Nüchtern denkende Menschen fragten: Kann eine solche Zeitschrift überleben? Werden ausreichend viele herausragende Forscher Beiträge einsenden? Und vor allem: Wie kann die Zeitschrift genug interessierte Leser gewinnen, um sich finanziell zu halten? Lassen Sie mich daran erinnern, dass die Zeitschrift der italienischen Mathematikergruppe *Annali di Matematica pura e applicata* hieß und damit die gesamte Mathematik einschloss.

Janiszewski machte sich in seinem Brief auch Gedanken über Quellen, aus denen die Bewegung Unterstützung gewinnen könnte. Im Einzelnen nannte er *die Gründung eines Kuratoriums zur Förderung der Mathematik, die Schaffung eines für die Mathematik günstigen Klimas und den engen Kontakt zwischen kooperierenden Forschern*. Genau hier lag die Kraft der polnischen Mathematikerschule. Junge Mathematiker wurden gefördert. Ich habe schon in Vortrag XXII gesagt, dass in der Mathematik die Förderung wichtiger ist als in anderen Wissenschaften. In der Mathematik werden nämlich praktisch alle wesentlichen Entdeckungen von jungen Leuten gemacht; offenkundig ist es also unumgänglich, sich um diese zu kümmern. So war es besonders wichtig, dass Janiszewski diesen Auftrag klar und deutlich benannte.

Die polnische Mathematikerschule sah in der Bemühung um junge Forscher eine Aufgabe, die beinahe wichtiger war als die Forschung selbst. Hugo Steinhaus sagte: *Meine größte mathematische Entdeckung war Stefan Banach.* Diese Entdeckung fiel ihm zu, als er zufällig die Unterhaltung zweier Jugendlicher mithörte, die in einem Park in Krakow spazieren gingen. Ich hatte selbst die Gelegenheit, dieses fördernde Interesse an jungen Leuten mit eigener Erfahrung zu beobachten. Jeder von uns konnte jeden unserer großen Professoren mit jedem Problem ansprechen, wie trivial es auch sein mochte. Er fand immer ein offenes Ohr und erhielt vollständige Erklärungen für seine oft lächerlichen Unsicherheiten. Die naive Hoffnung unserer Professoren, aus einem ungebildeten Dummkopf könne im nächsten Augenblick eine weltweit anerkannte Autorität werden, war wirklich verblüffend. Sie glaubten fest daran, es sei besser, hundert Schwierigkeiten von Fall zu Fall zu klären als auch nur einmal einen Zweifel zu übergehen, der einen Ausbruch von Kreativität blockieren könnte.

Dieses *für die Mathematik günstige Klima und der enge Kontakt zwischen kooperierenden Forschern* hatten auch einen weiteren, pragmatischen Aspekt. Die Mitglieder der polnischen Mathematikerschule arbeiteten gewöhnlich in Seminaren. Die Arbeit fand in der Gemeinschaft statt, und die Debatten im Seminar waren oft so spektakulär, dass auch diejenigen sie mit Interesse verfolgten, die den Faden verloren hatten. Das „Eigentum" an einem Problem war niemals eine Frage. Ein Problem gehörte immer dem, der ihm gewachsen war, und wenn sich der Erfolg einstellte, freuten sich alle mit ihm.

Dieses Bild erscheint so idyllisch, dass man daran zweifeln könnte, ob es der Wahrheit entspricht. Man muss sich aber vor Augen halten, dass unter besonderen Umständen fast jeder Mensch zu charakterlicher Größe aufsteigen kann. Ein solcher Umstand ist der Augenblick des Erfolgs, und Erfolg war der ständige Begleiter der polnischen Mathematikerschule.

Die von Janiszewski gegründete Zeitschrift hieß *Fundamenta Mathematicae*. Die erste Ausgabe erschien im Jahr 1920. Diese war ein Sonderfall. Um hervorzuheben, dass es sich um eine polnische Zeitschrift handelte, waren nämlich alle Autoren Polen: Banach, Janiszewski, Kuratowski, Mazurkiewicz, Ruziewicz, Sierpiński, Steinhaus, Wilkosz. Sie alle waren jung. Herausgeber war Zygmunt Janiszewski. Ein Jammer, dass er den Erfolg der ersten Ausgabe nicht mehr erlebte! Polen kämpfte 1920 gegen die Rote Armee und Janiszewski, Hauptmann bei den Ulanen, kehrte nicht aus dem Krieg zurück. Mazurkiewicz und Sierpiński übernahmen die Herausgabe. Die geteilte Herausgeberschaft sollte kundtun, dass einer allein sich Janiszewskis Aufgabe nicht aufladen konnte. Seit dieser Zeit hat die noch heute existierende und noch immer von Mathematikern auf der ganze Welt hoch geschätzte Zeitschrift *Fundamenta Mathematicae* immer zwei Herausgeber.

Als besondere Forschungsrichtung, von der Janiszewski in seinem Brief geschrieben hatte, kristallisierten sich die Grundlagen der Mengenlehre und der Topologie heraus. Bei diesem Forschungsinteresse blieb die Zeitschrift in der Tat exklusiv – in einem vernünftigen Sinn dieses Wortes. Sogar die Funktionalanalysis, die in hohem Maß von Banach entwickelt (manche sagen: geschaffen) wurde, kommt aus dieser Quelle, denn man kann sie als höchst unkonventionelle Anwendung algebraischer, geometrischer und topologischer Methoden auf die Funktionenlehre verstehen.

Die Betonung dieser spezifischen Forschungsrichtung war so stark, dass viele Mathematiker (wie etwa Sierpiński) ihr wissenschaftliches Interesse abwandelten, um mit anderen Mathematikern zusammenzuarbeiten und an den Hauptströmungen der Forschung teilhaben zu können. Auch hier ließ der Erfolg nicht lang auf sich warten. Schon in den Zwanzigerjahren rangierte die polnische Topologie im Spitzenfeld (um nicht zu sagen an der Spitze); die Bedeutung von Kuratowskis Arbeiten ist kaum zu überschätzen.

Der Enthusiasmus war so groß, dass er die Grenzen der Mathematik weit überschritt. Die mathematischen Seminare wurden von vielen schöpferisch tätigen Persönlichkeiten aus anderen Wissensgebieten besucht: Tadeusz Kotarbiński, Stanisław Leśniewski, Jan Łukasiewicz. Wenn man sich auch schwer tut, dies zu glauben, so beeinflusste der Erfolg der polnischen Mathematik doch das ganze intellektuelle Leben Polens. Es galt als guter Stil, sich mit einem Mädchen zu verabreden, um sie zu einer Mathematikvorlesung an der Universität mitzunehmen.

Dies klingt wirklich unglaublich, und vermutlich kann ich niemanden mit der Versicherung überzeugen, dass ich Leute kenne, die in ihrer Jugend solche Verabredungen vorgeschlagen (oder angenommen) haben, auch wenn ihr Kontakt mit der Mathematik seit ihrer Schulzeit abgerissen war. Besser überzeugen mag die handfeste Art, in der einem nicht fachkundigen Publikum mathematische Ergebnisse präsentiert wurden, eine Art, die von der Erkenntnis geleitet war, dass wissenschaftliche Aktivitäten nicht ohne öffentliche Unterstützung gedeihen können. Einige Beispiele für den Stil, in dem die polnische Mathematikerschule ihre Forschungsergebnisse mitteilte:

- Streicht man Butter auf ein Brot (wie gleichmäßig oder sorgfältig spielt keine Rolle) und legt noch eine Scheibe Käse darauf, so kann man das belegte Brot mit einem geraden Schnitt so in zwei Stücke schneiden, dass beide Teile aus je der Hälfte des Brotes, der Butter und des Käses bestehen.
- Es gibt in jedem Augenblick auf der Erde zwei Antipoden-Punkte (also Endpunkte eines Durchmessers, in denen dieselbe Temperatur und derselbe Luftdruck herrschen.
- Ist eine Kugel vollständig mit Haaren bewachsen, so lässt sich das Haar nicht glatt anlegen. Irgendwo wird immer eine Strähne, ein Wirbel oder sonst eine unregelmäßige Stelle sein.
- Wirft man aus einem Flugzeug, das über Polen dahinfliegt, eine Karte Polens ab, wird es immer einen Punkt auf dem Erdboden geben, der mit seinem Bild auf der Karte zusammenfällt.

Hinter all diesen überraschenden Feststellungen stehen bedeutsame mathematische Ergebnisse, die ihren Autoren hohe Anerkennung brachten. Die lebendigen Einkleidungen stammen von den Autoren selbst. Als mir Karel Borsuk, der zur jüngeren Generation der polnischen Mathematikerschule gehört und vielleicht der größte Topologe der zweiten Hälfte dieses Jahrhunderts ist, im Jahr 1980 als seine neueste Entdeckung mitteilte, ein Raum niedrigerer Dimension könne zu einer beliebig kleinen Kugel zusammengerollt und in einen Raum höherer Dimension eingebettet werden, ergänzte er gleich, Journalisten könnten daraus eine völlig wissenschaftliche Erklärung herauskochen, wie sich Ufos durch den Raum bewegen.

Mathematik zu treiben war eine Tätigkeit, die Freude brachte, und nichts wurde um des bloßen Effekts willen getan. Dafür ist das *Scottish Book* ein handfester Beweis. Mit Schottland hat es fast nichts zu tun, aber viel mit Mathematik und mit Lwow. Es gab in Lwow ein kleines Café (richtiger eine Gaststätte) mit dem Namen *Café Schottland*, wo dauernd Mathematiker herumsaßen. Da Mathematiker ein seltsamer Menschenschlag sind, reichten auch die dort gebotenen Vergnügungen nicht, sie von mathematischen Gedanken abzulenken. Um ihre Ideen wenigstens

vorübergehend festzuhalten, kritzelten die „Gast-Mathematiker" sie auf Papierservietten oder, weniger zivilisiert, einfach auf den Tisch. Der Eigentümer der Gaststätte bekam Interesse an der Sache, kaufte eine dicke Kladde (damit sie nicht stibitzt werden konnte, band er sie an einem Tisch fest) und legte den Herren Mathematikern höflich nahe, ihre wertvollen Ideen doch freundlicherweise dort hineinzuschreiben. Diese neue Art, Notizen zu machen, brachte die Mathematiker auf einen weiteren Vorteil der ortsfesten Kladde: Sie eignete sich ganz ausgezeichnet zum Austausch von Mitteilungen zwischen den Stammgästen. Bald wurden Probleme ins Buch geschrieben (und gleich darunter, vom Glas Wodka über den halben Hering bis zur lebenden Gans, der Preis für die Lösung) und nachfolgend auch die Lösungen. Nach dem Zweiten Weltkrieg wurde *The Scottish Book*, wie es dann hieß, in den USA veröffentlicht. Die in diesem Buch enthaltenen Probleme bieten immer noch Anregungen für zahlreiche Untersuchungen.

Es ist unmöglich, alle die zu nennen, die der polnischen Mathematikerschule angehörten. Einige Namen sind schon gefallen. Einige der jüngeren Mitglieder der Schule waren Stanisław Ulam, Stanisław Mazur, Andrzej Mostowski, Tadeusz Ważewski, Alfred Tarski, Władysław Orlicz, Bronisław Knaster, Jerzy Splawa-Neyman, Antoni Zygmund und Witold Hurewicz. Auf alle diese Namen kann man unbedenklich einen Eid ablegen. Natürlich gibt es noch Dutzende hervorragender Mitglieder der Schule, die ich ebenfalls nennen sollte, aber diese Aufgabe muss ich anderen überlassen.

Die polnische Mathematikerschule verschaffte Polen eine führende Stellung in Topologie, Mengenlehre, Funktionalanalysis, Theorie der Differenzialgleichungen, Logik und Algebra. Nicht zu vergessen die angewandte Mathematik! Der Gedanke, angewandte Mathematik als eigenständige Disziplin zu behandeln, stammt nämlich von Hugo Steinhaus. Sein Wahlspruch war *Der Mathematiker macht's einfach besser*, und er bewies, dass der Spruch stimmte. Was macht er besser? Einfach alles! Die Idee, die Mathematik in praktisch jeden Bereich des menschlichen Tuns und Denkens eindringen zu lassen, ist ebenfalls ein Teil des Erbes der polnischen Mathematikerschule. Man möchte kaum glauben, dass mathematische Modelle erst seit wenigen Jahrzehnten in der Wirtschaftswissenschaft, der Biologie, der Medizin und den Sozialwissenschaften verwendet werden. Hugo Steinhaus schickte den Glauben, die Mathematik sei nur in Physik und Technik von Nutzen, in den Ruhestand, regte eine neue Einschätzung mathematischer Anwendungen an und brachte es fertig, den Rest der Welt dazu zu bekehren.

Der Zweite Weltkrieg verwüstete Polen. Er wütete auch in den Reihen der polnischen Mathematiker. Glücklicherweise überlebten aber doch viele der Gründer und Leuchten der polnischen Mathematikerschule. Dies gab der Nachkriegsgeneration die Chance, ihre mathematische Bildung in größtem Luxus zu empfangen, nämlich von den Meistern zu lernen.

Ich habe in meinem Bericht über die polnische Mathematikerschule immer die Vergangenheitsform gebraucht. Damit will ich kein Werturteil über den gegenwärtigen Stand der Mathematik in Polen abgeben. Mit der polnischen Mathematikerschule ist eine bestimmte intellektuelle Bewegung gemeint, die, wie jedes geschichtliche Phänomen, einen Anfang und ein Ende hat. Ganz sicher bot diese Schule vielen Menschen die Möglichkeit, zugleich mit der Mathematik etwas zu lernen, das die Mathematik übersteigt.

Register

Dem Autor, dem Übersetzer und dem Verlag war es nicht bei allen Personen möglich, die Lebensdaten in Erfahrung zu bringen.